建筑与市政工程施工现场专业人员职业标准培训教材

施工员质量员通用与基础知识
（市政方向）

建筑与市政工程施工现场专业人员职业标准培训教材编审委员会 编

主　编　崔恩杰　谭水成
副主编　田长勋
主　审　张　奎

黄河水利出版社
·郑　州·

内 容 提 要

本书是建筑与市政工程施工现场专业人员职业标准培训教材之一,以最新颁布的法律法规和标准、规范为依据,主要介绍市政工程施工员和质量员应该掌握的通用知识和基础知识。全书共分两篇:第一篇通用知识,包括工程材料的基本知识、市政工程识图、市政工程施工工艺和方法、工程项目管理的基本知识;第二篇基础知识,包括土建施工相关的力学知识、建筑构造及建筑结构的基本知识、市政工程预算、计算机和相关资料信息管理软件的应用知识、市政工程测量、质量控制的统计分析方法等方面的内容。市政施工员可不选学质量控制的统计分析方法。

本书可作为市政施工企业施工员和质量员岗位资格的培训用书,也可供相关技术人员参考。

图书在版编目(CIP)数据

施工员质量员通用与基础知识. 市政方向/崔恩杰,谭水成主编;建筑与市政工程施工现场专业人员职业标准培训教材编审委员会编. —郑州:黄河水利出版社,2014.1

建筑与市政工程施工现场专业人员职业标准培训教材

ISBN 978 - 7 - 5509 - 0711 - 9

Ⅰ.①施… Ⅱ.①崔…②谭…③建… Ⅲ.①市政工程 – 工程施工 – 职业培训 – 教材 Ⅳ.①TU7②TU99

中国版本图书馆 CIP 数据核字(2014)第 012210 号

策划编辑:余甫坤 电话:0371 – 66024993 E-mail:yfk7300@126.com

出 版 社:黄河水利出版社 网址:www.yrcp.com
   地址:河南省郑州市顺河路黄委会综合楼14层 邮政编码:450003
发行单位:黄河水利出版社
   发行部电话:0371 – 66026940、66020550、66028024、66022620(传真)
   E-mail:hhslcbs@126.com
承印单位:河南承创印务有限公司
开本:787 mm × 1 092 mm 1/16
印张:20.75
字数:455 千字   印数:1— 3 000
版次:2014 年 1 月第 1 版   印次:2014 年 1 月第 1 次印刷

定价:51.00 元

建筑与市政工程施工现场专业人员职业标准培训教材
编审委员会

主　任：张　冰

副主任：刘志宏　傅月笙　陈永堂

委　员：(按姓氏笔画为序)

丁宪良　王　铮　王开岭　毛美荣　田长勋

朱吉顶　刘　乐　刘继鹏　孙朝阳　张　玲

张思忠　范建伟　赵　山　崔恩杰　焦　涛

谭水成

序

　　为了加强建筑工程施工现场专业人员队伍的建设,规范专业人员的职业能力评价方法,指导专业人员的使用与教育培训,提高其职业素质、专业知识和专业技能水平,住房和城乡建设部颁布了《建筑与市政工程施工现场专业人员职业标准》(JGJ/T 250—2011),并自2012 年 1 月 1 日起颁布实施。我们根据《建筑与市政工程施工现场专业人员职业标准》(JGJ/T 250—2011)配套的考核评价大纲,组织建设类专业高等院校资深教授、一线教师,以及建筑施工企业的专家共同编写了《建筑与市政工程施工现场专业人员职业标准培训教材》,为2014 年全面启动《建筑与市政工程施工现场专业人员职业标准》的贯彻实施工作奠定了一个坚实的基础。

　　本系列培训教材包括《建筑与市政工程施工现场专业人员职业标准》涉及的土建、装饰、市政、设备 4 个专业的施工员、质量员、安全员、材料员、资料员 5 个岗位的内容,教材内容覆盖了考核评价大纲中的各个知识点和能力点。我们在编写过程中始终紧扣《建筑与市政工程施工现场专业人员职业标准》(JGJ/T 250—2011)和考核评价大纲,坚持与施工现场专业人员的定位相结合、与现行的国家标准和行业标准相结合、与建设类职业院校的专业设置相结合、与当前建设行业关键岗位管理人员培训工作现状相结合,力求体现当前建筑与市政行业技术发展水平,注重科学性、针对性、实用性和创新性,避免内容偏深、偏难,理论知识以满足使用为度。对每个专业、岗位,根据其职业工作的需要,注意精选教学内容、优化知识结构,突出能力要求,对知识和技能经过归纳,编写了《通用与基础知识》和《岗位知识与专业技能》,其中施工员和质量员按专业分类,安全员、资料员和材料员为通用专业。本系列教材第一批编写完成 19 本,以后将根据住房和城乡建设部颁布的其他岗位职业标准和施工现场专业人员的工作需要进行补充完善。

　　本系列培训教材的使用对象为职业院校建设类相关专业的学生、相关岗位的在职人员和转入相关岗位的从业人员,既可作为建筑与市政工程现场施工人员的考试学习用书,也可供建筑与市政工程的从业人员自学使用,还可供建设类专业职业院校的相关专业师生参考。

　　本系列培训教材的编撰者大多为建设类专业高等院校、行业协会和施工企业的专家和教师,在此,谨向他们表示衷心的感谢。

　　在本系列培训教材的编写过程中,虽经反复推敲,仍难免有不妥甚至疏漏之处,恳请广大读者提出宝贵意见,以便再版时补充修改,使其在提升建筑与市政工程施工现场专业人员的素质和能力方面发挥更大的作用。

建筑与市政工程施工现场专业人员职业标准培训教材编审委员会
2013 年 9 月

前　言

　　为贯彻《国家中长期人才发展规划纲要(2010～2020年)》精神,加强住房和城乡建设领域人才队伍建设,住房和城乡建设部拟用五年左右的时间,组织编制完成住房和城乡建设领域现场专业人员职业标准,并陆续发布实施。《建筑与市政工程施工现场专业人员职业标准》(JGJ/T 250—2011)是整个标准体系里的第一个关于技术人员的行业标准,自2013年1月1日起正式实施。为做好职业标准的贯彻实施,本书以JGJ/T 250—2011对市政施工员质量员职业能力标准和职业能力评价为依据,紧密结合考试大纲要求编写而成,可作为市政施工企业施工员质量员岗位资格的培训教材,也可供相关技术人员参考。

　　全书共分两篇:第一篇通用知识,包括工程材料的基本知识、市政工程识图、市政工程施工工艺和方法、工程项目管理的基本知识;第二篇基础知识,包括土建施工相关的力学知识、建筑构造及建筑结构的基本知识、市政工程预算、计算机和相关资料信息管理软件的应用知识、市政工程测量、质量控制的统计分析方法。市政施工员可不选学质量控制的统计分析方法,市政质量员可不选学市政工程预算及计算机和相关资料信息管理软件的应用知识。

　　本书编写分工如下:第一章由河南建筑职业技术学院赵瑞霞编写;第二章和第七章由河南城建学院谭水成编写,第三章由河南城建学院田长勋编写,第四章由河南建筑职业技术学院张照方编写,第五章由河南建筑职业技术学院徐向东编写,第六章由河南建筑职业技术学院宋乔编写,第八章由河南省建设教育协会崔恩杰编写,第九章由河南城建学院魏亮编写,第十章由河南建筑职业技术学院刘萍编写。

　　本书由崔恩杰、谭水成任主编,并统稿,由田长勋任副主编,河南城建学院张奎教授任主审。本书在编写过程中参阅并吸收了大量的文献,在此对这些文献的作者表示深深的谢意,并对为本书付出辛勤劳动的编辑同志表示衷心的感谢。

　　由于编者水平有限,书中疏漏、错误之处在所难免,恳请使用本教材的师生和读者不吝指正。

作　者

2013年6月

目 录

第一篇　通用知识

第一章　工程材料的基本知识

【学习目标】

1. 熟悉石灰和水泥无机胶凝材料的基本知识。
2. 熟悉混凝土的基本知识。
3. 熟悉建筑砂浆的基本知识。
4. 熟悉建筑用钢材的基本知识。

第一节　无机胶凝材料

在一定条件下,经过自身一系列物理、化学作用后,能将散粒或块状材料黏结成整体,并使其具有一定强度的材料,统称为胶凝材料,在建筑工程中应用极其广泛。

胶凝材料按化学性质不同可分为有机胶凝材料和无机胶凝材料两大类。无机胶凝材料则是以无机化合物为主要成分的一类胶凝材料,如石灰、石膏、水泥等;有机胶凝材料是以天然或合成高分子化合物为基本组成的一类胶凝材料,如沥青、树脂等。

无机胶凝材料按硬化条件的不同分为气硬性无机胶凝材料和水硬性无机胶凝材料两大类。气硬性无机胶凝材料只能在空气中凝结、硬化、保持并发展其强度,如石灰、石膏、水玻璃等。水硬性无机胶凝材料既能在空气中硬化,又能很好地在水中硬化,保持并继续发展其强度,如各种水泥。

一、石灰

石灰是人类在建筑中最早使用的胶凝材料之一,因其原材料蕴藏丰富、分布广、生产工艺简单、成本低廉、使用方便,所以至今仍被广泛应用于建筑工程中。

(一)生石灰

生石灰是一种白色或灰色块状物质,其主要成分是氧化钙。正常温度下煅烧得到的石灰具有多孔结构,内部孔隙率大,晶粒细小,表观密度小,与水作用速度快。实际生产中,若煅烧温度过低或煅烧时间不充足,则 $CaCO_3$ 不能完全分解,将生成欠火石灰,使用欠火石灰时,产浆量较低,质量较差,降低了石灰的利用率;若煅烧温度过高或煅烧时间过长,将生成颜色较深、表观密度较大的过火石灰,过火石灰熟化十分缓慢,使用时会影响工程质量。

(二)石灰的熟化及硬化

1.石灰的熟化(消解)

生石灰与水作用生成熟石灰,经熟化所得的氢氧化钙(熟石灰)即石灰熟化。石灰熟化时放出大量的热量,同时体积膨胀 $1 \sim 2.5$ 倍。

过火石灰熟化极慢,为避免过火石灰在使用后因吸收空气中的水蒸气而逐步水化膨胀,使硬化砂浆或石灰制品产生隆起、开裂等破坏,在使用前必须使其熟化或将其除去。常采用的方法是在熟化过程中首先将较大尺寸的过火石灰块利用筛网等除去(同时可除去较大的欠火石灰块,以改善石灰质量),之后让石灰浆在储灰池中陈伏两周以上,使较小的过火石灰充分熟化。陈伏期间,石灰浆表面应留有一层水,与空气隔绝,以免石灰碳化。

2.石灰的硬化

石灰在空气中的硬化包括干燥、结晶和碳化三个交错进行的过程。石灰浆中多余的水分蒸发或砌体吸收而使石灰粒子紧密接触,获得一定强度。随着游离水的减少,使得 $Ca(OH)_2$ 溶液过饱和而逐渐结晶析出,促进石灰浆体的硬化,同时干燥使浆体紧缩而产生强度。$Ca(OH)_2$ 与空气中的 CO_2 作用,生成不溶解于水的 $CaCO_3$ 晶体,析出的水分则逐渐被蒸发,这个过程称为碳化,形成的 $CaCO_3$ 晶体使硬化石灰浆体结构致密、强度提高。但由于空气中 CO_2 的浓度很低,且表面碳化后,CO_2 不易进入内部,故碳化过程极为缓慢。空气中湿度过小或过大均不利于石灰的硬化。

石灰硬化慢、强度低、不耐水。

(三)石灰的品种

建筑工程所用的石灰有三个品种:建筑生石灰、建筑生石灰粉和建筑消石灰粉。因石灰原料中常含有一些碳酸镁成分,所以经煅烧生成的生石灰中,也相应含有氧化镁成分。根据氧化镁的含量不同有钙质生石灰、镁质生石灰、钙质消石灰粉、镁质消石灰粉、白云石质消石灰粉。

根据建筑行业标准将石灰分成优等品、一等品、合格品三个等级。

(四)石灰的特性

(1)保水性和可塑性好。生石灰熟化成的石灰浆具有良好的保水性和可塑性,用来配制建筑砂浆可显著提高砂浆的和易性,便于施工。

(2)吸湿性强。生石灰吸湿性强,保水性好,是传统的干燥剂。

(3)凝结硬化慢、强度低。石灰浆的碳化很慢,且 $Ca(OH)_2$ 结晶量很少,因而硬化慢、强度很低。如1:3的石灰砂浆 28 d 抗压强度通常只有 $0.2 \sim 0.5$ MPa,不宜用于重要建筑物的基础。

(4)耐水性差。由于 $Ca(OH)_2$ 能溶于水,所以长期受潮或受水浸泡会使硬化的石灰溃散。若石灰浆体在完全硬化之前就处于潮湿的环境中,石灰中的水分不能蒸发出去,其硬化就会被阻止,所以石灰不宜在潮湿的环境中应用。

(5)硬化时体积收缩大。石灰浆在硬化过程中要蒸发掉大量水分,易出现干缩裂缝,除调成石灰乳做薄层粉刷外,不宜单独使用。使用时常在其中掺加砂、麻刀、纸筋等,以抵抗收缩引起的开裂和增加抗拉强度。

(五)石灰的应用

生石灰经加工处理后可得到很多品种的石灰,如生石灰粉、消石灰粉、石灰乳、石灰膏等,不同品种的石灰具有不同的用途。

(1)石灰砂浆和石灰乳涂料:用作内墙及天棚粉刷的涂料;如果掺入适量的砂或水泥和砂,即可配制成石灰砂浆或混合砂浆,用于墙体砌筑或内墙、顶棚抹面。

(2)配制灰土和三合土:石灰粉与黏土按一定比例拌和,可制成石灰土,或与黏土、砂石、炉渣等填料拌制成三合土,夯实后主要用在一些建筑物的基础、地面的垫层和公路的路基上。

(3)制作碳化石灰板:可做非承重的内隔墙板、天花板。

(4)制作硅酸盐制品:如灰砂砖、粉煤灰砖、砌块等。

(六)石灰的储存

生石灰会吸收空气中的水分和 CO_2 生成 $CaCO_3$ 晶体,从而失去黏结力,所以在工地上储存时要防止受潮,且不宜太多、太久。另外,石灰熟化时要放出大量的热,因此应将生石灰与可燃物分开保管,以免引起火灾。通常进场后可立即陈伏,将储存期变为陈伏期。

二、通用水泥

水泥是一种粉状材料,加水拌和成塑性浆体后,能在空气中和水中硬化,并形成稳定性化合物的水硬性胶凝材料。水泥作为胶凝材料,可用来制作混凝土、钢筋混凝土和预应力混凝土构件,也可配制各类砂浆,用于建筑物的砌筑、抹面、装饰等。不仅大量应用于工业和民用建筑,还广泛应用于公路、桥梁、铁路、水利和国防等工程,被称为建筑业的粮食,在国民经济中起着十分重要的作用。

水泥按矿物组成可分为硅酸盐水泥、铝酸盐水泥、硫铝酸盐水泥、铁铝酸盐水泥、氟铝酸盐水泥等。按水泥的用途及性能分为通用水泥、专用水泥、特性水泥三类。

(一)通用硅酸盐水泥的定义和品种

以硅酸盐水泥熟料和适量石膏,以及规定的混合材料共同磨细制成的水硬性胶凝材料称为通用硅酸盐水泥。

通用硅酸盐水泥按混合材料的品种和掺量分为以下六种:硅酸盐水泥(P·Ⅰ、P·Ⅱ)、普通硅酸盐水泥(P·O,简称普通水泥)、矿渣硅酸盐水泥(P·S·A、P·S·B,简称矿渣水泥)、火山灰质硅酸盐水泥(P·P,简称火山灰水泥)、粉煤灰硅酸盐水泥(P·F,简称粉煤灰水泥)、复合硅酸盐水泥(P·C,简称复合水泥)。

(二)通用硅酸盐水泥熟料的矿物组成

硅酸盐水泥熟料主要由四种矿物组成,分别为硅酸三钙(C_3S)、硅酸二钙(C_2S)、铝酸三钙(C_3A)和铁铝酸四钙(C_4AF)。硅酸盐水泥熟料除以上四种主要矿物外,还有少量的未反应的游离氧化钙、游离氧化镁等。硅酸盐水泥熟料各主要矿物含量范围及其特性如表 1-1 所示。

可通过调整原材料的配料比例来改变熟料矿物组成的相对含量,制得不同性能的水泥。如提高硅酸三钙含量,可制成高强快硬水泥;适当降低硅酸三钙和铝酸三钙含量,同时提高硅酸二钙含量,可制得低热水泥或中热水泥。

表 1-1　硅酸盐水泥熟料的主要矿物组成及其特性

矿物组成			矿物特性					
矿物名称	简写式	含量（%）	强度		水化热	凝结硬化速度	耐腐蚀性	干缩
			早期	后期				
硅酸三钙	C_3S	37～60	高	高	大	快	中	中
硅酸二钙	C_2S	15～37	低	高	小	慢	较好	中
铝酸三钙	C_3A	7～15	低	低	最大	最快	最差	大
铁铝酸四钙	C_4AF	10～18	低	低	中	中	好	小

（三）硅酸盐系列水泥的水化与凝结硬化

水泥加水拌和后,水泥颗粒立即与水发生化学反应并放出一定的热量。此时的水泥浆既有可塑性又有流动性,随着反应的进行,水化物膜层增厚并相互连接,浆体逐渐失去流动性,即为初凝。继而完全失去可塑性,即为终凝。水泥浆逐渐产生强度并发展成为坚硬的水泥石,这一过程称为水泥的硬化。

在四种水泥熟料矿物成分中,C_3A 的水化最快,能使水泥瞬间产生凝结。为了方便施工使用,通常在水泥熟料中加入掺量为水泥质量3%～5%的石膏,目的是达到缓凝。

硅酸盐水泥与水作用后生成的主要水化反应产物有:水化硅酸钙和水化铁酸钙凝胶、氢氧化钙、水化铝酸钙和水化硫铝酸钙晶体。

硬化水泥石是由未水化的水泥颗粒、凝胶体、晶体、水(自由水和吸附水)和孔隙(毛细孔和凝胶孔)组成的。

（四）影响硅酸盐水泥凝结硬化的因素

1. 水泥熟料的矿物组成

水泥熟料中各种矿物组成的凝结硬化速度不同,当各矿物的相对含量不同时,水泥熟料的凝结硬化速度就不同。当水泥熟料中硅酸三钙、铝酸三钙相对含量较高时,水泥的水化反应速率快,凝结硬化速度也快。

2. 水泥细度的影响

水泥颗粒越细,水化时与水接触的表面积越大,水化反应速度快、水化产物多、凝结硬化快,早期强度也越高。但水泥颗粒过细,会增加磨细的能耗和提高成本,且不宜久存,过细水泥硬化时还会产生裂缝。

3. 拌和用水量的影响

在水泥用量不变的情况下,增加拌和水用量,会增加硬化水泥石中的毛细孔,使其强度降低。另外,增加拌和用水量,会增加水泥的凝结时间。

4. 环境的温度和湿度

温度对水泥的凝结硬化有明显影响。温度越高,水泥凝结硬化速度越快;温度越低,水泥凝结硬化速度越慢。特别是当温度低于 0 ℃时,水泥水化停止,并有可能在冻融的作用下,造成已硬化的水泥石破坏。因此,混凝土工程冬季施工要采取一定的保温措施。

周围环境的湿度越大,水分越不易蒸发,水泥水化越充分,水泥硬化后强度也越高;若水泥处于干燥环境,水分蒸发快,水泥浆体缺水使水化不能正常进行,甚至水化停止,强度不再增长。因此,混凝土工程在浇筑后2~3周内要洒水养护,以保证水化时所必需的水分。

5.龄期

水泥水化是由表及里逐步深入进行的。随着时间的延续,水泥的水化程度不断增加。因此,龄期越长,水泥的强度越高。一般情况下,水泥加水拌和后的前28 d水化速度较快,强度发展也快;28 d之后,强度发展显著变慢。但是,只要维持适当的温度与湿度,水泥的强度在几个月、几年,甚至几十年后还会继续增长。工程中常以水泥28 d的强度作为设计强度。

(五)通用硅酸盐水泥的技术标准

1.化学指标

通用硅酸盐水泥的化学指标应符合表1-2的规定。

表1-2　通用硅酸盐水泥的化学指标(GB 175—2007)　　　　　　　(%)

品种	代号	不溶物 (质量分数)	烧失量 (质量分数)	三氧化硫 (质量分数)	氧化镁 (质量分数)	氯离子 (质量分数)
硅酸盐水泥	P·Ⅰ	≤0.75	≤3.0	≤3.5	≤5.0a	≤6.0c
	P·Ⅱ	≤1.5	≤3.5			
普通水泥	P·O	—	≤5.0	≤4.0	≤6.0b	
矿渣水泥	P·S·A	—	—		≤6.0b	
	P·S·B	—	—	≤3.5	—	
火山灰水泥	P·P	—	—		≤6.0b	
粉煤灰水泥	P·F	—	—			
复合水泥	P·C	—	—			

注:a.如果水泥压蒸试验合格,则水泥中氧化镁的含量(质量分数)允许放宽至6.0%。

b.如果水泥中氧化镁的含量(质量分数)大于6.0%,则需进行水泥压蒸安定性试验并合格。

c.当有更低要求时,该指标由买卖双方确定。

2.标准稠度用水量

水泥净浆标准稠度用水量是指水泥净浆达到标准规定的稠度时所需的加水量,常以水和水泥质量之比的百分数表示。标准法是以试杆沉入净浆并距底板(6±1)mm时的水泥净浆为标准稠度净浆。各种水泥的矿物成分、细度不同,拌和成标准稠度时的用水量也各不相同,水泥的标准稠度用水量一般为24%~33%。拌和水泥浆时的用水量对水泥凝结时间和体积安定有影响,因此测定水泥凝结时间和体积安定时必须采用标准稠度的水泥浆。

3.凝结时间

水泥的凝结时间分为初凝时间和终凝时间。初凝时间是指从水泥加水到标准净浆开始失去可塑性的时间;终凝时间是指从水泥加水到水泥浆标准净浆完全失去可塑性的时间。

水泥的凝结时间在工程施工中有重要作用。为有足够的时间对混凝土进行搅拌、运输、浇筑和振捣,初凝时间不宜过短。为使混凝土尽快硬化并具有一定强度,以利于下道工序的进行,故终凝时间不宜过长。

国家标准规定,通用水泥的初凝时间不得早于 45 min;硅酸盐水泥终凝时间不得迟于 6.5 h,其余五种水泥的终凝时间不得迟于 10 h。

4. 体积安定性

水泥体积安定性是指水泥在凝结硬化过程中体积变化的均匀性。当水泥浆体在硬化过程中体积发生不均匀变化时,会导致水泥混凝土膨胀、翘曲、产生裂缝等,即所谓体积安定性不良。安定性不良的水泥会降低建筑物质量,甚至引起严重事故。

造成水泥体积安定性不良的原因是水泥熟料中游离氧化钙、游离氧化镁过多或石膏掺量过多。游离氧化钙和游离氧化镁是在高温烧制水泥熟料时生成的,处于过烧状态,水化很慢,它们在水泥硬化后开始或继续进行水化反应,其水化产物体积膨胀,使水泥石开裂。过量石膏会与已固化的水化铝酸钙作用,生成钙矾石,体积膨胀,使已硬化的水泥石开裂。

国家标准规定,由游离氧化钙引起的水泥体积安定性不良可采用沸煮法检验。沸煮法包括试饼法和雷氏法两种。当试饼法和雷氏法结论有矛盾时,以雷氏法为准。

5. 强度及强度等级

水泥强度是选用水泥的主要技术指标,国家标准规定按水泥胶砂强度检验方法(ISO 法)来测定其强度,并按规定龄期的抗压强度和抗折强度来划分水泥的强度等级。

通用硅酸盐水泥的强度等级及各龄期的强度要求见表1-3。各龄期强度不得低于表1-3中规定的数值。强度等级中带 R 的为早强型水泥。

表1-3　通用硅酸盐水泥的强度等级及各龄期的强度要求(GB 175—2007)

品种	强度等级	抗压强度(MPa)		抗折强度(MPa)	
		3 d	28 d	3 d	28 d
硅酸盐水泥	42.5	17.0	42.5	3.5	6.5
	42.5R	22.0	42.5	4.0	6.5
	52.5	23.0	52.5	4.0	7.0
	52.5R	27.0	52.5	5.0	7.0
	62.5	28.0	62.5	5.0	8.0
	62.5R	32.0	62.5	5.5	8.0
普通水泥	42.5	17.0	42.5	3.5	6.5
	42.5R	22.0	42.5	4.0	6.5
	52.5	23.0	52.5	4.0	7.0
	52.5R	27.0	52.5	5.0	7.0
矿渣水泥、粉煤灰水泥、火山灰水泥、复合水泥	32.5	10.0	32.5	2.5	5.5
	32.5R	15.0	32.5	3.5	5.5
	42.5	15.0	42.5	3.5	6.5
	42.5R	19.0	42.5	4.0	6.5
	52.5	21.0	52.5	4.0	7.0
	52.5R	23.0	52.5	4.0	7.0

6. 碱含量(选择性指标)

碱含量是指水泥中 Na_2O 和 K_2O 的含量。水泥中碱含量过高,当使用活性骨料时,易发生碱－骨料反应,造成工程危害。要使用低碱水泥。水泥中的碱含量按 $Na_2O + 0.685K_2O$ 计算,当使用活性骨料或用户要求提供低碱水泥时,水泥中的碱含量不得大于总量的0.60%或由供需双方商定。

7. 细度(选择性指标)

细度是指水泥颗粒的粗细程度。水泥的颗粒越细,水泥水化速度越快,强度也越高;但水泥太细,其硬化收缩较大,磨制水泥的成本也较高。因此,细度应适宜。国家标准规定:硅酸盐水泥和普通水泥的细度用比表面积表示,其比表面积应小于 $300\ m^2/kg$;其他四种水泥的细度用筛析法,要求在 $0.08\ mm$ 方孔筛筛余不大于10%或 $0.045\ mm$ 的筛余量不大于30%。

国家标准规定:化学指标、安定性、凝结时间、强度均符合规定的为合格品;反之,不符合上述任一技术要求者为不合格品。

(六)通用硅酸盐水泥的特性

通用硅酸盐水泥的特性见表1-4。

表1-4　通用硅酸盐水泥的特性

品种	硅酸盐水泥	普通水泥	矿渣水泥	火山灰水泥	粉煤灰水泥	复合水泥
主要特性	①凝结硬化快 ②早期强度高 ③水化热大 ④抗冻性好 ⑤干缩性小 ⑥耐腐蚀性差 ⑦耐热性差	①凝结硬化较快 ②早期强度较高 ③水化热较大 ④抗冻性较好 ⑤干缩性较小 ⑥耐腐蚀性较差 ⑦耐热性较差	①凝结硬化慢 ②早期强度低,后期强度增长较快 ③水化热较小 ④抗冻性差 ⑤干缩性大 ⑥耐腐蚀性较好 ⑦耐热性好 ⑧泌水性大	①凝结硬化慢 ②早期强度低,后期强度增长较快 ③水化热较小 ④抗冻性差 ⑤干缩性大 ⑥耐腐蚀性较好 ⑦耐热性好 ⑧抗渗性较好	①凝结硬化慢 ②早期强度低,后期强度增长较快 ③水化热较小 ④抗冻性差 ⑤干缩性较小,抗裂性较好 ⑥耐腐蚀性较好 ⑦耐热性好	与所掺两种或两种以上混合材料的种类、掺量有关,其特性基本上与矿渣水泥、火山灰水泥、粉煤灰水泥的特性相似

(七)通用硅酸盐水泥的适用范围。

通用硅酸盐水泥的适用范围见表1-5。

(八)水泥石的腐蚀

在通常使用条件下,通用硅酸盐水泥硬化后形成的水泥石有较好的耐久性,但当水泥石长时间处于侵蚀性介质中(如流动的淡水、酸性水、强碱等),会发生腐蚀,导致强度降低,甚至破坏。

表 1-5　通用硅酸盐水泥的选用

混凝土工程特点或所处的环境条件		优先选用	可以使用	不宜使用
普通混凝土	在普通气候环境中的混凝土	普通水泥	矿渣水泥 火山灰水泥 粉煤灰水泥 普通水泥	
	在干燥环境中的混凝土	普通水泥	矿渣水泥	粉煤灰水泥 火山灰水泥
	在高湿环境中或长期处在水下的混凝土	矿渣水泥	普通水泥 火山灰水泥 粉煤灰水泥 复合水泥	
	厚大体积的混凝土	粉煤灰水泥 矿渣水泥 火山灰水泥 复合水泥	普通水泥	硅酸盐水泥
有特殊要求的混凝土	快硬高强(≥C40)的混凝土	硅酸盐水泥	普通水泥	矿渣水泥 火山灰水泥 粉煤灰水泥 复合水泥
	严寒地区的露天混凝土和处在水位升降范围内的混凝土	普通水泥	矿渣水泥	火山灰水泥 粉煤灰水泥
	严寒地区处在水位升降范围内的混凝土	普通水泥		火山灰水泥 矿渣水泥 粉煤灰水泥 复合水泥
	有抗渗性要求的混凝土	普通水泥 火山灰水泥		矿渣水泥
	有耐磨性要求的混凝土	硅酸盐水泥 普通水泥	矿渣水泥	火山灰水泥 粉煤灰水泥

水泥石腐蚀主要有下面几种类型。

1. 软水侵蚀

水泥石长期与雨水、雪水、工业冷凝水、蒸馏水等软水相接触,会溶出氢氧化钙,使水泥石碱度降低。如果长期处于流水及压力水作用下,当氢氧化钙的浓度降到一定程度时,水化铝酸三钙将被溶解,使水泥石孔隙不断增大,强度不断下降,最终使水泥石发生破坏。

2．酸类侵蚀

工业废水、地下水、沼泽水中常含有多种无机酸和有机酸。硅酸盐水泥水化产物中含有较多的 $Ca(OH)_2$，当遇到酸类或酸性水时则会发生中和反应，生成的化合物或者易溶于水，或体积膨胀而导致水泥石破坏。

3．盐类侵蚀

在海水、地下水和工业污水中常含有钾、钠、氨的硫酸盐和镁盐，它们与水泥石中的 $Ca(OH)_2$ 反应，生成易溶于水或者体积膨胀的物质，使水泥遭到破坏。

4．强碱侵蚀

碱类溶液浓度不大时一般对水泥石是无害的。但铝酸三钙（C_3A）含量较高的硅酸盐水泥遇到强碱也会产生破坏作用，生成易溶或结晶物质，使水泥遭到破坏。

水泥石的腐蚀是由水泥石中存在易引起腐蚀的成分和水泥石本身不密实造成的。防止水泥石腐蚀的方法有：根据侵蚀介质特点，合理选用水泥及熟料矿物组成；提高水泥石的密实度，改善孔隙结构；表面加做保护层。

（九）通用硅酸盐水泥的储存和运输

水泥在储存和运输时不得受潮和混入杂质，通用硅酸盐水泥的有效储存期为 90 d。过期水泥和受潮结块的水泥，均应重新检测其强度后才能决定如何使用。

三、特性水泥

（一）快硬硅酸盐水泥

凡是由硅酸盐水泥熟料和适量石膏共同磨细制成的，以 3 d 抗压强度表示强度等级的水硬性胶凝材料称为快硬硅酸盐水泥，简称快硬水泥。

快硬硅酸盐水泥的特点：凝结硬化快，早期强度高，水化热大且集中。快硬水泥适用于配制早强、高强混凝土的工程，紧急抢修的工程和低温施工工程，但不宜用于大体积混凝土工程。

快硬水泥易受潮变质，故储存和运输时应特别注意防潮，且储存时间不宜超过一个月。

（二）铝酸盐水泥

铝酸盐水泥又称高铝水泥，是以铝矾土和石灰石为主要原料，经高温煅烧所得的以铝酸钙为主要矿物的水泥熟料，经磨细制成的水硬性胶凝材料，代号为 CA。国家标准《铝酸盐水泥》（GB 201—2000）根据 Al_2O_3 含量将铝酸盐水泥分为：CA－50、CA－60、CA－70、CA－80 四类。

1．铝酸盐水泥的技术指标

（1）细度为比表面积不小于 300 m^2/kg，或 45 μm 的方孔筛筛余量不大于 20%。

（2）凝结时间：CA－50、CA－70、CA－80 的初凝时间不得早于 30 min，终凝时间不得迟于 6 h；CA－60 的初凝时间不得早于 60 min，终凝时间不得迟于 18 h。

（3）强度：各类型铝酸盐水泥各龄期的强度值不得低于表 1-6 中规定的数值。

2．铝酸盐水泥的特性与应用

铝酸盐水泥具有快凝、早强、高强、低收缩、耐热性好和耐硫酸盐腐蚀性强等特点，适用于工期紧急的工程、抢修工程、冬季施工的工程和耐高温工程，还可以用来配制耐热混凝土、耐硫酸盐混凝土等。但铝酸盐水泥的水化热大、耐碱性差，不宜用于大体积混凝土，不宜采用蒸汽等湿热养护。

表1-6　铝酸盐水泥的各龄期强度要求　　　　　　　　（单位:MPa）

水泥类型	抗压强度				抗折强度			
	6 h	1 d	3 d	28 d	6 h	1 d	3 d	28 d
CA－50	20	40	50	—	3.0	5.5	6.5	—
CA－60	—	20	45	80	—	2.5	5.0	10.0
CA－70	—	30	40			5.0	6.0	
CA－80	—	25	30	—	—	4.0	5.0	—

注:本表摘自《铝酸盐水泥》(GB 201—2000)。

(三)膨胀水泥

一般水泥在凝结硬化过程中会产生不同程度的收缩,使水泥混凝土构件内部产生微裂缝,影响混凝土的强度及其他许多性能。而膨胀水泥在硬化过程中能够产生一定的膨胀,消除由收缩带来的不利影响。

膨胀水泥主要在凝结硬化过程中,膨胀组分使水泥产生一定量的膨胀值。目前常用的是以钙矾石为膨胀组分的各种膨胀水泥。

按膨胀值大小,可将膨胀水泥分为膨胀水泥和自应力水泥两大类。膨胀水泥的膨胀值较小,主要用于补偿水泥在凝结硬化过程中产生的收缩,因此又称为无收缩水泥或收缩补偿水泥。自应力水泥的膨胀值较大,在限制膨胀的条件下(如配有钢筋),由于水泥石的膨胀作用,使混凝土受到压应力,从而达到了预应力的目的,同时增加了钢筋的握裹力。

常用的膨胀水泥及主要用途如下:

(1)硅酸盐膨胀水泥。主要用于制造防水层和防水混凝土,加固结构、浇筑机器底座或固结地脚螺栓,还可用于接缝及修补工程,但禁止在有硫酸盐侵蚀的工程中使用。

(2)低热微膨胀水泥。主要用于要求较小水化热和要求补偿收缩的混凝土以及大体积混凝土,还可用于要求抗渗和抗硫酸盐侵蚀的工程。

(3)膨胀硫铝酸盐水泥。主要用于配置接点、抗渗和补偿收缩的混凝土工程。

(4)自应力水泥。主要用于自应力钢筋混凝土压力管及其配件。

(四)白色硅酸盐水泥

以适当成分的生料烧制部分熔融,所得以硅酸钙为主要成分、氧化铁含量少的硅酸盐水泥熟料,掺入适量石膏、0～10%的混合材料(石灰石、窑灰)磨细制成的水硬性胶材料,称为白色硅酸盐水泥,简称白水泥,代号P·W。

白水泥的性能和普通硅酸盐水泥基本相同。另白度应不低于87,强度等级有32.5、42.5、52.5三个等级。

对以上主要技术要求,国家标准还规定:凡三氧化硫、初凝时间、安定性中任一项不符合标准规定或强度低于最低等级的指标时为废品;凡细度、终凝时间、强度和白度中任一项不符合标准规定时为不合格品。水泥包装标志中水泥品种、生产者名称和出厂编号不全的也属于不合格品。白水泥的有效储存期为3个月。

(五)彩色硅酸盐水泥

彩色硅酸盐水泥简称彩色水泥,根据其着色方法不同,有三种生产方式:一是在水泥生料中加入着色物质,煅烧成彩色水泥熟料,再加入适量石膏共同磨细;二是染色法,将白色硅酸盐水泥熟料或硅酸盐水泥熟料、适量石膏和碱性着色物质共同磨细制得彩色水泥;三是将干燥状态的着色物质直接掺入白水泥或硅酸盐水泥中。当工程使用量较少时,常用第三种办法。

白色硅酸盐水泥和彩色硅酸盐水泥,主要用于建筑装饰工程中,常用于配制各种装饰混凝土和装饰砂浆,如水磨石、水刷石、人造大理石、干粘石等饰面、雕塑和装饰部件等制品。

第二节　混凝土

一、混凝土概述

混凝土是由胶凝材料,粗、细骨料,水和外加剂以及矿物掺合料,按适当比例配合,拌制、浇筑成型后,经一定时间养护、硬化而成的具有所需形状、一定强度的人造石材。

(一)混凝土的分类

1.按所用胶结材料分类

混凝土按所用胶结材料可分为结构混凝土、聚合物浸渍混凝土、聚合物胶结混凝土、沥青混凝土、硅酸盐混凝土、石膏混凝土及水玻璃混凝土等。

2.按表观密度分类

(1)重混凝土。表观密度大于 2 800 kg/m³,主要用作核能工程的屏蔽结构材料。

(2)普通混凝土。表观密度为 2 000 ~ 2 800 kg/m³,是用普通的天然砂石为骨料配制而成的,主要用作各种建筑的承重结构材料。

(3)轻混凝土。表观密度小于 2 000 kg/m³,主要用作轻质结构材料和隔热保温材料。

3.按用途分类

混凝土按用途可分为结构混凝土、装饰混凝土、防水混凝土、道路混凝土、防辐射混凝土、耐热混凝土、耐酸混凝土、大体积混凝土、膨胀混凝土等。

4.按强度等级分类

(1)普通混凝土。强度等级一般在 C60 以下。其中抗压强度小于 30 MPa 的混凝土为低强度混凝土,抗压强度为 30 ~ 60 MPa(C30 ~ C60)的混凝土为中强度混凝土。

(2)高强度混凝土。抗压强度等于或大于 60 MPa。

(3)超高强度混凝土。抗压强度在 100 MPa 以上。

5.按生产和施工方法分类

混凝土按生产和施工方法可分为泵送混凝土、喷射混凝土、碾压混凝土、真空脱水混凝土、离心混凝土、压力灌浆混凝土、预拌混凝土(商品混凝土)等。

(二)混凝土的特点

混凝土是当代最大宗的、最重要的建筑材料,它具有下列优点:

(1)组成材料中砂、石等地方材料占80%以上,符合就地取材和经济原则。

(2)易于加工成型。新拌混凝土有良好的可塑性和浇筑性,可满足设计要求的形状和尺寸。

(3)匹配性好。各组成材料之间有良好的匹配性,如混凝土与钢筋、钢纤维或其他增强材料,可组成共同的具有互补性的受力整体。

（4）可调整性强。因混凝土的性能取决于其组成材料的质量和组合情况,因此可通过调整其组成材料的品种、质量和组合比例,达到所要求的性能,即可根据使用性能的要求与设计来配制相应的混凝土。

（5）钢筋混凝土结构可代替钢、木结构,从而节省大量的钢材和木材。

（6）耐久性好,维修费少。

由于混凝土有上述重要优点,所以广泛应用于工业与民用建筑工程、水利工程、地下工程、公路、铁路、桥涵及国防军事各类工程中。但混凝土自重大、比强度小、抗拉强度低、变形能力差和易开裂等缺点,也是有待研究改进的。

二、普通混凝土

普通混凝土的基本组成材料是天然砂、石子、水泥和水,为改善混凝土的某些性能还常加入适量的外加剂或外掺料。

（一）普通混凝土的组成材料

在混凝土中,砂、石起骨架作用,因此称为骨料。水泥和水形成的水泥浆,包裹在砂粒表面并填充砂粒间的空隙而形成水泥砂浆,水泥砂浆又包裹在石子表面并填充石子间的空隙。在混凝土硬化前,水泥浆起润滑作用,赋予混凝土拌和物一定的流动性,便于施工。硬化后,则将骨料胶结成一个坚实的整体,并产生一定的力学强度。混凝土结构如图 1-1 所示。

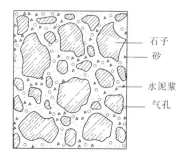

图 1-1　混凝土结构

1. 水泥

水泥在混凝土中起胶结作用,是最重要的材料,正确、合理地选择水泥的品种和强度等级,是影响混凝土强度、耐久性及经济性的重要因素。配制混凝土用的水泥应符合现行国家标准的有关规定。采用何种水泥,应根据工程特点和所处的环境条件选用。

水泥强度等级的选择应与混凝土的设计强度等级相适应。原则上配制高强度等级的混凝土,选用高强度等级的水泥;配制低强度等级的混凝土,选用低强度等级的水泥。若水泥强度等级过低,会使水泥用量过大而不经济;若水泥强度等级过高,则水泥用量会偏少,给混凝土的和易性及耐久性带来不利影响。对一般强度等级的混凝土,水泥强度等级宜为混凝土强度等级的 1.5～2.0 倍,对于较高强度等级的混凝土,水泥强度等级宜为混凝土强度等级的 0.9～1.5 倍。

2. 细骨料（砂）

细骨料是指粒径为 0.15～4.75 mm 的岩石颗粒,有天然砂和人工砂两大类。

天然砂按其产源不同可分为河砂、湖砂、山砂和海砂。河砂表面比较圆滑、洁净;海砂中常含有贝壳碎片及可溶盐等有害物质;山砂颗粒多具棱角,表面粗糙,杂质较多。建筑工程中一般多采用河砂做细骨料。

人工砂包括机制砂和混合砂。混合砂是由机制砂和天然砂混合而成的。把机制砂和天然砂相混合,可充分利用地方资源,降低机制砂的生产成本,机制砂将成为发展方向。

根据我国《建筑用砂》（GB/T 14684—2001）,砂按细度模数（M_X）大小分为粗、中、细三种规格;按技术要求分为Ⅰ类、Ⅱ类、Ⅲ类三种类别。Ⅰ类宜用于强度等级大于 C60 的混凝土,Ⅱ类宜用于强度等级为 C30~C60 及抗冻、抗渗或其他要求的混凝土,Ⅲ类宜用于强度等级小于 C30 的混凝土和建筑砂浆。

1) 砂的颗粒级配及粗细程度

砂的颗粒级配是指不同粒径的砂子相互间的搭配情况。良好的颗粒级配是在粗颗粒砂的空隙中由中颗粒砂填充,中颗粒砂的空隙再由细颗粒砂填充,这样逐级地填充,使空隙率达到最小程度,如图 1-2 所示。细骨料级配良好,可以使填充砂子空隙的水泥浆用量较少,节约水泥,又可使混凝土密实,提高混凝土的强度及耐久性。

(a)　　　　　　　(b)　　　　　　　(c)

图 1-2　骨料的颗粒级配

砂的粗细程度是指不同粒径的砂粒混合在一起的平均粗细程度,在砂用量一定的条件下,细砂的总表面积较大,而粗砂的总表面积较小。砂子的总表面积越大,则需要包裹砂粒表面的水泥浆就越多。一般用粗砂拌制混凝土比用细砂拌制混凝土所需的水泥浆少。

在拌制混凝土时,砂的颗粒级配和粗细程度应同时考虑。当砂中含有较多的粗颗粒,并以适量的中颗粒及少量的细颗粒填充其空隙,则可达到空隙率及总表面积均较小,这是比较理想的,不仅水泥用量少,而且可以提高混凝土的密度与强度。

砂的颗粒级配和粗细程度常用筛分析的方法进行测定。用级配区表示砂的颗粒级配,用细度模数表示砂的粗细程度。筛分析的方法,是用一套孔径为 9.5 mm、4.75 mm、2.36 mm、1.18 mm、0.6 mm、0.3 mm、0.15 mm 的标准筛(方孔筛),将 500 g 的干砂试样由粗到细依次过筛,然后称量留在各筛上的砂量(9.5 mm 筛除外),并计算出各筛上的分计筛余百分率 a_1、a_2、a_3、a_4、a_5 和 a_6(各筛上的筛余量占砂样总质量的百分率)及累计筛余百分率 A_1、A_2、A_3、A_4、A_5 和 A_6,即

$$\left.\begin{array}{l} A_1 = a_1 \\ A_2 = a_1 + a_2 \\ A_3 = a_1 + a_2 + a_3 \\ A_4 = a_1 + a_2 + a_3 + a_4 \\ A_5 = A_1 + A_2 + A_3 + A_4 + A_5 \\ A_6 = A_1 + A_2 + A_3 + A_4 + A_5 + A_6 \end{array}\right\} \tag{1-1}$$

砂的粗细程度用细度模数(M_X)表示,即

$$M_X = \frac{(A_2 + A_3 + A_4 + A_5 + A_6) - 5A_1}{100 - A_1} \tag{1-2}$$

M_X 越大,表示砂越粗,普通混凝土用砂的细度模数范围一般为 3.7~1.6,其中 M_X 为 3.7~3.1 的为粗砂,M_X 为 3.0~2.3 的为中砂,M_X 为 2.2~1.6 的为细砂。

根据 0.6 mm 筛孔的累计筛余百分率,将细度模数为 3.7~1.6 的普通混凝土用砂分成 1 区、2 区、3 区三个级配区(见表 1-7)。1 区为粗砂区,2 区为中砂区,3 区为细砂区。普通

混凝土用砂的颗粒级配应处于表1-7中的任何一个级配区内才符合级配要求,除4.75 mm和0.6 mm筛号外,允许有部分超出分区界限,但其超出总量不应大于5%。

表1-7 砂的级配区范围

方孔筛(mm)	级配区		
	1 区	2 区	3 区
	累计筛余百分率(%)		
9.5	0	0	0
4.75	10 ~ 0	10 ~ 0	10 ~ 0
2.36	35 ~ 5	25 ~ 0	15 ~ 0
1.18	65 ~ 35	50 ~ 10	25 ~ 0
0.6	85 ~ 71	70 ~ 41	40 ~ 16
0.3	95 ~ 80	92 ~ 70	85 ~ 55
0.15	100 ~ 90	100 ~ 90	100 ~ 90

一般认为,处于2区的砂属于中砂,粗细适中,级配较好,宜优先选用;1区的砂偏粗,应适当提高砂率,并保证足够的水泥用量,以满足混凝土的工作性;3区的砂偏细,宜适当降低砂率,以保证混凝土的强度。

在实际工程中,若砂的级配不符合级配区的要求,可采用人工掺配的方法来改善,即将粗、细砂按适当比例进行试配,掺合使用;或将砂过筛,筛除过粗或过细的颗粒,使之达到级配要求。

2)含泥量、石粉含量和泥块含量

天然砂中的泥附在砂粒表面妨碍水泥与砂的黏结,增大混凝土用水量,降低混凝土的强度和耐久性,增大干缩。所以,它对混凝土是有害的,必须严格控制其含量。人工砂中适量的石粉对混凝土质量是有益的,可提高混凝土的密实性。砂中的含泥量、泥块含量和石粉含量应分别符合国家规定。

3)有害物质含量

砂中不应混有杂物(如含有云母、轻物质、有机物、硫化物及硫酸盐、氯化钠等)。云母为表面光滑的层、片状物质,它与水泥的黏结性差,影响混凝土的强度和耐久性;硫化物及硫酸盐对水泥有侵蚀作用;有机物影响水泥的水化硬化;氯化钠等氯化物对钢筋有锈蚀作用。当地砂中有害物质含量多,可以过筛并用清水或石灰水(有机物含量多时)冲洗后使用。

4)砂的坚固性

砂的坚固性是指砂在自然风化和其他外界物理化学因素作用下抵抗破裂的能力。按标准《建筑用砂》(GB/T 14684—2001)规定,用硫酸钠溶液检验,砂样经5次循环后,其质量损失应符合规定。

人工砂采用压碎指标法进行检验,压碎指标是测定粗骨料抗压碎能力强弱的指标。压碎指标越小,粗骨料抵抗受压破坏的能力越强。

3.粗骨料

粒径大于4.75 mm骨料的称为粗骨科。普通混凝土常用的粗骨料有碎石和卵石(砾石)。卵石、碎石按技术要求分为Ⅰ类、Ⅱ类、Ⅲ类。Ⅰ类宜用于强度等级大于C60的混凝土,Ⅱ类宜用于强度等级为C30 ~ C60及抗冻、抗渗或有其他要求的混凝土,Ⅲ类宜用于强度等级小于 C30 的混凝土。

（1）含泥量和泥块含量及有害杂质含量。

粗骨料中含泥量及泥块含量对混凝土的作用与砂子相同,粗骨料中也常含有一些有害杂质,如硫化物、硫酸盐、氯化物和有机质。它们的含量均应符合规定。

（2）针片状颗粒。

粗骨料中针片状颗粒不仅本身受力时容易折断,影响混凝土的强度,而且会增大骨料的空隙率,使混凝土拌和物的和易性变差,所以针片状颗粒含量不能太大,应符合规定。

（3）最大粒径及颗粒级配。

粗骨料公称粒级的上限称为该粒级的最大粒径。为了节约水泥,粗骨料的最大粒径在条件许可的情况下,尽量选大值。《混凝土质量控制标准》（GB 50164—2011）规定,对于混凝土结构,粗骨料最大公称粒径不得超过构件截面最小尺寸的 1/4,且不得超过钢筋间最小净间距的 3/4;对于混凝土实心板,粗骨料的最大公称粒径不得超过板厚的 1/3,且不得超过 40 mm;对于泵送混凝土,当泵送高度在 50 m 以下时,粗骨料最大粒径与输送管内径之比对碎石不宜大于 1∶3,卵石不宜大于 1∶2.5;泵送高度为 50～100 m 时,碎石不宜大于 1∶5,卵石不宜大于 1∶4。

粗骨料的级配也是通过筛分析试验来确定的。普通混凝土用碎石和卵石的颗粒级配应符合表 1-8 的规定。

表 1-8　碎石和卵石的颗粒级配范围

级配情况	公称粒级（mm）	累计筛余百分率（%）											
		2.36	4.75	9.50	16.0	19.0	26.5	31.5	37.5	53.0	63.0	75.0	90.0
		方孔筛（mm）											
连续级配	5～10	95～100	80～100	0～15	0								
	5～16	95～100	85～100	30～60	0～10	0							
	5～20	95～100	90～100	40～80		0～10	0						
	5～25	95～100	90～100		30～70		0～5	0					
	5～31.5	95～100	90～100	70～90		15～45		0～5	0				
	5～40		95～100	70～90			30～65		0～5	0			
单粒级	10～20		95～100	85～100		0～15	0						
	16～31.3			95～100		85～100		0～10	0				
	20～40				95～100		80～100		0～10	0			
	31.5～63					95～100		75～100	45～75		0～10	0	
	40～80						95～100			70～100		30～60	0～10	0

（4）骨料的强度。

为保证混凝土强度的要求,粗骨料都必须质地坚实、具有足够的强度。碎石和卵石的强度可采用岩石立方体强度和压碎指标两种方法来检验。

岩石立方体强度检验是将轧制碎石的母岩制成边长为 50 mm 的立方体（或直径、高均为 50 mm 的圆柱体）试件,在水饱和状态下,测定其极限抗压强度值。对于火成岩试件,其抗压强度值不宜低于 80 MPa,对于变质岩试件,其抗压强度值不宜低于 60 MPa,对于水成岩试件,其抗压强度值不宜低于 30 MPa。

压碎指标值表示粗骨料抵抗受压破坏的能力,其值越小,表示抵抗压碎的能力越强。压碎指标可按下式计算(与砂相同):

$$Q_e = \frac{G_1 - G_2}{G_1} \times 100\% \qquad (1-3)$$

式中　Q_e——压碎指标值(%);

　　　G_1——试样质量,g;

　　　G_2——试样的筛余量,g。

(5)坚固性。

粗骨料的坚固性是指在自然风化和其他外界物理化学因素作用下抵抗破裂的能力。骨料密实,强度高,吸水率小时,其坚固性越好。采用硫酸钠溶液法检验。

(6)骨料的含水状态。

骨料的含水状态可分为干燥状态、气干状态、饱和面干状态和湿润状态等四种,如图 1-3 所示。干燥状态下的骨料含水率等于或接近于零;气干状态的骨料含水率与大气湿度相平衡,但未达到饱和状态;饱和面干状态的骨料的内部孔隙含水达到饱和而其表面干燥;湿润状态的骨料不仅内部孔隙含水达到饱和,而且表面还附着一部分自由水。计算普通混凝土配合比时,一般以干燥状态的骨料为基准。

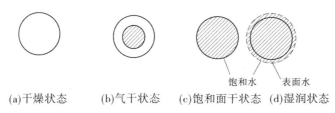

(a)干燥状态　　(b)气干状态　　(c)饱和面干状态　(d)湿润状态

图 1-3　骨料的含水状态

4.混凝土拌和用水及养护用水

混凝土用水,按水源可分为饮用水、地表水、地下水、海水以及工业废水和生活污水。拌制及养护混凝土宜采用饮用水;地表水和地下水经检验合格后方可使用;海水中含有较多的硫酸盐和氯盐,因此海水可用于拌制素混凝土,未经处理的海水严禁用于拌制钢筋混凝土和预应力钢筋混凝土,有饰面要求的素混凝土也不得用海水拌制;工业废水经检验合格后方可用于拌制混凝土;生活污水的水质比较复杂,不能用于拌制混凝土。

对混凝土用水的质量要求是:不影响混凝土的凝结和硬化,无损于混凝土的强度发展及耐久性,不加快钢筋锈蚀,不引起预应力钢筋脆断,不污染混凝土表面。

(二)混凝土拌和物的和易性

混凝土的性能包括两个部分:一是混凝土硬化之前的性能,即混凝土拌和物的和易性;二是混凝土硬化之后的性能,包括强度、变形性能和耐久性等。

1.和易性的概念

和易性是指混凝土拌和物易于施工操作(搅拌、运输、浇筑、捣实),并能获得质量均匀、成型密实的混凝土性能。和易性是一项综合的技术指标,包括流动性、黏聚性和保水性等三方面的含义。

流动性是指混凝土拌和物在自重或机械振捣作用下能产生流动,并均匀密实地填满模板的性能。流动性反映混凝土拌和物的稀稠程度。若拌和物太干稠,流动性差,施工困难;若拌和物过稀,流动性好,但容易出现分层离析,混凝土强度低,耐久性差。

黏聚性是指混凝土各组成材料间具有一定的黏聚力,不致产生分层和离析的现象,使混凝土保持整体均匀的性能。若混凝土拌和物黏聚性差,骨料与水泥浆容易分离,造成混凝土不均匀,振捣密实后会出现蜂窝、麻面等现象。

保水性是指混凝土拌和物在施工中具有一定的保水的能力,不产生严重的泌水现象。保水性差的混凝土拌和物,在施工过程中,一部分水易从内部析出至表面,在混凝土内部形成泌水通道,使混凝土的密实性变差,降低混凝土的强度和耐久性。

混凝土拌和物的流动性、黏聚性、保水性,三者之间既互相关联又互相矛盾。当流动性增大时,黏聚性和保水性变差;反之黏聚性、保水性变大,则会导致流动性变差。实际工程中,在保证混凝土技术性能的前提下,要综合考虑。

2. 和易性的测定

《普通混凝土拌合物性能试验方法标准》(GB/T 50080—2002)规定,用坍落度和维勃稠度来测定混凝土拌和物的流动性,并辅以直观经验来评定黏聚性和保水性。

1)坍落度法

坍落度试验适用于骨料最大粒径不大于 40 mm、坍落度值不小于 10 mm 的塑性混凝土拌和物。

根据坍落度的不同,可将混凝土拌和物分为低塑性混凝土(坍落度值为 10 ~ 40 mm)、塑性混凝土(坍落度值为 50 ~ 90 mm)、流动性混凝土(坍落度值为 100 ~ 150 mm)及大流动性混凝土(坍落度值≥160 mm)。

混凝土拌和物的坍落度要根据结构类型、构件截面大小、配筋疏密、输送方式和施工捣实方法等因素来确定。在满足施工要求的前提下,一般尽可能采用较小的坍落度。混凝土浇筑时的坍落度宜按表 1-9 选用。

表 1-9 混凝土浇筑时的坍落度

结构种类	坍落度(mm)
基础或地面等的垫层、无配筋的大体积结构或配筋稀疏的结构构件	10 ~ 30
板、梁和大型及中型截面的柱子等	30 ~ 50
配筋密列的结构(薄壁、筒仓、细柱等)	50 ~ 70
配筋特密的结构	70 ~ 90

2)维勃稠度法

坍落度值小于 10 mm 的干硬性混凝土拌和物应采用维勃稠度法测定,具体见《普通混凝土拌合物性能试验方法标准》(GB/T 50080—2002)。维勃稠度越小,表明拌和物越稀,流动性越好;反之,维勃稠度越大,表明拌和物越稠,越不易振实。

3. 影响和易性的主要因素

1)水泥浆的用量

混凝土拌和物中的水泥浆赋予混凝土拌和物一定的流动性。在水灰比一定的情况下,增加水泥浆的用量,拌和物的流动性随之增大,但水泥浆量过多不仅浪费水泥,而且会出现流浆现象,使混凝土拌和物的黏聚性变差,影响混凝土的强度及耐久性;水泥浆量过少,不能填满骨料空隙或不能包裹骨料表面时,拌和物就会产生崩塌现象,黏聚性也变差。因此,混凝土拌和物中的水泥浆量应以满足流动性和强度要求为度,不宜过量或少量。

2)水泥浆的稠度

水泥浆的稠度是由水灰比决定的。在水泥用量一定的情况下,水灰比越小,水泥浆就越稠,混凝土拌和物的流动性便越小。当水灰比过小时,水泥浆干稠,混凝土拌和物的流动性太低会使施工困难,不能保证混凝土的密实性。增大水灰比会使流动性增大,但水灰比太大,又会造成拌和物的黏聚性和保水性不良,产生流浆、离析现象,并严重影响混凝土的强度,降低混凝土的质量。一般来说,应根据混凝土的强度和耐久性要求合理地选用水灰比。

无论是水泥浆的多少还是水泥浆的稀稠,实际上都反映了用水量是对混凝土拌和物流动性起决定性作用的因素。因为在一定条件下,要使混凝土拌和物获得一定的流动性,所需的单位用水量基本上是一个定值。单纯加大用水量会降低混凝土的强度和耐久性。因此,对混凝土拌和物流动性的调整,应在保持水灰比不变的条件下,以改变水泥浆量的方法来调整,使其满足施工要求。

3)砂率

砂率是指混凝土中砂的质量占砂石总质量的百分率。砂的作用是填充石子间的空隙,并以水泥砂浆包裹在石子的外表面,减小石子间的摩擦阻力,赋予混凝土拌和物一定的流动性。砂率的变动会使骨料的空隙率和总表面积有显著改变,因而对混凝土拌和物的和易性产生显著影响。砂率过大时,骨料的空隙率和总表面积都会增大,包裹粗骨料表面和填充粗骨料空隙所需的水泥浆量就会增大,在水泥浆量一定的情况下,相对地水泥浆显得少了,削弱了水泥浆的润滑作用,导致混凝土拌和物的流动性降低;砂率过小时,则不能保证粗骨料间有足够的水泥砂浆,也会降低拌和物的流动性,并严重影响其黏聚性和保水性而造成离析、流浆等现象。因此,砂率有一个合理值(即最佳砂率)。当采用合理砂率时,在用水量和水泥用量一定的情况下,能使混凝土拌和物获得最大的流动性且能保持良好的黏聚性和保水性;或采用合理的砂率时,能使混凝土拌和物获得所要求的流动性及良好的黏聚性与保水性,而水泥用量最小,如图1-4、图1-5所示。合理的砂率可通过试验求得。

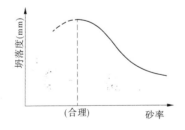

图1-4 砂率与坍落度的关系
(水量与水泥用量一定)

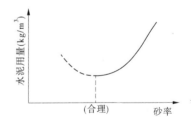

图1-5 砂率与水泥用量的关系
(达到相同的坍落度)

4)组成材料的品种及性质

不同品种的水泥需水量不同,因此在相同配合比时,拌和物的坍落度也将有所不同。在常用水泥中,以普通硅酸盐水泥所配制的混凝土拌和物的流动性和保水性较好;当使用矿渣水泥和某些火山灰水泥时,矿渣、火山灰质混合材料对水泥的需水性都有影响,矿渣水泥所配制的混凝土拌和物的流动性比较大,黏聚性差,易泌水。火山灰水泥需水量大,在相同加水量条件下,流动性显著降低,但黏聚性、保水性较好。

采用级配良好、较粗大的骨料,因其骨料的空隙率和总表面积小,包裹骨料表面和填充空隙的水泥浆量少,在相同配合比时拌和物的流动性好些,但砂、石过于粗大也会使拌和物的黏聚性和保水性下降。河砂及卵石多呈圆形,表面光滑无棱角,拌制的混凝土拌和物比山砂、碎石拌制的拌和物的流动性好。

5)时间及温度

拌和后的混凝土拌和物,随时间的延长而逐渐变得干稠,流动性减小。拌和物的和易性也受温度的影响。随着环境温度的升高,水分蒸发及水化反应加快,坍落度损失也变快。

6)加外剂

在拌制混凝土时,加入少量的外加剂能使混凝土拌和物在不增加水泥用量的条件下,获得良好的和易性,并且因改变了混凝土结构而提高了混凝土强度和耐久性。

在实际工作中,可采取以下措施调整混凝土拌和物的和易性:改善砂、石的级配;尽量采用较粗大的砂、石;尽可能降低砂率,通过试验,采用合理砂率;混凝土拌和物坍落度太小时,保持水灰比不变,适当增加水泥浆用量,当坍落度太大,黏聚性良好时,可保持砂率不变,适当增加砂、石用量;掺用外加剂。

(三)混凝土的强度

强度是混凝土最重要的力学性质,因为混凝土主要用于承受荷载或抵抗各种作用力。混凝土的强度包括抗压强度、抗拉强度、抗弯强度、抗剪强度及与钢筋的黏结强度等。其中混凝土的抗压强度最大,抗拉强度最小。因此,在结构工程中混凝土主要承受压力。

1. 混凝土的抗压强度与强度等级

混凝土立方体抗压强度是指按照国家标准《普通混凝土力学性能试验方法标准》(GB/T 50081—2002),制作 150 mm × 150 mm × 150 mm 的标准立方体试件,在标准条件(温度(20 ± 2)℃,相对湿度≥95%)下,养护到 28 d 龄期,用标准试验方法测得的抗压强度值,以 f_{cu} 表示。

混凝土立方体抗压强度标准值是指按标准方法制作和养护的边长为 150 mm 的立方体试件,在 28 d 龄期,用标准试验方法测其抗压强度,在抗压强度总体分布中,具有 95% 强度保证率的立方体试件抗压强度。为了正确进行设计和控制工程质量,根据混凝土立方体抗压强度标准值(以 $f_{cu,k}$ 表示),将混凝土划分为 19 个强度等级。混凝土强度等级采用符号 C 与立方体抗压强度标准值(以 MPa 计)表示。共分为 C10、C15、C20、C25、C30、C35、C40、C45、C50、C55、C60、C65、C70、C75、C80、C85、C90、C95、C100。如 C25,表示混凝土立方体抗压强度标准值为:$f_{cu,k}$≥25 MPa,即大于等于 25 MPa 的概率为 95% 以上。

测定混凝土立方体抗压强度,也可以采用非标准尺寸的试件,可按照换算系数进行换算,见表 1-10。

2. 混凝土的轴心抗压强度

在实际工程中,混凝土结构构件大部分是棱柱体或圆柱体。为了使测得的混凝土强度接近构件的实际情况,在计算钢筋混凝土轴心受压时,常用轴心抗压强度 f_{cp} 作为设计依据。

国家标准 GB/T 50081—2002 规定,采用 150 mm × 150 mm × 300 mm 的棱柱体作为标准

试件,在标准养护条件下养护 28 d 龄期,按照标准试验方法测得的抗压强度,即为轴心抗压强度。轴心抗压强度 f_{cp} 为立方体抗压强度 f_{cu} 的 7/10 ~ 8/10。

表 1-10 混凝土试件不同尺寸的强度换算系数

骨料最大粒径(mm)	试件尺寸(mm × mm × mm)	换算系数
≤31.5	$100 × 100 × 100$	0.95
≤40	$150 × 150 × 150$	1
≤63	$200 × 200 × 200$	1.05

3. 混凝土的抗拉强度

混凝土的抗拉强度只有抗压强度的 1/10 ~ 1/20,且随着混凝土强度等级的提高,这个比值有所降低。因此,在钢筋混凝土结构设计中一般不考虑抗拉强度。但混凝土的抗拉强度对抵抗裂缝的产生有着重要意义,是结构计算中确定混凝土抗裂度的重要指标,有时也用来间接衡量混凝土与钢筋间的黏结强度,并预测由于干湿变化和温度变化而产生的裂缝。我国采用劈裂法间接测定抗拉强度。

4. 混凝土与钢筋的黏结强度

在钢筋混凝土结构中,混凝土用钢筋增强,为使钢筋混凝土这类复合材料能有效工作,混凝土与钢筋之间必须要有适当的黏结强度。这种黏结强度主要来源于混凝土与钢筋之间的摩擦力、钢筋与水泥之间的黏结力及钢筋表面的机械啮合力。黏结强度与混凝土质量有关,与混凝土抗压强度成正比。此外,黏结强度还受其他许多因素影响,如钢筋尺寸及钢筋种类;钢筋在混凝土中的位置(水平钢筋或垂直钢筋)、加载类型(受拉钢筋或受压钢筋),以及环境的干湿变化、温度变化等。

5. 影响混凝土强度的因素

硬化后的混凝土受压破坏可能有三种形式:骨料与水泥石界面的黏结处破坏、水泥石本身受压破坏和骨料受压破坏。在混凝土结构形成过程中,多余水分残留在水泥石中形成毛细孔;水分的析出在水泥石中形成泌水通道,或聚集在粗骨料下缘处形成水囊;水泥水化产生的化学收缩以及各种物理收缩等还会在水泥石和骨料的界面上形成微细裂缝。常见的普通混凝土受力破坏一般出现在骨料和水泥石的界面上。

1) 水泥实际强度与水灰比

水泥强度等级和水灰比是决定混凝土强度的最主要因素,也是决定性因素。在配合比相同的条件下,水泥强度等级越高,配制的混凝土强度也越高。在水泥强度等级相同的条件下,混凝土强度主要取决于水灰(胶)比。若水灰比过大,混凝土硬化后,多余的水分蒸发后在混凝土内部形成过多的孔隙,将降低混凝土的强度;若水灰比过小,拌和物过于干稠,施工困难大,会出现蜂窝、孔洞,导致混凝土强度严重下降。因此,在满足施工要求并保证混凝土均匀密实的条件下,水灰比越小,水泥石强度越高,混凝土强度越高。当混凝土的水灰(胶)比为 0.4 ~ 0.8 时,混凝土强度与水灰比及灰水比的关系见图 1-6。

根据工程实践经验,可建立混凝土强度经验公式:

$$f_{cu} = \alpha_a f_b \left(\frac{B}{W} - \alpha_b \right) \tag{1-4}$$

式中 f_{cu}——混凝土立方体抗压强度，MPa；

　　　　α_a、α_b——回归系数，根据工程所使用的水泥和粗、细骨料种类通过试验建立的灰水
比与混凝土强度关系式来确定，若无上述试验统计资料，则可按《普通混凝
土配合比设计规程》（JGJ 55—2011）的规定，碎石混凝土 $\alpha_a = 0.53$、$\alpha_b =$
0.20，卵石混凝土 $\alpha_a = 0.49$、$\alpha_b = 0.13$；

$\dfrac{B}{W}$——胶水比；

f_b——水泥 28 d 抗压强度实测值，MPa。

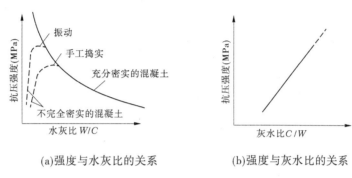

(a)强度与水灰比的关系　　　(b)强度与灰水比的关系

图 1-6　混凝土强度与水灰比及灰水比的关系

2）骨料

当骨料级配良好、砂率适当时，由于组成了坚强密实的骨架，有利于混凝土强度的提高。当混凝土骨料中有害杂质较多、品质低、级配不好时，会降低混凝土的强度。

由于碎石表面粗糙有棱角，在坍落度相同的条件下，用碎石拌制的混凝土比用卵石拌制的混凝土的强度要高。

骨料的强度影响混凝土的强度，一般骨料强度越高所配制的混凝土强度越高，这在低水灰比和配制高强度混凝土时特别明显。骨料粒形以三维长度相等或相近的球形或立方体为好，若含有较多扁平颗粒或细长的颗粒，将导致混凝土强度下降。

3）养护温度及湿度

混凝土浇捣成型后，必须在一定时间内保持适当的温度和湿度，以使水泥充分水化，这就是混凝土的养护。养护温度高，水泥水化速度加快，混凝土强度的发展也快；反之，在低温下混凝土强度发展迟缓。所以，冬季施工时，要特别注意保温养护，以免混凝土早期受冻破坏。

周围环境的湿度对水泥的水化作用能否正常进行有显著影响。湿度适当，水泥水化反应顺利进行，使混凝土强度得到充分发展。因为水是水泥水化反应的必要成分，如果湿度不够，水泥水化反应不能正常进行，甚至停止水化（见图 1-7），严重降低混凝土强度，而且使混凝土结构疏松，形成干缩裂缝，增大了渗水性，从而影响混凝土的耐久性。

《混凝土结构工程施工质量验收规范》（GB 50204—2002）规定，在混凝土浇筑完毕后的 12 h 内应对混凝土加以覆盖和浇水，其浇水养护时间，硅酸盐水泥、普通水泥和矿渣水泥拌制的混凝土不得少于 7 d；对掺用缓凝型外加剂或有抗渗要求的混凝土的强度不得少于 14 d，浇水次数应能保持混凝土处于潮湿状态。

4）龄期

龄期是指混凝土在正常养护条件下所经历的时间。在正常养护的条件下，混凝土的强

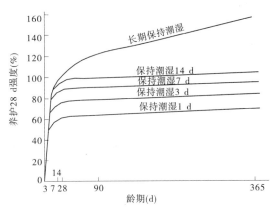

图 1-7 混凝土强度与保湿养护时间的关系

度将随龄期的增长而不断发展,最初 7 ~ 14 d 内强度发展较快,以后逐渐缓慢,28 d 达到设计强度。以后若能长期保持适当的温度和湿度,强度的发展可延续数十年之久。混凝土强度与龄期的关系从图 1-7 也可看出。

5)试验条件对混凝土强度测定值的影响

试验条件是指试件的尺寸、形状、表面状态及加荷速度等。试验条件不同,会影响混凝土强度的试验值。

(1)试件的尺寸。相同配合比的混凝土,试件的尺寸越小,测得的强度越高,试件尺寸影响强度的主要原因是试件尺寸大时,内部孔隙、缺陷等出现的概率也大,导致有效受力面积的减小及应力集中,从而引起强度的降低。我国标准规定采用 150 mm × 150 mm × 150 mm 的立方体试件作为标准试件,当采用非标准的其他尺寸试件时,所测得的抗压强度应乘以表 1-10 的换算系数。

(2)试件的形状。当试件受压面积($a \times a$)相同,而高度(h)不同时,高宽比(h/a)越大,抗压强度越小。

(3)表面状态。混凝土试件承压面的状态也是影响混凝土强度的重要因素。当试件受压面上有油脂类润滑剂时,试件受压时的环箍效应大大减小,试件将出现直裂破坏(见图 1-8),测出的强度值也较低。

| (a)压力机压板对试件 | (b)试件破坏后残存 | (c)不受压板约束时试件 |
| 的约束作用 | 的棱锥试体 | 的破坏情况 |

图 1-8 混凝土受压试验

(4)加荷速度。加荷速度越快,测得的混凝土强度值也越大,当加荷速度超过 1.0 MPa/s 时,这种趋势更加显著。因此,我国标准规定混凝土抗压强度的加荷速度为 0.3 ~ 0.8 MPa/s,且应连续均匀地进行加荷。

(四)混凝土的变形性能

1. 化学收缩

由于混凝土收缩,使水泥水化生成物的体积比反应前物质的总体积小,这种收缩称为化学收缩。一般在混凝土成型后40多d内增长较快,以后就渐趋稳定。化学收缩是不可恢复的。

2. 干湿变形

由周围环境的湿度变化引起混凝土变形,称为干湿变形。表现为干缩湿胀。混凝土因失水产生收缩,重新吸水后大部分可恢复。干缩变形对混凝土危害较大,它可使混凝土表面出现较大拉应力而开裂,使混凝土的耐久性降低。

3. 温度变形

由热胀冷缩引起的混凝土变形,称为温度变形。温度变形对大体积混凝土工程极为不利。在混凝土硬化初期,水泥水化放出较多热量,大体积混凝土内部热量不能及时散出去,内外温差大,在外表混凝土中将产生很大拉应力,严重时会使混凝土产生裂缝。因此,对大体积混凝土工程应采用低热水泥,减少水泥用量,掺加缓凝剂及采取人工降温等措施。一般纵长的钢筋混凝土结构物,每隔一段距离应设置温度变形缝。

4. 混凝土的弹塑性变形

混凝土内部结构中含有砂石骨料、水泥石(水泥石中又存在着凝胶、晶体和未水化的水泥颗粒)、游离水分和气泡,这就决定了混凝土本身的不匀质性。在受力时,既会产生可以恢复的弹性变形,又会产生不可恢复的塑性变形,所以它是弹塑性体。混凝土的强度越高,弹性模量越高,在受力下变形越小。因此,所用混凝土需有足够高的弹性模量。

5. 徐变

混凝土在长期荷载作用下,沿着作用力方向的变形会随时间不断增长,即荷载不变而变形仍随时间增大,一般要延续2~3年才逐渐趋于稳定。这种在长期荷载作用下产生的变形,通常称为徐变,见图1-9。

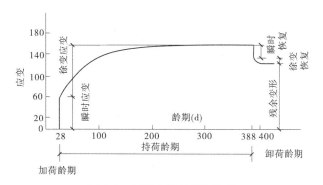

图1-9 混凝土的徐变与恢复

混凝土徐变,一般认为是由于水泥石凝胶体在长期荷载作用下的黏性流动,并向毛细孔中移动,同时吸附在凝胶粒子上的吸附水因荷载应力而向毛细孔迁移渗透的结果。

在荷载初期或硬化初期,由于未填满的毛细孔较多,故徐变增长较快。以后由于内部移动和水化的进展,徐变速度将愈来愈慢。

混凝土徐变与许多因素有关。混凝土的水灰比较小或混凝土在水中养护时,同龄期的水泥石中未填满的孔隙较少,故徐变较小。水灰比相同的混凝土,其水泥用量愈多,即水泥石相对含量愈大,其徐变愈大。混凝土所用骨料弹性模量较大时,徐变较小。

徐变能消除钢筋混凝土内的应力集中,使应力较均匀地重新分布;对大体积混凝土,能消除一部分由于温度变形所产生的破坏应力。但在预应力钢筋混凝土结构中,混凝土的徐变,将使钢筋的预加应力受到损失。

(五)混凝土的耐久性及改善措施

混凝土的耐久性是指混凝土在使用环境中保持长期性能稳定的能力。混凝土除应具有设计要求的强度,以保证其能安全地承受设计的荷载外,还应具有与自然环境及使用条件相适应的经久耐用的性能。

1. 混凝土的耐久性

混凝土的耐久性主要包括抗渗、抗冻、抗侵蚀、抗碳化、抗碱-骨料反应及抗风化等性能。

1) 混凝土的抗渗性

混凝土的抗渗性是指混凝土抵抗有压介质(水、油、溶液等)渗透作用的能力。混凝土的抗渗性用抗渗等级表示。抗渗等级是以 28 d 龄期的标准试件,在标准试验方法下所能承受的最大静水压力来确定的。抗渗等级有 P4、P6、P8、P10、P12 等五个等级,分别表示能抵抗 0.4 MPa、0.6 MPa、0.8 MPa、1.0 MPa、1.2 MPa 的静水压力而不渗透。

混凝土渗水的主要原因与孔隙率的大小、空隙的构造有关,当混凝土存在大量开口连通的孔隙时,水就会沿着这些孔隙形成的渗水通道进入混凝土。

提高混凝土抗渗性的主要措施是提高混凝土的密实度和改善混凝土中的孔隙结构,减少连通孔隙,这些可通过采用低的水灰比、选择好的骨料级配、充分振捣和养护、掺入引气剂等方法来实现。

2) 混凝土的抗冻性

混凝土的抗冻性是指混凝土在饱和水状态下,能经受多次冻融循环而不破坏,同时不严重降低其所具有的性能的能力。混凝土的抗冻性用抗冻等级来表示。抗冻等级是以 28 d 龄期的混凝土标准试件,在饱和水状态下承受反复冻融循环,以抗压强度损失不超过 25%,且质量损失不超过 5% 时所能承受的最大循环次数来确定的。混凝土的抗冻等级有 F10、F15、F25、F50、F100、F150、F200、F250 和 F300 等九个等级,分别表示混凝土能承受冻融循环的最大次数不小于 10、15、25、50、100、150、200、250 次和 300 次。

混凝土的密实度、孔隙率、孔隙构造和孔隙的充水程度是影响抗冻性的主要因素。低水灰比、密实的混凝土和具有封闭孔隙的混凝土(如引气混凝土)抗冻性较高。提高混凝土的抗冻性的措施:掺入引气剂、减水剂和防冻剂;减小水灰比;选择好的骨料级配、充分振捣和养护。在寒冷地区,特别是潮湿环境下受冻的混凝土工程,其抗冻性是评定混凝土耐久性的重要指标。

3) 混凝土的抗侵蚀性

当混凝土所处环境中含有侵蚀性介质时,混凝土便会遭受侵蚀。通常有软水侵蚀、硫酸盐侵蚀、镁盐侵蚀、碳酸侵蚀、一般酸侵蚀与强碱侵蚀等,其侵蚀机制同水泥的腐蚀。随着混凝土在地下工程、海岸与海洋工程等恶劣环境中的应用,对混凝土的抗侵蚀性提出了更高的要求。

混凝土的抗侵蚀性与所用水泥品种、混凝土的密实程度和孔隙特征等有关,密实和孔隙封闭的混凝土,环境水不易侵入,抗侵蚀性较强。

提高混凝土抗侵蚀性的主要措施:合理选择水泥品种、降低水灰比、提高混凝土密实度和改善孔隙结构。

4)混凝土的碳化

混凝土的碳化是指混凝土内水泥石中的 $Ca(OH)_2$ 与空气中的 CO_2,在湿度适宜时发生化学反应,生成 $CaCO_3$ 和水。

混凝土的碳化是 CO_2 由表及里逐渐向混凝土内部扩散的过程。碳化消耗了混凝土中的 $Ca(OH)_2$,碱度降低减弱了对钢筋的保护作用。这是因为混凝土中水泥水化生成大量 $Ca(OH)_2$,使钢筋所需要的碱环境被破坏,减弱了钢筋的保护作用,易引起钢筋锈蚀。碳化作用还会增加混凝土的收缩,引起混凝土表面出现微细裂缝,从而降低了混凝土的抗拉、抗折强度及抗渗能力。碳化产生的碳酸钙填充了水泥石的孔隙,提高了混凝土碳化层的密实度,对提高抗压强度有利。

影响碳化速度的主要因素有环境中 CO_2 的浓度、水泥品种、水灰比、环境湿度等。当环境中的相对湿度为 50% ~75% 时,碳化速度最快,当相对湿度小于 25% 或大于 100% 时,碳化将停止。

提高混凝土抗碳化的措施:合理选择水泥品种,降低水灰比,掺入减水剂或引气剂,保证混凝土保护层的质量与厚度,加强振捣与养护。

5)混凝土的抗碱－骨料反应

碱－骨料反应是指水泥、外加剂等混凝土构成物及环境中的碱与骨料中碱活性矿物,在潮湿环境下缓慢发生并导致混凝土开裂破坏的膨胀反应。

碱－骨料反应必须具备以下三个条件:一是水泥中碱的含量大于 0.6% ,二是骨料中含有一定的活性成分,三是有水存在。

混凝土构件长期处在潮湿环境中(即在有水的条件下)助长发生碱－骨料反应,干燥状态下不会发生反应,所以混凝土的渗透性对碱－骨料有很大影响,应保证混凝土密实性和重视建筑物排水,避免混凝土表面积水和接缝存水。

2.改善混凝土耐久性的措施

混凝土所处的环境和使用条件不同,对其耐久性的要求也不相同,混凝土的密实程度是影响耐久性的主要因素,其次是原材料的性质、施工质量等。改善混凝土耐久性的主要措施有:

(1)合理选择水泥品种,根据混凝土工程的特点和所处的环境条件,参照表 1-5 选用水泥。

(2)选用质量良好、技术条件合格的砂、石骨料。

(3)控制水胶比及保证足够的水泥用量是保证混凝土密实度、提高混凝土耐久性的关键。混凝土的最大水灰比和最小水泥用量的限值,应满足《普通混凝土配合比设计规程》(JGJ 55—2011)以及《混凝土结构设计规范》(GB 50010—2010)等的规定。

(4)掺入减水剂或引气剂,改善混凝土的孔隙率和孔结构,对提高混凝土的抗渗性和抗冻性具有良好作用。

(5)改善施工操作,保证施工质量。

三、普通混凝土配合比设计

混凝土配合比设计是指混凝土中水泥、粗细骨料和水等各组成材料用量之间的比例关系。常用的表示方法有两种:一种是以 1 m³ 混凝土中各组成材料的质量来表示,如水泥 300 kg、水 180 kg、砂 720 kg、石子 1 200 kg;另一种是以各组成材料相互间的质量比来表示(以水泥质量为1),将上例换算成质量比为:水泥:砂:石子:水 = 1:2.4:4:0.6(或水泥:砂:石子 = 1:2.4:4;水灰比 = 0.6)。

(一)配合比设计的基本要求

配合比设计的任务就是根据原材料的技术性能及施工条件,确定出能满足工程所要求的技术经济指标的各项组成材料的用量。具体地说,混凝土配合比设计的基本要求是:①达到混凝土结构设计的强度等级;②满足混凝土施工所要求的和易性;③满足工程所处环境和使用条件对混凝土耐久性的要求;④符合经济原则,节约水泥,降低成本。

(二)混凝土配合比设计的资料准备

在设计混凝土配合比之前,必须通过调查研究,预先掌握下列基本资料:

(1)工程设计要求的混凝土强度等级;

(2)工程环境对混凝土耐久性的要求;

(3)结构断面尺寸及钢筋配置情况;

(4)结构构件的截面尺寸及钢筋配置情况;

(5)原材料的性能指标,包括:水泥的品种、强度等级、密度,砂、石骨料的种类及表观密度、级配、最大粒径,拌和用水的水质情况,外加剂的品种、性能、适宜掺量。

(三)普通混凝土配合比设计的方法及步骤

1. 计算初步配合比

1)确定混凝土配制强度

混凝土配制强度按下式计算:

$$f_{cu,0} \geq f_{cu,k} + 1.645\sigma \tag{1-5}$$

式中 $f_{cu,0}$——混凝土配制强度,MPa;

$f_{cu,k}$——混凝土立方体抗压强度标准值,MPa;

σ——混凝土强度标准差,MPa,σ 可根据施工单位以往的生产质量水平进行测算,当施工单位无历史统计资料时,则可按表1-11选用。

表 1-11　混凝土强度标准差 σ

混凝土强度等级	≤C20	C20 ~ C45	C50 ~ C55
σ(MPa)	4.0	5.0	6.0

当设计强度等级不小于C60时,配制强度应按下式确定:

$$f_{cu,0} \geq 1.15f_{cu,k} \tag{1-6}$$

2)确定水胶比(W/B)

根据已确定的混凝土配制强度 $f_{cu,0}$,按下式计算水灰比:

$$f_{cu,0} = \alpha_a f_b \left(\frac{W}{B} - \alpha_a \right) \tag{1-7}$$

3)确定单位用水量(m³)

根据混凝土施工要求的坍落度及所用骨料品种、粒径等,依据本地区或本单位的经验数据选用。参考表1-12选用 1 m³ 的用水量。

表 1-12　塑性混凝土的用水量

坍落度（mm）	卵石最大公称粒径（mm）用水量（kg）				碎石最大公称粒径（mm）用水量（kg）			
	10.0	20.0	31.5	40.0	16.0	20.0	31.5	40.0
10～30	190	170	160	150	200	185	175	165
35～50	200	180	170	160	210	195	185	174
55～70	210	190	180	170	220	205	195	185
75～90	215	195	185	175	230	215	205	195

对流动性、大流动性混凝土的用水量的确定按下列步骤进行：

（1）以表 1-12 中坍落度为 90 mm 的用水量为基础，按坍落度每增大 20 mm 用水量增加 5 kg，计算出未掺外加剂时的混凝土的用水量。

（2）掺外加剂时的混凝土用水量可按下式计算：

$$m_{w0} = m'_{w0}(1 - \beta) \tag{1-8}$$

式中　m_{w0}——掺外加剂混凝土每立方米混凝土的用水量，kg；

　　　m'_{w0}——未掺外加剂混凝土每立方米混凝土的用水量，kg；

　　　β——外加剂的减水率（%），应经试验确定。

4）计算每立方米混凝土的水泥用量（m_{c0}）

根据已确定的用水量、水灰比计算水泥用量，即

$$m_{c0} = m_{w0} \times \frac{C}{W} \tag{1-9}$$

式中　m_{c0}——水泥用量，kg/m^3；

　　　m_{w0}——用水量，kg/m^3。

5）选取合理砂率

应当根据混凝土拌和物的和易性，通过试验求出合理砂率。若无试验资料，可按骨料品种、粒径及混凝土的水灰比，按表 1-13 规定的范围选用。

表 1-13　混凝土砂率　　　　　　　　　　　　　　　　　（%）

水灰比 W/C	卵石最大粒径（mm）用水量（kg）			碎石最大粒径（mm）用水量（kg）		
	10	20	40	16	20	40
0.40	26～32	25～31	24～30	30～35	29～34	27～32
0.50	30～35	29～34	28～33	33～38	32～37	30～35
0.60	33～38	32～37	31～36	36～41	35～40	33～38
0.70	36～41	35～40	34～39	39～44	38～43	36～41

注：表中数值是中砂选用的砂率，对细砂或者粗砂可相应地减少或增大砂率；只用一个单粒级粗骨料配制混凝土时，砂率应适当增大；对薄壁构件砂率取偏大值；本表中的砂率是指砂与骨料总量的重量比。

6）计算砂、石用量（m_{s0} 和 m_{g0}）

计算砂、石用量有两种方法，即体积法和质量法。在已知混凝土用水量、水泥用量及砂率的情况下，采用其中任何一种方法均可求出砂、石用量。

（1）质量法。

假定混凝土拌和物湿表观密度值是一个固定值。

$$m_{c0} + m_{s0} + m_{g0} + m_{w0} = m_{cp}$$

$$\frac{m_{s0}}{m_{s0} + m_{g0}} = \beta_s \qquad\qquad (1\text{-}10)$$

式中　m_{cp}——每立方米混凝土拌和物的假定质量,在无资料时可取 $2\ 350 \sim 2\ 450\ kg/m^3$。

（2）体积法。

假设混凝土拌和物的体积等于各组成材料绝对体积和混凝土拌和物中所含空气体积的总和。

$$\frac{m_{c0}}{\rho_c} + \frac{m_{s0}}{\rho_s} + \frac{m_{g0}}{\rho_g} + \frac{m_{w0}}{\rho_w} + 0.01a = 1$$

$$\frac{m_{s0}}{m_{s0} + m_{g0}} = \beta_s \qquad\qquad (1\text{-}11)$$

式中　ρ_c——水泥密度,kg/m^3,可取 $2\ 900 \sim 3\ 100\ kg/m^3$;

　　　ρ_g——粗骨料的表观密度,kg/m^3;

　　　ρ_s——细骨料的表观密度,kg/m^3;

　　　ρ_w——水的密度,kg/m^3,可取 $1\ 000\ kg/m^3$;

　　　α——混凝土的含气量百分数,在不使用引气型外加剂时,可取 1.0。

联立以上两式,即可求出 m_{g0}、m_{s0}。

7）初步配合比

经上述计算,即可取得初步配合比,即 $1\ m^3$ 混凝土各组成材料用量 m_{c0}、m_{s0}、m_{g0}、m_{w0} 或

$$m_{c0} : m_{s0} : m_{g0} : m_{w0} = 1 : \frac{m_{s0}}{m_{c0}} : \frac{m_{g0}}{m_{c0}} : \frac{m_{w0}}{m_{c0}} \qquad\qquad (1\text{-}12)$$

以上混凝土配合比计算公式和表格,均以干燥状态骨料(指含水率小于 0.5% 的细骨料或含水率小于 0.2% 的粗骨料)为基准。

2. 试配与调整

以上求出的初步配合比的各材料用量,是借助于经验公式、图表算出或查得的,能否满足设计要求,还需要通过试验及试配调整来完成。

根据试验用拌和物的数量,按初步配合比称取实际工程中使用的材料进行试拌,当经试配和易性不符合设计要求时,可做如下调整：

当坍落度比设计要求值大或小时,可以保持水灰比不变,相应地减少或增加水泥浆用量。对于普通混凝土每增加或减少 10 mm 坍落度,需增加或减少2% ~5% 的水泥浆;当坍落度比要求值大时,除上述方法外,还可以在保持砂率不变的情况下,增加骨料用量;若坍落度值大,且拌和物黏聚性、保水性差时,可减少水泥浆、增大砂率(保持砂石总量不变;增加砂用量,相应减少石子用量),这样重复测试,直至符合要求。然后测出混凝土拌和物实测湿表观密度,并计算出 $1\ m^3$ 混凝土中各拌和物的实际用量。最后提出和易性已满足要求的供检验混凝土强度用的基准配合比。

混凝土配合比除和易性满足要求外,还要进行强度复核。采用三个不同水灰比的配合比,用三个不同配合比的混凝土拌和物分别制成试块,标准养护 28 d,测其立方体抗压强度值。选出符合配制强度的强度值。若不满足要求,则按照普通混凝土设计规范进行调整。

经强度复核之后的配合比,还应根据实测的混凝土拌和物体积密度进行校正。

3. 换算施工配合比

上述设计配合比中材料是以干燥状态为基准计算出来的,而施工现场砂石常含一定的水分,并且含水率经常变化,为保证混凝土质量,应根据现场砂石含水率对配合比设计值进行修正。修正后的配合比,称为施工配合比。

若施工现场实测砂含水率为 $a\%$,石子含水率为 $b\%$,则将上述设计配合比换算为施工配合比为

$$\left.\begin{aligned}
m_c &= m_{cb} \\
m_s &= m_{sb}(1 + a\%) \\
m_g &= m_{gb}(1 + b\%) \\
m_w &= m_{wb} - (m_{sb} \cdot a\% + m_{gb} \cdot b\%)
\end{aligned}\right\} \tag{1-13}$$

即

$$m_c : m_s : m_g : m_w = 1 : \frac{m_s}{m_c} : \frac{m_g}{m_c} : \frac{m_w}{m_c}\left(\text{即} \frac{W}{C}\right)$$

四、其他品种混凝土

普通混凝土虽已广泛用于建筑工程,但随着科学技术不断发展及工程的需要,各种新品种混凝土不断涌现。这些新品种混凝土都有其特殊的性能及施工方法,适用于某些特殊领域,其中许多已在国内外得到广泛的应用。大多数新品种混凝土是在普通混凝土的基础上发展起来的,但又不同于普通混凝土。它们的出现扩大了混凝土的使用范围,从长远来看,是有很大发展前途的。

(一)轻混凝土

轻混凝土是指表观密度不大于 1 950 kg/m³ 者,有轻骨料混凝土、多孔混凝土和大孔混凝土。

轻骨料混凝土采用轻质多孔的骨料,如浮石、陶粒、煤渣、膨胀珍珠岩等,具有表观密度小、强度高、保温隔热性好、耐久性好等优点,特别适用于高层建筑、大跨度建筑和有保温要求的建筑。

多孔混凝土中无粗、细骨料,在料浆中添加加气剂、泡沫剂和高压空气来产生多孔结构,孔隙率高达 60% 以上。常用的有加气混凝土和泡沫混凝土。加气混凝土适用于框架结构、高层建筑、地震设防的建筑、保温隔热要求高的建筑及软土地基地区的建筑,可用作承重墙、非承重墙,也可做保温材料使用。泡沫混凝土主要应用于屋面保温隔热、墙体保温隔热、地面保温等。

大孔混凝土是用粒径相近的粗骨料和有限的水泥浆配制而成的,以水泥浆能均匀包裹骨料表面不流淌为准,水灰比一般为 0.3 ~ 0.4。大孔混凝土的导热系数小,保温性能好,吸湿性小,收缩较普通混凝土小 20% ~ 50%,适宜做墙体材料。另外,大孔混凝土还具有透气、透水性大等特点,在水工建筑中可用作排水暗道。

(二)高性能混凝土

高性能混凝土是指采用常规材料和工艺生产,具有混凝土结构所要求的各项力学性能,具有高耐久性、高工作性和高体积稳定性的混凝土。

高性能混凝土具有一定的强度和高抗渗能力,但不一定具有高强度,中、低强度亦可。有良好的工作性,混凝土拌和物流动性较好,在成形过程中不分层、不离析,易充满模板。使

用寿命长,能使混凝土结构安全可靠地工作 50～100 年。具有较高的体积稳定性,较低的水化热,硬化后收缩变形较小。高性能混凝土能更好的满足结构功能要求和施工工艺要求的混凝土,延长结构的使用年限。

高性能混凝土是目前全世界性能最为全面的混凝土,至今已在不少重要工程中被采用,适用于桥梁、高层建筑、海港建筑等工程。

(三)预拌混凝土

预拌混凝土是指水泥、骨料、水以及根据需要掺入的外加剂、矿物掺合料等组分按一定比例,在搅拌站经计量、拌制后出售的,并采用运输车在规定时间内运至使用地点的混凝土拌和物。预拌混凝土具有工业化、专业化的特点,质量相对于现场搅拌的混凝土更稳定,有利于采用新技术、新材料,也有利于节约水泥和推广使用散装水泥,加快施工速度,减少粉尘、噪声等环境污染,有利于文明施工和提高质量。

五、混凝土外加剂

(一)混凝土外加剂的定义和分类

1. 混凝土外加剂的定义

混凝土外加剂是指在混凝土拌和前或拌和时掺入的用以改善混凝土性能的物质。

各种混凝土外加剂的应用改善了新拌和硬化混凝土的性能,促进了混凝土新技术的发展,所以外加剂在工程中应用的比例越来越大,不少国家使用掺外加剂的混凝土已占混凝土总量的 60%～90%,因此外加剂已逐渐成为混凝土中必不可少的第五种组分。

2. 混凝土外加剂的分类

混凝土外加剂种类繁多,根据《混凝土外加剂》(GB 8076—2008)的规定,按其主要功能分为四类:

(1)改善混凝土拌和物流动性能的外加剂,包括各种减水剂、引气剂和泵送剂等。

(2)调节混凝土凝结时间、硬化性能的外加剂,包括缓凝剂、早强剂和泵送剂等。

(3)改善混凝土耐久性的外加剂,包括引气剂、防水剂和阻锈剂等。

(4)改善混凝土其他性能的外加剂,包括引气剂、膨胀剂、防冻剂、着色剂等。

目前在工程中常用的外加剂主要有减水剂、引气剂、早强剂、缓凝剂、防冻剂等。

(二)减水剂

减水剂是在混凝土坍落度基本相同的条件下,能显著减少混凝土拌和水量的外加剂。根据减水剂的作用效果及功能情况,可分为普通减水剂、高效减水剂、早强减水剂、缓凝减水剂、引气减水剂等。

1. 减水剂的作用原理

常用减水剂均属表面活性物质,是由亲水基团和憎水基团两部分组成的。当水泥加水拌和后,由于水泥颗粒间分子凝聚力的作用,使水泥浆形成絮凝结构(见图 1-10)。在这种絮凝结构中,包裹了一定的拌和水(游离水),从而降低了混凝土拌和物的流动性。当加入适量的减水剂后,水泥颗粒表面带有相同的电荷,在电斥力作用下,使水泥颗粒互相分开(见图 1-11(a)),游离水被释放出来,从而有效地增加了混凝土拌和物的流动性(见图 1-11(b))。

2. 减水剂的技术经济效果

在混凝土中加入减水剂后,根据使用目的的不同,一般可取得以下效果:

（1）增加流动性。在用水量及水灰比不变时,混凝土坍落度可增大 $100 \sim 200$ mm,且不影响混凝土的强度。

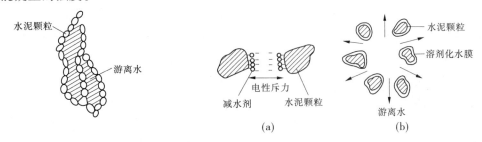

图 1-10　水泥浆的絮凝结构　　　**图 1-11　减水剂作用示意图**

（2）提高混凝土强度。在保持流动性及水泥用量不变的条件下,可减少拌和水量的 $10\% \sim 15\%$,从而降低了水灰比,使混凝土强度提高 $15\% \sim 20\%$,特别是早期强度提高更为显著。

（3）节约水泥。在保持流动性及水灰比不变的条件下,可以在减少拌和水量的同时,相应减少水泥用量,即在保持混凝土强度不变时,可节约水泥用量的 $10\% \sim 15\%$ 。

（4）改善混凝土的其他性能。掺入减水剂,还可以改善混凝土拌和物的泌水、离析现象,延缓混凝土拌和物的凝结时间,减慢水泥水化放热速度,提高抗渗、抗冻、抗化学腐蚀等能力。

3. 目前常用的减水剂

减水剂是使用最广泛、效果最显著的外加剂。其种类很多,目前有木质素系、萘系、树脂系、糖蜜系和腐殖酸等。部分减水剂性能见表 1-14。

表 1-14　常用减水剂的品种及效果

种类	木质素系	萘系	树脂系
类别	普通减水剂	高效减水剂	高效减水剂
主要品种	木质素磺酸钙 （木钙粉、木钠、木镁）	NNO、NF、UNF、FDN、JN、MF 等	SM、CRS 等
主要成分	木质素磺酸钙、木质素磺酸镁、木质素磺酸钠	芳香族磺酸盐、甲醛缩合物	三聚氰胺树脂磺酸钠、古马隆－茚树脂磺酸钠
适宜掺量（占水泥质量,%）	$0.2 \sim 0.3$	$0.2 \sim 1.0$	$0.5 \sim 2.0$
减水率（%）	$10 \sim 11$	$15 \sim 25$	$20 \sim 30$
早强效果	—	显著	显著
缓凝效果	$1 \sim 3$ h		
引气效果	$1\% \sim 2\%$	一般为非引气型,部分品种 $<2\%$	
适用范围	一般混凝土工程及滑模混凝土工程、泵送混凝土工程、大体积混凝土工程及夏季施工的混凝土工程	适用于所有混凝土工程,更适合配制高强度混凝土及流态混凝土、泵送混凝土等	宜用于高强度混凝土、早强混凝土、流态混凝土等

(三)早强剂

早强剂是指能提高混凝土早期强度并对后期强度无显著影响的外加剂。

目前广泛使用的混凝土早强剂有三类,即氯盐类(如 $CaCl_2$、$NaCl$ 等)、硫酸盐类(如 Na_2SO_4 等)、有机胺类(如三乙醇胺)以及复合早强剂。其中氯化物对钢筋有锈蚀作用,故掺量必须严格控制,且严禁用于预应力钢筋混凝土结构和构件。

早强剂多用于冬季施工、紧急抢修工程以及早拆模的工程。

(四)引气剂

引气剂是指搅拌混凝土过程中能引入大量均匀分布、稳定而封闭的微小气泡的外加剂。引气剂属憎水性表面活性剂,使水溶液在搅拌过程中极易产生许多微小的封闭气泡,气泡直径多为 0.05～1.25 mm,大量微小封闭的球状气泡如同滚珠一样,减少了颗粒间的摩擦阻力,使混凝土拌和物流动性增加,同时减少了混凝土的泌水、离析,改善和易性。由于气泡能切断混凝土中的毛细管渗水通道,缓冲由水结冰所产生的膨胀应力,改变混凝土的孔结构,使混凝土抗渗性、抗冻性显著提高。

由于大量气泡的存在,减少了混凝土的有效受力面积,使混凝土强度有所降低。一般混凝土的含气量每增加1%时,其抗压强度将降低4%～5%。引气剂的掺用量通常为水泥质量的 0.005%～0.015%。

常用的引气剂有松香热聚物、松香皂、烷基磺酸钠、烷基苯磺酸钠、脂肪醇硫酸钠等。

引气剂可用于抗渗混凝土、抗冻混凝土、抗硫酸侵蚀混凝土、泌水严重的混凝土、轻混凝土以及对饰面有要求的混凝土等,但引气剂不宜用于蒸养混凝土及预应力钢筋混凝土。

(五)缓凝剂

缓凝剂是指能延缓混凝土凝结时间,并对混凝土后期强度发展无不利影响的外加剂。缓凝剂主要有四类:糖类,如糖蜜;木质素磺酸盐类,如木钙、木钠;羟基羧酸及其盐类,如柠檬酸、酒石酸;无机盐类,如锌盐、硼酸盐等。常用的缓凝剂是木钙和糖蜜,其中糖蜜的缓凝效果最好。

糖蜜是表面活性剂,适宜掺量为 0.1%～0.3%,混凝土凝结时间可延长 2～4 h,掺量过大会使混凝土长期不硬,强度严重下降。

缓凝剂主要适用于大体积混凝土、炎热气候下施工的混凝土,以及需长时间停放或长距离运输的混凝土。缓凝剂不宜用于在日最低气温 5 ℃ 以下施工的混凝土、有早强要求的混凝土及蒸养混凝土。

(六)防冻剂

防冻剂是指能显著降低混凝土的冰点,使混凝土在负温下硬化,并在一定的时间内获得预期强度的外加剂。常用的防冻剂有氯盐类(氯化钙、氯化钠),氯盐阻锈类(以氯盐与亚硝酸钠阻锈剂复合而成),无氯盐类(以硝酸盐、亚硝酸盐、碳酸盐、乙酸钠或尿素复合而成)。

氯盐类防冻剂适用于无筋混凝土,氯盐阻锈类防冻剂适用于钢筋混凝土,无氯盐类防冻剂可用于钢筋混凝土工程和预应力钢筋混凝土工程。硝酸盐、亚硝酸盐、碳酸盐易引起钢筋的腐蚀,故不适用于预应力钢筋混凝土以及与镀锌钢材或与铝铁相接触部位的钢筋混凝土结构。另外,含有六价铬盐、亚硝酸盐等有毒成分的防冻剂,严禁用于饮水工程及与食品接触的部位。

（七）速凝剂

速凝剂是指能使混凝土迅速凝结硬化的外加剂。速凝剂主要有无机盐类和有机物类。我国常用速凝剂主要的型号有红星Ⅰ型、7Ⅱ型、728型、8604型等。

速凝剂掺入混凝土后，能使混凝土在5 min内初凝，10 min内终凝，1 h就可产生强度，1 d强度提高2~3倍，但后期强度会下降。

速凝剂主要用于矿山井巷、铁路隧道、引水涵洞、地下工程、喷射混凝土工程等。

（八）外加剂的选择和使用

在混凝土中掺入外加剂，可明显改善混凝土的技术性能，取得显著的技术经济效果。若选择和使用不当，会造成事故。在选择外加剂时，应根据工程需要、施工条件和环境、原材料等因素，通过试验确定品种和最佳掺量。

外加剂的掺量很少，必须保证其均匀分散，一般不能直接加入混凝土搅拌机内。对于可溶于水的外加剂，应先配成一定浓度的溶液，随水加入搅拌机。对不溶于水的外加剂，应与适量水泥或砂混合均匀后再加入搅拌机内。另外，外加剂的掺入时间对其效果的发挥也有很大影响，为保证减水剂的减水效果，减水剂有同掺法、后掺法、分次掺入法。

第三节　建筑砂浆

建筑砂浆是由胶凝材料、掺合料、细骨料和水按照一定比例配制而成的材料。与普通混凝土相比，砂浆又称无粗骨料混凝土。建筑砂浆在建筑工程中是一项用量大、用途广泛的建筑材料。

根据用途，建筑砂浆分砌筑砂浆、抹面砂浆、装饰砂浆及特种砂浆。根据胶结材料的不同可分为水泥砂浆、石灰砂浆、混合砂浆和聚合物水泥砂浆等。

一、砌筑砂浆

将砖、石、砌块等黏结成为砌体的砂浆称为砌筑砂浆。它起着黏结砌块、传递荷载的作用，是砌体的重要组成部分。

（一）砂浆的组成材料

1. 水泥

普通水泥、矿渣水泥、火山灰水泥、粉煤灰水泥以及砌筑水泥等都可以用来配制砂浆。水泥的技术指标应符合《通用硅酸盐水泥》(GB 175—2007)和《砌筑水泥》(GB/T 3183—2003)的规定。水泥是砌筑砂浆的主要胶凝材料，应根据使用部位的耐久性要求来选择水泥品种。M15及以下强度等级的砂浆宜选用32.5级的通用硅酸盐水泥或砌筑水泥，M15以上强度等级的砂浆宜选用42.5级的通用硅酸盐水泥。

2. 掺合料

为了改善砂浆的和易性和节约水泥，可在砂浆中掺入适量掺合料配制成混合砂浆。常用的材料有石灰膏、电石膏、粉煤灰、粒化高炉矿渣粉、硅灰、沸石粉等无机塑化剂，或松香皂、微沫剂等有机塑化剂。

（1）生石灰熟化成石灰膏时，应用孔径不大于3 mm×3 mm的网过滤，熟化时间不得少于7 d；磨细生石灰粉的熟化时间不得少于2 d。沉淀池中储存的石灰膏，应采取防止干燥、冻结和污染的措施。严禁使用脱水硬化的石灰膏,消石灰粉不得直接用于砂浆中。

(2)制作电石膏的电石渣应用孔径不大于 3 mm × 3 mm 的网过滤,检验时应加热至 70 ℃并保持 20 min,待乙炔挥发完后方可使用。

(3)石灰膏、黏土膏和电石膏试配时的稠度应为(120 ± 5)mm。

(4)粉煤灰、粒化高炉矿渣粉、硅灰、沸石粉应分别符合国家的有关规定。

3.砂

砂浆用砂应符合普通混凝土用砂的技术要求。由于砌筑砂浆层较薄,对砂子的最大粒径应有所限制。对于毛石砌体用的粗砂,最大粒径应小于砂浆层厚度的1/4 ~ 1/5。砖砌体以使用中砂为宜,粒径不得大于 2.5 mm。对于光滑抹面及勾缝用的砂浆则应使用细砂,最大粒径一般为 1.2 mm。砂的含泥量对砂浆的强度、变形、稠度及耐久性影响较大,砂中含泥量应符合规定。

4.水

砂浆拌和用水的技术要求与混凝土拌和用水相同。

5.外加剂

外加剂应符合国家现行有关标准的规定,引气型外加剂还应有完整的形式检验报告,并经砂浆性能试验合格后,方可使用。

(二)砂浆的基本性质

1.新拌砂浆的和易性

新拌砂浆的和易性是指新拌砂浆能在基面上铺成均匀的薄层,并与基面紧密黏结的性能。和易性良好的砂浆便于施工操作,灰缝填筑饱满密实,与砖石黏结牢固,砌体的强度和整体性较好,既能提高劳动生产率,又能保证工程质量。新拌砂浆的和易性包括流动性(稠度)和保水性两个方面。

1)流动性(稠度)

流动性(稠度)指砂浆在自重或外力作用下流动的性能。砂浆的流动性用沉入度表示,其大小以砂浆稠度测定仪的圆锥体沉入砂浆的深度(mm)表示,也称为稠度值。稠度越大,则流动性越大,但稠度过大会使硬化后的砂浆强度降低;稠度越小,则越不利于施工操作,故砂浆施工时应选用合适的稠度。砌筑砂浆的施工稠度应符合表1-15 的规定。

表 1-15 砌筑砂浆的施工稠度

砌体种类	施工稠度(mm)
烧结普通砖砌体、粉煤灰砖砌体	70 ~ 90
烧结多孔砖砌体、烧结空心砖砌体、轻骨料混凝土小型空心砌块砌体、蒸压加气混凝土砌块砌体	60 ~ 80
普通混凝土小型空心砌块砌体、混凝土砖砌体、灰砂砖砌体	50 ~ 70
石砌体	30 ~ 50

注:本表摘自《砌筑砂浆配合比设计规程》(JGJ/T 98—2010)。

2)保水性

新拌砂浆能够保持水分的能力称为保水性。保水性好的砂浆在施工过程中不易离析,能够形成均匀密实的砂浆胶结层,保证砌体具有良好的质量。砂浆的保水性主要取决于骨料粒径和微细颗粒的含量,若所用砂较粗,水泥及掺合料用量过少,材料的总表面积小,则保水性较差。这些细微颗粒包括水泥、石灰膏、粉煤灰或微沫剂等各种掺合料。用量可按表1-16采用。

表1-16 砌筑砂浆的各种掺合料用量

砂浆种类	材料用量(kg/m³)
水泥砂浆	≥200
水泥混合砂浆	≥350

注:本表摘自《砌筑砂浆配合比设计规程》(JGJ/T 98—2010)。

砌筑砂浆的保水率应符合表1-17的规定,检测方法见砂浆部分的试验。

表1-17 砌筑砂浆的保水率

砂浆种类	保水率(%)
水泥砂浆	≥80
水泥混合砂浆	>84

注:本表摘自《砌筑砂浆配合比设计规程》(JGJ/T 98—2010)。

2. 硬化砂浆的技术性质

1)砂浆强度等级

按《建筑砂浆基本性能试验方法标准》(JGJ/T 70—2009),砂浆的强度等级是以边长为70.7 mm×70.7 mm×70.7 mm 的立方体试块,按规定方法成型并标准养护至28 d 的平均抗压强度平均值来表示的。水泥砂浆强度等级分为 M30、M25、M20、M15、M10、M7.5、M5 七个等级,水泥混合砂浆强度等级分为 M15、M10、M7.5、M5。

砌筑砂浆的实际强度主要取决于所砌筑的基层材料的吸水性,可分为下述两种情况(第二种较常见):

(1)基层为不吸水材料(如致密的石材)时,影响强度的因素主要取决于水泥强度和水灰比。

(2)基层为吸水材料(如砖)时,由于基层吸水性强,即使砂浆用水量不同,经基层吸水后,保留在砂浆中的水分几乎是相同的,因此砂浆的强度主要取决于水泥强度和水泥用量,而与用水量无关。关系式如下:

$$f_{m,0} = Af_{ce}\frac{Q_c}{1\ 000} + B \tag{1-14}$$

式中 $f_{m,0}$——砂浆28 d 的抗压强度,MPa;

f_{ce}——水泥28 d 的实测抗压强度,MPa;

Q_c——1 m³ 砂浆中水泥用量,kg;

A、B——砂浆的特征系数,$A=3.03$,$B=-15.09$。

此外,砂的质量、混合材料的品种及用量、养护条件(温度和湿度)都会影响砂浆的强度和强度增长。

2)表观密度

砂浆拌和物的表观密度宜符合表1-18 的规定。

表 1-18　砌筑砂浆拌和物的表观密度

砂浆种类	表观密度
水泥砂浆	≥1 900
水泥混合砂浆	≥1 800
预拌砌筑砂浆	≥1 800

3) 砌筑砂浆的黏结力

砌筑砂浆必须具有足够的黏结力,才可使砌体黏结成为一个整体。其黏结力越大,则整个砌体的强度、耐久性、稳定性及抗震性越好。一般砂浆抗压强度越大,则其与基材的黏结力越强。此外,砂浆的黏结力也与基层材料的表面状态、清洁程度、润湿状况及施工养护条件有关。因此,在砌筑前应做好有关的准备工作。

4) 砂浆的抗冻性

砂浆的抗冻性是指砂浆抵抗冻融循环作用的能力,砂浆受冻遭损由其内部孔隙中水的冻结膨胀引起孔隙破坏而致,密实的砂浆和具有封闭性孔隙的砂浆都具有较好的抗冻性。有抗冻性要求的砌体工程,砌筑砂浆应进行冻融试验。抗冻性应符合 JGJ/T 98—2010 的规定,且当设计对抗冻性有明确要求时,尚应符合设计规定。

5) 砂浆的变形性

砂浆在承受荷载、温度变化或湿度变化时,均会产生变形,如果变形过大或不均匀,都会引起沉陷或裂缝,降低砌体质量。掺太多轻骨料或混合材料配制的砂浆,其收缩变形会比普通砂浆大。

对于重要结构工程,其砂浆质量要求高或者工程量大的砌筑砂浆,可根据 JGJ/T 98—2010 计算。

二、其他砂浆

(一)普通抹面砂浆

抹面砂浆是涂抹于建筑物或构筑物表面的砂浆的总称。砂浆在建筑物表面起着平整、保护、美观的作用。抹面砂浆一般用于粗糙和多孔的底面,且与底面和空气的接触面大,所以失去水分的速度更快,因此要有更好的保水性。与砌筑砂浆不同,抹面砂浆对强度要求不高,而对于和易性以及与基底材料的黏结力较好,故胶凝材料比砌筑砂浆多。

为了保证抹灰层表面平整,避免开裂脱落,抹面砂浆常分为底层、中层和面层,分层涂抹,各层的成分和稠度要求各不相同,见表 1-19。底层砂浆主要起与基层牢固黏结的作用,要求稠度较稀,其组成材料常随基底而异,如一般砖墙、混凝土墙、柱面常用混合砂浆砌筑。对混凝土基底,宜采用混合砂浆或水泥砂浆。中层砂浆主要起找平作用,较底层砂浆稍稠。面层砂浆主要起装饰作用,一般要求采用细砂拌制的混合砂浆、麻刀石灰砂浆或纸筋砂浆。在容易碰撞或潮湿的地方应采用水泥砂浆。

抹面砂浆采用体积比,经验配合比可参考表 1-20。

表 1-19　抹面砂浆各层的作用、沉入度、砂的最大粒径及应用

层别	作用	沉入度(mm)	最大粒径(mm)	适用品种砂浆
底层	与基层黏结并初步找平	100～120	2.36	石灰砂浆 水泥砂浆 混合砂浆
中层	找平	70～80		混合砂浆、石灰砂浆
面层	装饰	100	1.18	混合砂浆、麻刀灰、纸筋灰

表 1-20　各种抹面砂浆配合比

材料	配合比(体积比)	应用范围
石灰:砂	1:2～1:4	砖石墙表面(除檐口、勒脚、女儿墙及防潮房屋的墙)
石灰:黏土:砂	1:1:4～1:1:8	干燥环境的墙表面
石灰:石膏:砂	1:0.4:2～1:1:3	用于不潮湿房间木质表面
石灰:石膏:砂	1:0.6:2～1:1.5:3	用于不潮湿房间的墙和天花板
石灰:石膏:砂	1:2:2～1:2:4	用于不潮湿房间的线脚及其他装修工程
石灰:水泥:砂	1:0.5:4.5～1:1:5	用于檐口、勒脚、女儿墙以及比较潮湿的部位
水泥:砂	1:3～1:2.5	用于浴室、潮湿车间等墙裙、勒脚或地面基层
水泥:砂	1:2～1:5	用于地面、顶棚或墙面面层
水泥:砂	1:0.5～1:1	用于混凝土地面随时压光
水泥:石膏:砂:锯末	1:1～3:5	用于吸音抹灰
水泥:白石子	1:2～1:1	用于水磨石(打底用1:1.25水泥砂浆)
水泥:白石子	1:1.5	用于斩假石(打底用(1:2)～(1.2:5)水泥砂浆)
水泥:白灰:白石子	1:(0.5～1):(1.5～2)	用于水刷石(打底用1:0.5:3.5)
石灰:麻刀	100:2.5(质量比)	用于板条顶棚底层
石灰膏:麻刀	100:1.3(质量比)	用于板条顶棚面层(或100:3.8)
石灰膏:纸筋	石灰膏0.1 m³、纸筋0.36 m³	较高级墙面、顶棚

(二)防水砂浆

防水砂浆是一种制作防水层的抗渗性高的砂浆。砂浆防水层又称刚性防水,仅适用于不受振动和具有一定刚度的混凝土或砖石砌体工程,用于水塔、水池、地下工程等的防水。

防水砂浆可用普通水泥砂浆制作,也可以在水泥砂浆中掺入防水剂制得。防水砂浆的配合比一般为水泥:砂 =1:(2.5～3),水灰比控制在0.50～0.55,应选用42.5级的普通水泥和级配良好的中砂。

在水泥砂浆中掺入防水剂,可促使砂浆结构密实,堵塞毛细孔,提高砂浆的抗渗能力。

常用的防水剂有氯盐类防水剂和非氯盐类防水剂,在钢筋混凝土工程中,应尽量采用非氯盐类防水剂,以防止钢筋锈蚀。

防水砂浆应分 4~5 层分层涂抹在基面上,每层厚度约 5 mm,总厚度为 20~30 mm。每层在初凝前压实一遍,最后一遍要压光,并精心养护,防止开裂。

三、砌筑砂浆的配合比

(一)现场配制水泥混合砂浆的配合比计算

1. 计算砂浆的试配强度($f_{m,0}$)

砂浆的试配强度应按下式计算

$$f_{m,0} = k \cdot f_2 \qquad (1-15)$$

式中　$f_{m,0}$——砂浆的试配强度,精确至 0.1 MPa;

　　　f_2——砂浆强度等级值,精确至 0.1 MPa;

　　　k——系数,施工水平优良 $k=1.15$,施工水平一般 $k=1.20$,施工水平较差 $k=1.25$。

2. 计算每立方米砂浆中的水泥用量 Q_c

$$Q_c = \frac{1\,000(f_{m,0} - \beta)}{\alpha \cdot f_{ce}} \qquad (1-16)$$

式中　Q_c——每立方米砂浆的水泥用量,精确至 1 kg;

　　　$f_{m,0}$——砂浆的试配强度,精确至 0.1 MPa;

　　　f_{ce}——水泥的实测强度,精确至 0.1 MPa;

　　　α、β——砂浆的特征系数,其中 $\alpha=3.03$,$\beta=-15.09$。

在无法取得水泥的实测强度值时,可按下式计算 f_{ce}:

$$f_{ce} = \gamma_c f_{ce,k} \qquad (1-17)$$

式中　$f_{ce,k}$——水泥强度等级对应的强度值;

　　　γ_c——水泥强度等级值的富余系数,该值应按实际统计资料确定,无统计资料时取 1.0。

3. 计算每立方米砂浆中的石灰膏用量 Q_D

$$Q_D = Q_A - Q_C \qquad (1-18)$$

式中　Q_D——每立方米砂浆中的石灰膏用量,精确至 1 kg,石灰膏使用时的稠度为 (120±5)mm,稠度不同时,其用量应乘以表 1-21 所示的换算系数;

　　　Q_C——每立方米砂浆中的水泥用量,精确至 1 kg;

　　　Q_A——每立方米砂浆中的水泥和掺合料的总量,精确至 1 kg,可为 350 kg。

表 1-21　石灰膏不同稠度的换算系数

稠度(mm)	120	110	100	90	80	70	60	50	40	30
换算系数	1.00	0.99	0.97	0.95	0.93	0.92	0.90	0.88	0.87	0.86

4. 确定每立方米砂用量 Q_s

每立方米砂用量应按砂干燥状态(含水量小于 0.5%)的堆积密度作为计算值,单位以 kg 计。

5. 选用每立方米砂浆中的用水量 Q_w

每立方米砂浆中的用水量,根据砂浆稠度等要求可选用 210～310 kg。混合砂浆中的用水量不包括石灰膏或黏土膏中的水;当采用细砂或粗砂时,用水量分别取上限或下限;稠度小于 70 mm 时,用水量可小于下限;施工现场气候炎热或干燥季节,可酌量增加用水量。

(二)现场配制水泥砂浆的材料用量

1. 水泥砂浆材料用量

水泥砂浆材料用量按表 1-22 选用。

表 1-22　每立方米水泥砂浆材料用量　　　　　　　（单位:kg/m³）

强度等级	水泥	砂子	用水量
M5	200～230		
M7.5	230～260		
M10	260～290		
M15	290～330	砂的堆积密度值	270～330
M20	340～400		
M25	360～410		
M30	430～480		

注:1. M15 及以下强度等级的水泥砂浆,水泥强度等级为 32.5 级,M15 以上强度等级的水泥砂浆,水泥强度等级为 42.5 级;当采用细砂或粗砂时,用水量分别取上限或下限;稠度小于 70 mm 时,用水量可小于下限;施工现场气候炎热或干燥季节,可酌量增加用水量。

　　2. 本表摘自《砌筑砂浆配合比设计规程》(JGJ/T 98—2010)。

2. 水泥粉煤灰砂浆材料用量

水泥粉煤灰砂浆材料用量按表 1-23 选用。

表 1-23　每立方米水泥粉煤灰砂浆材料用量　　　　　（单位:kg/m³）

强度等级	水泥和粉煤灰总量	粉煤灰	砂	用水量
M5	210～240			
M7.5	240～270	粉煤灰掺量可占胶凝材料总量的 15%～25%	砂的堆积密度值	270～330
M10	270～300			
M15	300～330			

注:1. 水泥强度等级为 32.5 级;当采用细砂或粗砂时,用水量分别取上限或下限;稠度小于 70 mm 时,用水量可小于下限;施工现场气候炎热或干燥季节,可酌量增加用水量。

　　2. 本表摘自《砌筑砂浆配合比设计规程》(JGJ/T 98—2010)。

(三)砌筑砂浆配合比试配、调整与确定

试配时应采用工程中实际使用的材料,按《建筑砂浆基本性能试验方法标准》(JGJ/T 70—2009)测定其拌和物的稠度、保水率和强度。当不能满足要求时,应调整材料用量,直到符合要求。

第四节　钢　材

钢材是应用最广泛的一种金属材料。建筑工程中使用的各种钢材,包括钢结构用各种型材(如圆钢、角钢、工字钢、管钢)、板材;混凝土结构用钢筋、钢丝、钢绞线。钢材的优点是材质均匀,性能可靠,强度高,具有一定的塑性、韧性,能承受较大的冲击和振动荷载,可以焊接、铆接、螺栓连接,便于装配。由各种型材组成的钢结构,安全性大,自重较轻,适用于重型工业厂房、大跨结构、可移动的结构及高层建筑。钢材的缺点是易锈蚀,维护费用大,耐火性差。

一、钢材的种类及主要技术性能

在理论上凡含碳量在 2.06% 以下,含有害杂质较少的铁碳合金称为钢材(即碳钢)。

(一)钢的分类

1. 按化学成分分类

(1)碳素钢:低碳钢(含碳量小于 0.25%)、中碳钢(含碳量为 0.25% ~ 0.6%)、高碳钢(含碳量大于 0.6%)。

(2)合金钢:低合金钢(合金元素总含量小于 5%)、中合金钢(合金元素总含量为 5% ~ 10%)、高合金钢(合金元素总含量大于 10%)。

2. 按脱氧程度分类

(1)沸腾钢:仅用弱脱氧剂锰铁进行脱氧,是脱氧不完全的钢。钢水浇入锭模后,产生大量的 CO 气体外溢,引起钢水剧烈沸腾,故称为沸腾钢。沸腾钢组织不够致密,气泡含量较多,化学偏析较大,成分不均匀,质量较差,但成本较低。用 F 表示。

(2)镇静钢:用一定数量的硅、锰和铝等脱氧剂进行彻底脱氧,钢水浇铸后平静的凝固,基本无气泡产生,故称镇静钢。镇静钢质量好,组织致密,化学成分均匀,机械性能好,但成本高。主要用于承受冲击荷载或其他重要结构。用 Z 表示。

(3)半镇静钢:其脱氧程度及钢的质量介于上述两者之间。用 b 表示。

3. 按质量分类

(1)普通钢:含硫量 S 为 0.055% ~ 0.065% ,含磷量 P 为 0.045% ~ 0.085% 。

(2)优质钢:含硫量 S 为 0.03% ~ 0.045% ,含磷量 P 为 0.035% ~ 0.040% 。

(3)高级优质钢:含硫量 S 为 0.02% ~ 0.03% ,含磷量 P 为 0.027% ~ 0.035% 。

4. 按用途分类

(1)结构钢:建筑工程用结构钢、机械制造用结构钢。

(2)工具钢:用于制作刀具、量具、模具等。

(3)特殊钢:不锈钢、耐酸钢、耐热钢、耐磨钢、磁钢等。

(二)钢的化学成分对钢性能的影响

钢材中除基本元素铁和碳外,还含有少量的硅、锰、硫、磷、氧、氮及一些合金元素等,这些元素来自炼钢原料、炉气及脱氧剂,在熔炼中无法除净。它们的含量决定了钢材的性能和质量。

(1)碳:是碳素钢的重要元素,当含碳量小于 0.8% 时,随着含碳量的增加,钢的抗拉强度和硬度提高,而塑性和韧性降低,同时,钢的冷弯、焊接及抗腐蚀等性能降低,并增加钢的冷脆性和时效敏感性。

(2)硅:是炼钢时用脱氧剂硅铁脱氧而残留在钢中的。硅是钢的主要合金元素,当硅的含量在1.0%以内时,可提高钢的强度,且对钢的塑性和冲击韧性无明显影响,因此在合金钢中,有时加入一定量的硅,作为合金元素以改善其机械性能。当硅的含量大于1.0%时,将会显著降低钢的塑性、韧性、可焊性,增加冷脆性和时效敏感性。

(3)锰:是炼钢时为了脱氧而加入的元素,也是钢的主要合金元素。在炼钢过程中,锰和钢中的硫、氧化合成MnS和MnO,入渣排除,起到脱氧去硫的作用。当锰的含量为0.8%~1%时,可显著提高强度和硬度,消除热脆性,并略微降低塑性和韧性。但当锰的含量大于1%时,在提高强度的同时,会降低钢材的塑性、韧性和可焊性。

(4)磷:是钢中的有害元素,由炼钢原料带入,以夹杂物的形式存在于钢中。磷可显著降低塑性和韧性,特别是低温下冲击韧性下降更为明显,这种现象称为冷脆性。磷还能使钢的冷弯性能降低,可焊性变坏。但磷可使钢材的强度、硬度、耐磨性、耐腐蚀性提高。

(5)硫:是钢中极为有害的元素,以夹杂物的形式存在于钢中。由于熔点低,易使钢材在热加工时内部产生裂痕,引起断裂,这种现象称为钢的热脆性。硫的存在还会导致钢材的冲击韧性、疲劳强度、可焊性及耐腐蚀性降低,即使微量存在也对钢有害,故钢材中应严格控制硫的含量。

(6)氧、氮:也是钢中有害元素,它们显著降低钢材的塑性、韧性、冷弯性能和可焊性。

(7)铝、钛、钒、铌:都是炼钢时的强脱氧剂,也是最常用的合金元素。适量加入钢内能改善钢的组织,细化晶粒,显著提高强度和改善韧性。

(三)建筑钢材的主要技术性能

钢材的性能主要包括力学性能、工艺性能和化学性能等。只有了解、掌握钢材的各种性能,才能正确、经济、合理地选择和使用钢材。

1. 力学性能

钢材的主要力学性能有拉伸性能、冲击韧性、耐疲劳性等。

1)拉伸性能

拉伸性能是建筑钢材的主要受力方式,也是最重要的性能。反映钢材拉伸性能的指标包括屈服强度、抗拉强度和伸长率。当钢材受力到达屈服点后,会出现较大塑性变形,虽尚未破坏,但已不能满足使用要求。由于下屈服点较稳定易测,故一般结构设计中以下屈服强度作为钢材强度取值的依据。

抗拉强度是钢材受拉时所能承受的最大应力,是钢材抵抗破坏能力的重要指标。屈服强度与抗拉强度之比(R_{eL}/R_m)称为屈强比,反映钢材的利用率和结构安全可靠程度。屈强比越小,表明结构的可靠性越高,不易因局部超载而造成破坏;屈强比过小,表明钢材强度利用率偏低,造成浪费,不经济。建筑结构用钢合理的屈服强度比一般为0.60~0.75。

钢材在受力破坏前可以经受永久变形的性能,称为塑性。伸长率是表明钢材塑性变形能力的重要指标,伸长率越大,说明钢材的塑性越好。伸长率是指试件断裂后标距的残余伸长与原始标距之比的百分率,见图1-12。

中碳钢与高碳钢(硬钢)的拉伸曲线与低碳钢不同,无明显屈服阶段而难以测定屈服点,通常以发生残余变形为原标距长度的0.2%时的应力作为屈服强度,用$R_{p0.2}$表示。

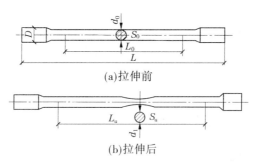

(a)拉伸前

(b)拉伸后

图 1-12　试件拉伸前和断裂后标距长度示意图

2) 冲击韧性

冲击韧性是指钢材抵抗冲击荷载而不破坏的能力,是通过冲击试验来确定的,以试件冲断缺口处单位面积上所消耗的功(J/cm^2)来表示,其符号为 α_K。α_K 值越大,钢材的冲击韧性越好。

影响钢材冲击韧性的因素很多,如化学成分、组织状态、冶炼、轧制质量、环境温度、时效等。当钢材内硫、磷的含量高,存在化学偏析,含有非金属夹杂物及焊接形成的微裂纹时,都会使冲击韧性显著降低。冲击韧性随温度的降低而下降,开始时下降缓慢,当温度降低达到某一温度范围时,冲击韧性突然急剧下降而使钢材呈脆性断裂,这种性质称为冷脆性,发生冷脆性时的温度称为脆性临界温度。脆性临界温度越低,钢材的低温冲击性能越好。所以,在负温下使用的结构,应当选用脆性临界温度比环境最低温度低的钢材。

2. 工艺性能

建筑钢材在使用前,大多需要进行一定形式的加工。良好的工艺性能可以保证钢材顺利通过各种加工,使钢材制品的质量不受影响。冷弯、冷拉、冷拔及焊接性能均是建筑钢材的重要工艺性能。

1) 冷弯性能

冷弯性能指钢材在常温下承受弯曲变形的能力。一般用弯曲角度 α 以及弯心直径 d 与试件厚度 a(或直径)的比值 d/a 来表示,见图 1-13。试验时采用的弯曲角度越大,弯心直径与试件厚度(或直径)的比值越小,表示对冷弯性能的要求越高。

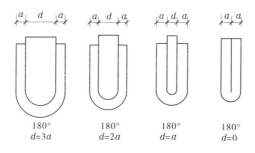

图 1-13　钢材冷弯规定弯心示意图

冷弯试验是将钢材按规定的弯曲角度和弯心直径进行弯曲,若弯曲后试件弯曲处无裂纹、起层及断裂现象,即认为冷弯性能合格;否则为不合格。

钢筋在弯曲过程中,受弯部位产生局部不均匀的塑性变形,有助于暴露钢材的某些内部缺陷,如是否存在组织不均匀、内应力和夹杂物等。冷弯试验对焊接质量也是一种严格的检验,能反映焊件在受弯表面存在未融合、微裂纹及夹杂物等缺陷。

2)钢材的可焊性

可焊性是指钢材在通常的焊接方法和工艺条件下获得良好焊接接头的性能。

建筑工程中的钢结构有90%以上是焊接结构。可焊性好的钢材焊接后不易形成裂纹、气孔、夹渣等缺陷,焊头牢固可靠,焊缝及附近过热区的性能不低于母材的力学性能,尤其是强度不低于母材,硬脆倾向小。

钢的可焊性主要受化学成分及其含量影响。碳、硅、锰、钒、钛的含量越多,将加大焊接硬脆性,降低可焊性,特别是硫的含量较多时,会使焊缝产生热裂纹,严重降低焊接质量。为了改善高碳钢及合金钢的可焊性,焊接时一般应采取焊前预热及焊后热处理等措施。

(四)钢材的冷加工与时效

在建筑工地或钢筋混凝土预制构件厂,常将钢材进行冷加工来提高钢筋屈服点,节约钢材。

1.冷加工强化

将钢材在常温下进行冷拉、冷拔、冷轧,使钢材产生塑性变形,从而使强度和硬度提高,塑性、韧性和弹性模量明显下降,这种过程称为冷加工强化。通常冷加工变形越大,强化越明显,即屈服强度提高越多,而塑性和韧性下降也越大。

(1)冷拉:将热轧钢筋用冷拉设备加力进行张拉,使之伸长。钢材经冷拉后,屈服强度提高20% ~30%,节约钢材10% ~20%。但屈服阶段缩短,伸长率降低,材质变硬。

(2)冷拔:将光面圆钢筋通过硬质钨合金拔丝模孔强行拉拔,经过一次或多次冷拔后的钢筋,表面光洁度高,屈服强度提高40% ~60%,但塑性大大降低,具有硬钢的性质。

2.时效强化

冷加工后的钢材随时间的延长,强度、硬度提高,塑性、韧性下降,弹性模量得以恢复的现象称为时效强化。钢材经冷加工后,在常温下存放15 ~20 d或加热至100 ~200 ℃,保持2 h左右,其屈服强度、抗拉强度及硬度都进一步提高,而塑性、韧性继续降低。前者称为自然时效,后者称为人工时效。冷拉时效后,屈服强度和抗拉强度均得到提高,但塑性和韧性则相应降低。

因时效导致钢材性能改变的程度称为时效敏感性。时效敏感性大的钢材,经时效后,其冲击韧性值降低越显著。因此,对于受到振动冲击荷载作用的重要结构(如吊车梁、桥梁等),应选用时效敏感性小的钢材。

(五)建筑钢材的标准与选用

目前我国建筑钢材主要采用碳素结构钢和低合金结构钢。

1.碳素结构钢

根据《碳素结构钢》(GB/T 700—2006)的规定,牌号由代表屈服强度的字母、屈服强度数值、质量等级符号、脱氧方法符号等四部分按顺序组成。其中以Q代表屈服强度;屈服强度数值分别为195 MPa、215 MPa、235 MPa和275 MPa四种;质量等级以硫、磷等杂质含量由多到少,分别由A、B、C、D符号表示;脱氧方法以F表示沸腾钢,b表示半镇静钢,Z和TZ分别表示镇静钢和特种镇静钢;Z和TZ在钢的牌号中予以省略。如Q235 - A.F,表示屈服强度为235 MPa的A级沸腾钢。

在建筑工程中应用最广泛的是碳素钢Q235。它有较高的强度,良好的塑性、韧性和可焊性,综合性能好,能满足一般钢结构和钢筋混凝土用钢要求,成本较低。用 Q235 可轧制成各种型材、钢板、管材和钢筋。

Q195、Q215 号钢强度低,塑性和韧性较好,易于冷加工,常用作钢钉、铆钉、螺栓、铁丝等。Q215 号钢经冷加工后可代替 Q235 号钢使用。

Q275 号钢强度较高,但韧性、塑性较差,可焊性也较差,不易焊接和冷弯加工,可用于轧制带肋钢筋做螺栓配件等,但更多用于机械零件和工具等。

2. 优质碳素钢

优质碳素钢按照质量分为优质钢、高级优质钢和特级优质钢。钢材中硫、磷等有害杂质控制较严,质量较稳定,综合性能好,但成本较高,建筑上使用不多。优质碳素钢一般用于生产预应力混凝土用钢丝和钢绞线以及重要结构的钢铸件和高强度螺栓等。

3. 低合金结构钢

低合金结构钢是在碳素结构钢的基础上,添加少量的一种或几种合金元素(总含量小于 5%)的一种结构钢。所加元素主要有锰、硅、钒、钛、铌、铬、镍及稀土元素,其目的是提高钢的屈服强度、抗拉强度、耐磨性、耐腐蚀性及耐低温性能等。因此,它是综合性能较为理想的建筑钢材,尤其在大跨度、承受动荷载和冲击荷载的结构中更适用。另外,比碳素钢节约钢材 20% ~ 30%,而成本增加不多。

《低合金高强度结构钢》(GB 1591—2008)规定,牌号的表示由代表屈服强度的字母 Q、屈服强度数值、质量等级(分 A、B、C、D、E 五级)三个部分组成。根据屈服强度数值共分有8 个牌号,即 Q345、Q390、Q420、Q460、Q500、Q550、Q620、Q690。

在钢结构中常采用低合金高强度结构钢轧制型钢、钢板,采用低合金高强度结构钢,可减轻结构重量,延长使用寿命,特别是大跨度、大柱网结构采用这种钢材,技术经济效果更显著。在重要的钢筋混凝土结构或预应力钢筋混凝土结构中主要应用低合金钢加工成的热轧带肋钢筋。

二、钢筋混凝土结构用钢材

钢筋混凝土结构用钢筋和钢丝,主要由碳素结构钢和低合金结构钢轧制而成。主要品种有热轧钢筋、冷轧带肋钢筋、热处理钢筋、预应力混凝土用钢丝及钢绞线。按直条或盘条供货。

(一) 热轧钢筋

热轧钢筋是指用加热钢坯轧制的条形成品钢筋,主要用于钢筋混凝土和预应力混凝土结构的配筋。按其外形分为热轧光圆钢筋、热轧带肋钢筋。

1. 热轧光圆钢筋

热轧光圆钢筋有 HPB235、HPB300 两个牌号,是用 Q235 碳素结构钢轧制而成的,钢筋的公称直径范围为 6 ~ 22 mm。HPB235、HPB300 级钢筋属于低强度钢筋,具有塑性好、伸长率高、便于弯折成型、容易焊接等特点。它的使用范围很广,可用作中、小型钢筋混凝土结构的主要受力钢筋,构件的箍筋和构造筋,钢、木结构的拉杆等。其力学性能及工艺性能见表1-24。

2. 热轧带肋钢筋

热轧带肋钢筋通常为圆形横截面,表面带有两条纵肋和沿长度方向均匀分布的横肋,横肋为月牙肋,其粗糙的表面可提高混凝土与钢筋的握裹力。月牙肋钢筋具有生产简便、强度高、应力集中、敏感性小、抗疲劳性能好等优点。

表 1-24　热轧光圆钢筋的力学性能和工艺性能

牌号	R_{eL}(MPa)	R_m(MPa)	A(%)	A_{gt}(%)	冷弯试验 180°(d—弯心直径；a—钢筋公称直径)
	不小于				
HPB235	235	370	25.0	10.0	$d = a$
HPB300	300	420			

注:1. 根据供需双方协议,伸长率可从 A 或 A_{gt} 中选定。若未经协议确定,则伸长率采用 A,仲裁检验时采用 A_{gt}。

　　2. 本表摘自《钢筋混凝土用钢　第 1 部分:热轧光圆钢筋》(GB 1499.1—2008)。

热轧钢筋按屈服强度特征值分为 335 级、400 级、500 级,根据钢筋的质量(晶粒)不同,又分为普通热轧钢筋和细晶粒热轧钢筋两种类型。《钢筋混凝土用钢　第 2 部分:热轧带肋钢筋》(GB 1499.2—2007)的力学性能与工艺性能见表 1-25。H、R、B 分别为热轧、带肋、钢筋三个词的英文首位字母,F 为细晶粒中细的英文首位字母。月牙肋钢筋表面及截面形状见图 1-14。

表 1-25　热轧带肋钢筋的力学性能

牌号	R_{eL}(MPa)	R_m(MPa)	A(%)	A_{gt}(%)
	不小于			
HRB335 HRBF335	335	455	17	7.5
HRB400 HRBF400	400	540	16	
HRB500 HRBF500	500	630	15	

注:本表摘自《钢筋混凝土用钢　第 2 部分:热轧带肋钢筋》(GB 1499.2—2007)。

HRB335 用低合金镇静钢或半镇静钢轧制,以硅、锰作为固溶强化元素,其强度较高,塑性较好,焊接性能比较理想。可作为钢筋混凝土结构的受力钢筋,比使用 HPB235 级、HPB300 级钢筋可节省钢材 40% ~ 50%。因此,广泛用于大、中型钢筋混凝土结构,如桥梁、水坝、港口工程和房屋建筑结构的主筋。将其冷拉后,也可用作结构的预应力钢筋。

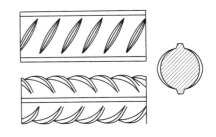

图 1-14　月牙肋钢筋表面及截面形状示意图

HRB400 级钢筋主要性能与 HRB335 级钢筋大致相同。

HRB500 级钢筋用中碳低合金镇静钢轧制,其中除以硅、锰为主要合金元素外,还加入钒或钛作为固溶和析出强化元素,使之在提高强度的同时保证其塑性和韧性。它是房屋建筑工程的主要预应力钢筋,广泛用于预应力混凝土板类构件以及成束配置用于大型预应力建筑构件(如屋架、吊车梁等)。

3. 低碳钢热轧圆盘条

低碳钢热轧圆盘条是由屈服强度较低的碳素结构钢轧制的盘条,大多通过卷线机卷成盘卷供应,故称盘条、盘圆或线材。低碳钢热轧圆盘条大量用作钢筋混凝土构造配筋,还可供拉丝等深加工及其他一般用途。

(二)冷轧带肋钢筋

冷轧带肋钢筋是指用低碳钢热轧圆盘条经冷轧后,在其表面带有沿长度方向均匀分布的二面或三面横肋的钢筋。《冷轧带肋钢筋》(GB 13788—2008)规定,冷轧带肋钢筋代号用C、R、B 表示,分别为冷轧、带肋、钢筋。按抗拉强度划分为四个牌号:CRB550、CRB650、CRB800、CRB970。CRB550 钢筋的公称直径范围为 4～12 mm,CRB650 及以上牌号的公称直径为 4 mm、5 mm、6 mm。其力学性能和工艺性能见表 1-26。

表 1-26　冷轧带肋钢筋力学性能和工艺性能

牌号	$R_{p0.2}$(MPa) ≥	R_m(MPa) ≥	伸长率(%),≥		弯曲试验 180°	反复弯曲次数	应力松弛初始应力相当于公称抗拉强度的70%
			$A_{11.3}$	A_{100}			1 000 h 松弛率(%),≤
CRB550	500	550	8.0	—	$D=3d$	—	—
CRB650	585	650	—	4.0	—	3	8
CRB800	720	800	—	4.0	—	3	8
CRB970	875	970	—	4.0	—	3	8

注:1. 表中 D 为弯心直径,d 为钢筋公称直径。

2. 本表摘自《冷轧带肋钢筋》(GB 13788—2008)。

CRB550 钢筋宜用于普通钢筋混凝土结构,其他牌号宜用在预应力混凝土结构中。

(三)热处理钢筋

热处理钢筋是用热轧带肋钢筋经淬火和回火调质处理而成的钢筋。通常直径为 6 mm、8.2 mm、10 mm 三种规格,其条件屈服强度≥1 325 MPa、抗拉强度≥1 470 MPa、伸长率≥6%、1 000 h 应力松弛率≤3.5%。按外形分为有纵肋和无纵肋两种,但都有横肋。其力学性能见表 1-27。

钢筋热处理后卷成盘,使用时开盘钢筋自行伸直,按要求的长度切断。不能使用电焊切断,也不能焊接,以免引起强度下降或脆断。

热处理钢筋适用于预应力混凝土结构中,不适用于焊接。

表 1-27　热处理钢筋的力学性能

公称直径(mm)	牌号	屈服点(MPa)	抗拉强度(MPa)	伸长率 δ_{10}(%)
			≥	
6	40Si$_2$Mn			
8.2	48Si$_2$Mn	1 325	1 470	6
10	45Si$_2$Cr			

(四)预应力混凝土用钢丝和钢绞线

1. 预应力混凝土用钢丝

预应力混凝土用钢丝是指以优质碳素钢制成的专用线材。根据《预应力混凝土用钢丝》(GB/T 5223—2002),按加工状态分为冷拉钢丝和消除应力钢丝两类。消除应力钢丝按松弛性能又分为低松弛级钢丝和普通松弛级钢丝。其代号为冷拉钢丝 WCD、低松弛钢丝 WLR、普通松弛钢丝 WNR。按外形分为光圆钢丝(代号为 P)、螺旋肋钢丝(代号为 H)、刻痕钢丝(代号为 I)三种。

产品标记应包含下列内容:预应力钢丝、公称直径、抗拉强度等级、加工状态代号、外形代号、标准号。例如:直径为 4.0 mm,抗拉强度为 1 670 MPa 冷拉光圆钢丝,其标记为:预应力钢丝 4.00 – 1670 – WCD – P – GB/T 5223—2002。

2. 钢绞线

钢绞线是按严格的技术条件,将数根钢丝经绞捻和消除内应力热处理后制成的。按《预应力混凝土用钢绞线》(GB/T 5224—2003)分类方法,钢绞线按结构分为五类,其代号为:

(1)用两根钢丝捻制的钢绞线 1×2;

(2)用三根钢丝捻制的钢绞线 1×3;

(3)用三根刻痕钢丝捻制的钢绞线 1×3I;

(4)用七根钢丝捻制的标准型钢绞线 1×7;

(5)用七根钢丝捻制又经模拔的钢绞线(1×7)C。

1×2、1×3、1×7 结构钢绞线外形示意图见图 1-15。

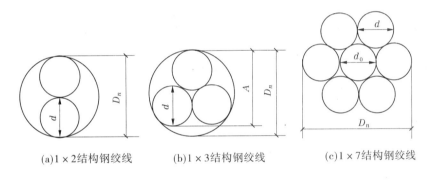

(a)1×2结构钢绞线　　(b)1×3结构钢绞线　　(c)1×7结构钢绞线

D_n—钢绞线直径;d_0—中心钢丝直径;d—外层钢丝直径;A—1×3 结构钢绞线测量尺寸

图 1-15　1×2、1×3、1×7 结构钢绞线外形示意图

产品标记应包含下列内容:预应力钢绞线、结构代号、公称直径、强度级别、标准号。如公称直径为 15.20 mm、强度级别为 1 860 MPa 的七根钢丝捻制的标准型钢绞线,其标记为:预应力钢绞线 1×7 – 15.20 – 1860 – GB/T 5224—2003。

预应力钢丝和钢绞线具有强度高、柔韧性好、无接头、质量稳定、施工简便等优点,使用时可根据长度切割,主要适用于大荷载、大跨度、曲线配筋的预应力钢筋混凝土结构。

(五)钢材的防火和防腐蚀

1. 钢材的防火

钢材属于不燃性材料,但这并不表明钢材能够抵抗火灾。在高温时,钢材的性能会发生很大的变化。温度在 200 ℃ 以内,可以认为钢材的性能基本不变;超过 300 ℃ 以后,屈服强度和抗拉强度开始急剧下降,应变急剧增大;到达 600 ℃ 时钢材开始失去承载能力。

钢结构防火的基本原理是采用绝热或吸热材料,阻隔火焰和热量,推迟钢结构的升温速度。

常用的防火方法以包覆法为主,如在钢材表面涂覆防火材料,或用不燃性板材、混凝土等包裹钢构件。

2. 钢材的防腐蚀

1) 钢材的锈蚀

钢材的锈蚀是指钢的表面与周围介质发生化学作用而遭到侵蚀破坏的过程。当周围环境有侵蚀性介质或湿度较大时,钢材就会发生锈蚀。锈蚀不仅使钢材有效截面面积减小,浪费钢材,形成程度不等的锈坑、锈斑,造成应力集中,加速结构破坏,还会显著降低钢材的强度、塑性、韧性等力学性能。

根据钢材表面与周围介质的作用原理,锈蚀可分为化学锈蚀和电化学锈蚀。

(1)化学锈蚀。是指钢材表面直接与周围介质发生化学反应而产生的锈蚀。这种锈蚀多数是氧化作用,是钢材表面形成疏松的氧化物 FeO。FeO 钝化能力很弱,易破裂,有害介质进一步进入而发生反应造成锈蚀。在干燥环境下,化学锈蚀的速度缓慢,但在温度和湿度较高的环境下,化学锈蚀的速度大大加快。

(2)电化学锈蚀。是由于金属表面形成了原电池而产生的锈蚀。钢材含有铁、碳等多种成分,由于这些成分的电极电位不同,形成许多微电池。最终氧化成疏松易剥落的红棕色铁锈 Fe_2O_3。

钢材在大气中的锈蚀是化学锈蚀和电化学锈蚀共同作用所致,但以电化学锈蚀为主。

2) 钢材防锈方法

钢材防锈的方法有保护层法、制成耐候钢。

小　结

本章首先介绍了无机胶凝材料石灰和水泥的组成、性能指标等基本知识,在此基础上介绍了混凝土和建筑砂浆的分类、性能指标以及影响性能的因素等基本知识,然后介绍了建筑用钢材的分类和性能以及混凝土用钢材与预应力混凝土用钢材的基本知识。

第二章　市政工程识图

【学习目标】
1. 掌握市政工程识图的基本知识。
2. 熟悉道路工程识图。
3. 熟悉桥梁工程识图。
4. 熟悉给排水工程识图。

第一节　识图的基本知识

市政工程图主要是表达道路、桥梁、排水等市政工程构筑物的图样。所谓图样,是指在工程技术上能准确地表达物体的形状、大小和施工质量要求等的图纸(或称工程图)。图样是表达和交流技术思维的重要工具,也是工程建设的主要技术文件之一。在施工中,图样是指导施工的根本依据,根据这些图纸编制施工进度计划和工程预算,落实工程建设所需要的材料和设备,并根据设计图纸及其他有关技术文件要求,精心组织施工等。

为了使图样的表达方法和表现形式统一,图面应简明清晰,以有利于提高制图效率,并满足设计、施工、存档等要求。这方面,我国制定和颁布了中华人民共和国国家标准(简称国标)。对于土建工程图,近年来,总结了我国过去的实践经验,结合实际情况,积极采用了国标。中华人民共和国建设部重新修订和颁布了《房屋建筑制图统一标准》(GB/T 50001—2001)(GB/T 是国家、标准、推荐三个名词拼音第一字母的顺序连写,50001 是编号,2001 表示 2001 年颁布),供全国有关单位参照执行。此外,由中华人民共和国交通部编制,并由中华人民共和国建设部颁布的《道路工程制图标准》(GB 50162—92)也是我们在学习读图时,必须熟悉和掌握的国家标准。以下介绍的是国标中有关比例、线型及尺寸标注、图例等一些制图的基本规格。

一、比例和图名

工程上设计的或已有的实物,有的很大,如道路、桥梁;有的很小,如精密的机械小零件。一般不可能以原来的大小将它们绘制在图纸上,必须使用缩小或放大的方法。因此,有缩小或放大的比例。所谓比例,就是实物在图纸上的长度与实物的实际长度之比,也就是图形与实物相对应的线性尺寸之比。例如某一实物长度为 1 m,如果在图纸上画成 10 cm,就是缩小了 10 倍,即比例为 1∶10;又如某一实物长为 2 cm,如果在图纸上画成 10 cm,就是放大了 5 倍,即比例为 5∶1。在一般情况下,能以实物的原始大小反映在图纸上则最好,这样既不缩小,也不放大,称为比例 1∶1。无论缩小和放大的比例,在图形上仍须标注原来实物的长度,而在图形下面或图标内写上比例,这一点非常重要。一般情况下,一个图样应选用一种比例。根据专业制图的需要,同一图样可选用两种比例。比例应以阿拉伯数字表示,如 1∶1、1∶2、1∶100 等。比例的大小,是指比值的大小,如 1∶50 大于 1∶100。比例宜注写在图名的右侧,如图 2-1 所示。

立面图1:200 ⑧ 1:50

图 2-1　比例的注写

二、图线线型

工程图是由不同线型、不同粗细的线条所构成的,这些图线可表达图样的不同内容,以及分清图中的主次,在同一张图样上,同类图线的宽度及形式应保持一致。在同一张图样上,各类图线随粗实线的宽度(b)而变,而粗实线的宽度则取决于图形的大小和复杂程度。

三、尺寸标注

工程图上除画出构筑物及其各部分的形状外,还必须准确、完整和清晰地标注构筑物的尺寸,以确定其大小,作为施工的依据。

(一)尺寸的组成

一个完整的尺寸由尺寸界线、尺寸线、尺寸箭头和尺寸数字四个要素所组成,如图 2-2 所示。

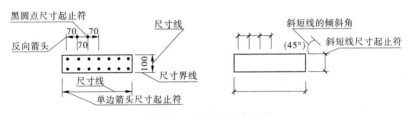

图 2-2　尺寸标注的组成

(二)尺寸标注的一般规则

(1)GB 50162—92 规定,图纸中的尺寸单位,标高以 m 计,里程以 km 或公里计,钢筋直径及钢结构尺寸以 mm 计,其余均以 cm 计。当不按以上采用时,应在图纸中予以说明。

(2)GB/T 50001—2001 规定,各种设计图上标注的尺寸,除标高及总平面图以 m 计外,其余一律以 mm 计。因此,图中尺寸数字后面都不注写单位。

(3)图上所有尺寸数字是物体的实际大小值,与图的比例无关。

(三)坡度的标注

斜线的倾斜度称为坡度(即斜线上任意两点间高差与其水平距离之比),其标注方法有两种:

(1)用比例形式表示。如图 2-3(a)中的 1:n 和图2-3(b)中的 20:1,前项数字为竖直方向的高度,后者为水平方向的距离。市政工程中的路基边坡、挡土墙及桥墩墩身的坡度都用这种方法表示。

(2)用百分数表示。当坡度较小时,常用百分数表示,并标注坡度符号,坡度符号由细实线、单边箭头以及在其上标注的百分数组成。箭头的方向指向下坡。如图 2-3(a)中的1.5%。道路纵坡、横坡常采用此种方法表示。

(四)标高及指北针的标注

标高符号采用细实线绘制的等腰三角形表示,高约 3 mm,底角45°,如图 2-4 所示。顶

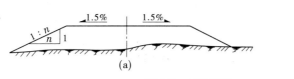

图 2-3　坡度标注

角指至被标注的高度,顶角向上、向下均可,标高数字标注在三角形的右边,负标高前冠以
"－"号,正标高数字前不冠以"＋"号,零标高注写成±0.000,标高以 m 为单位。市政工程
图上除水准点标注至小数点后三位外,其余标注至小数点后二位。房屋图上标注至小数点
后三位。

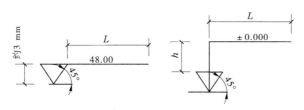

图 2-4　标高的标注

指北针的标注方法如图 2-5 所示。圆的直径 D 一般以 24 mm 为宜,
指北针下端的宽度 b 一般为直径 D 的 1/8。

四、常用工程图例

建筑物或工程构筑物按比例缩小画在图纸上,对于有些建筑细部形
状,以及所用的建筑材料,往往不能如实画出,则画上统一规定的图例,无
须用文字来注释。图 2-6 只列举出常用的几种建筑材料断面图例,其他
图例详见 GB 50162—92 及其他有关制图标推。

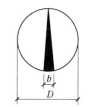

图 2-5　指北针

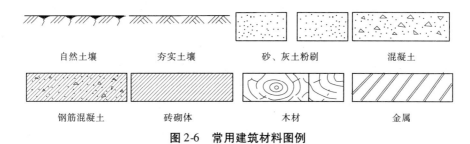

图 2-6　常用建筑材料图例

第二节　道路工程图识读

道路工程是一种带状构筑物,它具有高差大、曲线多且占地狭长的特点,因此道路工程
图的表现方法与其他工程图有所不同。道路工程图由平面图、纵断面图、横断面图及构筑物
详图组成。平面图是在测绘的地形图的基础上绘制形成的平面图;纵断面图是沿道路中心
线展开绘制的立面图;横断面图是沿道路中心线垂直方向绘制的剖面图;而构筑物详图则是
表现路面结构构成及其他构件、细部构造的图样,用这些图样来表现道路的平面位置、线型

状况、沿线地形和地物情况、高程变化、附属构筑物位置及类型、地质情况、纵横坡度、路面结构和各细部构造、各部分的尺寸及高程等。

一、道路工程图的主要特点

（1）从投影上来说，道路平面图是在地形图上画出的道路水平投影，它表达了道路的平面位置。当采用 1∶1 000 以上较大比例时，则应将路面宽度按比例绘制在图样中，此时道路中心线为一细点画线。道路纵断面图是用垂直剖面沿着道路中心线将路线剖开而画出的断面图，它表达道路的竖（高）向位置（代替三面投影图的正面投影）。由于地面线和设计坡度线竖向高差与路线长度比要小得多，为了明显地把竖向高差表示出来，在图中竖向与横向所用比例是不同的。规定竖向比例比横向比例放大 10 倍，也可放大 20 倍。道路横断面图是在设计道路的适当位置上按垂直路线方向截断而画出的断面图，它表达了道路的横断面设计情况（代替三面投影图的侧面投影）。由于道路路线狭长、曲折、随地形起伏变化较大，土石方工程量也就非常大，所以用一系列路基横断面来反映道路各控制位置的土石方填挖情况。

（2）道路工程图上的尺寸单位是以里程和标高来标记的（以 m 为单位，精确到 cm）。

（3）道路工程图采用缩小比例尺绘制。为了在图中清晰地反映不同的地形及路线的变化情况，可取不同的比例。

（4）道路工程图的比例较小，地物在图中一般用符号表示，这种符号称为图例，常用图例应按标准规定的图例使用。

（5）道路根据其所在位置、功能特点及构造组成不同分为城市道路和公路。位于城市范围以内的称为城市道路，位于城市郊区及以外的道路称为公路。两种道路的图示方法基本相同，但某些图样根据需要所表现的详细程度有所不同，城市道路功能多，构造组成相应比较复杂，图样要表现得详细；公路的功能较少，构造组成较城市道路简单，因此图样表现与城市道路有所不同。

（6）城市道路用地范围是用规划红线确定的，根据城市道路的功能特点，城市道路主要由机动车道、非机动车道、人行道、分隔带、道路交叉口、绿化带及其他各种交通设施所组成。

（7）城市道路工程图主要是由道路平面图、纵断面图、横断面图、交叉口竖向设计图及路面结构图等组成。

二、道路工程平面图

城市道路工程平面图是应用正投影的方法，先根据标高投影（等高线）或地形地物图例绘制出地形图，然后将道路设计平面的结果绘制在地形图上，该图样称为道路平面图。

道路工程平面图是用来表示城市道路的方向、平面线型、两侧地形地物情况、路线的横向布置、路线定位等内容的图样。它是全线工程构筑物总的平面位置图和沿线狭长地带地形图的综合图示，包括道路的平面设计部分和地形部分。

（一）道路工程平面图的图示内容

1. 地形部分的图示内容

（1）图样比例的选择。根据地形地物情况的不同，地形图可采用不同的比例。一般常用比例为 1∶500，也可采用 1∶1 000 的比例。比例选择应以能清晰表达图样为准。由于城市规划图比例一般为 1:500,则道路平面图的比例多采用 1:500。

（2）方位确定。为了表明该地形区域的方位及道路路线的走向,地形图样中需要标示方位。方位确定的方法有坐标网或指北针两种。现基本采用指北针,且在图样适当位置按标准画出指北针。

（3）地形地物情况。地形情况一般采用等高线或地形点表示。由于城市道路一般比较平坦,因此多采用大量的地形点来表示地形高程。地物情况一般采用图例表示。通常使用标准规定的图例,即 GB 50162—92 中的有关图例;当采用非标准图例时,需要在图样中注明。

（4）水准点位置及编号应在图中注明,以便施工时对路线的高程进行控制。

2.平面设计部分的图示内容

（1）道路规划红线是道路的用地界限,常用双点长画线表示。道路规划红线范围内为道路用地,一切不符合设计要求的建筑物、构筑物、各种管线等均需拆除。

（2）道路中心线用细单点长画线表示。由于城市区域地带地形图比例一般为 1:500,因此道路平面图也就是 1:500 的比例。这样道路中机动车道、非机动车道、人行道、分隔带等均可按比例绘制在图样中。

（3）里程桩号反映了道路各段长度及总长,一般在道路中心线上从起点到终点,沿前进方向注写里程桩号;也可向垂直道路中心线方向引一细直线,再在图样边上注写里程桩号。如"1+750",即距路线起点为 1 750 m。如里程桩号直接注写在道路中心线上,则"+"号位置即为桩的中心位置。

（4）路线定位采用坐标网或指北针结合地面固定参照物定位的方法。

（5）道路中曲线的几何要素的表示及控制点位置的图示。以图 2-7 所示的缓和曲线线型为例说明曲线要素标注问题。在平面图中是用路线转点编号来表示的,JD1 表示为第一个路线转点。α 角为路线转向的折角(°),它是沿路线前进方向向左或向右偏转的角度。R 为回曲线半径,T 为切线长,L 为曲线长,E 为外矢矩。图中曲线控制点有 ZH"直缓"为曲线起点,HY 为"缓圆"交点,QZ 表示曲线中点。YH 为"圆缓"交点,HZ 为"缓直"交点。当只设圆曲线不设缓和曲线时,控制点为:ZY"直圆点"、QZ"曲中点"和 YZ"圆直"点。

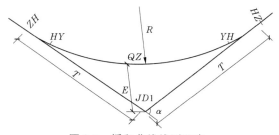

图 2-7　缓和曲线线型要素

（二）道路平面图的阅读

根据道路平面图的图示内容,按以下过程进行阅读:

（1）了解地形地物情况:根据平面图图例及等高线的特点,了解该图样反映的地形地物状况、地面各控制点高程、构筑物的位置、道路周围建筑的情况及性质、已知水准点的位置及编号、坐标网参数或地形点方位等。

（2）道路平面设计情况：依次阅读道路中心线、规划红线、机动车道、非机动车道、人行道、分隔带、交叉口及道路中曲线设置情况等。

（3）道路方位及走向，路线控制点坐标、里程桩号等。

（4）根据道路用地范围了解原有建筑物及构筑物的拆除范围以及拟拆除部分的性质、数量，所占农田性质及数量等。

（5）结合路线纵断面图，掌握道路的填挖工程量。

（6）查出图中所标注水准点位置及编号，根据其编号查出该水准点的绝对高程，以备施工中控制道路高程。

三、道路工程纵断面图

通过沿道路中心线用假想的铅垂面进行剖切，展开后进行正投影所得到的图样称为道路纵断面图。由于道路中心线是由直线和曲线组合而成的，因此垂直剖切面也就由平面和曲面组成。

（一）道路工程纵断面图的图示内容

道路纵断面图主要反映了道路沿纵向的设计高程变化、地质情况、填挖情况、原地面标高、桩号等多项图示内容及数据。因此，道路纵断面图中包括图样和资料表两大部分。

1. 图样部分的图示内容

（1）图样中水平方向表示路线长度，垂直方向表示高程。为了清晰反映垂直方向的高差，规定垂直方向的比例按水平方向比例放大 10 倍，如水平方向为 1∶1 000，则垂直方向为1∶100。这样图上所画出的图线坡度较实际坡度要大，看起来较为明显。

（2）图样中不规则的细折线表示沿道路设计中心线处的原地面线，是根据一系列中心桩的地面高程连接形成的，可与设计高程结合反映道路的填挖状态。

（3）路面设计高程线：图上比较规则的直线与曲线组成的粗实线为路面设计高程线，它反映了道路路面中心的高程。

（4）竖曲线：当设计路面纵向坡度变更处的两相邻坡度之差的绝对值超过一定数值时，为了有利于车辆行驶，应在坡度变更处设置圆形竖曲线。在设计高程上方用图例表示凸形竖曲线或凹形竖曲线，并在符号处注明竖曲线半径 R、切线长 T、曲线长 L、外矢矩 E。竖曲线符号的长度与曲线的水平投影等长。

（5）路线中的构筑物：路线上的桥梁、涵洞、立交桥、通道等构筑物，在路线纵断面图的相应桩号位置以相关图例绘出，注明桩号及构筑物的名称和编号等。

（6）标注出道路交叉口位置及相交道路的名称、桩号。

（7）沿线设置的水准点，按其所在里程标注在设计高程线的上方，并注明编号、高程及相对路钱的位置。

2. 资料表部分的图示内容

道路纵断面图的资料表设置在图样下方并与图样对应，格式有多种，有简有繁，视具体道路路线情况而定。具体项目如下：

（1）地质情况：道路路段土质变化情况，注明各段土质名称。

（2）坡度与坡长：注明坡度、坡长。

（3）设计高程：注明各里程桩的路面中心设计高程，单位为 m。

（4）原地面标高：根据测量结果填写各里程桩处路面中心的原地面高程，单位为 m。

（5）填挖情况：即反映设计标高与原地面标高的高差。

（6）里程桩号：按比例标注里程桩号（一般每 20 m 设一桩号或 50 m 设一桩号）、构筑物位置桩号及路线控制点桩号等。

（7）平面直线与曲线：道路中心线示意图，平曲线的起止点用直角折线表示，可综合纵断面情况反映出路线空间线型变化。

（二）道路纵断面图的阅读

道路纵断面图应根据图样部分和资料表部分结合起来阅读，并与道路平面图对照，得出图样所表示的确切内容。

（1）根据图样的横、竖比例读懂道路沿线的高程变化，并对照资料表了解确切高程。

（2）竖曲线的起止点均对应里程桩号，图样中竖曲线符号的长、短与竖曲线的长、短对应，且读懂图样中注明的各项曲线几何要素，如切线长、曲线半径、外矢矩、转角等。

（3）道路中线中的构筑物图例、编号、所在位置的桩号是道路纵断面示意构筑物的基本方法；了解这些，可查出相应构筑物的图纸。

（4）找出沿线设置的已知水准点，并根据编号、位置查出已知高程，以备施工时使用。

（5）根据里程桩号、路面设计高程和原地面高程，读懂道路路线的填挖情况。

（6）根据资料表中坡度、坡长，读懂路线线型的空间变化。

四、道路工程横断面图

道路横断面图是沿道路中心线垂直方向的断面图。图样中应表示出机动车道、人行道、非机动车道、分隔带等部分的横向布置情况。

（一）道路横断面的基本形式

根据机动车道和非机动车道的布置形式不同，道路横断面布置有四种基本形式：单幅路、双幅路、三幅路和四幅路。

（1）单幅路，也称"一块板"。把所有的车辆都组织在同一个车行道上混合行驶，车行道布置在道路中央。

（2）双幅路，也称"二块板"。用中间分隔带（墩）把单幅路形式的车行道一分为二，使往返交通分离，在交通上起分流渠化作用，但同向交通仍混合行驶。

（3）三幅路，也称"三块板"。用分隔带（墩）按车行道分隔成三块，中间的为双向行驶的机动车车行道，两侧均为单向行驶的非机动车车行道。

（4）四幅路，也称"四块板"。在三幅路形式的基础上，用分隔带把中间的机动车车行道分隔为二，分向行驶。

（二）道路横断面图的图示内容

道路横断面的设计结果用标准横断面设计图表示。图样中要表示出车行道、人行道及分隔带等各组成部分的构造和相互关系。一般采用 1：100 或 1：200 的比例尺，在图上绘出红线宽度、车行道、人行道、绿地、照明、新建或改建的地下管道等各组成位置、宽度、横坡度等，称为标准横断面图。

（1）用细单点长画线表示道路中心线，车行道、人行道用粗实线表示，并注明构造分层情况，标明排水横坡度，图示出红线位置。

（2）用图例示意绿地、树木、灯杆等。

（3）用中实线图示出分隔带设置情况。

（4）注明各部分的尺寸，尺寸单位为 mm。

（5）与道路相关的地下设施用图例示出，并注以文字及必要的说明。

五、道路路面结构图及路拱详图

（一）道路路面结构图的图示内容

路面是道路的主要组成部分，是用各种筑路材料铺筑在路基上，直接承受车辆荷载作用的层状构筑物。路面结构形式按照路面的力学特性及工作状态，分为两大类，即柔性路面（如沥青混凝土路面、沥青碎石路面等）和刚性路面（如水泥混凝土路面等）。这里主要介绍沥青混凝土路面（柔性路面）和水泥混凝土路面（刚性路面）的路面结构图。

（二）沥青混凝土路面结构图

（1）由于沥青混凝土路面是多层结构层组成的，在同车道的结构层沿宽度一般无变化。因此，选择车道边缘处，即侧石位置一定宽度范围作为路面结构图图示的范围，这样既可图示出路面结构情况，又可将侧石位置的细部构造及尺寸反映清楚，也可只反映路面结构分层情况，见图2-8。

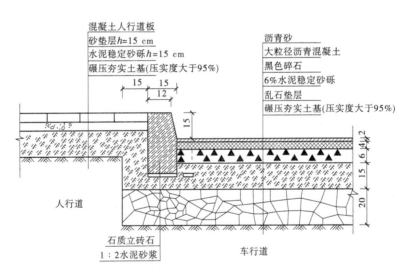

图 2-8　沥青混凝土道路路面结构图

（2）路面结构图图样中，每层结构应用图例表示清楚，如灰土、沥青混凝土、侧石等。

（3）分层注明每层结构的厚度、性质、标准等，并将必要的尺寸注全。

（4）当不同车道，结构不同时可分别绘制路面结构图，并注明图名、比例及文字说明等。

（三）水泥混凝土路面结构图

水泥混凝土路面的厚度一般为 18～25 cm，它的横断面形式有等厚式、厚边式等。根据车辆荷载作用下水泥混凝土板的受力分析，虽然厚边式是符合受力理论要求的，但施工时路基整形和立模都比较麻烦，所以常采用等厚式断面。

为避免温度的变化而使混凝土产生不规则裂缝和拱起现象，需将水泥混凝土路面划块。

在直线段道路上是长方形分块,如图2-9中的接缝平面布置图所示。在道路交叉口则常出现梯形或多边形的划块。分块的接缝有下列几种。

1. 胀缝

胀缝又称为真缝、伸缝,通常垂直于道路中心线设置,宜少设或不设。其构造如图2-9(e)所示。

2. 缩缝

缩缝又称假缝,设置在相邻两道胀缝之间,一般每隔4~6 m设置一道,缝深为水泥混凝土板厚的1/4~1/3,缩缝中可设传力杆,亦可不设,如图2-9(a)所示。

3. 纵缝

纵缝是指平行于道路中心线方向的接缝,常按机动车道宽度(一般为3.5~4.5 m)设置。纵缝一般做成企口缝形式或拉杆的形式,如图2-9(b)、(c)所示。

4. 施工缝

由于施工需要设置的接缝称为施工缝,又叫建筑缝。施工缝宜设在胀缝或缩缝处,增设的施工缝构造与胀缝相同。

此外,为了弥补等厚式水泥混凝土板边及板角强度不足,常在车行道的边缘设置边缘钢筋,在每块板的四角加设角隅钢筋。

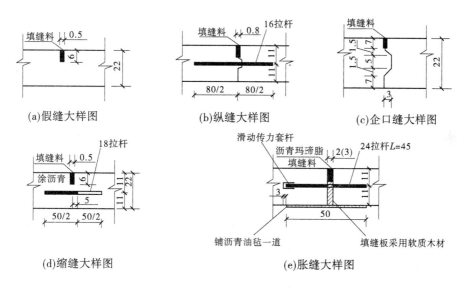

(a)假缝大样图   (b)纵缝大样图   (c)企口缝大样图

(d)缩缝大样图   (e)胀缝大样图

图2-9　水泥混凝土路面结构图

(四)路拱详图的图示内容

为了便于路面上的雨水向两侧街沟排泄,在保证行车安全的条件下,沿横断面方向设置不同的横坡度,使路面车行道的两端与中间形成一定坡度的拱起形状,称为路拱。将路面分成若干份,根据选定的路拱方程计算出每个点相对应的纵坐标值,从而描绘出路面轮廓线即为路拱详图。路拱采用什么曲线形式,应在图中予以说明,如抛物线型的路拱,则应以大样的形式标出其纵、横坐标以及每段的横坡度和平均横坡度,以供施工放样使用,见图2-10。

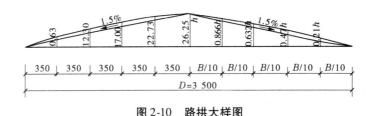

图 2-10　路拱大样图

第三节　桥梁工程图识读

一、桥梁的组成

桥梁主要是由上部结构和下部结构两个部分组成的。图 2-11 是常见的钢筋混凝土桥梁的示意图,从图中可以看到桥梁各个组成部分和它们的名称。

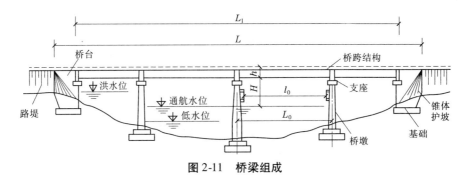

图 2-11　桥梁组成

上部结构——用来跨越河流、山谷、铁路等,供车辆和人群通过。如图 2-11 中所示的钢筋混凝土空心板梁和钢筋混凝土 T 形梁。

下部结构——用来支承上部结构,并把上部结构所承受的车辆和人群荷载安全、可靠地传递到地基上去。如图 2-11 中所示的桥台、桥墩、基础。在桥梁两端的后边,即连接路堤和支承上部结构的部分,称为桥台,两边都支承上部结构的称为桥墩,一座桥梁有两个桥台,桥墩可以有多个也可以没有。如图 2-11 所示全桥由四孔组成,共有两个桥台、三个桥墩。如果全桥只有一孔,则只有两个桥台而没有桥墩。在桥台的两侧常做成石砌的锥形护坡,是用来保护桥头填土的。

二、桥梁的分类

桥梁按其上部结构使用的材料不同可分为钢桥、钢筋混凝土桥、石桥和木桥等。按其结构受力不同可分为梁桥(见图 2-12)、拱桥(见图 2-13)和斜拉桥(见图 2-14)等。

其中以钢筋混凝土为材料的梁桥结构在中小型桥梁中使用较广泛,以下仅介绍钢筋混凝土梁桥的图示内容及图示方法。

三、钢筋混凝土桥梁工程的图示内容及图示方法

建造一座桥梁需要许多图纸,从桥梁位置的确定到各个细部的情况,都需用图来表达,

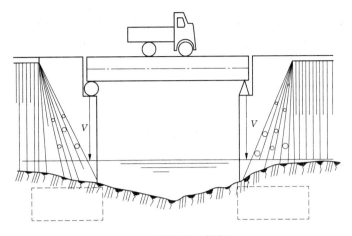

图 2-12　梁桥

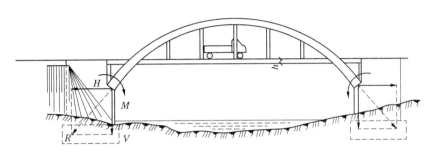

图 2-13　拱桥

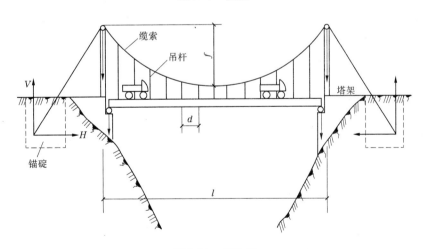

图 2-14　斜拉桥

其中较为重要的是桥梁的总体布置图和构件图。

(一) 总体布置图

总体布置图主要表明桥梁的形式、跨径、净空高度、孔数、桥墩和桥台的形式,总体尺寸、各主要构件的数量和相互位置关系等。

图示方法:用三个基本视图表示,一般都采用剖面图的形式。通常用较小的比例(相对构件图),一般为1:50~1:500。图中尺寸除标高用 m 计外,其余均以 mm 计。图中线型可见轮廓线用粗实线表示,河床线用加粗实线,其他尺寸线、中心线等用细线表示。在总体布置图中,桥梁各部分的构件是无法详细表达完整的,故单凭总体布置图是无法进行施工的。为此还必须分别把各构件(如桥台、桥墩等)的形状、大小及其钢筋布置完整地表达出来才能进行施工。

(二)构件图

构件图主要表明构件的外部形状及内部构造(如配置钢筋的情况等)。构件图又包括构造图与结构图两种。只画构件形状、不表示内部钢筋布置的称为构造图(当外形简单时可省略),如图 2-15 所示。其图示方法与视图完全一致。主要表示钢筋布置情况,同时可表示简单外形的称为结构图(非主要的轮廓线可省略不画)。结构图一般应包括钢筋布置情况、钢筋编号及尺寸、钢筋详图(为加工需要要把每种钢筋分别画出)、钢筋数量表等内容。钢筋直径以 mm 计,其余均以 cm 计。受力钢筋用粗实线表示,构造筋比受力筋要略细一些。构件的轮廓线用中粗实线表示,尺寸线等用细实线表示。

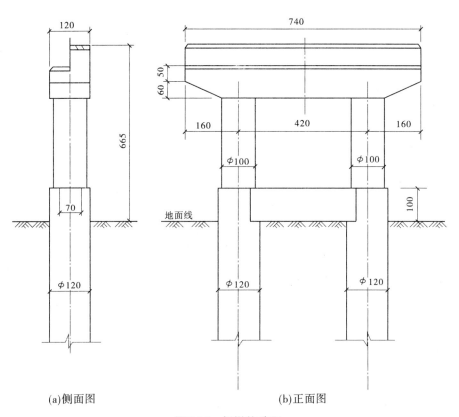

(a)侧面图　　　　　　　　(b)正面图

图 2-15　桥墩构造图

(三)桥梁图的读图步骤

1. 总体布置图

(1)看图纸右下角的标题栏,了解桥梁名称、结构、类型、比例、尺寸、单位、荷载级别等。

(2)弄清楚各图之间的关系,如有剖面、断面,则要找出剖切位置和观察方向。看图时应先看立面图(包括纵剖面图),了解桥型、孔数、跨径大小、墩台数目、总长、河床断面等情况,再对照看平面图、侧面图和横剖面图等,了解桥的宽度、人行道的尺寸和主梁的断面形式等,同时要阅读图纸中的技术说明。这样,对桥梁的全貌便有了一个初步的了解。

2.构件图

在看懂总体布置图的基础上,再分别读懂每个构件的构件图。构造图的读图方法与视图完全相同,不再重复。结构图可按下列步骤进行读图:

(1)先看图名,了解是什么构件,再对照图中画出的主要外形轮廓线,了解构件的外形。

(2)看基本视图(如立面图、断面图等),了解钢筋的布置情况,各种钢筋的相互位置等,找出每种钢筋的编号。

(3)看钢筋详图,了解每种钢筋的尺寸、完整形状,这在基本视图中是不能完全表达清楚的。有时基本视图比较难读时,要与详图一起对照起来读。

(4)再将钢筋详图与钢筋数量表联系起来看,搞清楚钢筋的数量、直径、长度等。

第四节　排水工程图识读

排水工程图主要表示排水管道的平面位置及高程布置,排水工程图与道路工程图相似,主要由排水工程平面图、排水工程纵断面图和排水工程构筑物详图组成,施工中还应结合规定的排水管道通用图一并阅读和使用。

一、排水工程平面图

(一)排水工程平面图的内容

(1)一般情况下,在排水工程平面图上污水管用粗虚线表示,雨水管用粗单点长画线表示;有时也用管道的代号(汉语拼音字母)表示:污水管用"W"、雨水管用"Y"表示。

(2)排水工程平面图上画的管道(指单线)即管道的中心线,室外排水管道的平面定位指到管道中心线的距离。

(3)排水管道上的检查井、雨水口等都按规定的图例画出。

(4)排水工程附属构筑物(闸门井、检查井)应编号。检查井的编号顺序应从上游到下游。

(5)标注尺寸:

①尺寸单位及标高标注的位置是:排水工程平面图上的管道直径以 mm 计,其余尺寸都以 m 计,并精确到小数点后两位数;室外排水管道的标高应标注管内底的标高。

②排水管道在平面图上应标注检查井的桩号、编号及管道直径、长度、坡度、流向与检查井相连的各管道的管内底标高。

检查井桩号指检查井至排水管道某一起点的水平距离,它表示检查井之间的距离和排水管道的长度。工程上排水管道检查井的桩号与道路平面图上的里程桩号一致。桩号的注写方法用 ×+×××.×× 表示," + "前的数字代表公里数," + "后的数字为 m 数(至小数点后两位数),如 0+200 表示到管道起点距离为 200 m。

例如,某一检查井相连各管道的管内底标高标注及排水管管径、坡度、检查井桩号的标注见图 2-16。

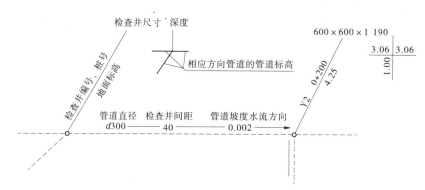

图 2-16 排水管道、检查井标注

(二)排水工程平面图的阅读

(1)了解设计说明,熟悉有关图例。

(2)区分排水管道,弄清排水体制。

(3)逐个了解检查井、雨水口以及管道的位置、数量、坡度、标高、连接情况等。

二、排水工程纵断面图

排水工程纵断面图主要显示路面起伏、管道敷设的坡度、埋深和管道交接等情况。

(一)排水工程纵断面图的图示内容

管道纵断面图是沿着管道的轴线铅垂剖开后画的断面图,它和道路工程图一样,由图样和资料表两部分组成。

1. 图样表部分

以图 2-17 雨水管道纵断面图为例,图样中水平方向表示管道的长度,垂直方向表示管道的直径。由于管道的长度比其直径大得多,通常在纵断面图中垂直方向的比例按水平方向比例放大 10 倍,如水平方向 1∶1 000,则垂直方向 1∶100。图样中不规则的细折线表示原有的地面线,比较规则的中粗实线表示设计地面线,粗实线表示管道。用两根平行竖线表示检查井,竖线上连地面线,下接管顶。根据设计的管内底标高画管道纵断面图,并表明各管段的衔接情况;接入检查井的支管,按管径及其管内底标高画出其横断面。与管道交叉的其他管道,按其管径、管内底标高以及与其相近检查井的平面距离画出其横断面,注写出管道类型、管内径标高和平面距离。

2. 资料表部分

管道纵断面图的资料表设置在图样下方,并与图样对应,具体内容如下:

(1)编号。在编号栏内,对正图形部分的检查井位置填写检查井的编号。

(2)平面距离。相邻检查井的中心间距。

(3)管径及坡度。该栏根据设计数据,填写两检查井之间的管径和坡度。当若干个检查井之间的管道的管径和坡度均相同时,可合并。

(4)设计管内底标高。设计管内底标高指检查井进、出口处管道内底标高。如两者相同,只需填写一个标高;否则,应在该栏纵线两侧分别填写进、出管道内底标高。

(5)设计路面标高。设计路面标高是指检查井井盖处的地面标高。当检查井位于道路中心线上时,此高程即检查井所在桩号的路面设计标高;当检查井不在道路中心线上时,此高程应根据该横断面所处桩号的设计路面高、道路横坡及检查井中心距道路中心线的距离推算而定。

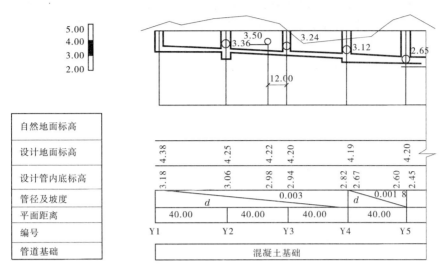

图 2-17 雨水管道纵断面图

（二）排水工程纵断面图的阅读

排水工程纵断面图应将图样部分和资料表部分结合起来阅读，并与管道平面图对照，得出图样中所表示的确切内容。下面以图 2-17 为例说明阅读时应掌握的内容。

（1）了解地下雨水管道的埋深、坡度以及该管段处地面起伏情况。

（2）了解与检查井相连的上、下游雨水干管的连接形式（管顶平接或水面平接），与检查井相连的雨水支管的管底标高。如图 2-17 中编号为 Y2 的检查井，上、下游干管采用管顶平接，接入的支管的管内底标高为 3.36 m。

（3）了解雨水管道上检查井的类型。检查井有落底式和不落底式，图 2-17 中 Y2 检查井为落底式，Y3 检查井为不落底式；另外，在管道纵剖面图上还表明了雨水跌水井的设置情况，图 2-17 中在 Y4 检查井处设置了跌水井。

三、排水工程构筑物详图

有关的设施详图有统一的标准图，无须另绘。现以《上海市排水管道通用图》（第一册）中检查井、雨水口、排水管道基础设施详图为例作简要介绍。

（一）检查井标准图

对于管径为 600 mm 以下的雨、污水排水管道，其井内尺寸为 750 mm×750 mm 的砖砌直线检查井。图集中的平面图表示了检查井进水干管、出水干管的平面位置，检查井内尺寸为 750 mm×750 mm，井盖采用的是直径 700 mm 的铸铁制品，1—1 剖面图反映了检查井的平面位置，2—2 剖面图主要反映了两个问题：

（1）井底流水槽为管径的 1/2，基础采用 C15 混凝土。

（2）井身高度小于等于 2 500 mm。

（二）雨水口标准图

如《给水排水标准图集》中的Ⅲ型雨水进水口，其中，1—1 为进水口平面图，2—2 及 3—

3 分别为进水口的纵、横剖面图。从图集中可以看出,该雨水进水口适用于六车道以下道路,为平石进水形式,采用铸铁进水口成品盖座;其井身内尺寸为 640 mm×500 mm×1 335 mm,井壁厚 120 mm,为砖砌结构,以水泥砂浆抹面;距底板 300 mm 高处设直径为 300 mm 的雨水连接管(支管),并形成进水口处高、另一端(应为雨水管道窨井处)低的流水坡度 i;另外,井底分别是 980 mm×840 mm×80 mm 的 C15 混凝土底板和 1 080 mm×940 mm×80 mm 的砾石砂垫层。

小 结

本章首先介绍了工程识图的基本知识,在此基础上详细介绍了道路工程图的特点、道路工程图的主要内容和道路工程图的识读,同时详细介绍了城市桥梁总体布置图和构件图以及桥梁工程图的识图方法,最后介绍了排水工程平面图、排水工程纵断面图和排水工程构筑物详图的识图方法。

第三章　市政工程施工工艺和方法

【学习目标】
1. 掌握城市道路路基工程施工工艺。
2. 掌握城市道路路面工程施工工艺。
3. 掌握城市桥梁基础施工工艺。
4. 熟悉城市桥梁墩台施工工艺。
5. 掌握钢筋混凝土现浇桥梁施工工艺。
6. 掌握给水排水管道开槽、不开槽施工工艺。

第一节　城市道路工程

城市道路是设置在城市中供各种车辆行驶的一种线型带状结构物,具有交通运输、城乡骨架、公共空间、抵御灾害和发展经济的功能。城市道路按其在系统中的地位和功能划分为快速路、主干路、次干路、支路四大类。

城市道路一般由路基、路面、桥涵、隧道、其他人工构筑物以及不可缺少的附属工程设施等部分组成。

一、路基工程

路基是路面的基础,路基的施工质量直接影响路面的使用品质。路基施工质量低劣,必然导致路面破坏或加速路面的破坏。路基的各种病害还使养护费用增加,以致影响交通运输的畅通与安全,因此对路基施工要充分重视。

路基土石方工程量大,分布不均匀,不仅与自身的其他工程设施(如路基排水、防护与加固等)相互制约,而且同公路工程的其他项目(如桥涵、路面等)相互交错、关系密切。因此,路基建筑往往成为整个公路施工进展的关键。为确保工程质量,实现快速、高效、安全施工,必须重视施工技术与管理,合理选择施工方法,周密制订施工组织计划,应用并推广先进的技术,切实做好安全生产等,这是高速发展公路事业的需要,亦是实现"精心设计,精心施工"的必由之路。

(一)路基施工的基本方法

路基施工的基本方法,按其技术特点大致可分为人力施工及简易机械化施工、综合机械化施工、水力机械化施工和爆破法施工等。

1. 人力施工

人力施工是传统方法,使用手工工具,劳动强度大、功效低、进度慢,工程质量亦难以保证,但限于具体条件,短期内还必然存在并适用于地方道路和某些辅助性工作。

2. 简易机械化施工

这是以人力为主,配以机械或简易机械的一种施工方法,可加快施工进度,提高劳动生产率,减轻劳动强度,在我国目前条件下,仍不失为值得提倡的一种施工方法。

3. 综合机械化施工

综合机械化施工是使用配套机械,对主机配以辅机,相互协调,共同形成主要工序的综合机械化作业。综合机械化施工能极大地减轻劳动强度和提高劳动生产效率,显著地加快施工进度,提高公路施工质量,降低工程造价,保证施工安全,是加快公路建设、实现公路施工现代化的重要途径。

4. 水力机械化施工

水力机械化施工是运用水泵、水枪等水力机械,喷射强力水流,冲散土层并流运至指定地点沉积,如采集砂料或地基加固等。水力机械化施工适用于电源和水源充足,挖掘比较松散的土质及地下钻孔等。对于砂砾填筑路堤或基坑回填,还可起到密实作用。

5. 爆破法施工

爆破法施工是石质路基开挖的基本方法。常采用钻岩机钻孔与机械清理,它是岩石路基机械化施工的必备条件。除石质路堑开挖外,爆破法还可用于冻土、泥沼等特殊路基施工,以及清除路面、开石取料与石料加工等。

应根据工程性质、施工期限、现有条件等因素选择施工方法,而且要因地制宜地综合使用各种施工方法。

(二)土质路基施工

1. 路堤填筑

为保证路堤的强度和稳定性,在填筑路堤时,要处理好基底,选择良好的填料,保证必需的压实度及正确选择填筑方案。

1) 基底的处理

路堤基底是指路堤所在的原地面。为使路堤填筑后不致产生过大的沉陷,并使路堤与原地面结合紧密,防止路堤沿基底发生滑动,应根据基底的土质、水文、坡度和植被等情况采取相应措施。

(1) 路堤基底为耕地或松土时,应先清除有机土、种植土,平整后按规定要求压实。在深耕地段,必要时应将松土翻挖,土块打碎,然后回填、整平、压实。

(2) 路堤基底原状土的强度不符合要求时,应进行换填,换填深度应不小于 30 cm,并分层压实。

(3) 山坡路堤地面横坡不陡于 1:5 且基底符合上述要求时,路堤可直接修筑在天然的土基上。

高速公路、一级公路在横坡陡峻地段的半填半挖路基,必须在山坡上从填方坡脚向上挖成向内倾斜的台阶,台阶宽度不应小于 1 m。其中挖方一侧在行车范围之内的宽度不足一个行车道宽度时,应挖够一个行车道宽度,其上路床深度范围之内的原地面土应予以挖除换填,并按土路床填方的要求施工。

(4) 路堤基底范围内地表水或地下水影响路基稳定时,应采取拦截、引排等措施,或在路堤底部填筑不易风化的片石、块石或砂、砾等透水性材料。

2) 填料选择

路堤一般都是利用当地就近土石作填料修筑而成的,而公路沿线土石的类别和性质不同,修筑路基后的稳定性亦有很大差异,应尽量选择当地强度高、稳定性好并便于施工的土石作为路基填料。

碎石、卵石、砾石、粗砂等透水性良好的材料不易压缩,强度高且受水的影响小,填筑路堤时可不受含水量限制,但应分层填筑压实,填料的最大粒径应小于 15 cm。

路堤填料不得使用淤泥、沼泽土、冻土、有机土、含草皮土、生活垃圾、树根和含有腐殖质的土。液限大于 50%、塑性指数大于 26 的土以及含水量超过规定的土,不得直接作为路堤填料。需要应用时,必须采取满足设计要求的技术措施,经检查合格后方可使用。

钢渣、粉煤灰等材料可用作路基填料,其他工业废渣在使用前应进行有害物质含量试验,避免有害物质超标,污染环境。

3)填筑方法

路堤基本填筑方法有分层填筑法、竖向填筑法、混合填筑法和填石路堤等几种。

2. 路堑开挖

按照不同的掘进方向,路堑的开挖方法主要有横向全宽开挖法、纵向挖掘法和混合法几种。

3. 土基压实

1)土基压实的意义

路基施工破坏土体的天然状态,致使其结构松散,颗粒重新组合。为使路基具有足够的强度和稳定性,必须予以压实,以提高其密实程度。所以,路基的压实工作是保证路基强度和稳定性的一道关键工序,是路基施工中一项必不可少的环节。

土是三相体,土粒为骨架,颗粒之间的孔隙为水分和气体所占据。压实的目的在于使土颗粒彼此挤紧而使结构变密,减小孔隙率,从而提高土基的强度和稳定性。大量试验和工程实践证明:土基压实后,路基的塑性变形、渗透系数、毛细水作用及隔温性能等均有明显改善。

2)影响土基压实的因素

影响土基压实的因素有内因和外因两个方面,内因主要是土的含水量和土质,外因指压实功能、压实机具和压实方法等。

3)土基压实标准

最大密实度是土基压实的一项重要指标,它与强度和稳定性有十分密切的关系,反映了土基使用品质,所以一般都用它来衡量压实的质量。我国是以压实度作为土基压实的控制标准的。所谓压实度,就是工地上实际达到的密实度 ρ_d(称为现场干密度)与最大密实度 ρ_0(称为最大干密度)之比,其比值以 k 表示,即

$$k = \rho_d/\rho_0$$

确定压实度 k 值需根据公路所在地区的气候条件、土基水温状况和路面类型等因素综合考虑。对冰冻、潮湿地区和受水影响大的路基要求应高些,对干旱地区及水文情况良好的地段要求可低些。路面等级高,路基压实度应高;路基上部活载影响大,水温变化剧烈,压实度应高;路基中部活载作用和水温变化逐渐减小,压实度可相应降低;路基下部活载影响已极微小,要求只需在静荷载(土基自重)作用下不致产生不均匀沉陷即可。

正确确定压实度 k,不但对保证土基的质量十分重要,而且关系到压实工作的经济性。

4)压实工作的实施与质量控制

(1)压实机具的选择。常用的压实机具可分为静力式、夯击式和振动式三大类。静力

式压实机具包括光面碾(即普通压路机)、羊足碾和轮胎碾等几种;夯击式压实机具包括各种夯锤、夯板和内燃式火力夯、风动夯等;振动式压实机具包括振动器和振动压路机。

(2)压实原则。为了能以尽可能小的压实度获得良好的压实效果,必须对压实机具的吨位大小及先后顺序的配套使用、碾压速度的快慢及作业顺序给予高度重视,并根据土基的压实原理和对各种影响因素的具体分析,研究实施方案,制订具体措施。一般压实操作时宜先轻后重、先慢后快、先边缘后中间(超高路段,则宜先低后高)。压实时,相邻两次的轮迹应重叠轮宽的1/3,保持压实均匀,不漏压,对压不到的边角,应辅以人力或小型机具夯实。压实全过程中,应经常检查土的含水量和密实度,以满足规定压实度的要求。

4. 路基整修及维修

1)路基整修

路基工程基本完工后,必须进行全线的竣工测量,包括中线测量、横断面测量及高程测量,以作为竣工验收的依据。

(1)当路基土石方工程基本完工时,应由施工单位会同施工监理人员,按设计文件要求检查路基中线、高程、宽度、边坡坡度和截水及排水系统,根据检查结果,编制整修计划,进行路基及排水系统整修。

(2)土质路基表面的整修可用机械配合人工切土或补土,并配合压路机械碾压。深路堑边坡应按设计要求自上而下进行削坡整修,不得在边坡上以土贴补。石质路基边坡应做到设计要求的边坡坡度。坡面上的松石、危石应及时消除。

(3)边坡需要加固地段应预留加固位置和厚度,使完工后的坡面与设计边坡一致。

(4)填土压实后不得有松散、软弹、翻浆及表面不平整现象。如不合格,必须重新处理。填石路堤和石质路堤的整修应按照《公路路基施工技术规范》(JTG F10—2006)的有关规定办理。

(5)土质路基表面做到设计标高后宜用平地机刮平。石质路基表面应用石屑嵌缝,使其紧密、平整,不得有坑槽和松石。

(6)边沟的整修应挂线进行。对各种水沟的纵坡(包括取土坑纵坡)应仔细检查,使沟底平整,排水畅通,符合设计及规定要求。

截水沟、排水沟及边沟的断面、边坡坡度应按设计要求处理。沟的表面应整齐、光滑。填补的洼坑应拍捶密实。

(7)整修路堤边坡表面时,应将其两侧超填部分切除。当遇边坡缺土时,应按 JTG F10—2006 的要求处理。

2)路基维修

(1)路基工程完工后,路面未施工前及工程初验后至终验前,路基如有损毁,施工单位应负责维修,并保证路基排水设施完好,及时清除排水设施中的淤积物、杂草等。

对较长时间中途停工和暂时不做路面的路基,也应做好排水设施,复工前应对路基各分项工程予以修整。

(2)路基表面整修应使其无坑槽,并保持规定的路拱。在路堤经雨水冲刷或其他原因发生裂缝沉陷时,应立即修补、加固或采取其他措施处理,并查明原因,作出记录。遇路堑边坡塌方时,应及时清除。

(3)未经加固的高路堤和路堑边坡或潮湿地区,对路基有害的积雪应及时清除。

（4）当构造物有变形时,应详细查明原因,予以修复,并采取相应的稳定措施。

（5）路基工程完成后,每当大雨、连日暴雨或积雪融化后,应控制施工机械和车辆在土质路基上通行。若不可避免,应将碾压的坑槽中的积水及时排干,整平坑槽,对修复部分重新压实。

（三）石质路基施工

石质路基施工指利用爆破的方法进行石质路堑的开挖。在山岭地区开挖石质路堑当遇到坚硬的岩层,不能利用机械开挖时,通常采用爆破的方法进行施工,这是石质路基施工最有效的方法。在土石方大量集中的地段以及挖除冻土和大孤石时,也常用爆破的方法。

1. 常用的爆破方法

开挖岩石路基所采用的爆破方法,应根据石方的集中程度、地形、地质条件及路基横断面形状等具体情况而定,一般可分为小炮和硐室炮两大类。小炮主要包括钢钎炮、药壶炮、猫洞炮等;硐室炮则随药包性质、断面形状和地形的变化而不同,用药量在 1 000 kg 以下为小炮、1 000 kg 以上为大炮。

2. 爆破作业

爆破作业的主要工序有:对爆破人员进行技术和安全教育;对爆破器材进行检查试验;清除岩石表面的覆盖土及松散石层;确定炮型,选择炮位;钻眼或挖坑道、药室,装药及堵塞;敷设起爆网路;设置警戒;起爆;清理爆破现场(处理瞎炮等)。

3. 清理渣石

清理渣石可用人工或机械进行,较大石块无法搬移时,可通过人工破碎或进行二次爆破。清理时应严格按照操作规程进行,应将松动、碎裂的岩石自上而下撬落,以避免炸松的岩石滚落伤人。

二、路面基层

基层、底基层应具有足够的强度和稳定性,在冰冻地区还应具有一定的抗冻性。高级路面下的半刚性基层应具有较小的收缩(温缩及干缩)变形和较强的抗冲刷能力。

一般公路的基层宽度每侧宜比面层宽 25 cm,底基层每侧宜比基层宽 15 cm。在多雨地区,透水性好的粒料基层,宜铺至路基全宽,以利排水。

（一）垫层施工

1. 垫层设置的原则

处于下列状况的路基应设置垫层,以排除路面、路基中滞留的自由水,确保路面结构处于干燥或中湿状态。

（1）地下水位高,排水不良,路基经常处于潮湿、过湿状态的路段。

（2）排水不良的土质路堑,有裂隙水、泉眼等水文不良的岩石挖方路段。

（3）季节性冰冻地区的中湿、潮湿路段,可能产生冻胀需设置防冻垫层的路段。

（4）基层或底基层可能受污染以及路基软弱的路段。

2. 垫层材料

垫层材料可选用粗砂、砂砾、碎石、煤渣、矿渣等粒料以及水泥或石灰煤渣稳定粗粒土,石灰、粉煤灰稳定粗粒土等。当采用粗砂或砂砾料时,通过 0.074 mm 筛孔的颗粒含量应不大于 5%;当采用煤渣时,粒径小于 2 mm 的颗粒含量不宜大于 20%。

为防止软弱路基污染粒料底基层、基层,或为间断地下水的影响,可在路基顶面设土工合成材料隔离层。

3. 垫层设置宽度

高速公路,一、二级公路的排水垫层应铺至路基同宽,以利路面结构排水,保持路基稳定。三、四级公路的垫层宽度可比底基层每侧至少宽 25 mm。

(二)无机结合料稳定类基层(底基层)施工

无机结合料稳定类包括水泥稳定类、石灰稳定类和工业废渣稳定类。半刚性基层材料的显著特点是整体性强、承载力高、刚度大、水稳性好,而且较为经济。半刚性材料已广泛用于修建高等级公路路面基层或底基层。

水泥稳定类材料适用于各级公路的基层和底基层,但水泥或石灰、粉煤灰稳定细粒土不能用作高级路面的基层。

石灰稳定类材料适用于各级公路的底基层,也可用作二级和二级以下公路的基层,但石灰稳定细粒土不能用作高级路面的基层。

1. 对原材料的要求

1) 无机结合料

无机结合料目前最常用的有水泥、石灰、粉煤灰及煤渣。

(1)水泥。

普通硅酸盐水泥、矿渣硅酸盐水泥和火山灰质硅酸盐水泥均可用作结合料,但宜选用终凝时间较长(宜在 6 h 以上)的水泥。快硬水泥、早强水泥以及已受潮变质的水泥不得使用。

水泥剂量应通过配合比设计试验确定,但工地实际采用的水泥剂量应比室内试验确定的剂量多 0.5% ~1% ,对集中厂拌法宜增加 0.5% ,对路拌法宜增加 1% 。当用水泥稳定中、粗粒土做基层时,应控制水泥剂量不超过 6% 。

(2)石灰。

石灰质量应符合Ⅲ级以上的生石灰或消石灰的技术指标。实际使用时,要尽量缩短石灰的存放时间。石灰在野外堆放时间较长时,应妥善覆盖保管,不应遭日晒雨淋。块灰须充分消解才能使用,未消解的生石灰必须剔除。对于高速公路和一级公路,宜采用磨细生石灰粉。

石灰剂量应通过配合比设计试验确定,但工地实际采用的剂量应比室内试验确定的剂量多 0.5% ~1% 。采用集中厂拌法施工时,可只增加 0.5% ;采用路拌法施工时,宜增加 1% 。

(3)粉煤灰。

粉煤灰是火力发电厂燃烧煤粉产生的粉状灰渣,其主要成分 SiO_2(二氧化硅)、Al_2O_3(三氧化二铝)和 Fe_2O_3(三氧化二铁)的总含量应大于 70% ,烧失量不应超过 20% ,比表面积宜大于 2 500 cm^2/g 。

(4)煤渣。

煤渣是煤经锅炉燃烧后的残渣,其主要成分是 SiO_2(二氧化硅)和 Al_2O_3(三氧化二铝),它的松干密度为 700 ~1 100 kg/m^3 。煤渣的最大粒径不应大于 30 mm,颗粒组成宜有一定级配,且不含杂质。煤渣的含煤量宜少,最好选低于 20% 的。

2）骨料

适宜做水泥或石灰稳定土基层的材料有级配碎石、未筛分碎石、砂砾、碎石土、砂砾土、煤矸石和各种粒状矿渣等。碎石包括岩石碎石和矿渣碎石。有机质含量超过2%的土，不应单独用水泥稳定，如需采用，必须先用石灰进行处理，之后方可用水泥稳定。硫酸盐含量超过0.25%的土，不应用于水泥稳定。塑性指数为15～20的黏性土以及含有一定数量黏性土的中粒土和粗粒土均适宜于用石灰稳定。塑性指数为15以上的黏性土更适宜于用石灰和水泥综合稳定。

用作基层时，骨料颗粒的最大粒径不应超过31.5 mm；用作底基层时，骨料颗粒的最大粒径不应超过40 mm。同时，土的均匀系数（通过量为60%的筛孔尺寸与通过量为10%的筛孔尺寸的比值）应大于5。

水泥稳定粒径较均匀的砂，宜在砂中添加少部分塑性指数小于10的黏性土或石灰土，也可添加部分粉煤灰；加入比例可按使混合料的标准干密度接近最大值确定，一般为20%～40%。

半刚性基层材料所用碎、砾石应具有一定的抗压碎能力。高速公路和一级公路的骨料压碎值不大于30%、二级公路和二级以下公路的骨料压碎值不大于35%（底基层可放宽至40%）。

3）水

凡人或牲畜饮用的水源，均可使用。

2．混合料配合比设计

混合料组成设计所要达到的目标是：所设计的混合料组成在强度上满足设计要求，抗裂性达到最优且便于施工。设计的基本原则是结合料剂量合理，尽可能采用综合稳定以及骨料应有一定的级配。

混合料组成中，结合料的剂量太低则不能成为半刚性材料，剂量太高则刚度太大，容易脆裂。实际上，限制低剂量是为了保证整体性材料具有基本的抗拉强度，以满足荷载作用的强度要求；限制高剂量可使模量不致过大，避免结构产生太大的拉应力，同时降低收缩系数，使结构层不会因温度变化而引起拉伸破坏。

采用水泥、石灰综合稳定时，混合料中有一定水泥可提高早期强度，有一定石灰可使刚度不会太大，掺入一定数量的粉煤灰可以降低收缩系数，必要时可根据施工季节及材料性质加入适量的早强剂或其他外掺剂。

骨料应有一定的级配。骨料数量以达到靠拢而不紧密为原则，其孔隙以无机结合料填充，形成各自发挥优势的稳定结构。半刚性基层材料中结合料和骨料种类繁多，应以就地取材为前提，通过试验求得合理组成，充分发挥其各自优势。

混合料组成设计的主要内容是根据强度标准值，通过试验选取适宜于稳定的材料，确定材料的配合比以及最大干密度和最佳含水量。

混合料组成的具体设计步骤如下：

（1）制备同一种土样、不同结合料剂量的混合料。

二灰稳定类混合料试件的制备可根据不同情况进行。对于硅铝粉煤灰，采用石灰粉煤灰做基层或底基层时，石灰与粉煤灰之比可以是1:2～1:9。采用石灰粉煤灰土做基层或底基层时，石灰与粉煤灰之比常用1:2～1:4（对于粉土，以1:2为宜），石灰粉煤灰与细粒土之比可以是30:70~90:10。采用石灰粉煤灰骨料做基层时,石灰与粉煤灰之比常用1:2~1:4,石灰粉煤灰与级配骨料(中粒土和粗粒土)的配合比应是20:80~15:85。采用石灰煤渣做基层或底基层时,石灰与煤渣之比可以是20:80~15:85。采用石灰煤渣土做基层或底基层时,石灰与煤渣之比可以是1:1~1:4,石灰煤渣与细粒土之比可以是1:1~1:4,混合料中石灰不应小于10%。采用石灰煤渣骨料做基层或底基层时,石灰:煤渣:粒料可以是(7~9):(26~33):(67~58)。

(2)采用重型击实试验确定各种混合料的最佳含水量和最大干密度,至少应做三个不同水泥或石灰剂量混合料的击实试验,即最小剂量、中间剂量和最大剂量。其他剂量混合料的最佳含水量和最大干密度用内插法确定。

(3)按工地预定达到的压实度,分别计算不同结合料剂量时试件应有的干密度。

(4)按最佳含水量和计算得到的干密度制备试件,进行强度试验。

(5)试件在规定温度下保湿养生6 d,浸水1 d后,进行无侧限抗压强度试验。规定的温度为:冰冻地区(20±2)℃,非冰冻地区(25±2)℃。计算试验结果的平均值和偏差系数。

3.路拌法施工

半刚性基层或底基层路拌法施工的主要工序为:准备下承层→施工测量→备料→摊铺→拌和→整形与碾压→初期养护。

1)下承层准备与施工测量

施工前,应对下承层(土基或底基层)按质量验收标准进行验收。下承层表面应平整、坚实,具有规定的路拱,没有任何松散的材料和软弱的地点,高程应符合设计要求。之后,恢复中线,直线路段每15~20 m设一桩,平曲线地段每10~15 m设一桩,并在两侧路肩边缘外设指示桩,在指示桩上标出基层(或底基层)的边缘设计高程及松铺厚度等相关数据。

2)备料

所用材料应符合质量要求,并根据各路段基层(底基层)的宽度、厚度及预定的干密度,计算各路段需要的干燥骨料数量。根据混合料的配合比、材料的含水量以及所用车辆的吨位,计算各种材料每车料的堆放距离,对于水泥、石灰等结合料,常以袋(或小翻斗车车斗)为计量单位计算结合料堆放距离、地点;也可根据各种骨料所占比例及其干密度,计算每种骨料松铺厚度,以控制骨料施工配合比,而对水泥、石灰等结合料仍以每袋的摊铺面积来控制剂量。

同一供料路段内应由远而近卸料,卸料距离应严格掌握,避免路段上出现料不够或过多现象。骨料在下承层上的堆置时间不应过长,运送骨料只宜比摊铺骨料提前数天。

3)摊铺与拌和

用平地机、推土机或人工,按试验路段所求得的松铺系数进行骨料摊铺,摊铺力求均匀。摊铺骨料应在摊铺结合料的前一天进行,摊料长度应满足日进度的需要。摊料过程中,应将土块、超尺寸颗粒及其他杂物拣除。松铺厚度等于压实厚度与松铺系数之积。

根据需要在骨料层上洒水闷料,洒水要均匀,防止出现局部水分过多现象,严禁洒水车在洒水段内停留和"掉头"。水泥和石灰综合稳定土应先将石灰和土拌和后一起进行闷料。

对人工摊铺的骨料层整平后,用6~8 t两轮压路机碾压1~2遍,使其表面平整。

结合料应当日运送到摊铺路段,直接卸在骨料层上,用刮板将结合料均匀摊开。应注意摊铺完后,表面没有空白位置,也没有结合料过分集中的地点。用稳定土拌和机进行拌和时,拌和深度应达到稳定层底,应设专人跟随拌和机,随时检查拌和深度并配合机器操作人员调整拌和深度。严禁在拌和层底部留有"素土"夹层。应略破坏(1 cm左右,不应过多)下承层的表面,以利上下层黏结。通常应拌和两遍以上,工作速度以 1.25~1.5 km/h 最为适宜,拌和路线应自基层的最外沿向中心线靠拢。拌和中,应适时测定含水量,若含水量过大,应进行自然蒸发,使含水量达到最佳值;若含水量小于最佳含水量,应补充洒水拌和。

混合料拌和均匀后色泽一致,没有灰条和花面,没有粗细颗粒离析现象,且水分合适均匀。

4)整形与碾压

混合料拌和均匀后,立即用平地机初步整形和整平。在直线段,平地机由两侧向路中心刮平;在平曲线地段,平地机由内侧向外侧刮平。对于局部低洼处,应将表层耙松后找平。整形宜反复进行,每次整形都应按照规定的坡度和路拱进行,并应特别注意接缝的顺适平整。整形过程中,严禁任何车辆通行。

整形后,当混合料的含水量等于或略大于最佳含水量时,立即用 12 t 以上的三轮压路机、重型轮胎压路机或振动压路机在路基全宽内进行碾压。碾压时,应重叠 1/2 轮迹,一般需碾压 6~8 遍。用 12~15 t 的三轮压路机碾压时,每层压实厚度不应超过 15 cm;用 18~20 t 的三轮压路机碾压时,每层压实厚度不应超过 20 cm。对于稳定中粒土和粗粒土,采用能量大的振动压路机时,每层的压实厚度根据试验确定。压实厚度超过时,应分层铺筑,每层的最小压实厚度为 10 cm。压实应遵循先轻后重、先慢后快的原则。直线段,由两侧路肩向路中心碾压;平曲线段,由内侧路肩向外侧路肩进行碾压。

碾压过程中,表面应始终保持潮湿,如蒸发过快,应及时补洒少量的水。如有"弹簧"、松散、起皮等现象,应及时翻开重新拌和,或用其他方法处理,使其达到质量要求。在碾压结束之前,用平地机再终平一次,使其纵向顺适,路拱和超高符合设计要求。终平应仔细进行,必须将局部高出部分刮除并扫出路外,对于局部低洼之处,不再进行找补,留待铺筑沥青面层时处理。

5)养护

养护时间应不少于 7 d。水泥稳定类混合料碾压完成后立即开始养护;二灰稳定类混合料在碾压完成后第二天或第三天开始养护。养护宜采用不透水薄膜或湿砂进行,用砂覆盖时厚 7~10 cm,并保持整个养护期间砂的潮湿状态,也可以用潮湿的帆布、粗麻布、草帘或其他合适的材料覆盖。养护结束,必须将覆盖物清除干净,并应立即喷洒透层沥青或做下封层,基层上不铺封层或面层时,不应开放交通。必须临时开放交通时,应采取覆盖、限重、限速等保护性措施。

一般情况下,路拌法每一流水作业段以 200 m 为宜,但每天的第一个作业段宜稍短些,可为 150 m(仅指宽 7~8 m 的稳定层),如稳定层较宽,则作业段应再缩短。

4.厂拌法施工

混合料在中心站集中拌和可以采用强制式拌和机、双卧轴桨叶式拌和机等厂拌设备进行。塑性指数小及含土少的砂砾土、级配碎石、砂、石屑等骨料也可采用自落式拌和机拌和。

厂拌法施工前,应先调试拌和设备,目的在于找出各料斗闸门的开启刻度(简称开度),以确保按设计配合比拌和。拌和生产中,含水量应略大于最佳含水量,使混合料运到现场摊铺碾压时的含水量不小于最佳含水量。运输过程中,如运距较远,车上混合料应覆盖,以防水分损失过多;如有粗、细颗粒离析现象,应用机械或人工再充分拌和。

混合料摊铺应采用摊铺机进行。拌和机与摊铺机的生产能力应互相协调,减少摊铺机停机待料情况,以保证施工的连续性。一般公路施工没有摊铺机时,也可以用自动平地机摊铺。

摊铺后的整形、碾压、养护与路拌法施工相同。

(三)粒料类基层(底基层)施工

粒料类基层按强度构成原理可分为嵌锁型与级配型。嵌锁型包括泥结碎石、泥灰结碎石、填隙碎石等;级配型包括级配碎石、级配砾石、符合级配的天然砂砾、部分砾石经轧制掺配而成的级配砾、碎石等。

1.填隙碎石

用单一尺寸的碎石做主骨料,形成嵌锁作用,用石屑填满碎石间孔隙,增加密实度和稳定性,这种结构称填隙碎石。实践证明,靠使用两种分开的不同尺寸的骨料,可使堆放和运输过程中骨料离析现象降到最小。填隙碎石用干、湿法施工均可,但干法施工特别适宜于干旱缺水地区。填隙碎石的密实度压实良好时,通常为固体体积率的85%~90%,其强度和密实度与良好的级配碎石相同。填隙碎石的主要缺点是潮湿的填料实际上不可能靠振动压路机将孔隙填满。如企图用过多遍数的振动碾压使潮湿填隙料下移,往往可能使主骨料浮到填隙料上层并严重丧失稳定性。

1)一般规定

填隙碎石的单层铺筑厚度宜为10~12 cm,碎石最大粒径宜为厚度的5/10~7/10。缺乏石屑时,填隙料也可用细砂砾或粗砂等细骨料替代,但其技术性能不如石屑。填隙碎石施工时,细骨料应干燥,应采用振动压路机(振动轮每米宽的质量至少为1.8 t)碾压。碾压后,基层表面粗碎石间的孔隙既要填满,又不可形成填隙料自成一层,比较理想的状况是粗碎石棱角外露3~5 mm,这对填隙碎石层上铺薄沥青面层非常重要,它可保证薄沥青面层与基层黏结良好,避免薄沥青面层在基层顶面发生推移破坏。

填隙碎石碾压后,作为基层的固体体积率应不小于85%,作为底基层应不小于83%。填隙碎石基层未洒透层沥青或未铺封层时,禁止开放交通。

2)材料

填隙碎石用作基层时,碎石最大粒径不应超过60 mm;用作底基层时,不应超过80 mm。粗碎石可以用具有一定强度的各种岩石或漂石轧制,也可以用稳定的矿渣轧制(渣的干密度和质量应比较均匀,干密度不小于960 kg/m³),材料中扁平、长条和软弱颗粒不应超过15%。

粗碎石的骨料压碎值,当用作基层时不大于26%,当用作底基层时不大于30%。轧制碎石量得到的5 mm以下的细筛余料(即石屑)是最好的填隙料。

3)施工

填隙碎石施工的工艺流程为:准备下承层→施工放样→备料→摊铺粗骨料→初压→撒布石屑→振动压实→第二次撒布石屑→振动压实→局部补撒石屑及扫匀→振动压实填满孔隙→洒水→终压。

2.级配碎石

粗、细碎石骨料和石屑各占一定比例的混合料,当其颗粒组成符合密实级配要求时,称为级配碎石。级配碎石适用于各级公路的基层和底基层;可用作较薄沥青面层与半刚性基层之间的中间层。在二级和二级以下公路上,将级配碎石用作基层时,其最大粒径应控制在40 mm以内;在高速公路和一级公路上,将级配碎石用作基层以及半刚性路面的中间层时,其最大粒径宜控制在30 mm以下。

级配碎石用作半刚性路面的中间层时,应采用集中厂拌法拌制混合料,并宜用摊铺机摊铺混合料。

1) 材料

轧制碎石的材料可以是各种类型的坚硬岩石、圆石或矿渣。其干密度和质量应比较均匀,干密度不小于960 kg/m³。碎石机轧制出来的碎石经过一个与规定最大粒径相符的筛筛分出来的碎石即为未筛分碎石。

单一尺寸碎石是碎石机轧制出来的碎石通过几个不同筛孔的筛,得出不同粒径的碎石,如5~10 mm、10~20 mm、20~40 mm碎石等。

石屑或其他细骨料可以使用一般碎石场的细筛余料,也可以利用轧制沥青路面用石料的细筛余料,或专门轧制的细碎石骨料。利用天然砂砾或粗砂代替石屑,颗粒尺寸应该合适。必要时应筛除其中的超尺寸颗粒。天然砂砾或粗砂应有较好的级配。

级配碎石或级配碎砾石基层的颗粒组成和塑性指数应满足规范规定。同时,级配曲线应接近圆滑,某种尺寸的颗粒不应过多或过少。

级配碎石或级配碎砾石所用石料的压碎值应满足:当用作高速公路和一级公路的基层时,不大于26%;用作高速公路和一级公路的底基层及二级公路的基层时,应不大于30%;用作二级公路的底基层和二级以下公路的基层时,应不大于35%;用作二级以下公路的底基层时,应不大于40%。

碎石中的扁平、长条颗粒的总含量不应超过20%。碎石中不应有黏土块、植物等有害物质。当级配碎石中细料塑性指数偏大时,塑性指数与粒径0.5 mm以下细土含量的乘积应符合:年降水量小于600 mm的中干和干旱地区,地下水对土基没有影响时,乘积应不大于120;在潮湿多雨地区,乘积应不大于100。

2) 路拌法施工

级配碎石路拌法施工的工艺流程为:准备下承层→施工放样→备料→运输和摊铺未筛分碎石。洒水使碎石湿润→运输和撒布石屑→拌和并补充洒水→整形→碾压。其中,未筛分碎石和石屑可在碎石场加水湿拌→运到现场摊铺→补充拌和和洒水→整形→碾压。

(1)准备下承层及施工放样,其工作内容与填隙碎石基本相同。

(2)备料。根据各路段基层或底基层的宽度、厚度及预定的干压密实度,并按确定的未筛分碎石和石屑配合比或不同粒级碎石和石屑配合比,分别计算出各路段所需碎石及石屑数量,并计算每车料的堆放距离。

未筛分碎石和石屑可按预定比例在料场混合,以减轻施工现场的拌和工作量。运输未筛分碎石或未筛分碎石与石屑的混合料前,应在料场洒水,使其含水量较最佳含水量大1%左右,以减少运输过程中的骨料离析现象。未筛分碎石的最佳含水量约为4%,级配碎石的最佳含水量约为5%。

(3)摊铺。骨料在下承层上的堆置时间不应过长,运送宜在摊铺前数天进行,摊铺前通过试验确定骨料的松铺系数。工人摊铺混合料的松铺系数为1.4~1.5;平地机摊铺时,松铺系数为 1.25~1.35。

级配碎石的未筛分碎石摊铺平整后,在其较潮湿的情况下,向其上运送石屑,用平地机并辅以工人将石屑均匀地摊铺在碎石层上,或用石屑撒布机撒布石屑。采用不同粒级的碎石和石屑时,应依次将大、中、小碎石分层摊铺,洒水使碎石湿润后再摊铺石屑。

(4)拌和及整形、碾压。拌和工序应采用稳定土拌和机,在无此机具的情况下,也可采用平地机或多铧犁与缺口圆盘耙相配合进行拌和。一般需拌和 5~6 遍,拌和过程中,洒足所需水分。拌和结束时,混合料的含水量应该均匀,并较最佳含水量大 1% 左右;不出现粗细颗粒离析现象。

如级配碎石混合料在料场已经过混合,可视摊铺后有无粗细颗粒离析现象,用平地机进行补充拌和。

级配碎石基层的整形用平地机按规定的路拱进行。初步整平后,用拖拉机、平地机或轮胎压路机快速碾压一遍,以暴露潜在的不平整。

整形后,当混合料的含水量等于或略大于最佳含水量时,立即用 12 t 以上的三轮压路机、振动压路机或轮胎式压路机进行碾压。一般需碾压 6~8 遍,以使密实度达到要求,表面已无明显轮迹为止。

3)厂拌法施工

级配碎石混合料可以在中心站用多种机械进行集中拌和,拌和设备同无机结合料稳定粒料类。宜采用不同粒级的单一尺寸碎石和石屑,按预定配合比在拌和机内拌制成级配碎石混合料,当采用未筛分碎石和石屑拌和时,若其颗粒组成发生明显变化,应注意及时调整,以使混合料的颗粒组成和含水量达到规定的要求。

厂拌混合料宜采用沥青混凝土摊铺机、水泥混凝土摊铺面或稳定土摊铺机摊铺,并应设专人跟随机后,注意消除粗细骨料离析现象,一般公路施工无摊铺机时,也可以用自动平地机摊铺混合料。摊铺后的整形及碾压与路拌法施工相同。

三、沥青路面施工

沥青路面具有行车舒适、噪声低、施工期短、养护维修简便等优点,因此得到了广泛应用。沥青路面按照材料组成及施工工艺可分为:沥青混凝土、热拌沥青碎石、乳化沥青碎石混合料、沥青贯入式、沥青表面处治等。沥青路面应具有坚实、平整、抗滑、耐久的品质,同时应具有高温抗车辙、低温抗开裂、抗水损害以及防止雨水渗入基层的功能。

面层类型应与公路等级、使用要求、交通等级相适应。热拌沥青混凝土可用作各级公路的面层。

贯入式沥青碎石和上拌下贯式沥青碎石可用三、四级公路的面层。

表面处治和稀浆封层可用于三级、四级公路的面层。

冷拌沥青混合料可用于交通量小的三级、四级公路面层。

(一)沥青路面对材料的基本要求

1.沥青

1)沥青的品种

沥青路面使用的沥青材料有:道路石油沥青、改性沥青、乳化沥青、煤沥青、液体石油沥青等。

2）沥青的选择

道路石油沥青根据当前的沥青使用和生产水平,按技术性能分为 A、B、C 三个等级。道路石油沥青的质量应符合《公路沥青路面施工技术规范》(JTG F40—2004)的有关要求。

2. 粗骨料

用于沥青面层的粗骨料包括碎石、破碎砾石、筛选砾石、矿渣等。粗骨料的粒径规格应符合技术规范规定。

粗骨料不仅应洁净、干燥、无风化、无杂质,而且应具有足够的强度和耐磨性以及良好的颗粒形状。用于沥青面层的碎石不宜用颚式破碎机加工。

路面抗滑表层粗骨料应选用坚硬、耐磨、抗冲击性好的碎石或破碎砾石,不得使用筛选砾石、矿渣及软质骨料。用于高速公路、一级公路沥青路面表面层及各级公路抗滑表层的粗骨料应符合规范中关于石料磨光值的要求,但允许掺加粗骨料比例总量不超过40%的普通骨料作为中等或较小粒径的粗骨料。

筛选砾石仅适用于三级及三级以下公路的沥青表面处治或拌和法施工的沥青面层的下面层,不得用于沥青贯入式路面及拌和法施工的沥青面层的中、上面层。三级公路及三级以下公路可采用钢渣作为粗骨料。钢渣沥青混合料的沥青用量必须经配合比设计确定。

酸性岩石的粗骨料(花岗岩、石英岩)用于高速公路、一级公路时,宜使用针入度较小的沥青。为保证与沥青的黏附性,应采取下列抗剥离措施:

（1）用干燥的磨细消石灰或生石灰粉、水泥作为填料的一部分,其用量宜为矿料总量的 1% ~2%。

（2）在沥青中掺加抗剥离剂。

（3）将粗骨料用石灰浆处理后使用。

3. 细骨料

沥青面层的细骨料可采用天然砂、机制砂及石屑,其规格应符合规范要求。细骨料应洁净、干燥、无风化、无杂质,并由适当的颗粒组成。

热拌沥青混合料的细骨料宜采用优质的天然砂或机制砂。在缺砂地区,也可使用石屑,但用于高速公路、一级公路沥青混凝土面层及抗滑表层的石屑用量不宜超过天然砂及机制砂的用量。细骨料应与沥青有良好的黏结能力。黏结能力差的天然砂及用花岗岩、石英岩等酸性石料破碎的机制砂或石屑,不宜用于高速公路及一般公路的面层。必须使用时,应采取与粗骨料相同的抗剥离措施。

4. 填料

沥青混合料的填料宜采用石灰岩或岩浆岩中的强基性岩石等憎水性石料经磨细得到的矿粉。矿粉要求洁净、干燥。

当采用水泥、石灰、粉煤灰做填料时,其用量不宜超过矿料总量的2%。作为填料使用的粉煤灰,烧失量应小于12%,塑性指数应小于4%。粉煤灰的用量不宜超过填料总量的50%,并经试验确认与沥青有良好的黏结力,沥青混合料的水稳性能得到满足。高速公路、一级公路的混凝土面层不宜采用粉煤灰作为填料。

拌和机采用干法除尘的粉尘可作为矿粉的一部分回收使用。湿法除尘回收使用的粉尘应经干燥及粉碎处理,且不得含有杂质。回收粉尘的用量不得超过填料总量的50%,掺有粉尘的填料塑性指数不得大于4%。

(二)沥青表面处治路面

沥青表面处治是用沥青裹覆矿料,铺筑厚度小于3 cm的一种薄层路面面层。其主要作用是保护下层路面结构层,使它不直接遭受行车和自然因素的破坏作用,延长路面使用寿命,并改善行车条件。

1.特点及分类

沥青表面处治路面是按嵌挤原则修筑而成的,为了保证矿料间有良好的嵌挤作用,同一层的矿料颗粒尺寸应力求均匀。

沥青表面处治路面可采用拌和法或层铺法施工。比较普遍采用的是层铺法,即将沥青材料与矿质材料分层洒布与铺撒,分层碾压成型。拌和法可热拌热铺或冷拌冷铺,热拌热铺的施工工艺按热拌沥青混合料路面的规定执行,冷拌冷铺的施工工艺按乳化沥青碎石混合料路面的有关规定执行。

层铺法施工沥青表面处治路面,按浇洒沥青及撒铺矿料的层次多少,可分为单层式、双层式和三层式,厚度宜为1.0～3.0 cm。单层表面处治的厚度为1.0～1.5 cm,双层表面处治的厚度为1.5～2.5 cm,三层表面处治的厚度为2.5～3.0 cm。

拌和法沥青表面处治路面厚度宜为3.0～4.0 cm。采用拌和法施工时,基层顶面应洒透层沥青或黏层沥青或做下封层。

2.材料要求

沥青表面处治采用的骨料最大粒径应与处治层的厚度相等,其规格和用量可按规范的规定选用。当采用乳化沥青时,为减少乳液流失,可在主层骨料中掺加20%以上的较小粒径骨料。沥青表面处治施工后,初期养护用料宜为5～10 mm的碎石或3～5 mm的石屑、粗砂或小砾石,用量为2～3 $m^3/(1\ 000\ m^2)$。

采用道路石油沥青时,沥青用量应按规范中规定的材料用量选定。当采用煤沥青时,可按规范规定的石油沥青用量增加15%～20%。当采用乳化沥青时,乳液用量按其中的沥青含量折算,规范中所列乳液用量适用于沥青含量为60%的乳化沥青。在高寒地区及干旱、风沙大的地区,沥青用量可超出规范规定的高限,再增加5%～10%。

在旧沥青路面、清扫干净的碎(砾)石路面、水泥混凝土路面、块石路面上铺筑沥青表面处治时,可在第一层沥青用量中增加10%～20%,不再另洒透层沥青。

3.施工机械

沥青表面处治施工应采用沥青洒布车喷洒沥青。小规模施工沥青表面处治可采用机动或手摇的手工沥青洒布机洒布沥青,乳化沥青也可用齿轮泵或气压式洒布机洒布。手工喷洒必须由熟练工人操作,力求均匀洒布。

沥青表面处治压实机械的吨位以能使骨料嵌挤紧密又不致使石料有较多的压碎为度,宜采用6～8 t、8～10 t压路机进行碾压。乳化沥青表面处治宜采用较轻的压实机械进行碾压。

4.层铺法施工

层铺法表面处治施工分先油后料与先料后油两种方法。一般多采用先油后料法施工。当堆放骨料地点受限制或临近低温施工,为使路面加速反油成型,才采用先料后油法施工。

沥青表面处治应进行初期养护。当发现泛油时,应在泛油处补撒嵌缝料并扫匀。出现其他破坏现象,也应及时补修。

（三）沥青贯入式路面施工

沥青贯入式路面是在初步压实的碎石层上浇灌沥青，再分层撒铺嵌缝料和浇洒沥青，并通过分层压实而形成的一种较厚路面面层，其厚度通常为 4～8 cm，但乳化沥青贯入式路面的厚度不宜超过 5 cm。贯入式路面的强度和稳定性主要由矿料的相互嵌挤和锁结作用而形成，属于嵌挤式一类路面。

1. 特点及分类

沥青贯入式路面具有强度较高、稳定性好、施工简便和不易产生裂缝等优点。由于沥青贯入式路面主要取决于矿料间的嵌挤作用，受温度变化影响小，故温度稳定性较好。其缺点是沥青不易均匀洒布在矿料中，在矿料密实处沥青不易贯入，而在矿料空隙较大处，沥青又容易结成块，因而强度不够均匀。

当贯入式上部加铺拌和的沥青混合料时，总厚度宜为 7～10 cm，其中拌和层厚度宜为 3～4 cm。此种结构一般称为沥青上拌下贯式路面。

沥青贯入式路面是一种多孔隙结构，为了防止表面水的透入，增强路面的水稳性，使路面面层坚固密实，沥青贯入式面层之下应做下封层。

2. 材料要求

集料应选择有棱角、嵌挤性好的坚硬石料，当使用破碎砾石时，其破碎面应符合规范规定。贯入层主层骨料中大于粒径范围中值的数量不得少于 50%。细粒料含量偏多时，嵌缝料用量宜采用低限。贯入层的主层骨料最大粒径宜与贯入层厚度相同，当采用乳化沥青时，主层骨料最大粒径可采用厚度的 80%～85%，数量按压实系数 1.25～1.30 计算。表面不加铺拌和层的贯入式路面，在施工结束后，应另备用量为 2～3 m³/(1 000 m²)与最后一层嵌缝料规格相同的石屑或粗砂等，以供初期养护使用。

采用道路石油沥青及乳化沥青的材料用量应按规范规定的材料用量选用。当采用煤沥青时，可较表列石油沥青用量增加 15%～20%。当采用乳化沥青时，乳液用量按其中的沥青含量折算，规范中所列乳液用量适用于沥青含量为 60%的乳化沥青。在高寒地区及干旱、风沙大的地区，沥青用量可超出规范规定的高限，再增加 5%～10%。

3. 施工机械

沥青贯入式路面的主层骨料可采用碎石摊铺机或人工摊铺。嵌缝料宜采用骨料洒布机撒布，沥青应采用沥青洒布车喷洒。

沥青贯入式路面压实机械的吨位以能使骨料嵌挤紧密又不致使石料有较多的压碎为度，宜采用 6～8 t、8～10 t 压路机进行碾压，其主层骨料宜用钢筒式压路机碾压。

4. 施工

（1）沥青贯入式路面施工前，基层必须清扫干净。贯入式使用乳化沥青时，必须洒透层或黏层沥青。贯入式路面厚度≤5 cm 时，也应洒透层或黏层沥青。

（2）撒料。撒主层骨料时，应注意撒铺均匀，避免颗粒大小不均，并不断检查松铺厚度和校验路拱。撒布骨料后，严禁车辆通行。

（3）碾压。主层骨料撒布后，先用 6～8 t 的钢筒式压路机以 2 km/h 的初压速度碾压，使骨料基本稳定，直至骨料无显著推移，碾压时每次轮迹重叠约 30 cm，应自路边缘逐渐移至路中心，然后从另一边开始移向路中心，再用 10～12 t 压路机进行碾压，宜碾压 4～6 遍，直到主层骨料嵌挤稳定，无显著轮迹为止。

（4）浇洒第一层沥青。主层骨料碾压完毕后,应立即浇洒第一层沥青。当采用乳化沥青时,为防止乳液下漏过多,可在主层骨料碾压稳定后,先撒布一部分上一层嵌缝料,再浇洒主层沥青。

（5）撒布第一层嵌缝料。主层沥青浇洒后应立即均匀撒布第一层嵌缝料。当使用乳化沥青时,嵌缝料的撒布必须在乳液破乳前完成。

（6）再碾压。嵌缝料扫匀后立即用8~12 t钢筒式压路机碾压4~6遍,直至稳定。碾压时随压随扫,使嵌缝料均匀嵌入。

（7）浇洒第二层沥青,撒布第二层嵌缝料,碾压,浇洒第三层沥青,撒布封层料,最后碾压(宜采用6~8 t压路机碾压2~4遍)。

（8）交通控制及初期养护的要求与沥青表面处治路面相同。

沥青贯入式路面若为加铺沥青混合料拌和层,应紧跟贯入层施工,使其上下成为一体。贯入部分若系用乳化沥青,应待其破乳、水分蒸发且成型稳定后方可铺筑拌和层,当拌和层与贯入层不能同步连续施工,且需开放交通时,贯入层的第二层嵌缝料应增加用量2~3 m^3/(1 000 m^2),在摊铺拌和层沥青混合料前,应清除贯入层表面的杂物、尘土以及浮动石料,再补充碾压一遍,并应浇洒黏层沥青。拌和层的施工要求与热拌沥青混合料路面相同。

（四）热拌沥青混合料路面施工

沥青混凝土的强度是按密实原则构成的,采用一定数量的矿粉是其一个显著特点。矿粉的掺入,使沥青混凝土中的黏稠沥青以薄膜形式分布,从而产生很大的黏结力,其黏结力比单纯沥青要大数十倍。因此,黏结力是沥青混凝土强度构成的重要因素,而骨架的摩阻力和嵌挤作用仅占次要地位。

1.混合料类型选择

沥青面层可由单层或双层或三层沥青混合料组成,各层混合料的组成设计应根据其层厚和层位、气温和降雨量等气候条件、交通量和交通组成等因素,选用适当的最大粒径及级配类型,并遵循以下原则:

应综合考虑满足耐久性、抗车辙、抗裂、抗水损害能力、抗滑性等多方面的要求,根据施工机械、工程造价等实际情况按规范规定选用合适的类型。

沥青面层的骨料最大粒径宜从上至下逐渐增大,中粒式及细粒式用于上层,粗粒式只能用于中下层。砂粒式仅适用于通行非机动车及行人的路面工程。

表面层沥青混合料的骨料最大粒径不宜超过层厚的1/2,中下面层的骨料最大粒径不宜超过层厚的2/3。高速公路的硬路肩沥青面层宜采用Ⅰ型沥青混凝土做表层。热拌热铺沥青混合料路面应采用机械化连续施工,以确保路面铺筑质量。

2.配合比设计

沥青混合料组成设计的主要任务,是选择合格的材料、确定各种粒径矿料和沥青的配合比。高等级公路沥青混凝土混合料配合比设计以马歇尔试验为主,并通过车辙试验对抗车辙能力进行辅助性检验,沥青混合料60 ℃、轮压0.7 MPa时车辙试验的动稳定度,高速公路应不小于800 次/mm,一级公路应不小于600 次/mm。沥青碎石混合料的配合比设计应根据实践经验和马歇尔试验结果,经试拌试铺论证确定。

经设计确定的标准配合比,在施工过程中不得随意变更。但生产过程中如进场材料发生变化,矿料级配及马歇尔技术指标不符规定,应及时调整配合比,确保沥青混合料质量,必要时得重新进行配合比设计。

3. 拌制及运输

沥青混合料必须在拌和厂(场、站)采用拌和机械拌制,拌和机械设备的选型应根据工程量和工期综合考虑,而且拌和设备的生产能力应与摊铺能力相匹配,最好高于摊铺能力的5%左右。

热拌沥青混合料可采用间歇式拌和机或连续式拌和机。各类拌和机均应有防止矿粉飞扬散失的密封性能及除尘设备,并有检测拌和温度的装置。高速公路和一级公路宜采用间歇式拌和机拌和。

沥青混合料拌和时间应以混合料拌和均匀,所有矿料颗粒全部裹覆沥青结合料为度,并经试拌确定。拌成的沥青混合料应均匀一致、无花白料、无结团成块或严重的粗细料分离现象,不符合要求的拌和混合料不得使用,并应及时调整。

运输热拌沥青混合料应采用较大吨位的自卸汽车,车厢应清扫干净。从拌和机向运料汽车上放料时,应每卸一斗混合料挪动一下汽车位置,以减少粗细骨料的离析现象。运料车应用篷布覆盖,用以保温、防雨、防污染。运输混合料的运量能力应较拌和能力或摊铺速度有所富余,以确保摊铺能够有序地进行。

4. 摊铺

铺筑沥青混合料前,应检查确认下层的质量。当下层质量不符合要求,或未按规定洒布透层、黏层、铺筑下封层时,不得铺筑沥青面层。

热拌沥青混合料应使用摊铺机作业。摊铺前,根据施工需要调整和选择摊铺机的结构参数及运行参数。摊铺机的结构参数有:熨平板宽度和路拱的调整、摊铺厚度与熨平板的初始工作迎角的调整、布料螺旋与熨平板前缘距离的调整、振捣梁行程调整、熨平板前刮料护板高度的调整等。运行参数主要指摊铺速度,摊铺机作业速度既对其工作效率有影响,又极大地影响摊铺质量。摊铺速度应符合 2~6 m/min 的要求。

5. 压实及成型

压实是最后一道工序,良好的路面质量最终要通过碾压来实现。碾压中出现质量缺陷,会导致前功尽弃,因此必须十分重视压实工作。沥青混合料的分层压实厚度不得大于10 cm。

应选择合理的压路机组合方式及碾压步骤,以求达到最佳效果。压实应按初压、复压、终压(包括成型)三个阶段进行。压路机应以慢而均匀的速度碾压。

6. 开放交通

热拌热铺沥青混合料路面应待摊铺层完全自然冷却、表面温度低于50 ℃后方可开放交通。一般在施工完毕后第二天可开放交通。

(五)透层、黏层、封层施工

1. 透层

沥青路面的级配砂砾、级配碎石基层及水泥、石灰、粉煤灰等无机结合料稳定土或粒料的半刚性基层上必须浇洒透层沥青。

(1)透层沥青宜采用慢裂的洒布型乳化沥青,也可采用中、慢凝液体石油沥青或煤沥青,稠度宜通过试洒确定。

(2)透层沥青宜紧接在基层施工结束、表面稍干后浇洒。当基层完工后时间较长,表面过分干燥时,应将基层清扫干净,在基层表面少量洒水,等表面稍干后浇洒。

(3)高速公路、一级公路应采用沥青洒布车喷洒透层沥青。二级公路及二级以下公路也可采用手摇沥青洒布机喷洒透层沥青。喷嘴应配置适当,以保证沥青喷洒均匀。

(4)浇洒透层沥青时,对路缘石及人工构造物应适当防护,以防污染。透层沥青洒布后应不致流淌,渗透入基层一定深度,不得在表面形成油膜,铺筑面层前,应清除多余的透层沥青堆积层。

(5)在无机结合料稳定半刚性基层上浇洒透层沥青后,宜立即撒布用量为 $2 \sim 3 \text{ m}^3/(1\ 000\ \text{m}^2)$ 的石屑或粗砂。

(6)透层沥青洒布后应尽早铺筑面层。当采用乳化沥青做透层时,洒布后应待其充分渗透、水分蒸发后,方可铺筑沥青面层,时间不宜少于 24 h。

2. 黏层

黏层的作用在于使上下沥青层或沥青层与构造物完全黏结成一整体。因此,符合下列情况时应浇洒黏层沥青:

(1)双层或三层式热拌热铺沥青混合料路面,在浇筑上层前,其下面的沥青层已被污染;

(2)旧沥青路面层上加铺沥青层;

(3)水泥混凝土路面上铺筑沥青面层;

(4)与新铺沥青混合料接触的路缘石、雨水进水口、检查井等的侧面。

黏层沥青宜采用快裂的洒布型乳化沥青,也可采用快、中凝液体石油沥青或煤沥青。黏层沥青宜用与面层所用种类、标号相同的石油沥青经乳化或稀释制成。

黏层沥青宜用沥青洒布车喷洒,喷嘴应配置适当,以保证沥青喷洒均匀。在路缘石、雨水进水口、检查井等局部部位,应用刷子人工涂刷。黏层沥青应均匀洒布或涂刷,浇洒量过量时应予以刮除。浇洒面有脏物、尘土时应清除干净,当有沾黏的土块时,应用水刷净,待刷净面干燥后再浇洒黏层沥青。气温低于 10 ℃或路面潮湿时,不应浇洒黏层沥青。严禁行人及其他车辆在浇洒黏层后通行。

黏层沥青浇洒后应紧接铺筑其上层。但乳化沥青应待破乳、水分蒸发完后再铺筑其上层。

3. 封层

符合下列情况之一时,应在沥青面层上铺筑上封层:

(1)沥青面层的空隙较大,透水严重;

(2)有裂缝或已修的旧沥青路面;

(3)需加铺磨耗层改善抗滑性能的旧沥青路面;

(4)需铺筑磨耗层或保护层的新建沥青路面。

符合下列情况之一时,应在沥青面层下铺筑下封层:

(1)位于多雨地区且沥青面层空隙率较大,渗水严重;

(2)在铺筑基层后,不能及时铺筑沥青面层,且须开放交通。

上封层及下封层可采用拌和法或层铺法施工的单层式沥青表面处治,也可采用乳化沥青稀浆封层。稀浆封层的厚度宜为 3~6 mm。乳化沥青稀浆封层的矿料级配及沥青用量应符合规范规定。

四、水泥混凝土路面施工

水泥混凝土路面刚度大、强度高、经久耐用,近年来,在我国有了长足的发展。水泥混凝土路面可分为普通混凝土、钢筋混凝土、碾压混凝土、钢纤维混凝土及连续配筋混凝土路面等。

(一)材料要求

1. 混凝土混合料

混凝土混合料由水泥、粗骨料、细骨料、水与外加剂组成。

水泥可采用硅酸盐水泥、普通硅酸盐水泥和道路硅酸盐水泥。中等及轻交通的路面,也可采用矿渣硅酸盐水泥。水泥的物理性能及化学成分应符合现行国家标准的规定。

粗骨料(碎石或砾石)应质地坚硬、耐久、洁净,符合各交通路面适用的水泥强度等级规定级配,最大粒径不应超过40 mm。细骨料(天然砂或石屑)应质地坚硬、耐久、洁净,符合规定级配,细度模数宜在2.5以上。

清洗骨料、拌和混凝土及养生所用的水,不应含有影响混凝土质量的油、酸、碱、盐类、有机物等。饮用水一般均适用于混凝土。

为了改善混凝土的技术性质,有时在混凝土制备过程中加入一定量的外加剂,常用的外加剂有流变剂、调凝剂和改变混凝土含气量的外加剂三类,外加剂的质量应符合国家标准《混凝土外加剂》(GB 8076—2008)的规定,其用量应通过试验确定。

2. 接缝材料

接缝材料按使用性能分为接缝板和填缝料两类。接缝板应选用能适应混凝土面板膨胀收缩、施工时不变形、耐久性良好的材料。填缝料应选用与混凝土面板缝壁黏结力强、回弹性好、能适应混凝土面板收缩、不溶于水和不渗水、高温时不溢出、低温时不脆裂和耐久性好的材料。

接缝板可采用杉木板、纤维板、泡沫橡胶板、泡沫树脂板等。接缝板的技术要求应符合相关规范的规定。

填缝料按施工温度分为加热施工式和常温施工式两种。加热施工式填缝料主要有沥青橡胶类、聚氯乙烯胶泥类和沥青玛瑞脂类等;常温施工式填缝料有聚氨酯焦油类、氯丁橡胶类、乳化沥青橡胶类等。填缝料的技术要求应符合相关规范的规定。

(二)混凝土拌制及运输

拌制混凝土时,要准确掌握配合比,特别要严格掌握用水量。每天开始拌和前,应根据天气变化情况,测定砂石含水量,据以调整实际用水量,每盘拌料均应过磅,保证用料精确度控制在相关规范规定的范围。

每一工班应检查材料量配精度至少两次,每半天检查坍落度两次。拌和机每盘拌和时间为1.5~2.0 min,相当于拌鼓转动18~24转。

采用移动式拌和机时,通常用于推车或小翻斗车运送混凝土。因振动易使混合料产生离析现象,故运距不宜太长,一般以不超过100 m为宜。采用拌和站(厂)集中拌和时,通常用自卸汽车或专用的混凝土罐车运送混凝土。自卸汽车车箱应密封,以免漏浆,装载不可过满,天热时需防水分蒸发,通常不宜覆盖。运距则根据运载容许时间确定,通常夏季不宜超过30~40 min,冬季不宜超过60~90 min。

（三）混凝土摊铺及捣实

水泥混凝土路面施工常分为小型机具、轨道式摊铺机、滑模式摊铺机三种方法。

铺摊混凝土混合料之前,应再检查模板、传力杆、接缝板、各种钢筋的安装位置是否正确,尺寸是否符合规定,绑扎是否牢固。

（四）混凝土表面修整与接缝

混凝土振实后还应进行整平、精光、纹理制作等工序。

1. 人工施工

整平可用长 45 cm、宽 20 cm 的木抹板反复抹平,然后用相同尺寸的铁抹板至少拖抹三次,再用拖光带沿左右方向轻轻拖拉几次,将表面拉毛,并除去波纹和水迹。

为使混凝土路面具有粗糙抗滑的表面,可在整面后用棕刷顺横坡方向轻轻刷毛,也可用金属梳或尼龙梳梳成深 1~2 mm 的横槽。

2. 机械施工

表面修整机有斜向移动和纵向移动两种。斜向表面修整机通过一对与机械行走轴线成 10°~13° 的整平梁作相对运动来完成修整,其中一根整平梁为振动整平梁。纵向表面修整机为整平梁在混凝土表面沿纵向往返移动,由于机体前进而将混凝土表面整平。整平中,要随时注意清除因修光梁往复运行而摊到边沿的粗骨料,确保整平效果和机械正常行驶。

精光工序是对混凝土表面进行最后的精细修整,使混凝土表面更加致密、平整、美观,这是混凝土路面外观质量的关键工序。

纹理制作是提高水泥混凝土路面行车安全的重要措施。施工时用纹理制作机对混凝土路面进行拉槽式压槽,在不影响平整度的前提下,具有一定粗糙度。适宜的纹理制作时间以混凝土表面无波纹水迹比较合适,过早或过晚都会影响纹理的质量。

混凝土达到一定强度即可拆除模板,拆模时间视气温而定,一般在浇筑混凝土 60 h 后拆除。

3. 接缝施工

当胀缝与结构物相接,混凝土板无法设置传力杆时,可做成厚边式,即接近结构物一端适当加厚。此时可将木制嵌缝板设在胀缝位置,为便于事后取出嵌缝条,可在临浇筑混凝土一侧贴一层油毛毡。为减少填缝工作,可用沥青玛琋脂与软木屑混合压制成板放在胀缝位置,不再取出。

当胀缝设置传力杆时,可用软木(或油浸甘蔗板)做成整体式嵌缝板,中部预留穿放传力杆圆孔,混凝土浇筑后不再取出。另外,可用两截式嵌缝板,下截用软木制成,不再取出;上截用钢材或木材制成,也叫压缝板,浇筑混凝土捣固初凝后取出,然后填缝。

缩缝有压缝法及切缝法两种做法。压缝法是在混凝土经振捣后,在缩缝位置先用湿切缝刀切出一条细缝,再将压缝板压入混凝土中。压缝板为铁制,高度较假缝深度略大,宽度与缝隙宽度相等,使用前应先涂废抹机油等润滑剂。若压入困难,可用锤击或振动梁压入。切缝法是在混凝土强度达 50%~70% 时,使用切缝机切割成缝。切缝法便于连续施工,效率高,切缝整齐平直,宽度一致,美观大方。施工中,应尽可能采用切缝机切缝。

平头式纵缝应在其下部已凝固的混凝土侧壁涂以沥青,上部设置压缝板,再浇筑另一侧混凝土。

(五)混凝土养护与填缝

混凝土养护的目的是防止混凝土中水分蒸发过速而产生缩裂,保证水泥水化过程的顺利进行。养护工作应在抹面 2 h 后,混凝土表面已有相当硬度,用手指轻轻压上没有痕迹时开始进行。养护一般采用麻袋、草席覆盖及铺 2~3 mm 厚砂层,每天均匀洒水 2~3 次,时间一般为 14~21 d,具体时间应视气温而定。养护应注意保持接缝内的清洁,以免增加填缝困难。

混凝土路面养护期满后即可进行填缝。填缝也可在混凝土初步硬结后进行。填缝时,缝内必须清除干净,必要时应用水冲洗,待其干燥后在侧壁涂一薄层沥青漆,待沥青漆干燥后再行填缝。

理想的填缝料应能长期保持弹性与韧性,热天缝隙缩窄不软化挤出,冷天缝隙增宽时能胀大而不脆裂。此外,还要耐磨、耐疲劳,不易老化。冬季施工填缝应与混凝土路面齐平,夏季施工可稍高出路面,但不应溢出或污染边缘。

第二节　市政桥梁工程

桥梁是城市交通的枢纽,其主要功能是跨越:①跨越自然构造物,如河流;②跨越人工构造物,如道路、桥梁等,变平面交叉为立体交叉;③联系各种建筑物和交通设施;④节省空间和土地。桥梁工程指桥梁勘测、设计、施工、养护和检定等的工作过程,以及研究这一过程的科学和工程技术,它是土木工程的一个分支,是市政工程的重要组成部分。

桥梁施工是一门综合性、技术性很强的学科,其涉及面极为广泛,需要具备一定的基础知识。它主要包括以下内容:

(1)桥梁建筑的主体和辅助工程。主体工程是永久性构筑物,如基础、墩台、桥跨结构(主梁、拱圈)、桥塔、桥面系等。辅助工程有永久性的构筑物和防护设施,如挡土墙、护坡、导流工程等;也有临时性的构筑物,如施工索道、工地预制场、便道、栈桥、支架、工棚等。

(2)桥上照明、安全设施(灯柱、护栏)、过桥电缆及各种管道、管线、车辆行驶设施(电车天线、轨道)等设施的安装。桥梁竣工后的装饰及其周围的绿化和防空设施。

一、桥梁基础施工

桥梁基础通常可分为浅基础和深基础两大类。浅基础往往采用敞坑开挖的方式施工,因而也称为明挖基础,浅基础一般分层设置,逐层扩大,因而也称为扩大基础。深基础的施工,往往需要特殊的施工方法和专用的机具设备。如沉井基础是一种采用沉井作为施工时挡土、防水围堰结构物等一整套施工方法的基础形式;桩基础和管柱基础施工,则需要打桩或钻孔设备等。

(一)明挖基础

1. 一般基坑的开挖

1)坑壁不加固的基坑

随土质状况和基坑深度不同,坑壁不加固的基坑可采用垂直开挖和放坡开挖两种方法施工。允许垂直开挖的坑壁条件为:土质湿度正常,结构均匀。对松软土质,基坑深度不超过 0.75 m,中等密实(锹挖)的不超过 1.25 m,密实(镐挖)的不超过 2.00 m。如为良好的石质,其深度可根据地层的倾斜角度及稳定情况决定。

天然土层上放坡开挖的基坑,如其深度在 5 m 以内,施工期较短,无地下水,且土的湿度正常、结构均匀。

基坑深度大于 5 m 时,可将坑壁坡度适当放缓,或加平台。如土的湿度会引起坑壁坍塌,则坑壁坡度应采用该湿度下的天然坡度。

基坑开挖可采用人工或机械施工。基坑开挖时,坑顶四周地面应做成反坡,在距坑顶缘相当距离处应有截水沟,以防雨水浸入基坑。基坑弃土堆至坑缘距离不宜小于基坑的深度,且宜弃在下游指定地点。基坑顶有动载时,坑顶缘与动载间应留有大于 1.0 m 的护道。

基坑宜在枯水或少雨季节开挖。开挖不宜中断,达到设计高程经检验合格后,应立即砌筑基础。基础砌筑后,基坑应及时回填,并分层夯实。

2)坑壁加固的基坑

当基坑较深、土方数量较大,或基坑放坡开挖受场地限制,或基坑地质松软、含水量较大、坡度不易保持时,可采用基坑开挖后护壁加固的方法施工。

护壁加固方式可采用挡板支撑护壁、喷射混凝土护壁和混凝土围圈护壁等。

2. 基底检验处理及基础砌筑

1)基底检验

基础是隐蔽工程,在基础砌筑前,应按规定进行检验。基底检验的主要内容:平面位置和标高、尺寸大小,基底地质情况和承载力是否与设计相符,基底处理及排水情况。

2)基底处理

基底检验合格后,应立即进行基底处理。

3)基础砌筑

混凝土与砌体基础应在基底无水的状态下施工。基础可在以下三种情况下砌筑:干地基上砌筑圬工、排水砌筑圬工和混凝土封底再排水砌筑圬工。

(二)沉入桩基础

桩基础按施工方法分为沉入桩基础、钻孔桩基础、挖孔桩及管柱基础。其中沉入桩按其材质分为木桩、钢筋混凝土桩、预应力混凝土桩和钢桩。目前使用较多的桩为钢筋混凝土桩和预应力混凝土桩。钢桩亦日渐增多。木桩除林区工程外,现已极少采用。

1. 混凝土桩的预制

1)钢筋混凝土方桩

钢筋混凝土方桩可分为实心桩和空心桩两种。空心桩可减轻桩身重量,对存放、吊运、吊立都有利。

钢筋混凝土桩的预制要点是:制桩场地的整平与夯实、制模与立模、钢筋骨架的制作与吊放、混凝土浇筑与养护。间接浇筑法要求第一批桩的混凝土达到设计强度的 30% 以后,方可拆除侧模;待第二批桩的混凝土达到设计强度的 70% 后才可起吊出坑。另外,可采用以第一批桩为底模的重叠浇筑法制桩。

空心桩的内模可采用充气胶囊、钢管、橡胶管或活动木模等。

预制桩在起吊与堆放时,较多采用两个支点。较长的桩也可用 3~4 个支点。支点位置一般应按各支点处最大负弯矩与支点间桩身最大正弯矩相等的条件确定。起吊就位时多采用 1 个或 2 个吊点。堆放场地应靠近沉桩现场,场地平整坚实,并备有防水措施,以免场地出现湿陷或不均匀沉陷。堆放支点位置与吊点相同,堆放层数不宜超过4层。

当预制桩长度不足时,需要接桩。常用的接桩方法有法兰盘连接、钢板连接及硫磺砂浆锚接连接。

2)预应力混凝土方桩

预应力混凝土方桩也有实心和空心两类,其长度为 10~38 m。方桩的制作一般是采用长线台座先张法施工。方桩的空心部位配置与直径相适应的特制胶囊,并采取有效措施,防止浇筑混凝土时胶囊上浮及偏心。混凝土管桩一般均采用预应力混凝土管桩,国内已有定型生产。管桩的预制一般用离心旋转法制作。

2.沉入桩的施工

沉入桩的施工方法主要有锤击沉桩、射水沉桩、振动沉桩、静力压桩及沉管灌注桩等。

1)锤击沉桩

锤击沉桩一般适用于中密砂类土、黏性土。由于锤击沉桩依靠桩锤的冲击能量将桩打入土中,因此一般桩径不能太大(不大于 0.6 m),入土深度不大于 50 m,否则对沉桩设备要求较高。沉桩设备是桩基础施工的质量与成败的关键,应根据土质,工程量,桩的种类、规格、尺寸,施工期限,现场水电供应等条件选择。

(1)沉桩设备。锤击沉桩的主要设备有桩锤、桩架及动力装置三部分。

①桩锤。可分为坠锤、单动汽锤、双动汽锤、柴油锤、振动锤和液压锤等。

②桩架。桩架是沉桩的主要设备,其主要作用是装吊锤、吊桩、插桩、吊插射水管和桩在下沉过程中的导向。

桩架可分为自行移动式和非自行移动式两大类。自行移动式又可分为履带式、导轨式和轮胎式三种。非自行移动式为各类木桩架,自行移动式桩架形式繁多。

③桩帽。打桩时,要在锤与桩之间设置桩帽。它既要起缓冲而保护桩顶的作用,又要保持沉桩效率。因此,在桩帽上方(锤与桩帽接触一方)填塞硬质缓冲材料,如橡木、树脂、硬桦木、合成橡胶等,在桩帽下方(桩帽与桩接触一方)应垫以软质缓冲材料,如麻饼(麻编织物)、草垫、废轮胎等,统称为桩垫。桩垫的厚度和软硬是否恰当,将直接影响沉桩效率。

④送桩。遇到以下情况,需用送桩:当桩顶设计标高在导杆以下,此时送桩长度应为桩锤可能达到最低标高与预计桩顶沉入标高之差,再加上适当的富余量;当采用管桩内射水沉桩时,为了插入射水管,需用侧面开有槽口(宽 0.3 m、高 1~2 m)的送桩。送桩通常采用钢板焊成的钢送桩。

(2)桩锤的选择。冲击锤的选择,原则上是重锤低击。具体选择时,可考虑下述因素:锤重与桩重的比值;桩锤的冲击能;振动桩的振动力,应能克服桩在振动下沉中的土壤摩擦力。

(3)沉桩顺序与吊插桩。沉桩一般应从中间开始,向两端或四周进行,有困难时也可分段进行。这样做的目的是使土的挤出现象比较缓和,使各桩的入土深度不致过于悬殊,以免造成不均匀沉降。

桩在吊运和吊立时的受力情况和一般受弯构件相同,应按正负弯矩相等的原则确定吊点位置。一般桩长小于 18 m 时采用 2 个吊点,大于 18 m 小于 40 m 时采用 3 个吊点,超过40 m 时可采用 4 个吊点。而将桩吊立到打桩机的导向架时,则多采用 1 个吊点。

(4)施工要点。沉桩前应对桩架、桩锤、动力机械、射水管路、蒸汽管路、电缆等主要设备部件进行检查。开锤前应再检查桩锤、桩帽及送桩是否与桩的中轴线一致,否则应纠正。沉斜桩时,桩架应符合斜桩的坡度。

沉桩开始时应采用较低落距,并在两个方向观察其垂直度。此时,坠锤或单动汽锤的落距不宜超过 0.5 m;双动汽锤应降低汽压,减少每分钟的锤击次数;柴油锤应减少供油重。

当桩入土达到一定深度后,再按规定的落距锤击。坠锤落距不宜大于 2.0 m,单动汽锤不宜大于 1.0 m,柴油锤应使锤芯冲程正常。

当落锤高度已达规定最大值,每击的贯入度小于或等于 2 mm 时,应立即停锤。但若此时沉桩尚未达到设计深度,则应查明原因,采取换锤或辅以射水等措施。

水上沉桩可用固定平台、浮式平台或打桩船进行。当采用专用单桩船施工,当波浪超过二级、流速大于 1.5 m/s 或风力超过 5 级时,均不宜沉桩。

2)射水沉桩

射水沉桩的射水多与锤击或振动相辅使用。射水施工方法的选择应视土质情况而异:在砂夹卵石层或坚硬土层中,一般以射水为主,锤击或振动为辅;在亚黏土或黏土中,为避免降低承载力,一般以锤击或振动为主,以射水为辅,并应适当控制射水时间和水量;下沉空心桩,一般用单管内射水,当下沉较深或土层较密实,可用锤击或振动,配合射水;下沉实心桩,要将射水管对称地装在桩的两侧,并能沿着桩身上下自由移动,以便在任何高度上射水冲土。必须注意,不论采用何种射水施工方法,在沉入最后阶段不小于 2.0 m 至设计标高时,应停止射水,单用锤击或振动沉入至设计深度,使桩尖进入未冲动的土中。

射水沉桩的设备包括水泵、水源、输水管路(应减少弯曲,力求顺直)和射水管等。射水管内射水的长度应为桩长、射水嘴伸出桩尖外的长度和射水管高出桩顶以上高度之和,射水管的布置,具体需根据实际施工需要的水压与流量而定。

射水沉桩的施工要点是:吊插基桩时要注意及时引送输水胶管,防止拉断与脱落;基桩插正立稳后,压上桩帽桩锤,开始用较小水压,使桩靠自重下沉。初期应控制桩身不使下沉过快,以免阻塞射水管嘴,并注意随时控制和校正桩的方向;下沉渐趋缓慢时,可开锤轻击,沉至一定深度(8~10 m)已能保持桩身稳定后,可逐步加大水压和锤的冲击功能;沉桩至距设计标高一定距离(2.0 m 以上)时停止射水,拔出射水管,进行锤击或振动使桩下沉至设计要求标高,以保持桩底土的承载力。

3)振动沉桩

振动锤可用于下沉重型的混凝土桩和大直径的钢管柱。一般在砂土中效果最佳。在软塑黏性土或饱和的砂类土层中,当桩的入土深度不超过 15 m 时,仅用振动锤即可下沉。在饱和的砂类土层中,配合强烈的射水,可以下沉至 25 m。

振动射水下沉钢筋混凝土管柱的一般施工方法是:初期可单靠自重和射水下沉;当下沉缓慢或停止时,可用振动,并同时射水;随后振动和射水交替进行,即振动持续一段时间后桩下沉速度由大变小时,或桩顶冒水,则应停止振动,改用射水,射水适当时间后,再进行振动下沉。要特别注意合理地控制振动持续时间,不应过短,也不应过长,振动持续时间过短,则土的结构未能破坏;过长,则容易损坏电动机及磨损振动锤部件,一般不宜超过 10~15 min。

当桩底土层中含有大量卵石或碎石,或软岩土层时,当采用高压射水振动沉桩难以下沉时,可将锥形桩尖改为开口桩靴,并在桩内用吸泥机配合吸泥,甚为有效。这时,水压强度应能破坏岩层的完整性,并能冲毁胶结物质。吸泥机的能力应能吸出用射水不能冲碎的较大石块。

一个基础内的桩全部下沉完毕后,为了避免先下沉桩的周围土壤被邻近的沉桩射水所破坏,影响承载力,应将全部基桩再进行一次干振,使达到合格要求。

4)静力压桩

静力压桩是以压桩机的自重,克服沉桩过程中的阻力,将桩沉入土中。静力压桩的终压承载力,在间歇适当时间后将增大。经验表明,压桩力仅相当于极限承载力的20%~30%。压入桩的极限承载力与锤击桩施工不相上下。

静力压桩仅适用于可塑状态黏性土,而不适用于坚硬状态的黏土和中密以上的砂土。

5)沉管灌注桩

沉管灌注桩是将底部套有钢筋混凝土桩尖或装有活瓣桩尖的钢管,用锤击或振动下沉到要求的深度后,在管内安放钢筋笼,灌注混凝土,拔出钢管形成。

沉管时,桩管内不允许进入水和泥浆。若有进入,应灌入1.5 m左右的封底混凝土后,方可再开始沉桩,直至达到要求深度。当用长桩管沉短桩时,混凝土应一次灌足;沉长桩时,可分次灌注,但必须保证管内有约2.0 m高的混凝土。

开始拔管时,应测得混凝土确已流出桩管后,才可继续拔管。拔管的速度应严格控制。在一次土层内拔管速度宜为1.5~2.0 m/min。一次拔管不宜过高,应以第一次拔管高度控制在能容纳第二次灌入的混凝土量为限。

(三)钻孔桩基础施工

1.钻孔桩施工顺序

钻孔桩施工顺序为:测量定位→埋设护筒→钻机就位→钻进→换浆法清孔→检测(钢筋笼对中)→吊装钢筋笼(下设钢筋笼前清理钢筋笼泥土)→吊装导管→灌注水下混凝土→扩大基础、处理桩头→桩基检测→承台施工。

2.钻孔桩施工工艺流程

1)场地平整

钻孔前按文明施工的要求对钻孔桩施工场地进行平整压实,做到"三通一平"。

2)埋设护筒

护筒一律采用钢护筒,采用挖埋法施工,护筒周围用黏土夯实。护筒节间焊接要严密,谨防漏水。护筒埋设应高于地面约30 cm。护筒底端埋置深度,在旱地或浅水处,对于黏性土应为1.0~1.5 m;对于砂性土不得小于1.5 m,以防成孔时护筒下部塌孔。相临桩间不足4倍桩径要跳桩施工或间隔36 h后方可施工。护筒埋好后,再次测量检查护筒埋设平面位置及垂直度。

3)泥浆制备和运输

为保证泥浆的供应质量,施工时设置制泥浆池、贮浆池及沉淀池。泥浆传送采用泥浆槽和泥浆泵。用于护壁的黏土,其性能指标应符合规范要求。在钻孔作业中,经常对泥浆质量进行试验测定,及时调整,确保护壁良好,钻进顺利。

4)钻机就位

在埋设好护筒和备足护壁泥浆后,利用一台8 t吊车配合人工将钻机就位,立好钻架,拉好缆风绳。钻机就位后,调平机座,认真量测检查钻头中心与护筒中心是否在一条铅垂线上,与孔位中心的偏差是否在规范允许范围之内。确认无误后,再次检查钻杆的垂直度是否满足要求及钻杆、钻头等部位连接是否牢固、运转是否良好、钻头直径和设计桩径是否相同，校核钻具的长度，一切就绪后就可开始施钻。

5）钻孔

(1)开钻时应先在孔内灌注泥浆，不进尺，只空载转动，使泥浆充分进入孔壁。泥浆比重等指标根据地质情况而定，一般控制在1.2~1.4。

(2)开孔时钻机应轻压慢转，随着深度增加而适当增加压力和速度，在土质松散层时应采用比较浓的泥浆护壁，且放慢钻进速度和转速，轻钻慢进来控制塌孔。

(3)接换钻杆。当平衡架移动至钻架滑道下端时，需要接换钻杆。加钻杆时，应将钻头提离孔底，待泥浆循环2~3 min后，再加卸钻杆。

(4)保持孔内水位并经常检查泥浆比重。在钻进过程中，始终保持孔内水位高于地下水位或孔外水位1.0~1.5 m，并控制钻进，及时排渣、排浆，现场采用泥浆泵排浆，多余泥浆应妥善处理。

(5)接换钻杆或因其他原因短时停钻再次开钻时，应按开孔时处理。当因特殊原因长时间停钻时，应提出钻头。

(6)检查钻杆位置及垂直度。钻进过程中须随时用两台经纬仪检查钻杆位置及垂直度，以确保成孔质量。

(7)钻孔的安全要求。

接换钻杆或提升钻头应平稳，防止冲撞护筒和护壁，进出孔口时，严禁孔口附近站人，防止发生钻锥撞击人身事故。因故停钻时，孔口应加盖保护，并严禁钻锥在孔内以防埋钻。

6）清孔及成孔检查

(1)在钻至设计深度后，及时用监理工程师批准的器具和方法，对孔深、孔径、孔位、垂直度进行检查。在检查合格经监理工程师同意后，立即清孔，不得停歇过久，使泥浆钻渣沉淀增多，造成清孔工作的困难甚至塌孔。

(2)本设计采用二次换浆法清孔，第一次采用钻杆，导管安装完毕后，再利用导管进行二次清孔。将导管提高离孔底20 cm左右进行清孔，清孔时应慢慢加入清水，待出口泥浆小于1.10、黏度小于20 s后为合格。之后立即灌注水下混凝土。

(3)清孔时孔内水位要高出地下水位或河流水位1.5~2.0 m。

(4)若清孔后4 h以内仍不能开始灌注混凝土，或灌注混凝土前测得的沉渣厚度已超过规范允许值，则要再次清孔。

7）钢筋笼的制作和吊装

(1)清孔完毕，经监理工程师批准，即吊装钢筋笼。吊装前对钢筋笼的分节长度、直径、主筋和箍筋的型号、根数、位置，以及焊接、绑扎等情况全面检查。节间采用单面焊接连接。为保证焊接时的搭接长度和质量，在加工钢筋笼时，对钢筋笼节间搭接的钢筋长度作调整，确保搭接长度不小于10倍的钢筋直径，相邻焊接接头错开至少50 cm。

(2)为保证钢筋笼保护层的厚度，我们拟制作圆形、直径为10 cm、厚5 cm、中心有孔的混凝土饼，在加工钢筋笼时，每隔一定长度在主筋上穿一圈(4~5个)，以使钢筋笼与孔壁之间具有一定的间隙。

(3)钻孔桩声测管在吊放钢筋笼的同时进行安装，分两节制作，下端用封头封死，不得漏水，接头丝扣连接，生胶带止水，按设计位置用铁丝绑扎固定在钢筋笼上。

（4）钢筋笼吊装完成后，最上一节口上要焊上吊筋，用以调节钢筋笼的上下位置。将吊筋固定在钻机架或特设固定架上，防止混凝土灌注时钢筋笼浮起或下沉。

8）浇筑水下混凝土

（1）在下钢筋笼之后，尽快安装灌注混凝土导管。导管安装前，检算其配节长度及漏斗容量。导管内壁光滑，无黏附物，接管前用水冲洗其内壁。导管直径不小于 25 cm，导管下口离孔底 25～40 cm。

（2）水下混凝土拌和所用粗、细骨料必须满足规范要求。粗骨料宜选用卵石，若采用碎石，应通过试验适当增加含砂率。混凝土的坍落度应控制在 18～21 cm。

（3）灌注水下混凝土首盘采用压球法，在导管内先放置一隔水球（蓝球内胆），用铁板封口，开灌时打开铁板封口即可，隔水球回收再次利用。初灌量要满足导管初埋不小于 1 m 和填充导管底部间隙的需要。因初灌时导管口距孔底高度较小，且初灌混凝土与水直接接触，该混凝土的流动性比后续混凝土的小，后续混凝土下冲后的反冲力对管内混凝土的作用力比正常灌注的大，不利于施工，因此在保证最小埋深的前提下，导管口应尽快离开桩尖，可在上部第一节导管顶部外壁上加焊 2～3 道间距为 20～30 cm 固定箍圈来实现，另外第一节导管宜选择长度较小的管节，以尽快提管。

（4）水下混凝土的灌注必须连续进行，中途不得中断。严禁导管提出混凝土面，在计算了已灌注混凝土量及量测了孔中混凝土面深度后，才可缓缓平稳提升，并随时晃动。在整个灌注时间内，导管埋入混凝土深度不应小于 2 m 且不大于 6 m，且导管中不进水或冒气泡。导管应勤提勤拆，拆管前应先测定混凝土面，再计算拆管节数。一般情况下整个灌注时间控制在 2～3 h 内。

（5）灌注混凝土时溢出的泥浆应及时进行处理，以防止污染或堵塞河道和交通。

（6）桩身混凝土要按规范和设计要求进行超灌，确保截除桩头后桩身混凝土质量。

9）截桩头

桩混凝土灌完 24 h 后，在不影响其他桩施工的情况下，开挖并截除桩头。此时，截除桩头应留 15～20 cm，在桩头混凝土达到设计强度时再次截除，以保证桩头段混凝土质量符合规范。

10）钻孔桩质量检验

对于监理工程师指定试验的桩，凿除桩顶混凝土后养护，按规范和设计及监理工程师的指示，对桩进行检测。

钻孔灌注桩在施工的全过程，严格按规范、国标以及监理工程师的要求，认真作好施工记录，填写各种记录表格。

（四）沉井基础施工

1.概述

沉井是桥梁工程中广泛采用的一种无底无盖、形如井筒的基础结构物。沉井在施工时作为基础开挖的围堰，依靠自身重量，克服井壁摩阻力逐渐下沉，直至达到设计位置。同时，沉井经过混凝土封底，并填充井孔后成为墩台的基础。

沉井基础宜在如下情况下采用：承载力较高的持力层位于地面以下较深处，明挖基坑的开挖量大，地形受到限制，支撑困难；山区河流中冲刷大，或河中有较大的卵石不便于桩基施工；岩层表面较平坦，覆盖层不厚，但河水较深。

沉井基础的特点是:埋置深度可以很大,整体性强,稳定性好,刚度大,承载力大;施工设备简单,工艺简单;但沉井不适用于岩层表面倾斜过大的地方。

沉井可分为混凝土沉井、钢筋混凝土沉井、钢沉井和竹筋混凝土沉井等。其中最常用的是钢筋混凝土沉井,可以做成重型的就地制造、下沉的沉井,也可做成薄壁浮运沉井及钢丝网水泥沉井。混凝土沉井一般只适用于下沉深度不大(4~7 m)的松软土层,多做成圆形,使混凝土主要承受压应力。钢沉井适用于制造空心浮运沉井。竹筋混凝土沉井可以就地取材,节约用钢,适用于我国南方盛产竹材的地方。

2. 就地下沉沉井的制造和下沉

1) 场地准备

制造沉井前,应先平整场地,并要求地面及岛面有一定的承载力;否则应采取换填、打砂桩等加固措施。

(1) 在无水区的场地。在无水地区,如天然地面土质较好,只需将地面杂物清除干净和整平,就可在墩台位置上制造和下沉沉井。如土质松软,则应换土或在其上铺填一层不小于0.5 m的砂或砂夹卵石并夯实,以免沉井在混凝土浇筑之初,因地面沉降不均产生裂缝。有时为减少沉井在土中的下沉量,可先开挖一个基坑,使其坑底高出地下水面0.5~1.0 m,然后在坑底上制造沉井。

(2) 在岸滩或浅水地区的场地。在岸滩或浅水地区,需先筑造无围堰土岛。筑岛施工时,应考虑筑岛后压缩流水断面,加大流速和提高水位的影响。

无围堰土岛一般在水深小于1.5 m,流速不大时使用。土料的选择由流速大小而定。土岛护道宽度不宜小于2.0 m,临水面坡度可采用1:2。

(3) 在深水或流速较大地区的场地。水深在3.5 m以内,流速为1.0~2.0 m/s的河床上,可用草(麻)袋装砂砾堆成有迎水箭的围堰;当流速为2.0~3.0 m/s时,宜用石笼堆成有迎水箭的围堰,在内层码草袋,然后填砂筑岛。

钢板桩围堰筑岛多用于水深(一般在15 m以内)流急、地层较硬的河流。围堰筑岛的护道宽度应满足沉井重量等荷载和对围堰所产生的侧压力的要求。

2) 底节沉井的制造

底节沉井的制造包括场地整平夯实、铺设垫木、立沉井模板及支撑、绑扎钢筋、浇筑混凝土、拆模等工序。

制造沉井前,应先在刃脚处对称地铺满垫木,并使长短垫木相间布置。垫木底面压应力应不大于0.1 MPa,垫木一般为枕木或方木。为抽垫方便,沉井垫木应沿刃脚周边的垂直方向铺设。垫木下须垫一层约0.3 m厚的砂。垫木间的间隙也用砂填平。垫木的顶面应与刃脚的底面相吻合。

有钢刃脚时,垫木铺好后要先拼装就位,然后立内模,其顺序如下:刃脚斜坡底模,隔墙底模,井孔内模,再绑扎与安装钢筋,最后安装外模和模板拉杆。外模板接触混凝土的一面要刨光,使制成的沉井外壁光滑,以利下沉。钢模板周转次数多、强度大,并具有其他许多优点。模板及支撑应有较好的刚度,内隔墙与井壁连接处承垫应连成整体,以防止不均匀沉陷。

沉井混凝土应沿井壁四周对称均匀灌注,最好一次灌完。混凝土灌注后10 h即可遮盖浇水养护。底节沉井混凝土养生强度必须达到100%,其余各节允许达到70%时进行下沉。

在混凝土强度达到 2.5 MPa 以上时,方可拆除直立的侧面模板,且应先内后外,达到 70% 后,方可拆除其他部位的支撑与模板。

拆模的顺序是:井孔模板,外侧模板,隔墙支撑及模板,刃脚斜面支撑及模板。撤除垫木必须在沉井混凝土已达设计强度后进行。抽垫应分区、依次、对称、同步地进行。撤除垫木的顺序是:先撤内壁下垫木,再撤短边下垫木,最后撤长边下垫木。长边下垫木是隔一根撤一根,然后以四个定位垫木(应用红漆表明)为中心,由远而近对称地撤。最后撤除四个固定位垫木。每撤除一根垫木,在刃脚处随即用砂土回填捣实,以免沉井开裂、移动或倾斜。

采用土内模制造沉井刃脚,不但可节省大量垫木以及刃脚斜坡和隔墙的底模,并省去撤除垫木的麻烦。土模分填土内模和挖土内模。填土内模施工是先用黏土、砂黏土按照刃脚及隔墙的形状和尺寸分层填筑夯实,修整表面,使与设计尺寸相符。为防水及保持土模表面平整,可在土面抹一层 2~3 cm 的水泥砂浆面层。同时,为增强砂浆面层与土模连接的整体性,当地下水位低、土质较好时,可采用挖土内模。

3. 沉井下沉

撤完垫木后,可在井内挖土,消除刃脚下土的阻力,使沉井在自重作用下逐渐下沉。井内挖土方法可分为排水挖土和不排水挖土。只有在稳定的土层中,且渗水量较小(每平方米沉井面积渗水量不大于 1.0 m³/h),不会因抽水引起翻砂时,才可边排水边挖土。否则,只能进行水下挖土。

挖土方法和机具应根据工程的具体条件合理选择。在排水下沉时,可用抓土斗或人工挖土。用人工挖土时,必须切实防止基坑涌水翻砂,特别应查明土层中有无承压水层,以免在该土面附近挖土时,承压水突破土层涌进沉井,危及人身安全和埋没机具设备。不排水下沉时,可使用空气吸泥机、抓土斗、水力吸石筒、水力吸泥机等。下沉辅助措施有高压射水、炮振、压重、降低井内水位及空气幕或泥浆套等。

当第一节沉井顶面沉至离地面只有 0.5 m 或离水面只有 1.5 m 时,应停止挖土下沉,接筑第二节沉井。这时第一节沉井应保持竖直,使两节沉井的中轴线重合。为防止沉井在接高时突然下沉或倾斜,必要时在刃脚下回填。接高过程中应尽量对称均匀加重。混凝土施工接缝应按设计要求布置接缝钢筋,清除浮浆并凿毛。

以后,每当前一节沉井顶面沉至离地面或水面只有 0.5 m 和 1.5 m 时,即接筑下一节沉井。

当沉井沉至接近基底标高时,井顶低于土面或水面,则需事先修筑一临时性井顶围堰,以便沉井下沉至设计标高,封底抽水,在围堰内修筑承台及墩身。围堰的形式可用土围堰、砖围堰。若水深流急,围堰的高度在 5.0 m 以上者,宜采用钢板桩围堰或钢壳围堰。

在沉井下沉过程中,应不断地观察下沉的位置和方向,若发现有较大的偏斜应及时纠正;否则,当下沉到一定深度后,就很难纠正了。

沉井水下混凝土封底时与围堰内水下混凝土封底要求相同。水下封底混凝土达到设计要求强度后,把井中水排干,再填充井内圬工。若井孔不填或仅填以砂土,则应在井顶灌制钢筋混凝土顶盖,以支托墩台。然后就可砌筑墩台身,当墩台身砌出水面或土面后就可拆除井顶围堰。

沉井清基后底面平均高程、沉井最大倾斜度、中心偏移及沉井平面扭转角,应符合施工规范的要求。

二、桥梁墩台

(一)墩台施工的基本要求

桥墩与桥台的施工是桥梁建造中的一个重要部分。目前,公路桥梁墩台的修建常用材料有石料、混凝土、钢筋混凝土、预应力混凝土等,此外还有加筋土桥台等。

桥梁墩台施工方法通常分为两大类:一类是现场就地浇筑与砌筑,另一类是拼装预制的混凝土砌块、钢筋混凝土或预应力混凝土构件。

桥梁墩台施工过程主要包括模板工程、混凝土工程、砌体工程等几个方面。模板工程在施工过程中是非常重要的,它是保证桥梁墩台施工精度的基础,同时在施工过程中其受力复杂多变,必须保证其具有足够的强度和刚度。

(二)混凝土墩台施工模板的类型和构造

1. 模板的构造要求

墩台轮廓尺寸和表面的光洁通过模板来保证,因此模板的构造必须具备以下条件:

(1)尺寸准确,构造简单,便于制作、安装和拆卸;

(2)具有足够的强度和刚度,能够承受混凝土的重量和侧压力,以及在施工过程中可能出现的荷载和振动作用;

(3)结构紧密不漏浆,靠结构外露表面的模板应平整、光滑。

2. 模板的类型

桥梁墩台的模板类型有固定式模板、拼装式模板、组合钢模板、滑升模板及整体吊装模板等。

3. 整体吊装模板

整体吊装模板是将墩台模板沿高度水平分成若干节,每一节的模板预先组装成一个整体,在地面拼装后吊装就位。节段高度可视墩台尺寸、模板数量、起吊能力及灌注混凝土的能力而定,一般为 3~5 m。使用这种模板可大大缩短工期,灌注完下节混凝土后,即可将已拼装好的上节模板整体吊装就位,继续灌注而不留工作缝。模板安装完后在灌注第一层混凝土时,应在墩台身内预埋支承螺栓,以支承第二层模板和安装脚手架。整体吊装模板其他方面的优点还有模板拼装可在地面上进行,有利于施工安全;利用模板外框架做简易脚手架,不需另搭施工脚手架;模板刚性大,可少设或不设拉条;结构简单,装拆方便。缺点是起吊重量较大。

4. 滑升模板

滑升模板是模板工程中适宜于机械化施工的较为先进的一种形式。它是利用一套滑动提升装置,将已在桥墩承台位置处安装好的整体模板连同工作平台、脚手架等,随着混凝土的灌注,沿着已灌注好的墩身慢慢向上提升,这样就可连续不断地灌注混凝土,直至墩顶。用滑升模板施工,速度快,结构整体性好,适用于竖立式而断面变化较小的高耸结构,如桥墩、电视塔、水塔、立柱、墙壁等。滑升模板都用钢材制作,其构造依据桥墩类型、提升工具的不同而稍有不同,但其主要组成部分和作用则大致相同,一般由以下三部分组成:

(1)模板系统,包括模板、围圈、提升架以及加固、连接配件等。对于墩身尺寸变化的情况,内外模板的周长都在变化,内外模板均有固定模板和活动模板两种。滑模收坡主要靠转动收坡丝杠移动模板。

（2）提升系统，包括支承顶杆（爬杆）、提升千斤顶、提升操纵及测量控制装置等。

（3）操作平台系统，包括工作平台及内外吊篮等。

各类模板在工程上的应用，可根据墩台高度、墩台形式、机具设备、施工期限等因地制宜，合理选用。

（三）高桥墩施工

公路桥梁通过深沟宽谷或大型水库时采用高桥墩，能使桥梁更为经济合理，不仅可以缩短线路，节省造价，而且可以提高营运效益，减少日常维护工作。高桥墩可分为实体墩、空心墩与刚架墩。

高桥墩的特点是墩高、圬工数量多而工作面积小，施工条件差，因此需要有独特的高桥墩施工工艺。

高桥墩的施工设备与一般桥墩虽大体相同，但其模板却另有特色，一般有滑升模板、爬升模板、翻升模板等几种。这些模板都是依附于已灌的混凝土墩壁上，随着墩身的逐步加高而向上升高。

（四）砌体墩台施工

石砌墩台具有就地取材和经久耐用等优点，在石料丰富地区建造墩台时，在施工期限许可的条件下，为节约水泥，应优先考虑石砌墩台方案。

1.石料及砂浆

石砌墩台是用片石、块石及粗料石以水泥砂浆砌筑的，石料与砂浆的规格要符合相关规定。浆砌片石一般适用于高度小于20 m的墩台身、基础、镶面以及各式墩台身填腹；浆砌块石一般用于高度大于20 m的墩台身、镶面或应力要求大于浆砌片石砌体强度的墩台；浆砌粗料石则用于磨耗及冲击严重的分水体及破冰体的镶面工程以及有整齐美观要求的桥墩台身等。

石料应质地坚硬，不易风化，无裂纹。石料表面的污渍应予以清除。石料按加工程度分为片石、块石、粗料石、细料石。

将石料吊运并安砌到正确位置是砌石工程中比较困难的工序。当重量小或距地面不高时，可用简单的马凳跳板直接运送；当重量较大或距地面较高时，可采用固定式动臂吊机、桅杆式吊机或井式吊机，将材料运到墩台上，然后分运到安砌地点。

2.墩台砌筑施工要点

在砌筑前应按设计图放出实样，挂线砌筑。形状比较复杂的工程，应先作出配料设计图，注明块石尺寸；形状比较简单的工程，也要根据砌体高度、尺寸、错缝等，先行放样配好料石再砌。

砌筑基础的第一层砌块时，若基底为土质，只在已砌石块的侧面铺上砂浆即可，不需坐浆；若基底为石质，应将其表面清洗、润湿后，先坐浆再砌石。

砌筑斜面墩台时，斜面应逐层放坡，以保证规定的坡度。

不同类型的石料、不同的结构形式，相应的砌筑方法也略有不同，实际施工应按相关的规范进行。但均需满足如下要点：

（1）砌块间用砂浆黏结并保持一定的缝厚，所有砌缝要求砂浆饱满。

（2）同一层石料及水平灰缝的厚度要均匀一致，每层按水平砌筑，丁顺相同，砌石灰缝互相垂直。砌石顺序为先角石，再镶面，后填放腹石。填腹石的分层高度应与镶面相同。

（3）圆端、尖端及转角形砌体的砌石顺序，应自顶点开始，按丁顺排列接砌镶面石。

（4）砌缝宽度、错缝距离符合规定，勾缝坚固、整齐，深度和形式符合要求。

（5）砌体位置、尺寸不超过允许偏差。

（五）墩台顶帽施工

墩台顶帽是用以支承桥跨结构的，其位置、高程及垫石表面平整度等均应符合设计要求，以避免桥跨结构安装困难；或使顶帽、垫石等出现碎裂缝影响墩台的正常使用功能与耐久性。墩台顶帽施工时需注意如下问题。

1. 墩台顶帽放样

墩台混凝土（或砌石）灌注至离墩台顶帽底下 30～50 cm 高度时，即需测出墩台纵横中心轴线，并开始竖立墩台顶帽模板，安装锚栓孔或安装预埋支座垫板、绑扎钢筋等。墩台顶帽放样时，应注意不要以基础中心线作为墩台顶帽背墙线。模板立好后，墩台顶帽浇筑前均应复测核实，以确保墩台顶帽中心、支座、垫石等位置方向与水平标高等不出差错。

2. 墩台顶帽模板

墩台顶帽是支承上部结构的重要部分，其尺寸位置和水平标高的准确度要求较严，墩台身混凝土灌注至墩台顶帽下 30～50 cm 处应停止灌注，以上部分待墩台顶帽模板立好后一次浇筑，以保证墩台顶帽底有足够厚度的密实混凝土。墩台顶帽背墙模板应特别注意纵向支承或拉条的刚度，防止浇筑混凝土时发生鼓肚，侵占梁端空隙。

3. 预埋件的安设

墩台的预埋件一般有支座预埋件（支座锚栓和支座垫板），防振锚栓，供运营阶段使用的扶手、检查平台和栏杆，防震挡块的预埋钢筋等。

墩台顶帽上的支座垫板的安设一般采用预埋支座垫板和预留锚栓孔的方法。前者须在绑扎墩台顶帽和支座垫石钢筋时，将焊有锚固钢筋的钢垫板安设在支座的准确位置上，即将锚固钢筋和墩台顶帽骨架钢筋焊接固定，同时采取措施将钢垫板固定在墩台顶帽模板上，此法在施工时垫板位置不易准确，应经常检查与校正。后者须在安装墩台顶帽模板时，安装好预留孔模板，在绑扎钢筋时注意将预留孔位置留出。此法安装支座施工方便，支座垫板位置准确。

预埋件安装时应注意以下几点：

（1）为保证预埋件的位置准确，应对预埋件采取固定措施，以免振捣混凝土时预埋件发生移动。

（2）预埋件下面及附近的混凝土要注意振捣密实。

（3）预埋件在墩台顶帽上的外露部分要有明显标识。

三、钢筋混凝土梁桥

（一）混凝土梁制造与架设

简支梁桥是最常用的一种桥型。钢筋混凝土和预应力混凝土简支梁的施工可分为就地灌注（或简称现浇）和预制安装两大类。

1. 钢筋混凝土简支梁制造

1）模板与支承工程

在浇筑混凝土之前应对支架和模板进行全面、严格的检查，核对设计图纸的要求。工厂预制时,梁体一般不设较高的支架,而是多在台座上。这时要保证台座下的基础处理好,下沉、变形要符合施工规范的要求。对于现场浇筑的梁体,支架必须有足够的强度和刚度,以保证梁体在设计标高位置,支架的接头位置应准确、可靠,卸落设备要符合要求。应检查模板的尺寸,制作是否密贴,螺栓、拉杆、撑木是否牢固,是否涂抹模板油及其他脱模剂等。

2)钢筋的加工与安装

钢筋混凝土结构中,常用钢筋的直径一般为 6~40 mm。钢筋按强度不同分为 5 级。

钢筋应有出厂质量证明书或试验报告单,每捆(盘)钢筋应有标牌。进场时应按炉罐(批)号及直径分别存放、分批验收。验收内容包括查对标牌、外观检查,并按有关标准的规定,抽样做机械性能试验,合格后方可使用。

钢筋一般先在钢筋车间加工,然后运至现场安装或绑扎。钢筋的加工过程一般有调直、除锈、冷拉、时效、下料、弯钩、焊接、绑扎等工序。

钢筋连接常用的方法有绑扎连接、焊接连接、冷压连接。除个别情况(如不准出现明火)外应尽量采用焊接连接,以保证质量、提高效率和节约钢材。

下料后的钢筋,可在工作平台上用手工或电动弯筋器按规定的弯曲半径弯制成形。钢筋的两端亦应按图纸弯成所需的弯钩。如钢筋图中对弯曲半径未作规定,则宜按相应施工规范的要求进行弯制。如需要较长的钢筋,最好在接长以后再弯制,这样较易控制尺寸。

钢筋骨架,可以焊接成形,也可以绑扎成形,但都必须保证骨架有足够的刚度,以便在搬运、安装和灌注混凝土过程中不致变形、松散。

焊接钢筋骨架应在紧固的焊接工作台上进行施工。骨架的焊接一般采用电弧焊,先焊成单片平面骨架,再将它组拼成立体骨架。实践表明,装配式简支梁焊接钢筋骨架焊接后在骨架平面内还会发生两端上翘的焊接变形。为此,尚应结合骨架在安装时可能产生的挠度,事先将骨架拼成具有一定的预拱度,再行施焊。焊接成形的钢筋骨架,安装比较简单,用一般起重设备吊入模板即可。

绑扎骨架钢筋的安装应事先拟定安装顺序。一般的梁肋钢筋,先放箍筋,再安下排主筋,后装上排钢筋。在钢筋安装工作中,为了保证达到设计及构造要求,应注意下列几点:

(1)钢筋的接头应按规定要求错开布置。

(2)钢筋的交叉点应用铁丝绑扎结实,必要时可用电焊焊接。

(3)除设计有特殊规定外,梁中箍筋应与主筋垂直。箍筋弯钩的叠合处在梁中应沿纵向置于上面并交错布置。

(4)为了保证混凝土保护层的厚度,应在钢筋与模板间设置垫块,如水泥浆块、混凝土垫块、钢筋头垫块或其他形式的垫块。垫块应错开设置,不应贯通截面全长。

(5)为保证及固定钢筋相互间的横向净距,两排钢筋之间可使用混凝土分隔块,或用短钢筋扎结固定。

(6)为保证钢筋骨架有足够的刚度,必要时可以增加装配钢筋。

3)混凝土工程

(1)混凝土浇筑。

在正式浇筑前,应对灌注的各种机具设备进行试运转,以防在使用中发生故障。要依照浇筑顺序,布置好振捣设备,检查螺帽紧固的可靠程度。对大型就地浇筑的施工结构,必须准备备用的机械、动力。

当梁较高时,为了对浇筑的混凝土进行振捣,应采用相应的厚度分层浇筑。对于跨径不大的简支梁桥,可在一跨全长内分层浇筑,在跨中合龙。横隔梁与梁肋同时浇筑。分层的厚度视振捣器的能力而定,一般选用 15～30 cm;当采用人工振捣时,可选取 15～20 cm。为避免支架不均匀沉陷的影响,浇筑速度应尽量快,以便在混凝土失去塑性之前完成。

对于又高又长的梁体,混凝土的供应量跟不上水平分层浇筑的进度时,可采用斜层浇筑,一般从梁的一端浇向另一端。采用斜层浇筑时,混凝土的倾斜角与混凝土的稠度有关,一般可用 20°～25°。

当桥梁跨径较大时,可先浇筑纵横梁,待纵横梁完成浇筑后,再沿桥的全宽浇筑桥面混凝土。在桥面与纵横梁间应按设置工作缝处理。

当桥面较宽且混凝土数量较大时,可分成若干纵向单元分别浇筑。每个单元可沿其长度分层浇筑。在纵梁间的横梁上设置连接缝,并在纵横梁浇筑完成后填缝连接。之后,桥面板可沿桥全宽一次浇筑完成。桥面与纵横梁间设置水平工作缝。

(2)混凝土养护及拆模。

混凝土预制梁一般都采用蒸汽养护,以提高强度,增长速度,加快预制台座的周转,确保工期。现场浇筑的混凝土梁多采用自然养护,但冬期施工时一般采用热养护的方法。

混凝土拆模时的强度应符合设计要求。当设计未提出要求时,一般侧模拆除时混凝土强度应达到 2.5 MPa;当混凝土强度大于设计强度的 70% 以后,方可拆除各种梁的底模。

2. 预应力混凝土简支梁制造

1)先张法

先张法的制梁工艺,是在浇筑混凝土前张拉预应力筋,并将其临时锚固在张拉台座上。然后立模浇筑混凝土,待混凝土达到规定强度(一般不低于设计强度的 70%)时,逐渐将预应力筋放松。这样就因预应力筋的弹性回缩,通过其与混凝土之间的黏结作用,使混凝土获得预压应力。

先张法生产可采用台座法或流水机组法。采用台座法时,构件施工的各道工序全部在固定台座上进行。采用流水机组法时,构件在移动式的钢模中生产,钢模按流水方式通过张拉、灌注、养护等各个固定机组完成每道工序。流水机组法可加快生产速度,但需要大量钢模和较高的机械化程度,且需配合蒸汽养护,因此适用于工厂内预制定型构件。台座法不需复杂机械设备,施工适用性强,故应用较广。

2)后张法

后张法制梁的步骤,是先制作留有预应力筋孔道的梁体。待其混凝土达到规定强度后,再在孔道内穿入预应力筋,进行张拉并锚固。最后进行孔道压浆并浇筑梁端封头混凝土。

后张法工序较先张法复杂(例如需要留孔道、穿筋、灌浆等),且构件上耗用的锚具和预埋件等增加了用钢量和制作成本,但鉴于此法不需要强大的张拉台座,便于在现场施工,而且适宜于配置曲线形预应力筋的大型和重型构件制作,因此目前在公路桥梁上得到广泛的应用。

后张法预应力混凝土桥梁常用高强碳素钢丝束、钢绞线和冷拉Ⅳ级粗钢筋作为预应力筋。对于跨径较小的 T 形梁,也可采用冷拔低碳钢丝作为预应力筋。

3. 混凝土简支梁整孔(片)架设

我国新建公路的中、小跨度普通钢筋混凝土梁和预应力混凝土梁,多采用工厂预制,现场架设的方法。预制混凝土简支梁的架设,包括起吊、纵移、横移、落梁等工序。公路梁的架设除常用架桥机外,另有多种灵活、简便的架设方法。

从架梁的工艺类别来分,有陆地架设、浮吊架设和利用安装导梁或塔架、缆索的高空架设等。每一类架设工艺中,按起重、吊装等机具的不同,又可分成各种独具特色的架设方法。

1)架桥机架梁

由于大型预制构件的大量应用,架桥机在公路中的应用十分普遍。架桥机架梁速度快,不受桥高、水深的影响。架桥机架梁时,一般需要专用的运梁设备,将梁由预制场地或桥头临时存梁地点运至架桥机尾部,但运架一体式架桥机除外。

目前,在我国使用的架桥机类型很多。公路架桥机早期以联合架桥机、拼装式双梁架桥机为主。近年来也发展了若干专用架桥机,如 DF - Ⅲ型系列架桥机、JQL 架桥机等。

2)其他常用架梁方法

(1)陆地架设法。包括自行式吊车架梁法、跨墩门式吊车架梁法、摆动式支架架梁法、移动支架架梁法等。

(2)浮吊架设法。包括浮吊船架梁法、固定式悬臂浮吊架梁法等。

(二)混凝土连续梁施工

预应力混凝土连续梁的施工方法,根据桥跨的长度、地形情况和施工机具设备等条件,可采用膺架法、先简支后连续法、移动支架法、模架逐孔施工法、顶推法和悬臂施工法等。

悬臂施工法是从桥墩开始对称地不断悬出接长的施工方法。悬臂施工法一般分为悬臂浇筑法和悬臂拼装法。悬臂浇筑法是在桥墩两侧对称、逐段、就地浇筑混凝土,待混凝土达到一定强度后,张拉预应力筋,移动机具、模板继续施工。悬臂拼装法则是从桥墩两侧依次对称安装预制节段,张拉预应力筋,使悬臂不断接长,直至合龙。预应力混凝土连续梁桥采用悬臂施工的方法需在施工中进行体系转换,即在悬臂施工时,结构的受力状态呈 T 形钢构,悬臂梁待施工合龙后形成连续梁。因此,在桥梁设计中要考虑施工过程的应力状态,要考虑由于体系转换及其他因素引起的结构次内力。预应力混凝土连续梁桥在悬臂施工时,由于墩梁铰接而不能承受倾覆弯矩,因此施工时要采取措施临时将墩梁固结,待悬臂施工至少一端合龙后再恢复原结构状态,这是连续梁采用悬臂施工法的一个特点。

悬臂施工法不需大量施工支架和临时设备,不影响桥下通航、通车,施工不受季节、河道水位的影响,并能在大跨径桥上采用,因此得到了广泛的使用。悬臂施工法施工的推广应用大大加快了桥梁向大跨、高难度发展的步伐。目前不仅应用于悬臂体系桥梁的施工,而且还广泛应用于大跨径预应力混凝土连续梁桥、预应力混凝土连续钢构桥、混凝土斜拉桥以及钢筋混凝土拱桥的施工,是大跨连续梁桥的主要施工方法。

1.悬臂浇筑法的特点

悬臂浇筑法(简称悬浇)适用于大跨径的预应力混凝土悬臂梁桥、连续梁桥、T 形钢构桥、连续钢构桥等结构。其施工特点是无须建立落地支架,无须大型起重与运输机具,主要设备是一对能行走的挂篮。挂篮可在已经张拉锚固并与墩身连成整体的梁段上移动,绑扎钢筋、立模、浇筑混凝土、预施应力都在挂篮上进行。完成该段施工后,挂篮对称向前各移动一节段,进行下一对梁段施工,如此循序前进,直至悬臂梁段浇筑完成。

悬浇施工方法特别适合于宽深河流和山谷,施工期水位变化频繁不宜水上作业的河流,以及通航频繁且施工时需留有较大净空等河流上桥梁的施工。但悬臂浇筑法在施工中也有不足,梁体部分不能与墩柱平行施工,施工周期较长,而且悬臂浇筑的混凝土加载龄期短,混凝土收缩和形变影响较大。

1)梁体悬浇程序

A.悬浇梁体分段

悬臂浇筑施工时,梁体一般要分四大部分浇筑,如图3-1所示。A为墩顶梁段(0号段),B为由0号段两侧对称分段悬浇部分,C为边孔在支架上浇筑部分,D为主梁在跨中浇筑合龙部分。主梁各部分的长度视主梁形式和跨径、挂篮的形式及施工周期而定。0号段一般为5~10 m,悬浇分段一般为3~5 m,支架现浇梁段一般为2~3个悬臂浇筑分长,合龙梁段一般为2~3 m。

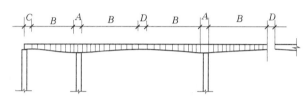

A—墩顶梁段;B—对称悬浇梁段;C—支架现浇梁段;D—合龙梁段

图3-1 悬臂浇筑分段示意图

B.悬浇程序(墩梁铰接)

(1)在墩顶托架上浇筑0号段并实施墩梁临时固结系统。

(2)在0号段上安装悬臂挂篮,向两侧依次对称地分段浇筑主梁至合龙前段。

(3)在临时支架或梁端与边墩间的临时托架上支模浇筑现浇梁段。当现浇梁段较短时,可利用挂篮浇筑,当与现浇梁段相接的连接桥是采用顶推法施工时,可将现浇梁段锚在顶推梁前端施工,并顶推到位。此法无须现浇支撑,省料省工。

(4)主梁合龙梁段可在改装的简支挂篮托架上浇筑。多跨合龙梁段浇筑的顺序按设计或施工要求进行。

2)梁体悬浇的施工工艺

悬臂浇筑主要有用挂篮悬臂浇筑和桁式吊悬臂浇筑两类方法。下面主要介绍挂篮悬浇施工法。挂篮是梁体悬臂专用设施,因为挂篮是施工梁段的承重结构,又是施工梁段的作业现场。随着施工技术的不断进步,挂篮已由过去的压重平衡式发展成现在通用的自锚平衡式。挂篮的承重结构可用万能杆件或贝雷钢架拼成,或采取专门设计的结构,它除要能承受梁段自重和施工荷载外,还要求自重轻、刚度大、变形小、稳定性好、行走方便等。图3-2是一种平行桁架式挂篮的结构简图,图3-3是一种三角组合式挂篮的结构简图。

悬臂浇筑一般采用由快凝水泥配制的C40~C60混凝土。在自然条件下,浇筑后30~38 h,混凝土强度就可达到30 MPa左右(接近标准强度的70%),这样可以加快挂篮的移位。目前每段施工周期为7~10 d,视工作量、设备、气温等条件而异。最常采用悬臂浇筑法施工的跨径为50~120 m。

2.悬臂拼装法

悬臂拼装法施工是在工厂或桥位附近将梁体沿轴线划分成适当长度的块件进行预制,然后用船或平车从水上或已建成部分的桥上运至架设地点,并用活动吊机等起吊后向墩柱两侧对称均衡地拼装就位,张拉预应力筋,重复这些工序,直至拼装完悬臂梁全部块件。

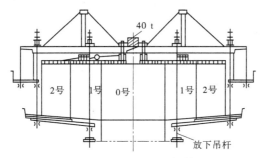

图 3-2　平行桁架式挂篮

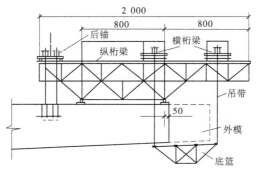

图 3-3　三角组合式常用挂篮

1）悬臂拼装法的特点

(1)梁体的预制可与桥梁下部构造施工同时进行,并行操作缩短了建桥工期。

(2)预制梁段的混凝土龄期比悬浇成梁的长,从而减少悬拼成梁后混凝土的收缩和形变。

(3)预制场或工厂化的梁段预制生产利于整体施工的质量控制。悬拼适用于预制场地及运吊条件较好,特别是工程量大和工期较短的梁桥工程。

(4)悬臂拼装法的不足:需要占地较大的预制场地。

2）悬臂拼装法的施工工艺

在悬拼施工中核心是梁的吊拼,梁段的预制是悬拼的基础。

A. 梁段预制

梁段预制方法有短线台座法和长线台座法两类。长线台座法就是按照设计的制梁线型,将所有的块件在一个长台座上一块接着一块地匹配预制,使两块间形成自然匹配面。优点:①构造简单,施工生产过程比较容易控制;②偏差不会累积,对于已制块件形成的偏差可以通过下一个块件及时调整,而且可以多点同时匹配预制,加快施工进度。缺点:①占地面积大;②台座必须建筑在坚固的基础上面。短线台座法施工是指每个节段的浇筑均在同一个模板内进行,其一端为一个固定模,而另一端为一个先浇筑的节段,模板的长度仅为一个节段的长度,模板是不移动的,而梁段则由浇筑位置移至匹配位置后运至存梁场。优点:①占地面积较小;②形成流水线作业,提高施工速度;③适用于节段类型变化较多,模板倒用较频繁的工程需求。缺点:对仪器要求很严格(要求匹配段必须非常精确地放置,因而需要精密的测量仪器设备)。预制块件的长度取决于运输、吊装设备的能力,实践中已采用的块件长度为 1.4～6.0 m,块件质量为 14～170 t。但从桥跨结构和安装设备统一来考虑,块件的最佳尺寸应使质量为 35～60 t。

B. 梁段的吊拼

悬拼按起重吊装的方式不同分为浮吊悬拼、牵引滑轮组悬拼、连续千斤顶悬拼、缆索起重机(缆吊)悬拼及移动支架悬拼等。预制块件的悬臂拼装可根据现场布置和设备条件采用不同的方法来实现。当靠岸边的桥跨不高且可以在陆地或便桥上施工时,可采用自行式吊车、门式吊车来拼装。对于河中桥孔,也可采用水上浮吊进行安装。如果桥墩很高或水流湍急而不便在陆上、水上施工时,就可利用各种吊机进行高空悬拼施工。

C. 梁段接缝的形式

悬臂拼装时,预制块件间接缝可采用湿接缝、胶接缝和半干接缝等几种形式。将伸出钢筋焊接后浇混凝土的称为湿接缝(见图 3-4(a)),湿接缝宽度为 0.1～0.2 m。采用湿接缝可使块件安装的位置易于调整。在悬臂拼装中采用最为广泛的是应用环氧树脂等胶结材料使相邻块件黏结的胶接缝。胶接缝能消除水分对接头的有害作用,因而能提高结构的耐久性,除此以外,胶接缝能提高结构的抗剪能力、整体刚度和不透水性。胶接缝可以做成平面型(见图 3-4(f))、多齿型(见图 3-4(b))、单阶型(见图 3-4(d))和单齿型(见图 3-4(e))等形式。图 3-4(c)表示半干接缝的构造,已拼块件的顶板和底板作为拼接安装块件的支托,而在腹板端面上有形成骨架的伸出钢筋,待浇筑混凝土后使块件结合成整体,这种接缝可用来在拼装过程中调整悬臂的平面和立面位置。悬臂拼装的经验指出,在每一拼装悬臂内设置一个半干接缝来调整悬臂位置是合理的。

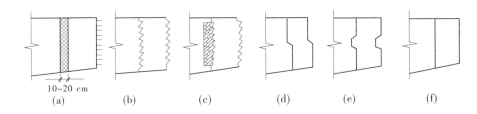

图 3-4　接缝形式

3)临时固结措施

用悬臂施工法从桥墩两侧逐段延伸来建造预应力混凝土悬臂梁桥时,为了承受施工过程中可能出现的不平衡力矩,就需要采取措施使墩顶的零号块件与桥墩临时固结起来。

第三节　市政给水排水工程

市政给水排水工程是市政工程的重要组成部分,是城市赖以生存和发展的物质基础,是城市的生命线。

一、市政地下给水排水管道开槽施工

(一)沟槽断面及其选择

沟槽断面可分为直槽、梯形槽(大开槽)和混合槽等,还有适合两条或两条以上管道埋设的联合槽。

确定沟槽断面时,应在保证工程质量和施工安全及施工方便的前提下,尽量减小断面尺寸,以减少土方量,降低工程造价。

沟槽断面的选择通常应考虑的因素有:土的种类、地下水情况、施工环境、施工方法、管道埋深、管长以及沟槽支撑条件等。

(二)沟槽开挖

为加快施工进度,沟槽或基坑土方开挖应尽量采用生产效率高的机械来完成,有条件的可进行综合机械化作业。对于较浅、长度不大的管槽、基坑,也可以人工开挖。

沟槽或基坑土方机械开挖,应依施工具体条件,选择单斗挖土机和多斗挖土机。

(三)沟槽支撑

支撑是防止沟槽或基坑土壁坍塌的挡土结构,一般采取木材或钢材制作。

沟槽或基坑支撑与否应根据工程特点、土质条件、地下水位、开挖深度、开挖方法、排水方法、地面荷载等因素确定。一般情况下,高地下水位砂性土质并采用集水井排水时;沟槽或基坑土质较差、深度较大而又开挖成直槽时,均应支撑。

沟槽或基坑支撑应满足下列要求:

(1)支撑应具有足够的强度、刚度和稳定性,保证施工安全;

(2)便于支设和拆除;

(3)不妨碍沟槽或基坑开挖及后续工序的施工。

支撑形式有横撑、竖撑和板桩撑等。

横撑和竖撑均由撑板、立柱和撑杠组成。撑板分木撑板和金属撑板两种,木撑板不应有裂纹等缺陷。通常采用的是金属撑板,由钢板焊接于槽钢上拼成,槽钢间用型钢(I型钢、槽钢、H型钢)焊接加固。

立柱和撑杠一般采用型钢(I型钢、槽钢、H型钢)。撑杠由撑头和圆套管组成。撑头为一丝杠,以球铰连接于撑头板,带柄螺母套于丝杠。使用时,将撑头丝杠插入圆套管内,旋转带柄螺母,柄把止于套管端,而丝杠伸长,则撑头板就紧压立柱,使撑板固定。丝杠在套管内的最短长度为20cm,以策安全。这种工具式撑杠由于支设方便,更换不同长度套管,可满足不同槽宽的需要,因而得到广泛使用。

板桩撑是将桩板垂直地打入槽或坑底下一定深度。按使用材料分,有木板桩、钢板桩和钢筋混凝土板桩等。采用板桩对沟槽或基坑土壁进行支护,既能挡土又能止水。

板桩是在开挖沟槽或基坑之前沿边线打入土中,因此板桩撑在沟槽或基坑开挖及其后序工序施工中,始终起保障安全作用。

在各种支撑中,板桩撑是安全度最高的支撑。因此,在弱饱合土层中,经常选用板桩撑。

在开挖较大基坑或使用机械挖土而不能安装撑杠时,可改用锚碇式支撑。锚桩必须设置在土的破坏范围以外,挡土板水平钉在柱桩的内侧,柱桩一端打入土内,上端用拉杆与锚桩拉紧,挡土板内侧回填土。

在开挖较大基坑,当有部分地段下部放坡不足时,可以采用短桩横隔板支撑或临时挡土墙支撑,以加固土壁。

横撑支设顺序为:首先支设撑板并要求紧贴槽壁,而后安设立柱(或横木)和撑杠,要求横平竖直,支设牢固。

竖撑的支设顺序为:将撑板密排立贴在槽壁,再将横木在撑板上下两端支设并加撑杠固定。然后随着挖土,撑板底端高于槽底,再逐块将撑板打入至槽底。根据土质,每次挖深50~60 cm,将撑板下锤一次。撑板打至槽底排水沟底。下锤撑板每到1.2~1.5 m,加撑杠一道。

板桩撑设置板桩是在开挖沟槽或基坑前,沿开挖边线打入土中,打入至要求的深度。

打桩的方法有锤击打桩、水冲沉桩、振动沉桩和静力压桩等,其中以打桩机锤击打桩应用最广。

施工过程中,更换立柱和撑杠位置,称为倒撑。一般在下列情况下必须倒撑:

(1)原支撑妨碍下一道工序正常进行;

(2)原支撑不稳定;

(3)一次拆撑有危险;

(4)由于其他因素必须重新安设支撑。

槽内工作全部完成后,才可将支撑拆除。拆撑与沟槽回填应同步进行,边填边拆。板桩的拆除可在沟槽部分回填后,采用拔桩机拔桩,拔桩后所留孔洞应及时回填土或采用冲水灌砂填实。

(四)管道铺设

给水排水管道铺设前,首先应检查管道沟槽开挖深度、沟槽断面、沟槽边坡、堆土位置是否符合规定,检查管道地基处理情况等。同时必须对管材、管件进行检验,质量要符合设计要求,确保不合格或已经损坏的管材及管件不下入沟槽。

1.下管

管子经过检查、验收后,将合格的管材及管件运至沟槽边。按设计进行排管,经核对管节、管件位置无误方可下管。

下管应以施工安全、操作方便、经济合理为原则,可根据管材种类、单节管重及管径、管长、机械设备、施工环境等因素来选择下管方法。下管方法分人工下管和机械下管两类。无论采用哪一种下管法,一般采用沿沟槽分散下管,以减少在沟槽内的运输。当不便沿沟槽下管,允许在沟槽内运管,可以采用集中下管法。

1)人工下管

人工下管多用于施工现场狭窄,重量不大的中小型管子,以施工方便、操作安全、经济合理为原则。

人工下管包括贯绳法、压绳下管法、集中压绳下管法、搭架下管法、溜管法等。

2)机械下管

因为机械下管速度快、安全,并且可以减轻工人的劳动强度,劳动效率高,所以有条件尽可能采用机械下管法。

机械下管视管子重量选择起重机械,常用汽车式或履带式起重机械下管。下管时,起重机沿沟槽开行。起重机的行走道路应平坦、畅通。当沟槽两侧堆土时,其一侧堆土与槽边应有足够的距离,以便起重机开行。起重机距沟边至少1 m,以免槽壁坍塌。起重机与架空输电线路的距离应符合电力管理部门的有关规定,并由专人看管。禁止起重机在斜坡地方吊着管子回转,轮胎式起重机作业前应将支腿撑好,轮胎不应承担起吊重量。支腿距沟边要有2 m以上距离,必要时应垫木板。在起吊作业区内,任何人不得在吊钩或被吊起的重物下面通过或站立。

机械下管一般为单机单管节下管。下管时,起重吊钩与铸铁管或混凝土及钢筋混凝土管端相接触处,应垫上麻袋,以保护管口不被破坏。起吊或搬运管材、配件时,对于法兰盘面、非金属管材承插口工作面、金属管防腐层等,均应采取保护措施,以防损坏;吊装闸阀等配件时不得将钢丝绳捆绑在操作轮及螺栓孔上。管节下入沟槽时,不得与槽壁支撑及槽下的管道相互碰撞,沟内运管不得扰动天然地基。塑料管道铺设应在沟底标高和管道基础质量检查合格后进行,在铺设管道前要对管材、管件、橡胶圈等重新做一次外观检查,发现有损坏、变形、变质迹象等问题的管材及管件均不得采用。塑料管材在吊运及放入沟内时,应采用可靠的软带吊具,平稳下沟。

机械下管不应一点起吊,采用两点起吊时吊绳应找好重心,平吊轻放。

为了减少沟内接口工作量,同时由于钢管有足够的强度,所以通常在地面将钢管焊接成长串,然后由 2 ~ 3 台起重机联合下管,称为长串下管。由于多台设备不易协调,长串下管一般不要多于 3 台起重机。管子起吊时,应缓慢移动,避免摆动,同时应有专人负责指挥。下管时应按有关机械安全操作规程执行。

2. 稳管

稳管是将管子按设计的高程与平面位置稳定在地基或基础上的施工过程。稳管包括管子对中和对高程两个环节,两者同时进行。稳管时,相邻两管节底部应齐平。为避免因紧密相接而使管口破损,便于接口,柔性接口允许有少量弯曲,一般大口径管子两管端面之间应预留约 10 mm 间隙。

3. 给水管道施工

室外给水工程管材有普通铸铁管、球墨铸铁管、钢管、预应力钢筋混凝土管、给水用硬聚氯乙烯(PVC – U)管等,接口方式及接口材料受管道种类、工作压力、经济因素等影响而不同。

1)给水铸铁管

给水铸铁管按材质分为普通铸铁管和球墨铸铁管。普通铸铁管质脆。球墨铸铁管有强度高、韧性大、抗腐蚀能力强的性能,又称为可延性铸铁管,球墨铸铁管本身有较大的延伸率,同时管口之间采用柔性接头,在埋地管道中能与管周围的土体共同工作,改善了管道的受力状态,提高了管网的工作可靠性,故得到了越来越广泛的应用。

(1)普通铸铁管。

普通铸铁管又称为灰铸铁管。是给水管道中常用的一种管材,与钢管相比较,其价格较低,制造方便,耐腐蚀性较好。但质脆,自重大。

普通铸铁管管径以公称直径表示,其规格为 DN75 ~ 1 500 mm,有效长度(单节)为 4 m、5 m、6 m,分砂型离心铸铁管与连续铸铁管两种。砂型离心铸铁管的插口端设有小台,用作挤密油麻、胶圈等柔性接口填料。连续铸铁管的插口端没有小台,但在承口内壁有突缘,仍可挤密填料。

普通铸铁管承插式刚性接口填料常用:麻—石棉水泥,麻—膨胀水泥,麻—铅,胶圈—石棉水泥,胶圈—膨胀水泥等。

(2)球墨铸铁管。

球墨铸铁管是 20 世纪 50 年代发展起来的新型金属管材,当前我国正处于一个逐渐取代普通铸铁管的更新换代时期,而发达国家已广为使用。球墨铸铁管具有较高的强度和延伸率。与普通铸铁管比较:球墨铸铁管抗拉强度是普通铸铁管的 3 倍,水压试验为普通铸铁管的 2 倍,球墨铸铁管具有较高的延伸率而普通铸铁管则无。

球墨铸铁管采用离心浇筑。规格为 DN80 ~ 2 600 mm,长为 4 ~ 9 m。球墨铸铁管均采用柔性接口,按接口形式分为推入式(简称 T 型)和机械式(压兰式)(简称 K 型)两类。

①推入式球墨铸铁管接口。

球墨铸铁管采用承插式柔性接口,其工具配套,操作简便、快速,适用于 DN80 ~ 2 600 mm 的输水管道,在国内外输水工程上广泛采用。

推入式球墨铸铁管施工程序为:下管→清理承口和胶圈→上胶圈→清理插口外表面及刷润滑剂→接口→检查。

②机械式(压兰式)球墨铸铁管接口。机械式(压兰式)球墨铸铁管接口属柔性接口,是将铸铁管的承插口加以改造,使其适应特殊形状的橡胶圈作为挡水材料,外部不需要其他填料,不需要复杂的安装设备。其主要优点是抗震性能较好,并且安装与拆修方便;缺点是配件多,造价高。它主要由球墨铸铁直管、管件、压兰、螺栓及橡胶圈组成。按填入的橡胶圈种类不同,分为 N1 形接口、X 形接口和 S 形接口。

机械式(压兰式)球墨铸铁接口施工程序为:下管→清理插口、压兰和胶圈→压兰与胶圈定位→清理承口→刷润滑剂→对口→临时紧固→螺栓全方位紧固→检查螺栓扭矩。

2)给水硬聚氯乙烯管(PVC – U)

给水硬聚氯乙烯管(PVC – U)是目前国内推广应用塑料管中的一种管材。它与金属管道相比,具有重量轻、耐压强度好、阻力小、耐腐蚀、安装方便、投资省、使用寿命长等特点。

给水硬聚氯乙烯管道可以采用胶圈接口、黏结接口、法兰连接等形式。最常用的是胶圈和黏结连接,胶圈接口适用于管外径为 63 ~ 710 mm 的管道连接;黏结接口只适用管外径小于 160 mm 管道的连接;法兰连接一般用于硬聚氯乙烯管与铸铁管等其他管材、阀件等的连接。

给水硬聚氯乙烯管施工程序为:沟槽、管材、管件检验→下管→对口连接→部分回填→水压试验合格→全部回填。

3)钢管

钢管自重轻,强度高,抗应变性能优于铸铁管、硬聚氯乙烯管及预应力钢筋混凝土管,接口方便,耐压程度高,水力条件好,但钢管的耐腐蚀能力差,必须作防腐处理。

钢管主要采用焊接和法兰连接。现在用于给水管道的钢管由于耐腐性差而越来越多地被衬里(衬塑料、衬橡胶、衬玻璃钢、衬玄武岩)钢管所代替。

4)预应力混凝土管

预应力混凝土管做压力给水管,可代替钢管和铸铁管,降低工程造价,它是目前我国常用的给水管材。预应力混凝土管除成本低外,其耐腐蚀性远优于金属管材。

承插式预应力混凝土管的缺点是自重大、运输及安装不便;而且采用振动挤压工艺生产的预应力混凝土管,由于内模经长期使用,承口误差(椭圆度)会随之增大,插口误差小,严重影响接口质量。因此,施工时对承口要详细检查与量测,为选配胶圈提供依据。

我国目前生产的预应力混凝土管胶圈接口一般为圆形胶圈(O 形胶圈),能承受 1.2 MPa 的内压力和一定量的沉陷、错口和弯折;抗震性能良好,在地震烈度为 10 ~ 11 度区内,接口无破坏现象;胶圈埋入地下耐老化性能好,使用期可长达数十年。圆形胶圈应符合国家现行标准《预应力与自应力混凝土管用橡胶密封圈》(JC/T 748—2010)的要求。

预应力混凝土管施工程序为:排管→下管→清理管腔、管口→清理胶圈→初步对口找正→顶管接口→检查中线、高程→用探尺检查胶圈位置→锁管→部分回填→水压试验合格→全部回填。

4.排水管道施工

室外排水管道通常为非金属管材。常用的有混凝土管、钢筋混凝土管及陶土管等。排水管道属重力流管道。施工中,对管道的中心与高程控制要求较高。

1)安管(稳管)

排水管道安装(稳管)常用坡度板法和边线法控制管道中心与高程。边线法控制管道中心和高程比坡度板法速度快,但准确度不如坡度板法。

2)排水管道铺设的常用方法

排水管道铺设的方法较多,常用的方法有平基法、垫块法、"四合一"施工法安装铺设。应根据管道种类、管径大小、管座形式、管道基础、接口方式等来选择排水管道铺设的方法。

3)混凝土管和钢筋混凝土管施工

混凝土管的规格为 DN100 ~ 600 mm, L 为 1 m;钢筋混凝土管的规格为 DN300 ~ 2 400 mm, L 为 2 m。管口形式有承插口、平口、圆弧口、企口几种。

混凝土管和钢筋混凝土管的接口形式有刚性和柔性两种。

(1)抹带接口。

①水泥砂浆抹带接口。

水泥砂浆抹带接口是一种常用的刚性接口。一般在地基较好、管径较小时采用。水泥砂浆抹带接口施工程序为:浇管座混凝土→勾捻管座部分管内缝→管带与管外皮及基础结合处凿毛清洗→管座上部内缝支垫托→抹带→勾捻管座以上内缝→接口养护。

水泥砂浆抹带材料及重量配合比:水泥采用 42.5 级水泥(普通硅酸盐水泥),砂子应过 2 mm 孔径筛子,含泥量不得大于 2%。重量配合比为水泥:砂 = 1:2.5,水一般不大于 0.5。勾捻内缝:水泥:砂 = 1:3,水一般不大于 0.5。

水泥砂浆抹带接口工具有浆桶、刷子、铁抹子、弧形抹子等。

抹带接口操作如下:抹带前将管口及管带覆盖到的管外皮刷干净,并刷水泥浆一遍;抹第一层砂浆(卧底砂浆)时,应注意找正使管缝居中,厚度约为带厚的 1/3,并压实使之与管壁黏结牢固,在表面划成线槽,以利于与第二层结合(管径 400 mm 以内者,抹带可一次完成);待第一层砂浆初凝后抹第二层,用弧形抹子挬压成形,待初凝后再用抹子赶光压实;带、基相接处(如基础混凝土已硬化需凿毛洗净、刷素水泥浆)三角形灰要饱实,大管径可用砖模,防止砂浆变形。

②钢丝网水泥砂浆抹带接口。

钢丝网水泥砂浆抹带接口由于在抹带层内埋置20 号 10 mm × 10 mm 方格的钢丝网,因此接口强度高于水泥砂浆抹带接口。施工程序为:管口凿毛清洗(管径 ≤500 mm 者刷去浆皮)→浇筑管座混凝土→将钢丝网片插入管座的对口砂浆中并以抹带砂浆补充肩角→勾捻管内下部管缝→勾上部内缝支托架→抹带(素灰、打底、安钢丝网片、抹上层、赶压、拆模等)→勾捻管内上部管缝→内外管口养护。

抹带接口操作如下:钢丝网水泥砂浆接口的闭水性较好,常用于污水管道接口,管座采用 135°或 180°。

(2)套环接口。

套环接口的刚度好,常用于污水管道的接口。分为现浇套环接口和预制套环接口两种。

①现浇套环接口。

采用的混凝土的强度等级一般为 C18;捻缝用 1∶3 水泥砂浆;配合比(重量比)为水泥∶砂∶水 =1∶3∶0.5;钢筋为Ⅰ级。

施工程序为:浇筑管基→凿毛与管相接处的管基并清刷干净→支设马鞍形接口模板→浇筑混凝土→养护后拆模→养护。

②预制套环接口。

套环采用预制套环可加快施工进度。套环内可填塞油麻石棉水泥或胶圈石棉水泥。石棉水泥配合比(重量比)为水∶石棉∶水泥 =1∶3∶7;捻缝用砂浆配合比(重量比)为水泥∶砂∶水 = 1∶3∶0.5。

施工程序为:在垫块上安管→安套环→填油麻→填打石棉水泥→养护。

(3)承插管水泥砂浆接口。

承插管水泥砂浆接口一般适合小口径雨水管道施工。

水泥砂浆配合比(重量比)为水泥∶砂∶水 =1∶2∶0.5。

施工程序为:清洗管口→安第一节管并在承口下部填满砂浆→安第二节管、接口缝隙填满砂浆→将挤入管内的砂浆及时抹光并清除→湿养护。

(4)沥青麻布(玻璃布)柔性接口。

沥青麻布(玻璃布)柔性接口适用于无地下水、地基不均匀沉降不严重的平口或企口排水管道。

接口时,先清刷管口,并在管口上刷冷底子油,热涂沥青,作四油三布,并用铁丝将沥青麻布或沥青玻璃布绑扎,最后捻管内缝(1∶3 水泥砂浆)。

(5)沥青砂浆柔性接口。

沥青砂浆柔性接口的使用条件与沥青麻布(玻璃布)柔性接口相同,但不用麻布(玻璃布),成本降低。

施工程序为:管口凿毛及清理→管缝填塞油麻、刷冷底子油→支设灌口模具→灌注沥青砂浆→拆模→捻内缝。

(6)承插管沥青油膏柔性接口。

这是利用一种黏结力强、高温不流淌、低温不脆裂的防水油膏,进行承插管接口,施工较为方便。沥青油膏有成品,也可自配。这种接口适用于小口径承插口污水管道。沥青油膏重量配合比:石油沥青∶松节油∶废机油∶石棉灰∶滑石粉 =100∶11.1∶44.5∶77.5∶119。

施工程序为:清刷管口保持干燥→刷冷底子油→油膏捏成圆条备用→安第一节管→将粗油膏条垫在第一节管承口下部→插入第二节管→用麻錾填塞上部及侧面沥青膏条。

(7)塑料止水带接口。

塑料止水带接口是一种质量较高的柔性接口。常用于现浇混凝土管道上,它具有一定的强度,又具有柔性,抗地基不均匀沉陷性能较好,但成本较高。这种接口适用于敷设在沉降量较大的地基上,须修建基础,并在接口处用木丝板设置基础沉降缝。

4)PVC－U 双壁波纹管的施工

PVC－U 双壁波纹管于 20 世纪 90 年代初在西方发达国家被开发成功并得到大量应用。随着我国城市化的迅速发展及国家对环境保护工作的进一步重视,PVC－U 双壁波纹管将有很大的应用空间。其合理的中空环形结构设计,具有质地轻,强度高,韧性好的特点,同时具有易敷设、阻力小、成本低、耐腐蚀性强等优点,其使用性能和经济效益远远超过传统的铁管和水泥管,是工程管材的更新换代产品,被广泛地应用在地下埋设的各种管道。

PVC－U 双壁波纹管特性如下:

(1)内壁光滑,流体的阻力明显小于混凝土管,实践证明,在同样的坡度下,采用直径较小的双壁波纹管就可以达到要求的流量;在同样的直径下,采用双壁波纹管可以减小坡度,有效地减少铺设的工程量。

(2)采用弹性密封圈承插连接,双壁波纹管的密封性更为可靠。

(3)耐腐蚀性强。双壁波纹管耐腐蚀性远胜于金属管,也明显优于混凝土管。

(4)抗磨损性能良好,使用周期更长。

(5)铺设安装方便,重量轻,长度长,接头少, 对于管沟和基础的要求低,连接方便,施工快捷。

(6)综合造价低。双壁波纹管的工程造价比承插口混凝土管的造价低 30% ~ 40% ,施工周期短,经济效益明显。

将管道承口处清理干净、抹上洗洁剂,然后将插口对准承口缓慢旋转、缓慢安装,在管道尾端可借助于外力轻轻撞击,将两节管道安装在一起。

(五)管道工程质量检查与验收

验收压力管道时必须对管道、接口、阀门、配件、伸缩器及其他附属构筑物仔细进行外观检查,复测管道的纵断面,并按设计要求检查管道的放气和排水条件。管道验收还应对管道的强度和严密性进行试验。

1.管道压力试验的一般规定

(1)应符合现行国家标准《给水排水管道工程施工及验收规范》(GB 50268—2008) 规定。

(2)压力管道应用水进行压力试验。地下钢管或铸铁管在冬季或缺水情况下,可用空气进行压力试验,但均须有防护措施。

(3)压力管道的试验应按下列规定进行:架空管道、明装管道及非掩蔽的管道应在外观检查合格后进行压力试验;地下管道必须在管基检查合格,管身两侧及其上部回填不小于 0.5 m,接口部分尚敞露时,进行初次试压,全部回填土,完成该管段各项工作后进行末次试压。此外,铺设后必须立即全部回填土的管道,在回填前应认真对接口做外观检查,仔细回填后进行一次试验;对于组装的有焊接接口的钢管,必要时可在沟边做预先试验,在下沟连接以后仍需进行压力试验。

(4)试压管段的长度不宜大于 1 km,非金属管段不宜超过 500 m。

(5)管端敞口,应事先用管堵或管帽堵严,并加临时支撑,不得用闸阀代替;管道中的固定支墩,试验时应达到设计强度;试验前应将该管段内的闸阀打开。

(6)当管道内有压力时,严禁修整管道缺陷和紧动螺栓,检查管道时不得用手锤敲打管壁和接口。

（7）给水管道在试验合格验收交接前，应进行一次通水冲洗和消毒，冲洗流量不应小于设计流量或流速不小于 1.5 m/s。冲洗应连续进行，当排水的色、透明度与入口处目测一致时，即为合格。生活饮用水管冲洗后用含 20～30 mg/L 游离氯的水，灌洗消毒，含氯水留置 24 h 以上。消毒后再用饮用水冲洗。冲洗时应注意保护管道系统内仪表，防止堵塞或损坏。

2. 管道水压试验

（1）管道试压前管段两端要封以试压堵板，堵板应有足够的强度，试压过程中与管身接头处不能漏水。

（2）管道试压时应设试压后背，可用天然土壁做试压后背，也可用已安装好的管道做试压后背，试验压力较大时，会使土后背墙发生弹性压缩变形，从而破坏接口。为了解决这个问题，常用螺旋千斤顶，即对后背施加预压力，使后背产生一定的压缩变形。

（3）管道试压前应排除管内空气，灌水进行浸润，试验管段灌满水后，应在不大于工作压力条件下充分浸泡后进行试压。浸泡时间应符合以下规定：铸铁管、球墨铸铁管、钢管无水泥砂浆衬里不小于 24 h；有水泥砂浆衬里，不小于 48 h。预应力、自应力混凝土管及现浇钢筋混凝土管渠，管径 <1 000 mm 的，不小于 48 h。管径 >1 000 mm 的，不小于 72 h。硬 PVC 管在无压情况下至少保持 12 h，进行严密性试验时，将管内水加压到 0.35 MPa，并保持 2 h。

（4）硬聚氯乙烯管道灌水应缓慢，流速 <1.5 m/s。

（5）冬季进行水压试验时，应采取有效的防冻措施，试验完毕后应立即排出管内和沟槽内的积水。

3. 水压试验验收及标准

1）落压试验法

在已充水的管道上用手摇泵向管内充水，待升至试验压力后，停止加压，观察表压下降情况。如 10 min 压力降不大于 0.05 MPa，且管道及附件无损坏，将试验压力降至工作压力，恒压 2 h，进行外观检查，无漏水现象表明试验合格。

2）漏水量试验法

将管段压力升至试验压力后，记录表压下降 0.1 MPa 所需的时间 T_1（min），然后在管内重新加压至试验压力，从放水阀放水，并记录表压下降 0.1 MPa 所需的时间 T_2（min）和此间放出的水量 W（L）。按下式计算渗水率：$q = W/(T_1 - T_2)L$，式中 L 为试验管段长度（km）。若 q 值小于规范的规定，即认为合格。

4. 无压管道严密性试验

（1）污水管道、雨污合流管道、倒虹吸管及设计要求闭水的其他排水管道，回填前应采用闭水法进行严密性试验。

试验管段应按井距分隔，长度不大于 1 km，带井试验。雨水和与其性质相似的管道，除大孔性土壤及水源地区外，可不做渗水量试验。污水管道不允许渗漏。

（2）做闭水试验管段应符合下列规定：管道及检查井外观质量已验收合格；管道未回填，且沟槽内无积水；全部预留孔（除预留进出水管外）应封堵坚固，不得渗水；管道两端堵板承载力经核算应大于水压力的合力。

（3）闭水试验应符合下列规定：试验段上游设计水头不超过管顶内壁时，试验水头应以试验段上游管顶内壁加 2 m 计;当上游设计水头超过管顶内壁时,试验水头应以上游设计水头加 2 m 计;当计算出的试验水头 < 10 m,但已超过上游检查井井口时,试验水头应以上游检查井井口高度为准。

(4)试验管段灌满水后浸泡时间不小于 24 h。当试验水头达到规定水头时开始计时,观测管道的渗水量,观测时间不少于 30 min,期间应不断向试验管段补水,以保持试验水头恒定。实测渗水量应符合相应规范规定。

5. 地下给水排水管道冲洗与消毒

给水管道试验合格后,竣工验收前应进行冲洗,消毒,使管道出水符合《生活饮用水的水质标准》。经验收才能交付使用。

1)管道冲洗

(1)放水口。

管道冲洗主要使管内杂物全部冲洗干净,使排出水的水质与自来水状态一致。在没有达到上述水质要求时,这部分冲洗水要有放水口,可排至附近河道、排水管道。排水时应取得有关单位协助,确保安全排放、畅通。

安装放水口时,其冲洗管接口应严密,并设有闸阀、排气管和放水龙头。弯头处应进行临时加固。

冲洗水管可比被冲洗的水管管径小,但断面不应小于 1/2。冲洗水的流速宜大于 0.7 m/s。管径较大时,所需用的冲洗水量较大,可在夜间进行冲洗,以不影响周围的正常用水。

(2)冲洗步骤及注意事项。

①准备工作。会同自来水管理部门,商定冲洗方案,如冲洗水量、冲洗时间、排水路线和安全措施等。

②冲洗时应避开用水高峰,以流速不小于 1.0 m/s 的冲洗水连续冲洗。

③冲洗时应保证排水管路畅通安全。

④开闸冲洗放水时,先开出水闸阀再开来水闸阀;注意排气,并派专人监护放水路线;发现情况及时处理。

⑤检查放水口水质,观察放水口水的外观,至水质外观澄清,化验合格。

⑥关闭闸阀。放水后尽量使来水闸阀、出水闸阀同时关闭。如做不到,可先关闭出水闸阀,但留几个暂不关死,等来水闸阀关闭后,再将出水闸阀关闭。

⑦放水完毕,管内存水 24 h 以后再化验为宜,合格后即可交付使用。

2)管道消毒

管道消毒的目的是消灭新安装管道内的细菌,使水质不致污染。

消毒液通常采用漂白粉溶液,注入被消毒的管段内。灌注时可少许开启来水闸阀和出水闸阀,使清水带着漂白液流经全部管段,从放水口检验出高浓度氯水为止,然后关闭所有闸阀,使含氯水浸泡 24 h 为宜。氯浓度为 $26 \sim 30$ mg/L。

(六)沟槽回填

基坑、沟槽中管道安装、铺设完成后应及时进行土方回填施工。沟槽回填分为部分回填及全部回填。当管道施工完毕,尚未进行水压试验或闭水(气)试验前,在管道两侧回填部分土,是为了保证试验时,管道不产生位移的需要;当管道验收合格,则进行全部回填。尽可能早回填可保护管道的正常位置,避免沟槽坍塌或下雨积水,并可及时恢复地面交通。回填土施工包括还土、摊平、夯实、检查等几个工序。

还土一般用沟槽原土或基坑原土。在管顶以上 500 mm(山区 300 mm)内,不得回填大于 30 mm 的石块、砖块等杂物。填土应在管道基础混凝土达到一定强度后进行,砖沟应在盖板安装后进行,现浇混凝土沟按设计规定。沟槽回填顺序应按沟槽排水方向由高向低分层进行。

回填时,槽内应无积水,不得回填淤泥、腐殖土、冻土及有机物质。

沟槽两侧应同时回填夯实,以防管道位移。回填土时不得将土直接砸在抹带接口及防腐绝缘层上。沟槽回填土的重量一部分由管子承受。提高管道两侧(胸腔)和管顶的回填土密实度,可以减小管顶垂直土压力。管道两侧及管顶以上 500 mm 范围内的密实度应不小于 95%。

沟槽回填前,应建立回填制度。根据不同的压实机具、土质、密实度要求、夯击遍数、走夯形式等确定还土厚度和夯实后厚度。

在胸腔和管顶上 50 cm 内夯实时,若夯击力过大,将会使管壁及接口开裂。因此,应根据管材强度及接口形式确定回填标准。给水 PVC – U 管试压合格后的大面积回填,宜在管道内充满水的情况下进行。每层土夯实后,应测定密实度。测定的方法有环刀法和贯入法两种。

回填应使沟槽上土面略呈拱形,以免日久因土沉陷而造成地面下凹。拱高,亦称余填高,一般为槽宽的 1/20,常取 15 cm。

二、市政给水排水管道不开槽施工

市政地下给水排水管道施工,一般采用开槽方法,要开挖大量土方,并要有临时存放场地,以便安好管道后进行回填。这种施工方法污染环境,占地面积大,阻碍交通,给工农业生产和人们日常生活带来极大不便,而不开槽施工可避免以上问题。

不开槽施工的适用范围很广,一般在下列情况时就可采用:

(1)管道穿越铁路、公路、河流或建筑物时;

(2)街道狭窄,两侧建筑物多时;

(3)在交通量大的市区街道施工,管道既不能改线又不能断绝交通时;

(4)现场条件复杂,与地面工程交叉作业,相互干扰,易发生危险时;

(5)管道覆土较深,开槽土方量大,并需要支撑时。

影响不开槽施工的因素包括:地质、管道埋深、管道种类、管材及接口、管径大小、管节长度、施工环境、工期等,其中主要因素是地质和管节长度。

地下给水排水管道不开槽施工方法有很多种,主要分为掘进顶管、挤压土顶管、盾构掘进衬砌成型管道或管廊。采用哪种方法取决于管道用途、管径、土质条件、管长等因素。

用不开槽施工方法敷设的给水排水管道种类有钢管、钢筋混凝土管及预制或现浇的钢筋混凝土管沟(渠、廊)等。采用较多的管材种类还是各种圆形钢管、钢筋混凝土管、玻璃钢管。

(一)顶管法施工

先在管道一端挖工作坑,再按照设计管线的位置和坡度,在工作坑底修筑基础、设置导轨,将管子安放在导轨上。顶进前,在管前端边挖土,后面用千斤顶将管节逐节顶入,反复操作,直至顶至设计长度。千斤顶支承于后背,后背支承于后座墙上。

为便于管内操作和安装施工机械,采用人工挖土时,管径一般不应小于900 mm;采用螺旋掘进机,管径一般为200~800 mm。

1.人工掘进顶管

人工掘进顶管又称普通顶管,是目前较普遍的顶管方法。管前用人工挖土,设备简单,能适应不同的土质,但工效低。

1)工作坑及其选择

(1)工作坑位置选择。顶管工作坑是顶管施工时在现场设置的临时性设施,工作坑内包括后背、导轨和基础等。工作坑是人、机械、材料较集中的活动场所,因此工作坑的选择应考虑以下原则:①尽量选择在管线上的附属构筑物位置上,如闸门井、检查井处;②有可利用的坑壁原状土做后背;③单向顶进时工作坑宜设置在管线下游。

(2)工作坑种类和尺寸计算。按工作坑的使用功能分为单向坑、双向坑、多向坑、转向坑、交汇坑。

工作坑尺寸是指工作坑底的平面尺寸,它与管径大小、管节长度、覆土深度、顶进形式、施工方法有关,并受土的性质、地下水等条件影响,还要考虑各种设备布置位置、操作空间、工期长短、垂直运输条件等多种因素。

(3)工作坑的施工方法有开槽式、沉井式及连续墙式等。

2)工作坑基础

工作坑基础形式取决于地基土的种类、管节的轻重以及地下水位的高低。一般的顶管工作坑,常用的基础形式有土槽木枕基础、卵石木枕基础、混凝土木枕基础三种。

3)导轨

导轨的作用是引导管子按设计的要求顶入土中,保证管子在将要顶入土中前的位置正确。

按导轨使用材料分为钢导轨和木导轨两种。钢导轨是利用轻轨、重轨和槽钢做导轨,具有耐磨和承载力大的特点;木导轨是将方木抹去一角来支承管体,起导向作用。

导轨的安装应按管道设计高程、方向及坡度铺设导轨,要求两轨道平行,各点的轨距相等。

4)后座墙与后背

后座墙与后背是千斤顶的支承结构,造价低廉,修建简便的原土后座墙是常用的一种后座墙。施工经验表明:管道埋深2~4 m浅覆土时,原土后座墙的长度一般需4~7 m,选择工作坑时,应考虑有无原土后座墙可以利用。无法利用原土做后座墙时,可修建人工后座墙。

后背的功能主要是在顶管过程中承担千斤顶顶管前进的后座力,后背的构造应有利于减小对后座墙单位面积的压力。

5)工作坑的附属设施

工作坑的附属设施主要有工作台、工作棚、顶进口装置等。

工作坑布置时,还要解决坑内排水、照明、工作坑人员上下扶梯等问题。

2.顶进设备

顶进设备种类很多,一般采用液压千斤顶。液压千斤顶的构造形式分活塞式和柱塞式两种。其作用方式有单作用液压千斤顶及双作用液压千斤顶,顶管施工常用双作用液压千斤顶。为了减小缸体长度而又要增加行程长度,宜采用多行程千斤顶或长行程千斤顶,以减少搬放顶铁时间,提高顶管速度。

按千斤顶在顶管中的作用一般可分为:用于顶进管子的顶进千斤顶,用于校正管子位置的校正千斤顶,用于中继间顶管的中继千斤顶。

千斤顶在工作坑内的布置方式分单列、并列和环周列。当要求的顶力较大时,可采用数个千斤顶并列顶进。

3. 管前人工挖土与运土

1)挖土

顶进管节的方向和高程的控制主要取决于挖土操作。工作面上挖土不仅影响顶进效率,更重要的是影响质量控制。

对工作面挖土操作的要求:根据工作面土质及地下水位高低来决定挖土的方法;必须在操作规程规定的范围内超挖;不得扰动管底地基土;及时顶进,及时测量,并将管前挖出的土及时运出管外。

人工每次掘进深度一般等于千斤顶的行程。土质松散或有流砂时,为了保证安全和便于施工,可设管檐或工具管。施工时,先将管檐或工具管顶入土中,工人在管檐或工具管内挖土。

2)运土

从工作面挖下来的土,通过管内水平运输和工作坑的垂直提升送至地面。除保留一部分土方用作工作坑的回填外,其余都要运走弃掉。管内水平运输可用卷扬机牵引或电动、内燃的运土小车在管内进行有轨或无轨运土,也可用皮带运输机运土。土运到工作坑后,由地面装置的卷扬机、龙门吊或其他垂直运输机械吊运到工作坑外运走。

4. 机械掘进

顶管施工用人工挖土劳动强度大、工作效率低,而且操作环境恶劣,影响工人健康,管端机械掘进可避免以上缺点。

机械掘进与人工掘进的工作坑布置基本相同,不同处主要是管端挖土与运土。

机械挖土一般分切削掘进—输送带连续运输土或车辆往复循环运土,切削掘进—螺旋输送机运土,水力掘进—泥浆输送等。

5. 顶管校正

产生顶管误差的原因很多,分主观原因和客观原因两种。主观原因是由于施工准备工作中设备加工、安装、操作不当产生的误差。其中管前端坑道开挖形状不正确是管道误差产生的重要原因。客观原因是土层内土质的不同。当在坚实土内顶进时,管子容易产生向上误差;反之在松散土层顶进时,又易出现向下误差。

(1)普通校正法。分为挖土校正和强制校正。

(2)工具校正。校正工具管是顶管施工的一项专用设备。根据不同管径采用不同直径的校正工具管。校正工具管主要由工具管、刃脚、校正千斤顶、后管等部分组成。

6. 掘进顶管的内接口

管子顶进完毕,将临时连接拆除,进行内接口。接口方法根据现场施工条件、管道使用要求、管口形式等选择。

平接口是钢筋混凝土管最常用的接口形式。接口施工时,在内涨圈连接前把麻辫填入两管口之间。顶进完毕,拆除内涨圈,在管口缝隙处填打石棉水泥或填塞膨胀水泥砂浆。这种内接口防渗性较好。

还可采取油毡垫接口。此种接口方法简单,施工方便,用于无地下水处。油毡垫可以使顶力均匀分布到管节端面上。一般采用 3 ~ 4 层油毡垫于管节间,在顶进中越压越紧。顶管完毕后在两管间用水泥砂浆勾内缝。

企口钢筋混凝土管的接口有油麻石棉水泥接口或膨胀水泥接口,管壁外侧油毡为缓压层。还有一种聚氯乙烯胶泥膨胀水泥砂浆接口。这种接口的抗渗性优于油麻石棉水泥接口或膨胀水泥接口。此外,还可采用麻辫沥青冷油膏接口。该接口施工方便,管接口具有一定的柔性,利于顶进中校正方向和高程,密封效果较好。

(二)挤压土顶管

挤压土顶管一般分为两种:出土挤压顶管和不出土挤压顶管。

1. 挤压土顶管优点及适用条件

挤压土顶管不同于普通顶管,由于不用人工挖土、装土,甚至顶管中不出土,使顶进、挖土、装土三道工序连成一个整体,劳动生产率显著提高。

因为土是被挤到工具管内的,因此管壁四周无超挖现象,只要工具管开始入土时将高程和方向控制好,则管节前进的方向稳定,不易左右摆动,所以施工质量比较稳定。

采用挤压土顶管还有设备简单、操作简易的优点,故易于推广。

2. 出土挤压顶管

出土挤压顶管适用于大口径管的顶进。

施工顺序为:安管→顶进→输土→测量。

(1)安管与普通顶管法施工相同。

(2)顶进。准备工作与普通顶管法施工基本相同,只是增加了一项斗车的固定工作。事先将割土的钢丝绳用卡子夹好,固定在挤压口周围,将斗车推送到挤压口的前面对好挤压口,再将斗车两侧的螺杆与工具管上的螺杆联结,插上销钉,紧固螺栓,将车身固定,并将槽钢式钢轨铺至管外即可顶进。

顶进时应连续顶进,直到土柱装满斗车。顶力中心布置在 $2/5D$ 处,较一般顶管法 $1/4D$ ~ $1/5D$ 稍高,以防止工具管抬头。

顶进完毕,即可开动工作坑内的卷扬机,牵引钢丝绳将土柱割断装于斗车。

(3)输土斗车装满土后,松开紧固螺栓,拔出插销使斗车与工具管分离,再将钢丝绳挂在斗车的牵引环上,即可开动卷扬机将斗车拉到工作坑,再由地面起重设备将斗车吊至地面。

(4)测量采用激光测量导向,能保证上下左右的误差在 10 ~ 20 mm 以内,方向控制稳定。

3. 不出土挤压顶管

不出土挤压顶管,大多在小口径管顶进时采用。顶管时,利用千斤顶将管子直接顶入土内,管周围的土被挤密。采用不出土挤压顶管的条件,主要取决于土质,最好是天然含水量的黏性土,其次是粉土,砂砾土内则不能顶进。管材以钢管为主,也可以用于铸铁管。管径一般要小于 300 mm,管径越小效果越好。

不出土挤压顶管的主要设备是挤密土层的管尖和挤压切土的管帽。

在管子最前端装上管尖顶进时,土不能挤入管内。在管子最前端装上管帽顶进时,管前端土被挤入管帽内,当挤进长度到 4~6 倍管径时,由于土与管壁间的摩阻力越过了挤压力,土就不再挤入管帽内,而在管前形成一个坚硬的土塞。继续顶进时以坚硬的土塞为顶尖,管子前进时土顶尖挤压前面的土,土沿管壁挤入邻近土的空隙内,使管壁周围形成密实挤压层、挤压层和原状土层三种密实度不同的土层。

(三)管道牵引施工

一般顶管施工时,管节前进是靠后背主压千斤顶的顶推,而管道牵引则是依靠前面工作坑的千斤顶。通过两个工作坑的钢索,将管节逐节拉入土内,这种不开槽的施工方法称为管道牵引。牵引设备有水平钻孔机、张拉千斤顶、钢索、锚具等。

牵引管道施工时,先在埋管段前头修建两座工作坑,在工作坑间用水平钻机钻成略大于穿过钢丝绳直径的通孔。在后方工作坑内安管、挖土、出土等操作与普通顶管法相同,但不需要后背设施。在前方工作坑内安装张拉千斤顶,通过张拉千斤顶牵引钢丝绳拉着管节前进,直到将全部管节牵引入土达到设计要求。

管道牵引可分为普通牵引、贯入牵引、顶进牵引、挤压牵引。

(四)盾构法施工

盾构法广泛应用于水下隧道、水工隧洞、城市地下综合管廊、地下给水排水管沟以及铁路隧道、地下隧道和地下铁道的修建工程。

盾构是地下掘进和衬砌的大型施工专用设备。它是一钢制壳体,主要由三部分组成:前部为切削环,中部为支承环,尾部为衬砌环。切削环作为保护罩,其作用类似于普通顶管法中的工具管,挖土机械设备安装其中。若采用人工挖土,则工人在此环内完成挖土和运土工作。

在支承环内安装液压千斤顶等顶进设施。衬砌环内设有衬砌机构,以便衬砌砌块。当砌完一环砌块后,以已砌好的砌块做后背,由支承环内的千斤顶顶进盾构本身,开始下一循环的挖土和衬砌。

盾构施工时需要推进的是盾构本身。在同一土层内所需顶力为一常数。向一个方向掘进时,长度不受顶力大小的限制。铺设单位长度管沟所需顶力较普通顶管要少。盾构施工不需要坚实的后背,长距离掘进也不需要泥浆套、中继间等附加设施。

盾构适合于任何土层施工,只要安装不同的掘进机械,就可以在岩层、砂卵石层、密实砂层、黏土层、流砂层和淤泥层中掘进。

盾构的断面根据需要,可以做成任何形状:圆形、矩形、马蹄形、椭圆形等,采用最多的为圆形断面。由于盾构良好的机动性,因此可开挖曲线走向的隧道。

盾构内挖土一般采用机械挖土,只有在地层条件较好的断面掘进时,才采用人工挖土。

盾构内运土由斗车或矿车完成,在隧道内铺设供斗车或矿车行走的轨道。

盾构内衬砌砌块采用钢筋混凝土或预应力钢筋混凝土砌块。砌块形状有矩形、梯形和中缺形砌块等。衬砌方法有一次衬砌和二次衬砌。砌块砌筑和缝隙填灌合称为盾构的一次衬砌。二次衬砌按隧道使用要求而定,在一次衬砌质量完全合格的情况下进行。二次衬砌采用细石混凝土浇筑或直接喷射混凝土,但必须支模。

（五）浅埋暗挖法

20 世纪 80 年代在北京修建地铁复兴门至西单段工程中采用浅埋暗挖法施工技术,随后在修建热力管沟、地下人行通道、高碑店污水处理厂排水渠道以及 1993 年开始修建西单至八王坟地铁工程中全部采用暗挖法施工技术。

浅埋暗挖法施工工艺及主要施工技术如下:

在无地下水条件下,本施工方法的主要程序为:竖井的开挖与支护→洞体开挖→初期支护→二次衬砌及装饰等过程。若遇有地下水,则增加了施工难度。采用何种方法降水和防渗成为施工关键。

（六）管棚法

管棚法与盖挖逆作法主要不同点是,不需要破坏路面,不影响地面交通。在管棚保护下,可安全地进行施工。

管棚法的施工程序为:开挖工作竖井水平钻孔→安设管棚管→向管内注入砂浆→按次序暗挖管棚下土护→绑扎钢筋、支设模板→浇筑混凝土衬砌→拆除支撑进行装修等过程。

（七）盖挖逆作法

其施工程序概括为:开挖路面及土槽至顶板底面标高处→制作土模,两端防水→绑扎顶板钢筋→浇筑顶板混凝土→重做路面,恢复交通→开挖竖井→转入地下暗挖导洞,喷锚支护侧壁→分段浇筑 L 形墙基及侧墙→开挖核心土体→浇筑底板混凝土→装修等。

（八）定向钻施工法

定向钻的工作原理与液压钻机相类似。在钻先导孔过程中利用膨润土、水、气混合物来润滑、冷却和运载切削下来的土到地面。钻头上装有定向测控仪,可改变钻头倾斜角度。先导孔施工完成后,一般采用回扩,即在拉回钻杆的同时将先导孔扩大,随后拉入需要铺设的管道。

定向钻适用土层为黏土、粉质黏土、黏质粉土、粉砂土等。

小　结

本章内容为市政工程施工工艺,主要涉及城市道路、城市桥梁和城市给水排水管道工程。详细介绍了城市道路工程中路基、基层和面层的施工工艺,城市桥梁工程中沉入桩、钻孔灌注桩、支架现浇法、悬臂浇筑法、预应力技术施工工艺,以及城市给排水管道工程中开槽施工和非开槽施工的施工工艺。

第四章 工程项目管理的基本知识

【学习目标】
1. 熟悉施工项目管理的内容及组织论的基本知识。
2. 掌握工程项目的成本控制、质量控制和进度控制。
3. 熟悉施工现场资源管理和安全文明施工的基本知识。

第一节 施工项目管理的内容及组织

一、施工项目管理的内容

项目管理的核心任务是项目的目标控制,因此按项目管理学的基本理论,没有明确目标的建设工程不能成为项目管理的对象。

(一)建设工程管理的概念

建设工程项目管理的内涵是:自项目开始至项目完成,通过项目策划和项目控制,使项目的费用目标、进度目标和质量目标得以实现。

"自项目开始至项目完成"指的是项目的实施期;"项目策划"指的是目标控制前的一系列筹划和准备工作;"费用目标"对业主而言是投资目标,对施工方而言是成本目标。项目决策期管理工作的主要任务是确定项目的定义,而项目实施期管理的主要任务是通过管理使项目的目标得以实现。

(二)建设工程项目管理类型

按照建设工程生产组织特点,一个项目往往由众多单位承担不同的建设任务,而各参与单位的工作性质、工作任务和利益不同,因此就形成了不同类型的项目管理。由于业主方是建设工程项目生产过程的总集成者——人力资源、物资资源和知识的集成,业主方也是建设工程项目生产过程中的总组织者,因此对于一个建设工程项目而言,虽有代表不同利益方的项目管理,但是业主方的项目管理是管理的核心。

按建设工程项目不同参与方的工作性质和组织特征划分,项目管理有业主方的项目管理、设计方的项目管理、施工方的项目管理、供货方的项目管理、建设项目工程总承包方的项目管理等几种类型。

投资方、开发方和由咨询公司提供的代表业主方利益的项目管理服务都属于业主方的项目管理。施工总承包方和分包方的项目管理都属于施工方的项目管理。材料和设备供应方的项目管理都属于供货方的项目管理。建设项目总承包有多种形式,如设计和施工任务综合承包,设计、采购和施工任务综合承包(简称EPC)等,它们的项目管理都属于建设项目总承包方的项目管理。

(三)业主方项目管理的目标和任务

业主方项目管理服务于业主方的利益,其项目管理的目标包括投资目标、进度目标和质量目标。其中,投资目标是指项目的总投资目标;进度目标指的是项目动用的时间目标,即项目交付使用的时间目标;项目的质量目标不仅涉及施工质量,还涉及设计质量、材料质量、设备质量和影响项目运行或运营的环境质量等。质量目标包括满足相应的技术规范和技术标准的规定,以及满足业主方相应的质量要求。

项目的投资目标、进度目标和质量目标之间既有矛盾的一面,又有统一的一面,它们之间的关系是对立统一关系。要加快进度往往需要增加投资,欲提高质量往往需要增加投资,过度的缩短进度会影响质量目标的实现,这都表明了目标之间关系矛盾的一面,但通过有效的管理,在不增加投资的前提下,也可以缩短工期和提高工程质量,这反映关系统一的一面。

建设工程项目的全寿命周期包括项目决策阶段、实施阶段和使用阶段。项目实施阶段包括设计前的准备阶段、设计阶段、施工阶段,如图4-1所示。

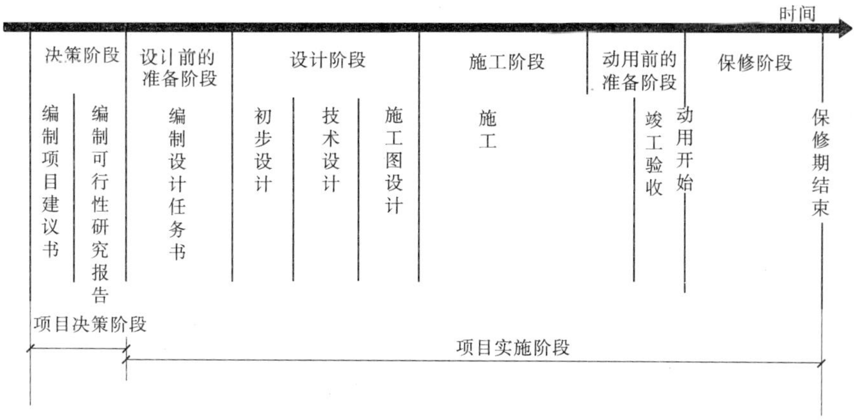

图4-1　建设工程项目决策阶段和实施阶段

业主方的项目管理工作涉及项目实施阶段的全过程,即在设计前的准备阶段、设计阶段、施工阶段、动用前的准备阶段和保修阶段分别进行如下工作:

(1)安全管理;

(2)投资控制;

(3)进度控制;

(4)质量控制;

(5)合同管理;

(6)信息管理;

(7)组织与协调。

其中,安全管理是项目管理中最重要的工作,因为安全管理关系到人身的健康与安全,而投资控制、进度控制、质量控制和合同管理等则主要涉及物质利益。

(四)设计方项目管理的目标与任务

设计方作为建设项目的一个参与方,其项目管理主要服务于项目的整体利益和设计方本身的利益。其项目的管理目标包括设计的成本目标、设计的进度目标和设计的质量目标,以及项目的投资目标。

设计方的项目管理工作主要在设计阶段进行,但它也涉及设计前的准备阶段、施工阶段、动用前的准备阶段和保修阶段。其管理任务包括:

（1）与设计工作有关的安全管理；

（2）设计成本控制和与设计工作有关的工程造价控制；

（3）设计进度控制；

（4）设计质量控制；

（5）设计合同管理；

（6）设计信息管理；

（7）与设计工作有关的组织和协调。

（五）供货方项目管理的目标与任务

供货方作为项目建设的一个参与方，其项目管理主要服务于项目的整体利益和供货方的本身利益。其项目管理的目标包括供货方的成本目标、供货方的进度目标和供货方的质量目标。

供货方的项目管理工作主要在施工阶段进行，但它也涉及设计前的准备阶段、设计阶段、动用前的准备阶段和保修阶段。其主要任务包括：

（1）供货方的安全管理；

（2）供货方的成本控制；

（3）供货方的进度控制；

（4）供货方的质量控制；

（5）供货合同管理；

（6）供货信息管理；

（7）与供货有关的组织与协调。

（六）建设项目工程总承包方项目管理的目标和任务

建设项目工程总承包方作为项目建设的一个参与方，其项目管理主要服务于项目的利益和建设项目总承包方本身的利益。其项目管理的目标包括项目的总投资目标和总承包方的成本目标、项目的进度目标和项目的质量目标。

建设项目工程总承包方项目管理工作涉及项目实施阶段的全过程，即设计准备阶段、设计阶段、施工阶段、动用前的准备阶段和保修阶段。其项目管理主要任务包括：

（1）安全管理；

（2）投资控制和总承包方的成本控制；

（3）进度控制；

（4）质量控制；

（5）合同管理；

（6）信息管理；

（7）与建设项目总承包方有关的组织和协调。

二、施工项目管理的组织机构

（一）系统的概念

系统取决于人们对客观事物的观察方式：一个企业、一个学校、一个科研项目或者一个建设项目都可以视作一个系统，但上述不同系统的目标不同，从而形成的组织观念、组织方法和组织手段也就会不相同，上述各种系统的运行方式也不相同。图4-2为影响一个系统目标实现的主要因素。

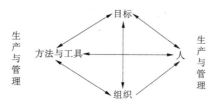

图 4-2　影响一个系统目标实现的主要因素

建设工程项目作为一个系统,它与一般的系统相比,有其明显的特征,如:

(1)建设项目都是一次性的,没有两个完全相同的项目。

(2)建设项目全寿命周期议案由决策阶段、实施阶段和运营阶段组成,各阶段的工作任务和工作目标不同,其参与或涉及的单位也不相同,它的全寿命周期持续时间长。

(3)一个建设项目的任务往往由多个,甚至许多个单位共同完成,它们的合作关系多数是不固定的,并且一些参与单位的利益不尽相同,甚至是对立的。

(二)系统目标和系统组织的关系

影响一个系统目标实现的主要因素为组织、人的因素、方法与工具。

结合建设工程项目的特点,人的因素包括:

(1)建设单位和该项目所有参与单位(设计、工程监理、施工、供货单位等)的管理人员的数量和质量。

(2)该项目所有参与单位(设计、工程监理、施工、供货单位等)的生产人员的数量和质量。

方法与工具包括:

(1)建设单位和所有参与单位管理的方法与工具。

(2)所有参与单位生产的方法与工具。

系统的目标决定了系统的组织,而组织是目标能否实现的决定性因素。这是组织论的一个重要结论,也就是说,项目的管理目标决定了项目的管理组织,而项目的管理组织是项目的管理目标能否实现的决定性因素。

控制项目目标的主要措施包括组织措施、管理措施、经济措施和技术措施,其中组织措施是最重要的措施。

1. 组织论和组织工具

组织论主要研究系统的组织结构模式、组织分工和工作流程组织,它是与项目管理学相关的一门非常重要的基础理论学,如图 4-3 所示。

(1)组织结构模式反映一个组织系统中各子系统之间或各元素之间的指令关系。指令关系指的是哪一个工作部门或哪一位管理人员可以对哪一个工作部门或哪一个管理人员下达工作指令。

(2)组织分工反映一个组织系统中各子系统或各元素的工作任务分工和管理职能分工。

(3)组织结构模式和组织分工都是一种相对静态的组织关系。工作流程组织则可反映一个组织系统中各项工作之间的逻辑关系,是一种动态关系。

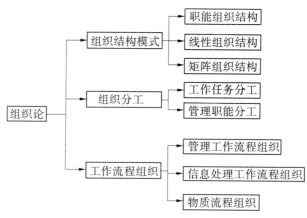

图 4-3　组织论的基本内容

2. 基本的组织结构模式

组织论的三个重要的组织工具是项目结构图、组织结构图(见图 4-4)和合同结构图(见图 4-5),三者区别见表 4-1。

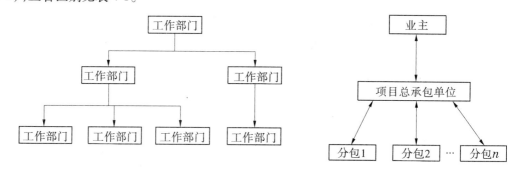

图 4-4　组织结构图　　　　　　　　图 4-5　合同结构图

表 4-1　项目结构图、组织结构图和合同结构图的区别

项目	表达的含义	图中矩形框的含义	矩形框连接的表达
项目结构图	对一个项目的结构进行逐层分解,以反映组成该项目的所有任务(该项目的组成部分)	一个项目的组成部分	直线
组织结构图	反映一个组织系统中各组成部门(组成元素)之间的组织关系(指令关系)	一个组织系统中的组成部分(工作部门)	单向箭线
合同结构图	反映一个建设项目参与单位之间的合同关系	一个建设项目的参与单位	双向箭线

常用的组织结构模式包括职能组织结构(见图 4-6)、线性组织结构(见图 4-7)和矩阵组

织结构(见图4-8)等。这几种常用的组织结构模式既可以在企业管理中运用,也可以在建设项目管理中运用。

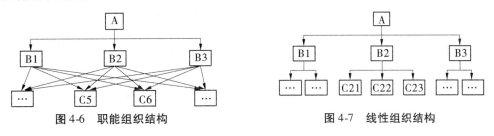

图4-6　职能组织结构　　　　　　　　图4-7　线性组织结构

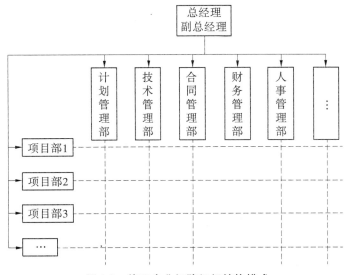

图4-8　施工企业矩阵组织结构模式

（1）职能组织结构的特点和应用。

在职能组织结构中,每一个职能部门可根据它的管理职能对其直接和非直接的下属工作部门下达工作指令,因此每一个工作部门可能得到其直接和非直接的上级工作部门下达的工作指令,它就会有多个矛盾指令源。我国多数的企业、学校、事业单位目前还沿用这种传统的组织结构模式。许多建设项目目前也还用这种传统的组织结构模式,在工作中常出现交叉和矛盾的工作指令关系,严重影响了项目管理机制的运行和项目目标的实现。

（2）线性组织结构的特点及应用。

在线性组织结构中,每一个工作部门只能对其直接下属部门下达工作指令,每一个工作部门也只有一个直接的上级部门,因此每一个工作部门只有唯一一个指令源,避免了由于矛盾的指令而影响组织系统的运行。

在国际上,线性组织结构模式是建设项目管理组织系统的一种常用模式,线性组织结构模式可确保工作指令的唯一性。但是在一个特大组织系统中,由于线性组织结构模式指令路径过长,有可能造成组织系统在一定程度上运行困难。

（3）矩阵组织结构的特点及应用。

矩阵组织结构是一种较新型的组织结构模式,在矩阵组织结构最高指挥者(部门)下设纵向和横向两种不同类型的工作部门。

在矩阵组织结构中,每一项纵向和横向的工作,指令都来源于纵向和横向两个工作部门,因此指令源为两个。当纵向和横向工作部门的指令发生矛盾时,由该组织系统中最高指挥者进行协调或决策。

在矩阵组织结构中,为避免纵向和横向工作部门指令矛盾对工作的影响,可以采用以纵向工作指令为主或者以横向工作指令为主的矩阵组织结构模式,这样也可以减轻该组织最高指挥者的协调工作量。

3. 施工项目经理部

1)施工项目经理部的定义

施工项目经理部是由施工项目经理在施工企业的支持下组建并领导进行项目管理的组织机构。它是施工项目现场管理的一次性具有弹性的施工生产组织机构,负责施工项目从开工到竣工的全过程施工生产经营的管理工作,既是企业某一施工项目的管理层,又对劳务作业层负有管理与服务的双重职能。

大、中型施工项目,施工企业必须在施工现场设立施工项目经理部,小型施工项目可由企业法定代表人委托一个项目经理部兼管。

施工项目经理部直属项目经理的领导,接受企业各职能部门指导、监督、检查和考核。

施工项目经理部在项目竣工验收、审计完成后解体。

2)施工项目经理部的作用

(1)负责施工项目从开工到竣工的全过程施工生产经营的管理,对作业层负有管理与服务的双重职能。

(2)为施工项目经理决策提供信息依据,当好参谋,同时又要执行项目经理的决策意图,向项目经理全面负责。

(3)施工项目经理部作为组织主体,应完成企业所赋予的基本任务——施工项目管理任务;凝聚管理人员的力量,调动其积极性,促进管理人员的合作,建立为事业献身的精神;协调部门之间、管理人员之间的关系,发挥每个人的岗位作用,为共同目标进行工作。

(4)施工项目经理部是代表企业履行工程承包合同的主体,对生产全过程负责。

3)施工项目经理部的设立

施工项目经理部的设立应根据施工项目管理的实际需要进行。施工项目经理部的组织机构可繁可简,可大可小,其复杂程度和职能范围完全取决于组织管理体制、规模和人员素质。施工项目经理部的设立应遵循以下基本原则:

(1)要根据所设计的施工项目组织形式设置施工项目经理部。大、中型施工项目宜建立矩阵式项目管理机构,远离企业所在地的大、中型施工项目宜建立职能式项目管理机构,小型施工项目宜建立直线式项目管理机构。

(2)要根据施工项目的规模、复杂程度和专业特点设置施工项目经理部。例如大型施工项目经理部可以设职能部、处,中型施工项目经理部可以设处、科,小型施工项目经理部一般只需设职能人员即可。

(3)施工项目经理部是一个具有弹性的一次性管理组织,随着施工项目的开工而组建,随着施工项目的竣工而解体,不应搞成一级固定性组织。

(4)施工项目经理部的人员配置应面向现场,满足现场的计划与调度、技术与质量、成本与核算、劳务、物资安全与文明施工的需要,而不应设置专管经营与咨询、研究与发展、政工与人事等与施工关系较少的非生产性管理部门。

4. 施工项目经理责任制

1) 施工项目经理的概念

施工项目经理是指由建筑业企业法定代表人委托和授权,在建设工程施工项目中担任项目经理责任岗位职务,直接负责施工项目的组织实施,对建设工程施工项目实施全过程、全面负责的项目管理者,他是建设工程施工项目的责任主体,是建筑业企业法定代表人在承包建设工程施工项目上的委托代理人。

2) 施工项目经理的地位

一个施工项目是一项一次性的整体任务,在完成这个任务的过程中,现场必须有一个最高的责任者和组织者,这就是施工项目经理。

施工项目经理是对施工项目管理实施阶段全面负责的管理者,在整个施工活动中占有举足轻重的地位,确立施工项目经理的地位是搞好施工项目管理的关键。

(1) 施工项目经理是建筑施工企业法定代表人在施工项目上负责管理和合同履行的委托代理人,是施工项目实施阶段的第一责任人。施工项目经理是项目目标的全面实现者,既要对项目业主的成果性目标负责,又要对企业效益性目标负责。

(2) 施工项目经理是协调各方面关系,使之相互协作、密切配合的桥梁和纽带。施工项目经理对项目管理目标的实现承担着全部责任,即合同责任,履行合同义务,执行合同条款,处理合同纠纷。

(3) 施工项目经理对施工项目的实施进行控制,是各种信息的集散地和处理中心。自上、自下、自外而来的信息,通过各种渠道汇集到施工项目经理处,施工项目经理通过对各种信息进行汇总分析,及时做出应对决策,并通过报告、指令、计划和协议等形式,对上反馈信息,对下、对外发布信息。

(4) 施工项目经理是施工项目责、权、利的主体。首先,施工项目经理必须是项目实施阶段的责任主体,是项目目标的最高责任者,而且目标实现还应该不超出限定的资源条件。责任是施工项目经理责任制的核心,它构成了施工项目经理工作的压力,是确定施工项目经理利益的依据。其次,施工项目经理必须是项目的权力主体。权力是确保施工项目经理能够承担起责任的条件与前提,所以权力的范围必须视施工项目经理所承担的责任而定。如果没有必要的权力,施工项目经理就无法对工作负责。最后,施工项目经理还必须是施工项目的利益主体。利益是施工项目经理工作的动力,是因施工项目经理负有相应的责任而得到的报酬,所以利益的形式及利益的大小须与施工项目经理的责任对等。

3) 施工项目经理的职责

施工项目经理的职责主要包括两个方面:一方面是要保证施工项目按照规定的目标高速、优质、低耗地全面完成,另一方面要保证各生产要素在授权范围内最大限度地优化配置。施工项目经理的职责具体如下:

(1) 代表企业实施施工项目管理。贯彻执行国家和施工项目所在地政府的有关法律、法规、方针、政策和强制性标准,执行企业的管理制度,维护企业的合法利益。

(2) 与企业法人签订"施工项目管理目标责任书",执行其规定的任务,并承担相应的责任,组织编制施工项目管理实施规划并组织实施。

（3）对施工项目所需的人力资源、资金、材料、技术和机械设备等生产要素进行优化配置和动态管理，沟通、协调和处理与分包单位、项目业主、监理工程师之间的关系，及时解决施工中出现的问题。

（4）业务联系和经济往来，严格财经制度，加强成本核算，积极组织工程款回收，正确处理国家、企业及个人的利益关系。

（5）做好施工项目竣工结算、资料整理归档，接受企业审计并做好施工项目经理部的解体和善后工作。

4）施工项目经理的权限

赋予施工项目经理一定的权力是确保项目经理承担相应责任的先决条件。为了履行项目经理的职责，施工项目经理必须具有一定的权限，这些权限应由企业法人代表授权，并用制度和目标责任书的形式具体确定下来。施工项目经理在授权和企业规章制度范围内，应具有以下权限：

（1）用人决策权。

施工项目经理有权决定项目管理机构班子的设置，聘任有关管理人员，选择作业队伍，对班子内的任职情况进行考核监督，决定奖惩乃至辞退。当然，项目经理的用人权应当以不违背企业的人事制度为前提。

（2）财务支付权。

施工项目经理应有权根据施工项目的需要或生产计划的安排，做出投资动用，流动资金周转，固定资产机械设备租赁、使用的决策，也要对项目管理班子内的计酬方式、分配的方案等做出决策。

（3）进度计划控制权。

根据施工项目进度总目标和阶段性目标的要求，对工程施工进行检查、调整，并对资源进行调配，从而对进度计划进行有效的控制。

（4）技术质量管理权。

根据施工项目管理实施规划或施工组织设计，有权批准重大技术方案和重大技术措施，必要时召开技术方案论证会，把好技术决策关和质量关，防止技术的决策失误，主持处理重大质量事故。

（5）物资采购管理权。

在有关规定和制度的约束下有权采购和管理施工项目所需的物资。

（6）现场管理协调权。

代表公司协调与施工项目有关的外部关系，有权处理现场突发事件，但事后须及时通报企业主管部门。

5）施工项目经理的利益

施工项目经理最终的利益是项目经理行使权力和承担责任的结果，也是市场经济条件下，责、权、利、效（经济效益和社会效益）相互统一的具体体现。利益可分为两大类：一是物资兑现，二是精神奖励。施工项目经理应享有以下利益：

（1）获得基本工资、岗位工资和绩效工资。

（2）在全面完成"施工项目管理目标责任书"确定的各种责任目标，工程交工验收并结算后，接受企业的考核和审计，除按规定获得物资奖励外，还可获得表彰、记功、优秀项目经理等荣誉称号及其他精神奖励。

（3）经考核和审计，为完成"施工项目管理目标责任书"确定的责任目标或造成亏损的，按有关条款承担责任，并接受经济或行政处罚。

6）在国际上，施工企业项目经理的地位和作用及其特征

（1）项目经理是企业任命的一个项目的项目管理班子的负责人（领导人），但它并不一定是（多数不是）一个企业法定代表人在工程项目上的代表人，因为一个企业法定代表人在工程项目上的代表人在法律上赋予其的权限范围太大；

（2）他的任务权限是支持项目管理工作，其主要任务是项目目标的控制和组织协调；

（3）在有些文献中明确界定，项目管理不是一个技术岗位，而是一个管理岗位；

（4）他是一个组织系统中的管理者，至于他是否有人权、财权和物资采购权等管理权限，则由其上级确定。

第二节　施工项目目标控制

一、施工成本控制

施工成本管理应从工程投标报价开始，直至项目竣工结算，贯穿于项目实施的全过程。成本作为项目管理的一个关键性目标，施工成本管理就是要在保证工期和质量满足要求的情况下，采取相应的管理措施、经济措施、技术措施、合同措施把成本控制在计划范围之内，并进一步寻求最大程度的成本节约。

（一）建筑安装工程费项目组成

建筑安装工程费由直接费、间接费、利润和税金组成，直接费由直接工程费和措施费组成，间接费由规费和企业管理费组成，如图4-9所示。

（二）施工成本管理的任务

施工成本管理的主要任务包括施工项目成本预测、施工项目成本计划、施工项目成本控制、施工项目成本核算、施工项目成本分析、施工项目成本考核六项内容。

1. 施工项目成本预测

施工项目成本预测是通过项目成本信息和施工项目的具体情况，运用专门的方法，对未来的费用水平及其可能发展趋势做出科学的估计，其实质就是在施工以前对成本进行核算。通过成本预测，可以使项目经理部在满足建设单位和施工企业要求的前提下，选择成本低、效益好的最佳成本方案，并能够在施工项目成本形成过程中，针对薄弱环节加强成本控制，克服盲目性，提高预见性。由此可见，施工项目成本预测是施工项目成本决策与计划的依据。

2. 施工项目成本计划

施工项目成本计划是项目经理部对项目施工成本进行计划管理的工具。它是以货币形式编制施工项目在计划期内的生产成本、成本水平、成本降低率以及为降低成本所采取的主要措施和规划的书面方案，是建立施工项目成本管理责任制、开展费用控制和核算的基础。作为一个施工项目成本计划，应包括从开工到竣工所必需的施工成本，它是该施工项目降低成本的指导文件，是设立目标成本的依据。

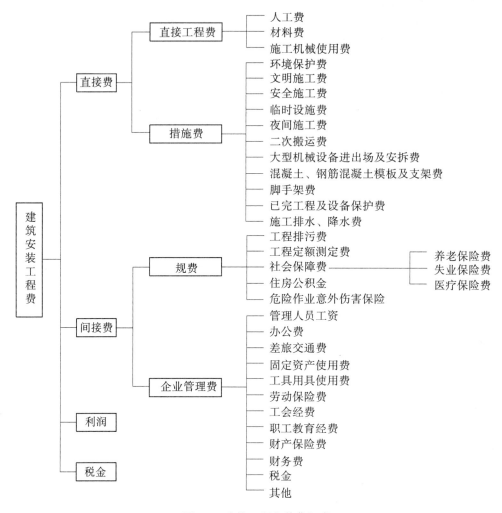

图 4-9　建筑工程安装费组成

3. 施工项目成本控制

施工项目成本控制是指在施工过程中对影响施工项目成本的各种因素加强管理,并采取各种有效措施,将施工中实际发生的各种消耗和支出严格控制在成本计划范围内,随时提示并及时反馈,严格审查各项费用是否符合标准,计算实际成本和计划成本之间的差异并进行分析,消除施工中的损失浪费现象,发现和总结先进经验,通过成本控制达到预期目的和效果。

4. 施工项目成本核算

施工项目成本核算是指对施工项目所发生的成本支出和工程成本形成的核算。项目经理部应认真组织成本核算工作。施工项目成本核算提供的成本资料是施工项目成本分析、施工项目成本考核和施工项目成本评价以及施工项目成本预测的重要依据。

5. 施工项目成本分析

施工项目成本分析是对施工项目实际成本进行分析、评价,为以后的施工项目成本预测和降低成本指明努力方向。施工项目成本分析要贯穿于项目施工的全过程。

6.施工项目成本考核

施工项目成本考核是对成本计划执行情况的总结和评价。建筑施工项目经理部应根据现代化管理的要求,建立健全成本考核制度,定期对各部门完成的计划指标进行考核、评比,并把成本管理经济责任制和经济利益结合起来,通过成本考核有效地调动职工的积极性,为降低施工项目成本、提高经济效益做出自己的贡献。

(三)施工成本管理的措施

为了取得施工成本管理的理想效果,应当从多方面采取措施实施管理,通常可以将这些措施归纳为组织措施、技术措施、经济措施、合同措施。

1.组织措施

组织措施是从施工成本管理的组织方面采取的措施。施工成本控制是全员的活动,如实行项目经理责任制,落实施工成本管理的组织结构和人员,明确各级施工成本管理人员任务和职能分工、权利和责任。施工成本管理不仅是专业成本管理人员的工作,各级项目管理人员都负有成本控制的责任。

组织措施的另一方面是编制施工成本控制工作计划,确定合理详细的工作流程。要做好施工采购规划,通过生产要素的优化配置、合理使用、动态管理,有效控制实际成本;加强施工定额管理和施工任务单管理,控制活劳动和物化劳动的消耗;加强施工调度,避免因施工计划不周和盲目调度造成窝工损失、机械利用率降低、物料积压等而使施工成本增加。成本控制工作只有建立在科学管理的基础之上,具备合理的管理体制,完善的规章制度,稳定的作业秩序,完整准确的信息传递,才能取得成效。组织措施是其他各类措施的前提和保障,而且一般不需要增加什么费用,运用得当可以收到良好的效果。

2.技术措施

施工过程中降低成本的技术措施包括进行技术经济分析,确定最佳的施工方案。结合施工方法,进行材料的比选使用,在满足功能要求的前提下,通过代用、改变配合比、使用添加剂等方法来降低材料消耗的费用。确定最合适的施工机械、设备使用方案。结合项目的施工组织设计及自然地理条件,降低材料的库存成本和运输成本。先进的施工技术的应用,新材料的运用,新开发机械设备的使用等。在实践中,也要避免仅从技术角度选定方案而忽视对其经济效果的分析论证。

技术措施不仅对解决施工成本管理过程中的技术问题是不可缺少的,而且对纠正施工成本管理目标偏差也有相当重要的作用。因此,运用技术纠偏措施的关键,一是要能提出多个不同的技术方案,二是要对不同的技术方案进行技术经济分析。

3.经济措施

经济措施是最易为人们所接受和采取的措施。管理人员应编制资金使用计划,确定、分解施工成本管理目标。对施工成本管理目标进行风险分析,并制定防范性对策。对各种支出,应认真做好资金的使用计划,并在施工中严格控制各项开支。及时准确地记录、收集、整理、核算实际发生的成本。对各种变更,及时做好增减账,及时落实业主签证,及时结算工程款。通过偏差分析和未完工工程预测,可发现一些潜在的问题将引起未完工程施工成本增加,以这些主动控制为出发点,及时采取预防措施。

4.合同措施

采用合同措施控制施工成本,应贯穿整个合同周期,包括从合同谈判开始到合同终结的全过程。首先,是选用合适的合同结构,对各种合同结构模式进行分析、比较,在合同谈判时,要争取选用适合于工程规模、性质和特点的合同结构模式。其次,在合同条款中应仔细考虑一切影响成本和效益的因素,特别是潜在的风险因素。通过对引起成本变化的风险因素的识别和分析,采取必要的风险对策。如通过合理的方式,增加承担风险的个体数量,降低损失发生的比例,并最终使这些策略反映在合同的具体条款中。在合同执行期间,合同管理的措施既要密切注视对方合同执行的情况,以寻求合同索赔的机会;同时也要密切关注自己履行合同的情况,以防止被对方索赔。

(四)施工项目成本控制

施工项目成本控制是指在项目生产成本形成过程中,采用各种行之有效的措施和方法,对生产经营的消耗和支出进行指导、监督、调节和限制,使项目的实际成本能控制在预定的计划目标范围内,及时纠正将要发生和已经发生的偏差,以保证计划成本得以实现。

1. 施工项目成本控制的原则

1)效益原则

在工程项目施工中控制成本的目的在于追求经济效益及社会效益,只有二者同时兼顾,才能杜绝顾此失彼的现象,使施工项目费用能够降低的同时,企业的信誉也能不断提高。

2)"三全"原则

"三全"原则即全面、全员、全过程的控制,其目的是使施工项目中所有经济方面的内容都纳入控制的范围之内,并使所有的项目成员都来参与工程项目成本的控制,从而增强项目管理人员对工程项目成本控制的观念和参与意识。

3)责、权、利相结合的原则

建筑工程项目施工中的责、权、利是施工项目成本控制的重要内容。为此,要按照经济责任制的要求贯彻责、权、利相结合的原则,使施工项目成本控制真正发挥效益,达到预期目的。

4)分级控制原则

分级控制原则也称目标管理原则,即将施工项目成本的指标层层分解,分级落实到各部门,做到层层控制,分级负责。只有这样才能使成本控制落到实处,达到行之有效的目的。

5)动态控制原则

施工中的成本控制重点要放在施工项目各个主要施工段上,及时发现偏差,及时纠正偏差,在生产过程中进行动态控制。

2. 施工项目成本控制的作用

1)监督工程收支,实现计划利润

在投标阶段分析的利润仅仅是理论计算而已,只有在实施过程中采取各种措施监督工程的收支,才能保证计划利润变成现实利润。

2)做好盈亏预测,指导工程实施

根据单位成本增高和降低的情况,对各分部项目的成本增减情况进行计算,不断对工程的最终盈亏作出预测,指导工程实施。

3)分析收支情况,调整资金流动

根据项目实施中的情况和费用增减的预测,对流动资金需要的数量和时间进行调整,使流动资金更符合实际,从而为筹集资金和偿还借贷提供参考。

4）积累资料，指导今后投标

对项目实施过程中的成本统计资料进行收集并分析单项工程的实际费用，用来验证原来投标计算的正确性。所有这些资料均是十分宝贵的，具有十分重要的参考价值。

3. 施工项目成本控制的内容

1）成本控制的组织工作

在施工项目经理部，应以项目经理为主，下设专职的成本核算员，全面负责项目成本管理工作，并在其他各管理职能人员的协助配合下，负责日常控制的组织管理工作，制定有关的成本控制制度，把日常控制工作落实到各有关部门和人员，使他们都明确自己在成本控制中应承担的具体任务与相应的经济责任。

2）成本开支的控制工作

为了控制施工过程中的消耗和支出，首先必须要按照一定的原则和方法制订出各项开支的计划、标准和定额，然后严格控制一切开支，以达到节约开支、降低工程成本的目标。

3）加强施工项目实际成本的日常核算工作

施工项目成本的日常核算工作，是通过记账和算账等手段，对施工耗费和施工成本进行价格核算，及时提供成本开支和成本信息资料，以随时掌握和控制成本支出，促使项目成本的降低。

4）加强项目成本控制偏差的分析工作

项目成本控制偏差一般有两种，即实际成本小于计划成本的有利偏差和实际成本超过计划成本的不利偏差。偏差分析是运用一定方法研究偏差产生的原因，用以总结经验，不断提高成本控制的水平。

4. 施工项目成本控制的步骤

在确定了施工项目成本计划后，必须定期地进行施工项目成本计划值与实际值的比较，当实际值偏离计划值时，分析产生偏差的原因，采取适当的纠偏措施，以确保施工项目成本控制目标的实现。其步骤如下。

1）比较

按照某种确定的方式将施工项目成本计划值与实际值逐项进行比较，以发现施工项目成本是否已超支。

2）分析

在比较的基础上，对比较的结果进行分析，发现偏差的严重性及偏差的原因，从而采取有针对性的措施，减少或避免相同原因的再次发生或减少由此造成的损失。

3）预测

根据项目实施情况估算整个项目完成时的施工成本。预测的目的在于为决策提供支持。

4）纠偏

当施工项目实际施工成本出现偏差，应当根据施工项目的具体情况、偏差分析和预测的结果，采取适当的措施，以期达到使施工成本偏差尽可能小的目的，纠偏是施工成本控制中最具实质性的一步。只有通过纠偏，才能最终达到有效控制施工项目成本的目的。

5）检查

它是指对工程的进展进行跟踪和检查，及时了解工程进展状况以及纠偏措施的执行情况和效果,为今后的工作积累经验。

(五)施工项目成本分析

施工项目成本分析,是根据会计核算、业务核算和统计核算提供的资料,对施工成本的形成过程和影响成本升降的因素进行分析。为了实现项目的成本控制目标,保质保量地完成施工任务,项目管理人员必须进行施工项目成本分析。施工项目成本考核是贯彻项目成本责任制的重要手段,也是项目管理激励机制的体现。

1.施工项目成本分析的作用

(1)有助于恰当评价成本计划的执行结果。

(2)揭示成本节约和超支的原因,进一步提高企业管理水平。

(3)寻求进一步降低成本的途径和方法,不断提高企业的经济效益。

2.施工项目成本分析应遵守的原则

(1)实事求是的原则。成本分析一定要有充分的事实依据,对事物进行实事求是的评价,并要尽可能做到措辞恰当,能为绝大多数人所接受。

(2)用数据说话的原则。成本分析要充分利用会计核算、业务核算、统计核算和有关台账的数据进行定量分析,尽量避免抽象的定性分析。

(3)时效性原则。成本分析要做到分析及时,发现问题及时,解决问题及时。

(4)为生产经营服务的原则。成本分析不仅要揭露矛盾,而且要分析产生矛盾的原因,提出积极有效的解决矛盾的合理化建议。

3.施工项目成本分析的方法

1)比较法

比较法又称对比分析法,就是通过技术经济指标的对比,检查目标的完成情况,分析产生差异的原因,进而挖掘内部潜力的方法。这种方法通俗易懂、简单易行、便于掌握,因而得到了广泛的应用。

对比分析法通常有下列形式:

(1)将实际指标与目标指标对比;

(2)本期实际指标和上期实际指标相比;

(3)与本行业平均水平、先进水平对比。

2)因素分析法

因素分析法又称连环置换法,这种方法可用来分析各种因素对成本的影响程度。在进行分析时,首先要假定众多因素中的一个因素发生了变化,而其他因素则不变,然后逐个替换,分别比较其计算结果,以确定各个因素的变化对成本的影响程度。

具体步骤如下:

(1)确定分析对象,并计算出实际数与目标数的差异;

(2)确定该指标是由哪几个因素组成的,并按其相互关系进行排序;

(3)以目标数为基础,将各因素的目标数相乘,作为分析替代的基数;

(4)将各个因素的实际数按照上面的排列顺序进行替换计算,并将替换后的实际数保留下来;

(5)将每次替换计算所得的结果,与前一次的计算结果相比较,两者的差异即为该因素对成本的影响程度;

（6）各个因素的影响程度之和应与分析对象的总差异相等。

必须指出，在应用这种方法时，各个因素的排列顺序应该固定不变；否则，就会得出不同的计算结果，也会产生不同的结论。

3）差额计算法

差额计算法是因素分析法的一种简化形式，它利用各个因素的目标与实际的差额来计算其对成本的影响程度。

4）比率法

比率法，是指用两个以上的指标的比例进行分析的方法。它的基本特点是：先把对比分析的数值变成相对数，再观察其相互之间的关系。常用的比率法有以下几种：

（1）相关比率。由于项目经济活动的各个方面是互相联系，互相依存，又互相影响的，因而将两个性质不同而又相关的指标加以对比，求出比率，并以此来考察经营成果的好坏。例如，产值和工资是两个不同的概念，但它们的关系又是投入与产出的关系。在一般情况下，都希望以最少的人工费支出完成最大的产值。因此，用产值工资率指标来考核人工费的支出水平，就很能说明问题。

（2）构成比率，又称比重分析法或结构对比分析法。通过构成比率，可以考察成本总量的构成情况以及各成本项目占成本总量的比重，同时也可看出量、本、利的比例关系（即预算成本、实际成本和降低成本的比例关系），从而为寻求降低成本的途径指明方向。

（3）动态比率。动态比率法，就是将同类指标在不同时期时的数值进行对比，求出比率，以分析该项指标的发展方向和发展速度。动态比率的计算，通常采用基期指数（或稳定比指数）和环比指数两种方法。

二、施工进度控制

（一）施工进度管理的任务与措施

1. 进度管理的定义

施工项目进度管理是为实现预定的进度目标而进行的计划、组织、指挥、协调和控制等活动。即在限定的工期内，确定进度目标，编制出最佳的施工进度计划，在执行进度计划的施工过程中，经常检查实际施工进度，并不断地用实际进度与计划进度相比较，确定实际进度是否与计划进度相符，若出现偏差，分析产生的原因和对工期的影响程度，找出必要的调整措施，修改原计划，如此不断地循环，直至工程竣工验收。

2. 进度管理过程

施工进度管理过程是一个动态的循环过程。它包括进度目标的确定、编制进度计划和进度计划的跟踪检查与调整。其基本过程如图4-10所示。

3. 进度管理的措施

施工进度管理的措施主要有组织措施、管理措施、经济措施和技术措施。

1）组织措施

组织是目标能否实现的决定性因素，为实现项目的进度目标，应健全项目管理的组织体系；在项目组织结构中应由专门的工作部门和符合进度管理岗位资格的专人负责进度管理工作；进度管理的工作任务和相应的管理职能应在项目管理组织设计的任务分工表和管理职能分工表中表示并落实；应编制施工进度的工作流程，如：确定施工进度计划系统的组成，

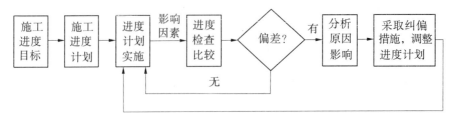

图 4-10　施工进度管理过程

各类进度计划的编制程序、审批程序和计划调整程序等;应进行有关进度管理会议的组织设计,以明确会议的类型,各类会议的主持人和参加单位及人员,各类会议的召开时间,各类会议文件的整理、分发和确认等。

2)管理措施

管理措施涉及管理的思想、管理的方法、承发包模式、合同管理和风险管理等。树立正确的管理观念,包括进度计划系统观念、动态管理的观念、进度计划多方案比较和选优的观念;运用科学的管理方法,工程网络计划的方法有利于实现进度管理的科学化;选择合适的承发包模式;重视合同管理在进度管理中的应用;采取风险管理措施。

3)经济措施

经济措施涉及编制与进度计划相适应的资源需求计划和采取加快施工进度的经济激励措施。

4)技术措施

技术措施涉及对实现施工进度目标有利的设计技术和施工技术的选用。

4. 施工进度目标

1)施工进度管理的总目标

施工进度管理以实现施工合同约定的竣工日期为最终目标。作为一个施工项目,总有一个时间限制,即施工项目的竣工时间。而施工项目的竣工时间就是施工阶段的进度目标。有了这个明确的目标以后,才能进行针对性的进度管理。

在确定施工进度目标时,应考虑的因素有:项目总进度计划对项目施工工期的要求、项目建设的特殊要求、已建成的同类或类似工程项目的施工期限、建设单位提供资金的保证程度、施工单位可能投入的施工力量、物资供应的保证程度、自然条件及运输条件等。

2)进度目标体系

施工项目进度管理的总目标确定后,还应对其进行层层分解,形成相互制约、相互关联的目标体系。施工项目进度的目标是从总的方面对项目建设提出的工期要求,但在施工活动中,是通过对最基础的分部分项工程的施工进度管理,来保证各单位工程、单项工程或阶段工程进度管理的目标完成,进而实现施工项目进度管理总目标的完成。

施工阶段进度目标可根据施工阶段、施工单位、专业工种和时间进行分解。

(1)按施工阶段分解。

根据工程特点,将施工过程分为几个施工阶段,如基础、主体、屋面、装饰。根据总体网络计划,以网络计划中表示这些施工阶段起止的节点为控制,明确提出若干阶段目标,并对每个施工阶段的施工条件和问题进行更加具体的分析研究和综合平衡,制定各阶段的施工规划,以阶段目标的实现来保证总目标的实现。

（2）按施工单位分解。

若项目由多个施工单位参加施工，则要以总进度计划为依据，确定各单位的分包目标，并通过分包合同落实各单位的分包责任，以各分包目标的实现来保证总目标的实现。

（3）按专业工种分解。

只有控制好每个施工过程完成的质量和时间，才能保证各分部工程进度的实现。因此，既要对同专业、同工种的任务进行综合平衡，又要强调不同专业工种间的衔接配合，明确相互间的交接日期。

（4）按时间分解。

将施工总进度计划分解成逐年、逐季、逐月的进度计划。

（二）流水施工的应用

工程项目组织实施的管理形式有三种：依次施工、平行施工和流水施工。

依次施工又叫顺序施工，是将拟建工程划分为若干个施工过程，每个施工过程按施工工艺流程顺次进行施工，前一个施工过程完成后，后一个施工过程才开始施工。

平行施工是全部工程任务的各施工段同时开工、同时完成的一种施工组织方式，当拟建工程十分紧迫，工作面、资源供应允许的条件下，采用平行施工。

流水施工是将拟建工程划分为若干个施工段，并将施工对象分解为若干个施工过程，按施工过程成立相应工作队，各工作队按照一定的时间间隔依次投入施工，各个施工过程陆续开工、陆续竣工，使同一施工过程的施工班组保持连续、均衡施工，不同施工过程实现最大限度的搭接施工。

图 4-11 为某工程流水施工横道图。

序号	工作名称	持续时间(d)	开始时间(年-月-日)	完成时间(年-月-日)	紧前工作
1	基础完	0	1993-12-28	1993-12-28	
2	预制柱	35	1993-12-28	1994-02-14	1
3	预制屋架	20	1993-12-28	1994-01-24	1
4	预制楼梯	15	1993-12-28	1994-01-17	1
5	吊装	30	1994-02-15	1994-03-28	2、3、4
6	砌砖墙	20	1994-03-29	1994-04-25	5
7	屋面找平	5	1994-03-29	1994-04-04	5
8	钢窗安装	4	1994-03-19	1994-04-22	6SS+15 d
9	二毡三油一砂	5	1994-04-05	1994-04-11	7
10	外粉刷	20	1994-04-25	1994-05-20	8
11	内粉刷	30	1994-04-25	1994-06-03	8、9
12	油漆、玻璃	5	1994-06-06	1994-06-10	10、11
13	竣工	0	1994-06-10	1994-06-10	12

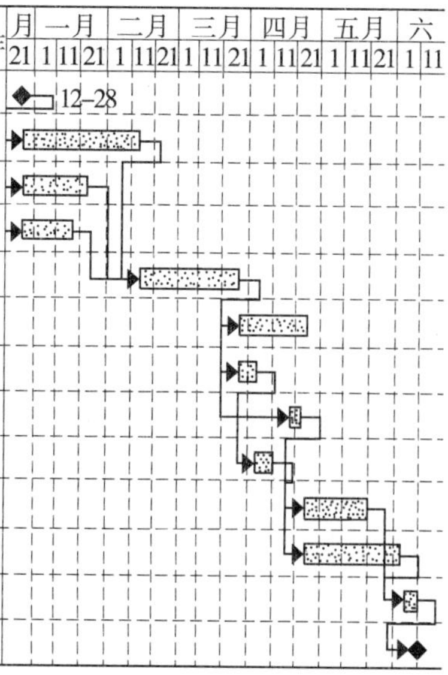

图 4-11　流水施工横道图

1. 横道图进度计划的编制方法

横道图是一种最简单并运用最广的传统的计划方法，尽管有许多新的计划技术，横道图在建设领域中的应用还是非常普遍的。

横道图用于小型项目或大型项目的子项目上，或用于计算资源需用量、概要预示进度，也可以用于其他计划技术的表示结果。

横道图计划表中的进度线与时间坐标对应，这种表达方式比较直观，容易看懂计划编制的意图。但是横道图计划法也存在一些问题，如：

（1）工序之间的逻辑关系可以设法表达，但不易表达清楚；

（2）适用于手工编制计划；

（3）没有通过严谨的进度计划时间参数计算，不能确定计划的关键工作、关键线路与时差；

（4）计划调整只能手工方式进行，其工作量较大；

（5）难以适应大的进度计划系统。

2. 工程网络计划

网络图是指由箭线和节点组成，用来表示工作流程的有向、有序的网状图形。这种表达方式具有以下优点：能正确地反映工序（工作）之间的逻辑关系；进行各种时间参数计算，确定关键工作、关键线路与时差；可以用电子计算机对复杂的计划进行计算、调整与优化。网络图的种类很多，较常用的是双代号网络图。双代号网络图是以箭线及其两端结点的编号表示工作的网络图。

建筑施工进度既可以用横道图表示，也可以用网络图表示，从发展的角度讲，网络图更有优势，因为它具有以下几个特点：

（1）组成有机的整体，能全面明确反映各工序间的制约与依赖关系。

（2）通过计算，能找出关键工作和关键线路，便于管理人员抓主要矛盾。

（3）便于资源调整和利用计算机管理和优化。

网络图也存在一些缺点，如表达不直观，难掌握；不能清晰地反映流水情况、资源需要量的变化情况等。

图 4-12 为某工程混凝土施工的网络计划图。

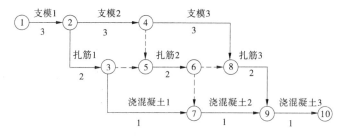

图 4-12　网络计划图

（三）施工项目进度计划的实施

施工项目进度计划的实施就是落实施工进度计划，按施工进度计划开展施工活动并完成施工项目进度计划。施工项目进度计划逐步实施的过程就是项目施工逐步完成的过程。为保证项目各项施工活动，按施工进度计划所确定的顺序和时间进行，以及保证各阶段进度目标和总进度目标的实现，应做好下面的工作。

1. 检查各层次的计划，并进一步编制月（旬）作业计划

施工项目的施工总进度计划、单位工程施工进度计划、分部分项工程施工进度计划，都

是为了实现项目总目标而编制的,其中高层次计划是低层次计划编制和控制的依据,低层次计划是高层次计划的深入和具体化,在贯彻执行时,要检查各层次计划间是否紧密配合、协调一致。计划目标是否层层分解、互相衔接,检查在施工顺序、空间及时间安排、资源供应等方面有无矛盾,以组成一个可靠的计划体系。

为实施施工进度计划,项目经理部将规定的任务与现场实际施工条件和施工的实际进度相结合,在施工开始前和实施中不断编制本月(旬)的作业计划,从而使施工进度计划更具体、更切合实际、更适应不断变化的现场情况和更可行。在月(旬)计划中要明确本月(旬)应完成的施工任务、完成计划所需的各种资源量,提高劳动生产率,保证质量和节约的措施。

作业计划的编制要进行在不同项目间同时施工的平衡协调;确定对施工项目进度计划分期实施的方案;施工项目要分解为工序,以满足指导作业的要求,并明确进度日程。

2. 综合平衡,做好主要资源的优化配置

施工项目不是孤立完成的,它必须由人、财、物(材料、机具、设备等)诸资源在特定地点有机结合才能完成。同时,项目对诸资源的需要又是错落起伏的,因此施工企业应在各项目进度计划的基础上进行综合平衡,编制企业的年度、季度、月旬计划,将各项资源在项目间动态组合,优化配置,以保证满足项目在不同时间对诸资源的需求,从而保证施工项目进度计划的顺利实施。

3. 层层签订承包合同,并签发施工任务书

按前面已检查过的各层次计划,以承包合同和施工任务书的形式,分别向分包单位、承包队和施工班组下达施工进度任务,其中总承包单位与分包单位、施工企业与项目经理部、项目经理部与各承包队和职能部门、承包队与各作业班组间应分别签订承包合同,按计划目标明确规定合同工期、相互承担的经济责任、权限和利益。

另外,要将月(旬)作业计划中的每项具体任务通过签发施工任务书的方式向班组下达施工任务书。施工任务书是一份计划文件,也是一份核算文件,又是原始记录。它把作业计划下达到班组,并将计划执行与技术管理、质量管理、成本核算、原始记录、资源管理等融合为一体。施工任务书一般由工长根据计划要求、工程数量、定额标准、工艺标准、技术要求、质量标准、节约措施、安全措施等为依据进行编制。任务书下达给班组时,由工长进行交底。交底内容为:交任务、交操作规程、交施工方法、交质量、交安全、交定额、交节约措施、交材料使用、交施工计划、交奖罚要求等,做到任务明确,报酬预知,责任到人。施工班组接到任务书后,应做好分工,安排完成,执行中要保质量、保进度、保安全、保节约、保工效提高。任务完成后,班组自检,在确认已经完成后,向工长报请验收。工长验收时查数量、查质量、查安全、查用工、查节约,然后回收任务书,交施工队登记结算。

4. 全面实行层层计划交底,保证全体人员共同参与计划实施

在施工进度计划实施前,必须根据任务进度文件的要求进行层层交底落实,使有关人员都明确各项计划的目标、任务、实施方案、预控措施、开始日期、结束日期、有关保证条件、协作配合要求等,使项目管理层和作业层能协调一致工作,从而保证施工生产按计划、有步骤、连续均衡地进行。

5. 做好施工记录,掌握现场实际情况

在计划任务完成的过程中,各级施工进度计划的执行者都要跟踪做好施工记录。在施

工中,如实记载每项工作的开始日期、工作进程和完成日期,记录每日完成数量、施工现场发生的情况和干扰因素的排除情况,可为施工项目进度计划实施的检查、分析、调整、总结提供真实与准确的原始资料。

6. 做好施工中的调度工作

施工中的调度即是在施工过程中针对出现的不平衡和不协调进行调整,以不断组织新的平衡,建立和维护正常的施工秩序。它是组织施工中各阶段、各环节、各专业和各工种的互相配合、进度协调的指挥核心,也是保证施工进度计划顺利实施的重要手段。其主要任务是监督和检查计划实施情况,定期组织调度会,协调各方协作配合关系,采取措施消除施工中出现的各种矛盾,加强薄弱环节,实现动态平衡,保证作业计划及进度控制目标的实现。

调度工作必须以作业计划与现场实际情况为依据,从施工全局出发,按规章制度办事,必须做到及时、准确、果断、灵活。

7. 预测干扰因素,采取预控措施

在项目实施前和实施过程中,应经常根据所掌握的各种数据资料,对可能致使项目实施结果偏离进度计划的各种干扰因素进行预测,并分析这些干扰因素所带来的风险程度的大小,预先采取一些有效的控制措施,将可能出现的偏离尽可能消灭于萌芽状态。

(四)施工项目进度计划的检查与调整

1. 施工项目进度计划的检查

在施工项目的实施过程中,为了进行施工进度管理,进度管理人员应经常性地、定期地跟踪检查施工实际进度情况,主要是收集施工项目进度材料,进行统计整理和对比分析,确定实际进度与计划进度之间的关系。其主要工作包括以下几点。

1)跟踪检查施工实际进度

跟踪检查施工实际进度是分析施工进度、调整施工进度的前提。其目的是收集实际施工进度的有关数据。跟踪检查的时间、方式、内容和收集数据的质量,将直接影响控制工作的质量和效果。

进度计划检查应按统计周期的规定进行定期检查,并应根据需要进行不定期检查。进度计划的定期检查包括规定的年、季、月、旬、周、日检查,不定期检查指根据需要由检查人(或组织)确定的专题(项)检查。检查应包括的内容:工程量的完成情况,工作时间的执行情况,资源使用及与进度的匹配情况,上次检查提出问题的整改情况,检查者确定的其他检查内容。检查和收集资料的方式一般采用经常、定期地收集进度报表方式,定期召开进度工作汇报会,或派驻现场代表检查进度的实际执行情况等方式进行。

2)整理统计检查数据

收集到的施工项目实际进度数据,要进行必要的整理,按施工进度计划管理的工作项目内容进行统计整理,形成与计划进度具有可比性的数据。一般可以按实物工程量、工作量和劳动消耗量以及累计百分比整理和统计实际检查的数据,以便与相应的计划完成量对比。

3)将实际进度与计划进度进行对比分析

将收集的资料整理和统计成具有与计划进度可比性的数据后,用施工项目实际进度与计划进度的比较方法进行比较。通常采用的比较方法有横道图比较法、S形曲线比较法、香蕉形曲线比较法、前锋线比较法等。

(1)横道图比较法。横道图比较法是把项目施工中检查实际进度收集的信息,经整理后直接用横道线并列标于原计划的横道线处,进行直观比较的一种方法。这种方法简明直观,编制方法简单,使用方便,是人们常用的方法。

(2)S形曲线比较法。S形曲线比较法是在一个以横坐标表示进度时间、纵坐标表示累计完成任务量的坐标体系上,首先按计划时间和任务量绘制一条累计完成任务量的曲线(即S形曲线),然后将施工进度中各检查时间时的实际完成任务量也绘在此坐标上,并与S形曲线进行比较的一种方法。

对于大多数工程项目来说,从整个施工全过程来看,其单位时间消耗的资源量,通常是中间多而两头少,即资源的投入开始阶段较少,随着时间的增加而逐渐增多,在施工中的某一时期达到高峰后又逐渐减少,直至项目完成,其变化过程可用图4-13(a)表示。而随着时间进展累计完成的任务量便形成一条中间陡而两头平缓的S形变化曲线,故称S形曲线,如图4-13(b)所示。

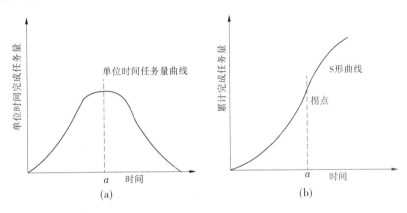

图4-13 时间与完成任务量关系曲线

(3)香蕉形曲线比较法。香蕉形曲线实际上是两条S形曲线组合成的闭合曲线,如图4-14所示。一般情况下,任何一个施工项目的网络计划,都可以绘制出两条具有同一开始时间和同一结束时间的S形曲线:其一是计划以各项工作的最早开始时间安排进度所绘制的S形曲线,简称ES曲线;其二是计划以各项工作的最迟开始时间安排进度所绘制的S形曲线,简称LS曲线。由于两条S形曲线都是相同的开始点和结束点,因此两条曲线是封闭的。除此之外,ES曲线上各点均落在LS曲线相应时间对应点的左侧,由于这两条曲线形成一个形如香蕉的曲线,故称为香蕉形曲线。只要实际完成量曲线在两条曲线之间,则不影响总的进度。

(4)前锋线比较法。前锋线比较法是通过某检查时刻施工项目实际进度前锋线,进行施工项目实际进度与计划进度比较的方法,它主要适用于时标网络计划。所谓前锋线,是指在原时标网络计划上,从检查时刻的时标点出发,用点画线依次将各项工作实际进展位置点连接而成的折线。前锋线比较法就是按前锋线与工作箭线交点的位置判定施工实际进度与计划进度的偏差。凡前锋线与工作箭线的交点在检查日期的右方,表示提前完成计划进度;若其点在检查日期的左方,表示进度拖后;若其点与检查日期重合,表明该工作实际进度与计划进度一致。

4)施工进度检查结果的处理

对施工进度检查的结果要形成进度报告,把检查比较的结果及有关施工进度现状和发

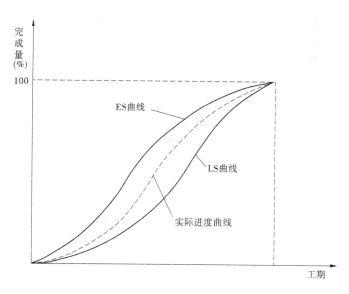

图 4-14　香蕉形曲线比较图

展趋势提供给项目经理及各级业务职能负责人。进度报告的内容包括:进度执行情况的综合描述,实际进度与计划进度的对比资料,进度计划的实施问题及原因分析,进度执行情况对质量、安全和成本等的影响情况,采取的措施和对未来计划进度的预测。进度报告可以单独编制,也可以根据需要与质量、成本、安全和其他报告合并编制,提出综合进展报告。

2. 施工项目进度计划的调整

1) 分析进度偏差产生的影响

当实际进度与计划进度进行比较,判断出现偏差时,首先应分析该偏差对后续工作和对总工期的影响程度,然后才能决定是否调整以及调整的方法与措施。具体分析步骤如下:

(1) 分析出现进度偏差的工作是否为关键工作。若出现偏差的工作为关键工作,则无论偏差大小,都将影响后续工作按计划施工,并使工程总工期拖后,必须采取相应措施调整后期施工计划,以便确保计划工期;若出现偏差的工作为非关键工作,则需要进一步根据偏差值与总时差和自由时差进行比较分析,才能确定对后续工作和总工期的影响程度。

(2) 分析进度偏差时间是否大于总时差。若某项工作的进度偏差时间大于该工作的总时差,则将影响后续工作和总工期,必须采取措施进行调整;若进度偏差时间小于或等于该工作的总时差,则不会影响工程总工期,但是否影响后续工作,尚需分析此偏差与自由时差的大小关系才能确定。

(3) 分析进度偏差时间是否大于自由时差。若某项工作的进度偏差时间大于该工作的自由时差,说明此偏差必然对后续工作产生影响,应该如何调整,应根据后续工作的允许影响程度而定;若进度偏差时间小于或等于该工作的自由时差,则对后续工作毫无影响,不必调整。

2) 施工项目进度计划的调整方法

在对实施的进度计划分析的基础上,应确定调整原计划的方法,一般主要有以下几种:

(1) 改变某些工作间的逻辑关系。

若检查的实际施工进度产生的偏差影响了总工期,在工作之间的逻辑关系允许改变的条件下,可改变关键线路和超过计划工期的非关键线路上的有关工作之间的逻辑关系,以达到缩短工期的目的。用这种方法调整的效果是很显著的。例如,可以把依次进行的有关工作改成平行的或相互搭接的,以及分成几个施工段进行流水施工等,都可以达到缩短工期的目的。

（2）缩短某些工作的持续时间。

这种方法是不改变工作之间的逻辑关系,而是缩短某些工作的持续时间,使施工进度加快,并保证实现计划工期的方法。那些被压缩持续时间的工作是位于由于实际施工进度的拖延而引起总工期增长的关键线路和某些非关键线路上的工作,同时又是可压缩持续时间的工作。这种方法实际上就是采用网络计划优化的方法,不再赘述。

（3）资源供应的调整。

如果资源供应发生异常（供应满足不了需要）,应采用资源优化方法对计划进行调整,或采取应急措施,使其对工期影响最小化。

（4）增减工程量。

增减工程量主要是指改变施工方案、施工方法,从而导致工程量的增加或减少。

（5）起止时间的改变。

起止时间的改变应在相应工作时差范围内进行。每次调整必须重新计算时间参数,观察该项调整对整个施工计划的影响。调整时可采用下列方法:将工作在其最早开始时间和其最迟完成时间范围内移动,延长工作的持续时间,缩短工作的持续时间。

三、施工质量控制

(一)施工项目质量管理概述

1.质量的概念

质量有广义与狭义之分,狭义的质量是指产品的自身质量;广义的质量除指产品自身质量外,还包括形成产品全过程的工序质量和工作质量。

1)产品质量

产品质量是指满足相应设计和使用的各项要求所具备的特性。一般包括以下五种特性:

（1）适用性。即功能,指产品所具有的满足相应设计和各项使用要求的各种性能。

（2）可靠性。指产品具有的坚实稳固的性能,并能满足抗风、抗震等自然力的要求。

（3）耐久性。即寿命,指产品在材料和构造上满足防水防腐要求,从而满足使用寿命要求的属性。

（4）美观性。指产品在布局和造型上满足人们精神需求的属性。

（5）经济性。指产品在形成过程中和交付使用后的经济节约属性。

2)工序质量

工序质量是人、机具设备、材料、方法和环境对产品质量综合起作用的过程中所体现的产品质量。

3)工作质量

工作质量是指所有工作对工程达到和超过质量标准、减少不合格品、满足用户需要所起到保证作用的程度。

一般来说,产品质量、工序质量、工作质量三者存在以下关系:工作质量决定工序质量,而工序质量又决定产品质量;产品质量是工序质量的目的,而工序质量又是工作质量的目的。因此,必须通过保证和提高工作质量,并在此基础上达到工程项目施工质量,最终生产出达到设计要求的产品质量。

2. 影响工程质量的主要因素

影响工程质量的因素很多,但归纳起来主要有五方面,即人(Man)、材料(Material)、机械(Machine)、方法(Method)、环境(Environment),简称4M1E因素。

1)人员素质

人员素质即人的文化水平、技术水平、决策能力、管理能力、组织能力、作业能力、控制能力、身体素质及职业道德等,都将直接或间接地对规划、决策、勘察、设计和施工的质量产生影响,所以人员因素是影响工程质量的一个重要因素。因此,建筑业企业实行经营资质管理和各类专业人员持证上岗制度是保证人员素质的重要管理措施。

2)工程材料

工程材料是指构成工程实体的各类建筑材料、构配件、半成品等,工程材料选用是否合理、产品是否合格、材质是否经过检验、保管是否得当等,都将直接影响建设工程实体的结构强度和刚度,影响工程的外表及观感,影响工程的适用性和安全性。

3)机械设备

机械设备可分为两种:一种是组成工程实体及配套的工艺设备和各类机具,如电梯、泵机、通风设备等,它们构成了建筑设备安装工程,形成完整的使用功能;另一种是指施工过程中使用的各类机具设备,如大型垂直与水平运输设备、各类操作工具、各类施工安全设施、各类测量仪器和计量器具等,它们是施工生产的手段。工程用机具设备及其产品质量的优劣,直接影响工程使用功能质量;施工机具设备的类型是否符合施工特点,性能是否先进稳定,操作是否方便安全等,都将影响工程项目的质量。

4)方法

方法是指工艺方法、操作方法和施工方案。在施工过程中,施工工艺是否先进,施工操作是否正确,施工方案是否合理,都将对工程质量产生重大的影响。因此,大力推广新工艺、新方法、新技术,不断提高工艺技术水平,是保证工程质量稳定提高的重要途径。

5)环境条件

环境条件是指对工程质量特性起重要作用的环境因素,包括工程技术环境、工程作业环境、工程管理环境、周边环境等。加强环境管理,改进作业环境,把握技术环境,辅以必要的措施,是控制环境对质量影响的重要保证。

3. 质量管理的概念

质量管理是指企业为保证和提高产品质量,为用户提供满意的产品而进行的一系列管理活动。

质量管理的发展,一般认为经历了三个阶段,即质量检验阶段、统计质量管理阶段和全面质量管理阶段。

1)质量检验阶段(1920~1940年)

质量检验是一种专门的工序,是从生产过程中独立出来的对产品进行严格的质量检验为主要特征的工序。其目的是通过对最终产品的测试与质量对比,剔除次品,保证出厂产品的质量是合格的。

质量检验的特点:事后控制,缺乏预防和控制废品的产生,无法把质量问题消灭在产品设计和生产过程中,是一种功能很差的"事后验尸"的管理方法。

2)统计质量管理阶段(1940~1950年)

统计质量管理阶段是第二次世界大战初期发展起来的,主要是运用数理统计的方法,对生产过程中影响质量的各种因素实施质量控制,从而保证产品质量。

统计质量管理的特点:事中控制,即对产品生产的过程控制,从单纯的"事后验尸"发展到"预防为主",预防与检验相结合的阶段,但统计质量管理过分强调统计工具,忽视了人的因素和管理工作对质量的影响。

3)全面质量管理阶段(20世纪60年代至今)

全面质量管理是在质量检验和统计质量管理的基础上,按照现代生产技术发展的需要,以系统的观点来看待产品质量,注重产品的设计、生产、售后服务全过程的质量管理。

全面质量管理的特点:事前控制,预防为主,能对影响质量的各类因素进行综合分析并进行有效控制。

以上三个阶段的本质区别是:质量检验阶段靠的是事后把关,是一种防守型的质量管理;统计质量管理主要靠在生产过程中对产品质量进行控制,把可能发生的质量问题消灭在生产过程之中,是一种预防型的质量管理;全面质量管理保留了前两者的长处,对整个系统采取措施,不断提高质量,是一种进攻型或全攻全守的质量管理。

4.质量管理常用的统计方法

1)调查表法

调查表法又称统计调查分析法,是收集和整理数据用的统计表,利用这些统计表对数据进行整理,并可粗略地进行原因分析。常用的检查表有工序分布检查表、缺陷位置检查表、不良项目检查表、不良因素检查表等。

2)分层法

分层法又称分类法,是将调查收集的原始数据,根据不同的目的和要求,按某一性质进行分组、整理的分析方法。

3)排列图法

排列图法又称主次因素分析图法或称巴列特图,它是由两个纵坐标、一个横坐标、几个直方图和一条曲线所组成,利用排列图寻找影响质量主次因素的方法。

4)直方图法

直方图法又称频数分布直方图法,是将收集到的质量数据进行分组整理,绘制成频数分布直方图,用以描述质量分布状态的一种分析方法。根据直方图可掌握产品质量的波动情况,了解质量特征的分布规律,以便对质量状况进行分析判断。

5)因果分析图法

因果分析图法又称特性要因图,是用因果分析图来整理分析质量问题(结果)与其产生原因之间关系的有效工具。

6)控制图法

控制图法又称管理图法,是在直角坐标系内画有控制界限,描述生产过程中产品质量波动状态的图形。利用控制图区分质量波动原因,判断生产工序是否处于稳定状态的方法即为控制图法。

7）散布图法

散布图法又称相关图法,在质量管理中它是用来显示两种质量数据之间的一种图形。质量数据之间的关系多属相关关系。一般有三种类型:一是质量特性和影响因素之间的关系,二是质量特性和质量特性之间的关系,三是影响因素和影响因素之间的关系。

5. 施工项目质量管理的概念和特点

施工项目质量管理是指围绕着项目施工阶段的质量管理目标进行的策划、组织、控制、协调、监督等一系列管理活动。

施工项目质量管理的工作核心是保证工程达到相应的技术要求,工作的依据是相应的技术规范和标准,工作的效果取决于工程符合设计质量要求的程度,工作的目的是提高工程质量,使用户和企业都满意。

由于施工项目涉及面广、过程极其复杂,项目位置固定、生产流动,再加上结构类型不一、质量要求不一、施工方法不一等特点,因此施工项目的质量更难控制。主要表现在以下几方面:

(1)影响质量的因素多。如地形、地质、水文、气象、材料、机械、施工工艺、操作方法、技术措施、管理水平等,都会影响施工项目的质量。

(2)容易产生质量变异。如材料性能微小的差异、机械设备正常的磨损、操作微小的差异、环境微小的变化等,都会引起偶然性因素的质量变异;材料的品种、规格有误,操作不按规程,机械故障等,则会出现系统性因素的质量变异。

(3)容易产生第一、第二判断错误。如把合格产品判定为不合格产品,称第一类判断错误;把不合格产品判定为合格产品,称第二类判断错误。

(4)质量检查不能解体、拆卸。

(5)质量受投资、进度的制约。

6. 施工项目质量控制的原则

(1)坚持"质量第一,用户至上"的原则。

(2)以人为核心的原则。

(3)以预防为主的原则。

(4)坚持质量标准,一切用数据说话的原则。

(5)贯彻科学、公正、守法的职业规范。

7. 质量管理的基本原理

质量管理的基本方法是 PDCA 循环。这种循环能使任何一项活动有效进行的合乎逻辑的工作程序,是现场质量保证体系运行的基本方式,是一种科学有效的质量管理方法。

PDCA 循环包括四个阶段和八个步骤,如图 4-15、图 4-16 所示。

(1)计划阶段。

在开始进行持续改善的时候,首先要进行的工作是计划。计划包括制订质量目标、活动计划、管理项目和措施方案。计划阶段需要检讨企业目前的工作效率、追踪流程和收集流程过程中出现的问题点,根据收集到的资料,进行分析并制订初步的解决方案,提交公司高层批准。

计划阶段包括四个工作步骤:

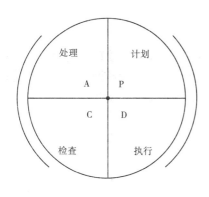

图 4-15　PDCA 循环的四个阶段　　　　　　图 4-16　PDCA 的八大步骤

①分析现状。通过现状的分析,找出存在的主要质量问题,并尽可能以数字说明。

②寻找原因。在所收集到的资料的基础上,分析产生质量问题的各种原因或影响因素。

③提炼主因。从各种原因中找出影响质量的主要原因。

④制订计划。针对影响质量的主要原因,制订技术组织措施方案,并具体落实到执行者。

(2)执行阶段。

在执行阶段,就是将制订的计划和措施具体组织实施和执行。

(3)检查阶段。

检查就是将执行的结果与预定目标进行对比,检查计划执行情况,看是否达到了预期的效果。按照检查的结果,来验证生产的运作是否按照原来的标准进行,或者原来的标准规范是否合理等。

生产按照标准规范运作后,分析所得到的检查结果,寻找标准化本身是否存在偏移。如果发生偏移现象,重新策划,重新执行。这样,通过暂时性生产对策的实施,检验方案的有效性,进而保留有效的部分。检查阶段可以使用的工具主要有排列图、直方图和控制图。

(4)处理阶段。

第四阶段是对总结的检查结果进行处理,成功的经验加以肯定,并予以标准化或制订作业指导书,便于以后工作时遵循;对于失败的教训也要总结,以免重现。对于没有解决的问题,应提到下一个 PDCA 循环中去解决。

处理阶段包括两方面的内容:

①总结经验,进行标准化。总结经验教训,把成功的经验肯定下来,制定成标准;把差错记录在案,作为借鉴,防止今后再度发生。

②转入下一个循环。

(二)施工项目质量计划

1. 施工项目质量计划的主要内容

施工项目质量计划是指确定施工项目的质量目标和如何达到这些质量目标所规定必要的作业过程、专门的质量措施和资源等工作。

施工项目质量计划的主要内容包括:

（1）编制依据；

（2）项目概述；

（3）质量目标；

（4）组织机构；

（5）质量控制及管理组织协调的系统描述；

（6）必要的质量控制手段，施工过程、服务、检验和试验程序及与其有关的支持性文件；

（7）确定关键过程和特殊过程及作业指导书；

（8）与施工阶段相适应的检验、试验、测量、验证要求；

（9）更改和完善质量计划的程序。

2. 施工项目质量计划编制的依据

（1）工程承包合同、设计文件；

（2）施工企业的质量手册及相应的程序文件；

（3）施工操作规程及作业指导书；

（4）各专业工程施工质量验收规范；

（5）《中华人民共和国建筑法》、《建设工程质量管理条例》、环境保护条例及法规；

（6）安全施工管理条例等。

3. 施工项目质量计划编制的要求

施工项目质量计划应由项目经理编制。质量计划作为对外质量保证和对内质量控制的依据文件，应体现施工项目从分项工程、分部工程到单位工程的工程控制，同时也要体现从资源投入到完成工程质量最终检验和试验的全过程控制。

施工项目质量计划编制的要求有以下几个方面：

（1）质量目标。合同范围内的全部工程的所有使用功能符合设计（或更改）图纸要求。分项、分部、单位工程质量达到既定的施工质量验收统一标准，合格率100%，其中专项达到：

①所有隐蔽工程为业主质检部门验收合格；

②卫生间不渗漏，地下室、地面不出现渗漏，所有门窗不渗漏雨水；

③所有保温层、隔热层不出现冷热桥；

④所有高级装饰达到有关设计规定；

⑤所有的设备安装、调试符合有关验收规范；

⑥特殊工程的目标；

⑦工程交工后维修期为一年，其中屋面防水维修期三年。

（2）管理职责。

项目经理是工程实施的最高负责人，对工程符合设计、验收规范、标准要求负责；对各阶段、各工号按期交工负责。项目经理委托项目技术负责人负责工程质量计划和质量文件的实施及日常质量管理工作；当有更改时，负责更改后的质量文件活动的控制和管理。

①对工程的准备、施工、安装、交付和维修整个过程质量活动的控制、管理、监督、改进负责；

②对进场材料、机械设备的合格性负责；

③对分包工程质量的管理、监督、检查负责；

④对设计和合同有特殊要求的工程和部位负责组织有关人员、分包商和用户按规定实施,指定专人进行相互联络,解决相互间接口发生的问题;

⑤对施工图纸、技术资料、项目质量文件、记录的控制和管理负责。

(3)资源的提供。

规定项目经理部管理人员及操作工人的岗位任职标准及考核认定方法;规定项目人员流动时进出人员的管理程序;规定人员进场培训(包括供方队伍、临时工、新进场人员)的内容、考核、记录等;规定对新技术、新结构、新材料、新设备修订的操作方法和操作人员进行培训并记录等;规定施工所需的临时设施(包括临建、办公设备、住宿房屋等)、支持性服务手段、施工设备及通信设备等。

(4)工程项目实现工程策划。

规定施工组织设计或专项项目质量的编制要点及接口关系;规定重要施工过程的技术交底和质量策划要求;规定新技术、新材料、新结构、新设备的策划要求;规定重要过程验收的准则或技艺评定方法。

(5)材料、机械、设备、劳务及试验等采购控制。

(6)施工工艺过程的控制。

(7)搬运、储存、包装、成品保护和交付过程的控制。

(8)安装和调试的工程控制。

(9)检验、试验和测量的过程控制。

(10)不合格品的控制。规定当分项分部工程和单位工程不符合设计图纸(更改)和规范要求时,项目和企业各方面对这种情况的处理有如下职权:

①质量监督检查部门有权提出返工修补处理、降级处理或作不合格品处理;

②质量监督检查部门以图纸(更改)、技术资料、检测记录为依据用书面形式向以下各方发出通知:当分项分部项目工程不合格时通知项目质量负责人和生产负责人,当分项工程不合格时通知项目经理,当单位工程不合格时通知项目经理和企业生产负责人。

上述接收返工修补处理、降级处理或不合格处理通知方有权接受和拒绝这些要求:当通知方和接收通知方意见不能调解时,则上级质量监督部门、企业质量主管负责人,乃至经理裁决;若仍不能解决,则申请由当地政府质量监督部门裁决。

(三)施工准备阶段的质量管理

施工准备是为保证施工生产正常进行而事先做好的工作。施工准备工作不仅是在工程开工前要做好,而且要贯穿整个施工过程。施工准备的基本任务就是为施工项目建立一切必要的施工条件,确保施工生产顺利进行,确保工程质量符合要求。

1.技术资料、文件准备的管理

1)施工项目所在地的自然条件及技术经济条件的调查资料

对施工项目所在地的自然条件及技术经济条件的调查,是为选择施工技术和组织方案收集基础资料,并以此作为施工准备工作的依据。因此,要尽可能详细,并能为工程施工服务。

2)施工组织设计

施工组织设计是指导施工准备和组织施工的全面性技术经济文件。对施工组织设计的控制要进行两方面的控制:一是选定施工方案后,制定施工进度时,必须考虑施工顺序、施工流向,主要分部分项工程的施工方法,特殊项目的施工方法和技术措施能否保证工程质量;二是制订施工方案时,必须进行技术经济比较,使工程项目满足符合性、有效性和可靠性要求,取得工期短、成本低、安全生产、效益好的经济质量。做到现场的"三通一平"、临时设施的搭建满足施工需要,保证工程顺利进行。

3)有关质量管理方面的法律、法规性文件及质量验收标准

质量管理方面的法律、法规,规定了工程建设参与各方的质量责任和义务,质量管理体系建立的要求、标准,质量问题的处理要求、质量验收标准等,都是进行质量控制的重要依据。

4)工程测量控制资料

施工现场的原始基准点、基准线、标高及施工控制网等数据资料,是施工之前进行质量控制的一项基础工作,这些数据是进行工程测量控制的重要内容。

2.设计交底和图纸审核的管理

设计图纸是进行质量控制的重要依据。为使施工单位熟悉有关图纸,充分了解项目工程的特点、设计意图和工艺与质量要求,减少图纸差错,消灭图纸中的质量隐患,要做好设计交底和图纸审核工作。

1)设计交底

设计交底是由设计单位向施工单位有关人员进行设计交底,主要包括:地形、地质、水文等自然条件,施工设计依据,设计意图,施工注意事项等。交底后,由施工单位提出图纸中的问题和疑问,以及要解决的技术难题。经各方协商研究,拟订出解决方案。

2)图纸审核

通过图纸审核,可以广泛听取使用人员、施工人员的正确意见,弥补设计上的不足,提高设计质量;使得施工人员更了解设计意图、技术要求、施工难点,为保证工程质量打好基础。重要内容包括:

(1)设计是否满足抗震、防火、环境卫生等要求;

(2)图纸与说明是否齐全;

(3)图纸中有无遗漏、差错或相互矛盾之处,图纸表示方法是否清楚并符合标准要求;

(4)所需材料来源有无保证,能否代替;

(5)施工工艺、方法是否合理,是否切合实际,是否便于施工,能否保证质量要求;

(6)施工图及说明书中涉及的各种标准、图册、规范、规程等,施工单位是否具备。

3.现场勘察与"三通一平"、临时设施搭建

掌握现场地质、水文等勘察资料,检查"三通一平"、临时设施搭建能否满足施工需要,保证工程顺利进行。

4.物资和劳动力的准备

检查原材料、构配件是否符合质量要求,施工机具是否可以进行正常运行;施工力量的集结能否进入正常的作业状态,特殊工种及缺门工种的培训是否具备应有的操作技术和资格,劳动力的调配,工种间的搭接能否为后续工种创造合理的、足够的工作条件。

5.质量教育与培训

通过质量教育培训和其他措施提高员工的能力,增强质量和顾客意识,使员工达到所从

事的质量工作对能力的要求。

项目领导班子应着重以下几方面的培训:质量意识教育,充分理解和掌握质量方针和目标,质量管理体系有关方面的内容,质量保持和质量改进意识。

(四)施工阶段的质量管理

按照施工组织设计总进度计划,编制具体的月度和分项工程施工作业计划和相应的质量计划。对操作人员、材料、机具设备、施工工艺、生产环境等影响质量的因素进行控制,以保持建筑产品总体质量处于稳定状态。

1.施工工艺的质量控制

工程项目施工应编制施工工艺技术标准,规定各项作业活动和各道工序的操作规程、作业规范要点、工作顺序、质量要求。上述内容应预先向操作者进行交底,并要求认真贯彻执行。对关键环节的质量、工序、材料和环境应进行验证,使施工工艺的质量控制符合标准化、规范化、制度化的要求。

2.施工工序的质量控制

1)工序质量控制的概念

工序质量控制是为把工序质量的波动限制在要求的界限内所进行的质量控制活动。其目的是要保证稳定地生产合格产品。具体地说,工序质量控制是使工序质量的波动处于允许的范围之内,一旦超出允许范围,立即对影响工序质量波动的因素进行分析。

2)工序质量控制点的设置和管理

(1)质量控制点。

质量控制点是指为了保证(工序)施工质量而对某些施工内容、施工项目、工程的重点和关键部位、薄弱环节等,在一定时间和条件下进行重点控制和管理,以使其施工过程处于良好的控制状态。

(2)质量控制点设置的原则。

质量控制点的设置,应根据工程的特点、质量的要求、施工工艺的难易程度、施工队伍的素质和技术操作水平等因素,进行全面分析后确定。在一般情况下,选择质量控制点的基本原则有:

①重要的和关键性的施工环节和部位;

②质量不稳定、施工质量没有把握的施工工序和环节;

③施工技术难度大的、施工条件困难的施工工序和环节;

④质量标准或质量精度要求高的施工内容和项目;

⑤对后续施工或后续工序质量或安全有重要影响的施工工序或部位;

⑥采用新技术、新工艺、新材料施工的部位或环节。

对于一个分部分项工程,究竟应该设置多少个质量控制点,应根据施工的工艺、施工的难度、质量标准和施工单位的情况来决定。一般来说,施工工艺复杂时可多设,施工工艺简单时可少设;施工难度较大时可多设,施工难度不大时可少设;质量标准要求较高时应多设,质量标准要求不高时可少设;施工单位信誉不高时应多设,施工单位信誉较高时可少设。表4-2列举出某些分部分项工程质量控制点设置的一般位置,可供参考。

表 4-2　质量控制点的设置位置

分项工程	质量控制点
工程测量定位	标准轴线桩、水平桩、龙门桩、定位轴线、标高
地基、基础 （含设备基础）	基坑（槽）尺寸、标高、土质、地基承载力、基础垫层标高、基础位置、尺寸、标高，预留洞孔、预埋件的位置、规格、数量，基础墙皮数杆及标高、杯底弹线
砌体	砌体轴线，皮数杆，砂浆配合比，预留洞孔、预埋件位置、数量，砌块排列
模板	位置、尺寸、标高，预埋件位置，预留洞孔尺寸、位置，模板承载力及稳定性，模板内部清理及润湿情况
钢筋混凝土	水泥品种、强度等级，砂石质量，混凝土配合比，外加剂比例，混凝土振捣，钢筋品种、规格、尺寸、搭接长度，钢筋焊接，预留洞、孔及预埋件规格、数量、尺寸、位置，预制构件吊装或出场（脱模）强度，吊装位置、标高、支承长度、焊缝长度
吊装	吊装设备起重能力、吊具、索具、地锚
刚结构	翻样图、放大样
焊接	焊接条件、焊接工艺
装修	视具体情况而定

（3）工序质量控制点的管理。

在操作人员上岗前，施工员、技术员做好交底及记录工作，在明确工艺要求、质量要求、操作要求的基础上方能上岗。施工中发现问题，及时向技术人员反映，由有关技术人员指导后，操作人员方可继续施工。

为了保证管理点的目标实现，要建立三级检查制度，即操作人员每日自检一次，组员之间或班长、质量干事与组员之间进行互检；质量员进行专检。上级部门进行抽查。

在施工中，如果发现工序质量控制点有异常情况，应立即停止施工，立即召开分析会，找出产生异常的主要原因，并用对策表写出对策。如果是因为技术要求不当而出现异常，必须重新修订标准，在明确操作要求和掌握新的标准的基础上，再继续进行施工，同时还应加强自检、互检的频率，以便预测控制。

3. 人员素质的控制

定期对职工进行规程、规范、工序工艺、标准、计量、检验等基础知识的培训，开展质量管理和质量意识教育。

4. 设计变更与技术复核的控制

加强对施工过程中提出的设计变更的控制。重大问题须经业主、设计单位、施工单位三方同意，由设计单位负责修改，并向施工单位签发设计变更通知书。对建设规模、投资方案等有较大影响的变更，须经原批准初步设计单位同意，方可进行修改。所有设计变更资料，均需有文字记录，并按要求归档。

对重要的或影响全局的技术工作，必须加强复核，避免发生重大差错，影响工程质量和使用。

5. 成品保护

加强成品保护,要从两个方面着手,首先加强教育,提高全体员工的成品保护意识;其次要合理安排施工顺序,采取有效的保护措施。具体如下:

(1)防护;

(2)包裹;

(3)覆盖;

(4)封闭;

(5)合理安排施工顺序。

(五)竣工验收阶段的质量管理

1. 工序间交工验收工作的质量管理

工程施工中往往上道工序的质量成果被下道工序所覆盖,分项或分部工程质量成果被后续的分项或分部工程所掩盖,因此要对施工全过程的分项与分部施工的各工序进行质量控制。要求班组实行保证本工序、监督前工序、服务后工序的自检、互检、交接检和专业性的"中间"质量检查,保证不合格工序不转入下道工序。出现不合格工序时,做到"三不放过"(原因未查清楚不放过、责任未明确不放过、措施未落实不放过),并采取必要的措施,防止此类现象再发生。

2. 竣工交付使用阶段的质量管理

单位工程或单项工程竣工后,由施工项目的上级部门严格按照设计图纸、施工说明书及竣工验收标准,对工程的施工质量进行全面鉴定,评定等级,作为竣工交付的依据。

工程进入交工验收阶段,应有计划、有步骤、有重点地进行首尾工程的清理工作,通过交工前的预验收,找出漏项项目和需要补修的工程,并及早安排施工。除此之外,还应做好竣工工程成品保护,以提高工程的一次成优率及减少竣工后的返工整修。工程项目经自检、互检后,与业主、设计单位和上级有关部门进行正式的交工验收工作。

3. 质量问题及质量事故的处理方案

根据1989年建设部颁布的第3号令《工程建设重大事故报告和调查程序规定》和1990年建设部建工字第55号文件《关于建设部第3号部令的有关问题的说明》:凡是工程质量不合格,必须进行返修、加固或报废处理,由此造成直接经济损失低于5 000元的称为质量问题;直接经济损失在5 000元(含5 000元)以上的称为工程质量事故。

1) 质量问题的处理

(1)一般程序。

①调查取证,写出质量调查报告;

②向建设(监理)单位提交调查报告;

③建设(监理)单位的工程师组织有关单位进行原因分析,在原因分析的基础上确定质量问题处理方案;

④进行质量问题处理;

⑤检查、鉴定、验收,写出质量问题处理报告。

(2)质量问题的处理方案。

①补修处理。当工程的某些部分的质量未达到规定的规范、标准或设计要求,存在一定的缺陷,但经过补修后还可以达到要求的标准,又不影响使用功能或外观要求的,可以做出

进行补修的处理决定。如混凝土结构表面蜂窝麻面。

②加固处理。对于某些质量问题,在不影响使用功能或外观的前提下,以设计验算可采用的一定的加固补强措施进行加固处理。

③返工处理。当某些质量未达到规定标准或要求,对结构的使用和安全有重大影响,而又无法通过补修或加固等方法给予纠正时,可以做出返工处理的决定。

④限制使用。当工程质量缺陷按补修方式处理无法保证达到规定的使用要求和安全,而又无法返工处理的情况下,不得已时可以做出结构卸荷、减荷及限制使用的决定。

⑤不做处理。对于某些情况质量缺陷虽不符合规定的要求或标准,但其情况不严重,经过分析、论证和慎重考虑后,可以做出不做处理的决定。不做处理的情况有:不影响结构安全和使用要求;经过后续工序可以弥补的不严重的质量缺陷;经复核验算,仍能满足设计要求的质量缺陷。

2)质量事故的处理

(1)质量事故的处理依据。

①质量事故的实际情况资料;

②具有法律效力的,得到有关当事各方认可的工程承包合同、设计委托合同、材料或设备购销合同、分包合同以及监理委托合同文件;

③有关的技术文件、档案;

④相关的建设法规。

(2)质量事故的处理程序。

①事故发生后,应立即停止进行质量缺陷部位和与其关联部位及下道工序的施工,施工单位应采取必要的措施防止事故扩大并保护好现场。同时,事故发生单位迅速按类别和等级向相应的主管部门上报,并于24 h内写出书面报告。

②各级主管部门按照事故处理权限组成调查组,开展事故调查工作,并写出事故调查报告。

③建设(监理)单位根据调查组提出的技术处理意见,组织有关单位进行研究,并责成相关单位完成技术处理方案。

④施工单位根据签订的技术处理方案,编制详细的施工方案设计,并报建设(监理)单位审批。

⑤施工单位根据审批的施工方案组织技术处理。

⑥施工单位完工后自检报建设(监理)单位组织有关各方进行检查验收,必要时应进行处理结果鉴定。

第三节　施工资源与现场管理

一、施工项目生产要素管理概述

施工项目生产要素是指生产力作用于施工项目的各种要素,即形成生产力的各种要素,也可以说是投入施工项目的劳动力、材料、机械设备、技术和资金等诸要素。加强施工项目管理,必须对施工项目的生产要素进行认真研究,强化其管理。

对施工项目生产要素进行管理主要体现在以下四个方面：

（1）对生产要素进行优化配置，即适时、适量、比例适当、位置适宜地配备或投入生产要素，以满足施工需要。

（2）对生产要素进行优化组合，即对投入施工项目的生产要素在施工中适当搭配，以协调发挥作用。

（3）在施工项目运转过程中对生产要素进行动态管理。动态管理的目的是优化配置与组合。动态管理是优化配置和优化组合的手段与保证。动态管理的基本内容，就是按照项目的内在规律，有效地计划、组织、协调、控制各生产要素，使之在项目中合理流动，在动态中寻求平衡。

（4）在施工项目运行中合理地、高效地利用资源，从而实现提高项目管理综合效益，促进整体优化的目的。

二、项目资源管理的主要内容

（一）人力资源管理

人力资源泛指能够从事生产活动的体力劳动者和脑力劳动者，在项目管理中包括不同层次的管理人员和参加作业的各种工人。人是生产力中最活跃的因素，人具有能动性、再生性和社会性等。项目人力资源管理的任务是根据项目目标，不断获取项目所需人员，并将其整合到项目组织之中，使之与项目团队融为一体。项目中人力资源的使用，关键在于明确责任、调动职工的劳动积极性、提高工作效率。从劳动者个人的需要和行为科学的观点出发，责、权、利相结合，采取激励措施，并在使用中重视对他们的培训，提高他们的综合素质。

（二）材料管理

建筑材料分为主要材料、辅助材料和周转材料等。主要材料指在施工中被直接加工，构成工程实体的各种材料，如钢材、水泥、砂子、石子等。辅助材料在施工中有助于产品的形成，但不构成工程实体的材料，如外加剂、脱模剂等。周转材料指不构成工程实体，但在施工中反复周转使用的材料，如模板、架管等。建筑材料还可以按其自然属性分类，包括金属材料、硅酸盐材料、电器材料、化工材料等。一般工程中，建筑材料占工程造价的70%左右，加强材料管理对于保证工程质量，降低工程成本都将起到积极的作用。项目材料管理的重点在现场、使用、节约和核算，尤其是节约，其潜力巨大。

（三）机械设备管理

机械设备主要指作为大中型工具使用的各类型施工机械。机械设备管理往往实行集中管理与分散管理相结合的办法，主要任务在于正确选择机械设备，保证机械设备在使用中处于良好状态，减少机械设备闲置、损坏，提高施工机械化水平，提高使用效率。提高机械使用效率必须提高利用率和完好率，利用率的提高靠人，完好率的提高在于保养和维修。

（四）技术管理

技术是指人们在改造自然、改造社会的生产和科学实践中积累的知识、技能、经验及体现它们的劳动资料。技术包括操作技能、劳动手段、生产工艺、检验试验、管理程序和方法等。任何物质生产活动都是建立在一定的技术基础上的，也是在一定技术要求和技术标准的控制下进行的。随着生产的发展，技术水平也在不断提高，由于施工的单件性、复杂性、受自然条件的影响等，技术管理在工程项目管理中的作用更加重要。

工程项目技术管理是对各项技术工作要素和技术活动过程的管理。技术工作要素包括技术人才、技术装备、技术规程等;技术活动过程包括技术计划、技术应用、技术评价等。技术作用的发挥,除取决于技术本身的水平外,极大程度上还依赖于技术管理水平。没有完善的技术管理,先进的技术是难以发挥作用的。工程项目技术管理的任务是:正确贯彻国家的技术政策,贯彻上级对技术工作的指示与决定;研究认识和利用技术规律,科学地组织各项技术工作,充分发挥技术的作用;确立正常的生产技术秩序,文明施工,以技术保证工程质量;努力提高技术工作的经济效果,使技术与经济有机地结合起来。

(五)资金管理

工程项目的资金,从流动过程来讲,首先是投入,即将筹集到的资金投入到工程项目的实施上;其次是使用,也就是支出。资金管理应以保证收入、节约支出、防范风险为目的,重点是收入与支出问题,收支之差涉及核算、筹资、利息、利润、税收等问题。

(六)项目资源管理的过程

项目资源管理非常重要,而且比较复杂,全过程包括如下4个环节。

1. 编制资源计划

项目实施时,其目标和工作范围是明确的。资源管理的首要工作是编制计划。计划是优化配置和组合的手段,目的是对资源投入时间及投入量作出合理安排。

2. 资源配置

配置是按编制的计划,从资源的供应到投入项目实施,保证项目需要。

3. 资源控制

控制是根据每种资源的特性,制订科学合理的措施,进行动态配置和组合,协调投入,合理使用,不断纠正偏差,以尽可能少的资源满足项目要求,达到节约资源、降低成本的目的。

4. 资源处置

处置是根据各种资源投入、使用与产生的核算,进行使用效果分析,实现节约使用的目的。一方面是对管理效果的总结,找出经验和问题,评价管理活动;另一方面又为管理提供储备与反馈信息,以指导下一阶段的管理工作,并持续改进。

三、施工现场管理的主要内容

现代化建筑施工是一项多工种、多专业的复杂的系统工程,要使施工全过程顺利进行,以期达到预定的目标,就必须运用科学的方法进行建筑施工管理,特别是施工项目现场管理,正确利用管理手段,科学地组织施工现场的各项管理工作,在建立正常的现场施工秩序,进行文明施工,保证质量和安全生产,提高劳动生产率,降低工程成本,促进施工管理现代化等方面奠定良好的基础。

(一)施工项目现场管理概述

施工项目现场管理是指项目经理部按照有关施工现场管理的规定和城市建设管理的有关法规,科学、合理地安排使用施工现场,协调各专业管理和各项施工活动,控制污染,创造文明、安全的施工环境及人流、物流、资金流、信息流畅通的施工秩序所进行的一系列管理工作。

1. 施工项目现场管理的基本任务

建筑产品的施工是一项非常复杂的生产活动,其生产经营管理既包括计划、质量、成本和安全等目标管理,又包括劳动力、建筑材料、工程机械设备、财务资金、工程技术、建设环境等要素管理,以及为完成施工目标和合理组织施工要素而进行的生产事务管理。其目的是充分利用施工条件,发挥各个生产要素的作用,协调各方面的工作,保证施工正常进行,按时提供优质的建筑产品。

施工项目现场管理的基本任务是按照生产管理的普遍规律和施工生产的特殊规律,以每一个具体工程(建筑物和构筑物)和相应的施工现场(施工项目)为对象,妥善处理施工过程中的劳动力、劳动对象和劳动手段的相互关系,使其在时间安排上和空间布置上达到最佳配合,尽量做到人尽其才、物尽其用,多快好省地完成施工任务,为国家提供更多更好的建筑产品,并达到更好的经济效益。

2. 施工项目现场管理的原则

施工项目现场管理是全部施工管理活动的主体,应遵照下述四项基本原则进行。

1) 讲求经济效益

施工生产活动既是建筑产品实物形态的形成过程,又是工程成本的形成过程,应认真做好施工项目现场管理,充分调动各方面的积极因素,合理组织各项资源,加快施工进度,提高工程质量。除保证生产合格产品外,还应该努力降低工程成本,减少劳动消耗和资金占用,从而提高施工企业的经济效益和社会效益。

2) 讲究科学管理

为了达到提高经济效益的目的,必须讲究科学管理,就是要求在生产过程中运用符合现代化大工业生产规律的管理制度和方法。因为现代施工企业从事的是多工种协作的大工业生产,不能只凭经验管理,而必须形成一套管理制度,用制度控制生产过程,这样才能保证生产出高质量的建筑产品,取得良好的经济效益。

3) 组织均衡施工

均衡施工是指施工过程中在相同的时间内所完成的工作量基本相等或稳定递增,即有节奏、有组织的施工。不论是整个企业,还是某一个具体工程,都要求做到均衡施工。

组织均衡施工符合科学管理的要求。均衡施工有利于保证工程设备和人力资源的均衡负荷,提高设备利用率、周转率和工时利用率;有利于建立正常的施工秩序和管理秩序,保证产品质量和施工安全;有利于节约物资消耗,减少资金占用,降低成本。

4) 组织连续施工

连续施工,是指施工过程连续不断进行。建筑施工生产由于自身固有的特点,极容易出现施工间隔情况,造成人力、物力的浪费。这就要求施工管理通过统筹安排,科学地组织生产过程,使其连续地进行,尽量减少中断,避免设备闲置、人力窝工,充分发挥企业的生产潜力。

3. 施工项目现场管理的内容

1) 规划及报批施工用地

(1)根据施工项目建筑用地的特点科学规划,充分、合理地使用施工现场场内占地。

(2)当场地内空间不足时,应会同建设单位按规定向城市规划部门、公安交通部门申请施工用地,经批准后方可使用场外临时用地。

2) 设计施工现场平面图

(1)根据建筑总平面图、单位工程施工图、拟订的施工方案、现场地理位置和环境及政府部门的管理标准,充分考虑现场布置的科学性、合理性、可行性,设计施工总平面图、单位工程施工平面图。

(2)单位工程施工平面图应根据施工内容和分包单位的变化,设计出阶段性施工平面图,并在阶段性进度目标开始实施前通过协调会议确认后实施。这样就能按照施工部署、施工方案和施工总进度计划的要求,将施工现场的交通道路、材料仓库、附属生产或加工企业、临时建筑以及临时水、电管线等合理规划和部署,用图纸的形式表达施工现场施工期间所需各项设施与永久建筑、拟建工程之间的空间关系,正确指导施工现场进行有组织、有计划的文明施工。

4. 建立施工现场管理组织

(1)项目经理全面负责施工过程的现场管理,并建立施工项目现场管理组织体系,包括土建、设备安装、质量技术、进度控制、成本管理、要素管理、行政管理在内的各种职能管理部门。

(2)施工项目现场管理组织应由主管生产的副经理、主任工程师、分包人、生产、技术、质量、保卫、消防、材料、环保和卫生等管理人员组成。

(3)建立施工项目现场管理规章制度、管理标准、实施措施、监督办法和奖惩制度。

(4)根据工程规模、技术复杂程度和施工现场的具体情况,遵循"谁生产谁负责"的原则,建立按专业、岗位、区片的施工现场管理责任制,并组织实施。

(5)建立现场管理例会和协调制度,通过调度工作实施的动态管理,做到经常化、制度化。

5. 建立文明施工现场

一个工地的文明施工水平是该工地乃至所在企业各项管理工作水平的综合体现。文明施工水平从侧面反映了建设者的文化素质和精神风貌。

6. 及时清场转移

(1)施工结束后,应及时组织清场,向新工地转移。

(2)组织剩余物资退场,拆除临时设施,清除建筑垃圾,按市容管理要求,恢复临时占用土地。

(二)现场文明施工管理

文明施工是指保持施工场地整洁卫生、施工组织科学、施工程序合理的一种施工现象,是现代施工生产管理的一个重要组成部分。通过加强现场文明施工管理,可提高施工生产管理水平,促进劳动生产率的提高和工程成本的降低,促进安全生产,杜绝各种事故的发生,保证各项经济、技术指标的实现。

1. 现场文明施工管理的内容和措施

1)现场文明施工管理的内容

实现文明施工不仅要着重做好现场的场容管理工作,而且还要做好现场材料、机械、安全、技术、保卫、消防和生活卫生等管理工作。现场文明施工管理的主要内容包括以下几点:

(1)场容管理。包括现场的平面布置,现场的材料、机械设备和现场施工用水、用电管理。

（2）安全生产管理。包括工程项目的内外防护、个体劳保用品的使用、施工用电以及施工机械的安全保护。

（3）环境卫生管理。包括生活区、办公区、现场厕所的管理。

（4）环境保护管理。主要指现场防止水源、大气和噪声污染。

（5）消防保卫管理。包括现场的治安保卫、防火救火管理。

2）现场文明施工管理的具体措施

（1）遵循国务院及地方建设行政主管部门颁布的施工现场管理法规和规章，认真管理施工现场，并制定《施工现场创文明安全工地实施细则》《施工现场文明安全工地管理检查办法》等。

（2）按审核批准的施工总平面图布置和管理施工现场，规范场容。

（3）项目经理应对施工现场场容、文明形象管理作出总体策划和部署，分包人应在项目经理部的指导和协调下，按照分区划块原则，做好分包人施工用地场容、文明形象管理的规划。

（4）经常检查施工项目现场管理的落实情况，听取社会公众、近邻单位的意见，发现问题，及时解决，不留隐患，避免事故再度发生并实施奖惩措施。

（5）接受政府建设行政主管部门的考评机构和企业对建设工程施工现场管理的定期抽查、日常检查、考评和指导。

（6）对施工项目现场的文明施工进行检查和评定，检查评比应贯彻精神鼓励与物质奖励相结合的原则，对优秀的工地授予"文明工地"的称号，对不合格的工地，令其限期整改，甚至予以适当的经济处罚。文明施工的检查、评定一般是按文明施工的要求，按其内容的性质分解为场容、材料、技术、机械、安全、保卫消防和生活卫生等管理分项，分别由有关业务部门列出具体项目，列出检查评分表，逐项检查、评分，根据检查评分结果，确定工地文明施工等级，如文明工地、合格工地或不合格工地等（见表4-3）。

（7）加强施工现场文明建设，展示和宣传企业文化，塑造企业及项目经理部的良好形象。

2. 场容管理

场容是指施工现场、特别是主现场的现场面貌。包括入口、围护、场内道路、堆场的整齐清洁，还应包括办公室内环境甚至包括现场人员的行为。施工项目的场容管理，实际上是根据施工组织设计的施工总平面图，对施工现场的平面管理。它是保持良好的施工现场秩序，保证交通道路和水电畅通，实现文明施工的前提。它不仅关系到工程质量的优劣，人工材料消耗的多少，而且关系到生命财产的安全，因此场容管理体现了建筑工地的管理水平和精神状态。

施工现场的场容管理的基本内容包括：严格按照有关部门的要求管理；严格按照施工平面图的规定兴建各项临时设施，堆放大宗材料、成品、半成品及生产设备；审批各单位需用场地的申请，根据不同时间和不同需要，结合实际情况，在平面图设计的基础上进行合理调整；贯彻当地政府关于场容管理有关条例，实行场容管理责任制度，做到场容整齐、清洁、卫生、安全、防火、交通畅通等。

表 4-3　现场文明施工检查评分表(场容管理部分)

施工单位		工地名称		
序号	检查项目	应得分	实得分	检查意见
1	工地入口及标牌	6		
2	场容管理责任制	8		
3	现场场地平整、道路坚实通畅	10		
4	临时水电专人管理	6		
5	临时设施搭建	8		
6	工完场清	12		
7	砂浆、混凝土在搅拌、运输、使用过程中不撒、不漏、不剩	12		
8	成品保护措施和设施	8		
9	建筑物内的垃圾、渣土的清除、下卸	10		
10	建筑垃圾的堆放及外运	8		
11	施工现场的围挡、宣传标语和黑板报	12		

应得分:100　　实得分:

折合标准分为 20 × 　　　% =

检查人:　　　　　　　　　　　检查日期:　　　年　　月　　日

施工项目场容管理的要求如下:

(1)设置现场标牌。

施工项目现场要有明显的标志,原则上所有施工现场均应设置围墙,凡设出入口的地方均应设门,以利于管理。在施工现场门头应设置企业名称标志,如"某某市第一建筑公司第二项目部检察院办公楼工地"。在门口旁边明显的地方应设立标牌,标明工程名称、建设单位、施工单位和现场负责人姓名等。在施工现场主要进出口处醒目位置设置施工现场公示牌和施工总平面图,主要有:

①工程概况牌,包括工程规模、性质、用途、发包人、设计人、承包人和监理单位的名称,施工起止年月等;

②施工总平面图;

③安全无重大事故计时牌;

④安全生产、文明施工牌;

⑤项目主要管理人员名单及项目经理部组织机构图;

⑥防火须知牌及防火标志(设在施工现场重点防火区域和场所);

⑦安全纪律牌(设在相应的施工部位、作业点、高空施工区及主要通道口)。

(2)依法管理。

遵守有关规划、市政、供电、供水、交通、市容、安全、消防、绿化、环保、环卫等部门的法规和政策,接受其监督和管理,尽力避免和降低施工作业对环境的污染和对社会生活正常秩序的干扰。

（3）按施工总平面图管理。

严格按照已批准的施工总平面图或单位工程施工平面图划定的位置，并然有序地布置下列设施：施工项目的主要机械设备、脚手架、模板；各种加工厂、棚，如钢筋加工厂、木材加工厂、混凝土搅拌棚等；施工临时道路及进出口；水、气、电气管线；材料制品堆场及仓库；土方及建筑垃圾；变配电间、消防设施；警卫室、现场办公室；生产、生活和办公用房等临时设施、加工场地、周转使用场地等。

（4）实行现场封闭管理。

施工现场实行封闭管理，在现场周边应设置临时维护设施（市区内高度不低于1.8 m），维护材料要符合市容要求；在建工程应采用密闭式安全网全封闭。

（5）实行物料分类管理。

施工物料器具除应按照施工总平面图指定的位置就位布置外，尚应根据不同特点和性质，规范布置方式和要求，做到位置合理、码放整齐、限宽限高、上架入箱、规格分类、挂牌标识，便于来料验收、清点、保管和出库使用。

（6）利于现场给水、排水。

施工现场的排水工作十分重要，尤其是在雨季，场地排水不畅，会影响施工和运输的顺利进行。在施工现场应设置通达排水沟、渠系统，工地地面宜做硬化处理，做的场地不积水、不堆积泥浆，保持道路干燥坚实。施工现场用水一般与当地的市政水源连接，保证施工用水，否则要开采地下水进行供应。

（7）采用流水作业管理。

流水施工是搭接施工的一种特定形式，它最主要的组织特点是施工过程（工序或项目）的作业连续性。施工过程应合理有序，尽量避免前后反复，影响施工；在平面和空间上也要进行合理分块、分区，尽量避免各分包或各工种交叉作业、互相干扰，以维持正常的施工秩序。这样，有利于劳动生产率的不断提高，有效缩短施工工期，充分发挥管理水平，降低工程成本。

（8）现场场地管理。

工人操作地点和周围必须清洁整齐，做到活完脚下清、工完场地清，杜绝发生废料残渣遍地、好坏材料混杂的现象，改善施工现场脏、乱、差、险的状况。此外，还应做好原材料、成品、半成品、临时设施的保护工作。

3. 环境保护

施工现场的环境保护工作是非常重要的。随着环境的日益恶化，施工现场的环境保护问题日益突出，故应从大局出发，做好施工现场的环境保护工作：

（1）施工现场泥浆、污水未经处理不得直接排入城市排水设施和河流、湖泊、池塘等。

（2）除有符合规定的装置外，不得在施工现场熔化沥青和焚烧油毡、油漆等，亦不得焚烧其他可产生有毒有害烟尘和恶臭气味的废弃物，禁止将有毒有害废弃物做土方回填。

（3）建筑垃圾、渣土应在指定地点堆放，及时运到指定地点清理；高空施工的垃圾和废弃物应采取密闭或其他措施清理搬运；装载建筑材料、垃圾、渣土等散碎物料的车辆应有严密遮挡措施，防止飞扬、洒漏或流溢；进出施工现场的车辆应经常冲洗，保持清洁。

4. 施工障碍物处理要求

（1）在居民区和单位密集区进行爆破作业、打桩作业等施工前，项目经理部除应按规定报告申请批准外,还应将作业计划、影响范围、程度及有关措施等情况,向当地有关的居民和单位通报说明,取得协作和配合。

(2)经过施工现场的地下管线应由发包人(建设单位)在施工前通知承包人(施工单位),标出位置,加以保护。

(3)施工中若发现文物、古迹、爆炸物、电缆等,应当停止施工,保护好现场并及时向有关部门报告,按照有关规定处理后方可继续施工。

(4)施工中需要停水、停电、封路而影响环境时,必须经有关部门批准,事先告示并设标志。

5. 防火保安要求

(1)做好施工现场的保卫工作,采取必要的防盗措施。

现场应设立门卫,根据需要设置警卫;施工现场的主要管理人员应佩戴证明其身份的证卡,应采用现场工人人员标识,有条件时可对进出场人员使用磁卡管理。

(2)承包人必须严格按照《中华人民共和国消防条例》的规定,在施工现场建立和执行防火管理制度,现场必须安排消防车出入口和消防道路,设置符合要求的消防设施,保持完好的备用状态。在容易发生火灾的地区或储存、使用易燃易爆器材时,承包人应当采取特殊的消防安全措施。施工现场严禁吸烟,必要时可设吸烟室。

(3)施工现场的通道、消防入口、紧急疏散楼道等,均应有明显标志或指示牌。有高度限制的地点应有限高标志;临街脚手架、高压电缆、起重把杆回转半径伸至街道的,均应设安全隔离棚;在行人、车辆通行的地方施工,应当设置沟、井、坎、穴覆盖物和标志,夜间设置灯光警示标志;危险品库附近应有明显标识及围挡措施,并设专人管理。

(4)施工中需要进行爆破作业的必须经上级主管部门审查批准,并持说明爆破器材的地点、品名、数量、用途和相关的文件、安全操作规程,向所在地县、市公安局申领"爆破物使用许可证",由具备爆破资质的专业人员按有关规定进行施工。

(5)关键岗位和有危险作业活动的人员必须按有关部门规定,经培训、考核持证上岗。

(6)承包人应考虑规避施工过程中的一些风险因素,向保险公司投施工保险和第三者责任险。

6. 卫生防疫及其他

施工现场应准备必要的医疗保健设施,在办公室内显著地点张贴急救车和有关医院的电话号码;施工现场不宜设置职工宿舍,如须设置应尽量和施工现场分开;现场应设置饮水设施,食堂、厕所要符合卫生要求,根据需要制订防暑降温措施,进行消毒、防毒和注意食品卫生等;施工现场应进行节能节水管理,必要时下达使用指标;参加施工的各类人员都要保持个人卫生,仪表整洁,同时还应注意精神文明,遵守公民社会道德规范,不打架、赌博、酗酒等。

小 结

本章主要介绍了工程项目建设过程中各参与方的责任和管理内容以及组织论的基本知识,同时介绍了工程项目的成本控制、质量控制和进度控制的内容,在此基础上介绍了施工现场对施工机械、材料等施工资源的管理和施工现场的安全文明施工管理。

第二篇　基础知识

第五章　土建施工相关的力学知识

【学习目标】

1.掌握力的基本性质,了解静力学公理,会进行力矩、力偶的计算,熟悉利用平面力系的平衡方程进行计算。

2.掌握单跨静定梁的内力计算,会利用截面法确定杆件指定截面的内力,熟悉掌握常见静定梁的弯矩图、剪力图,掌握多跨静定梁的内力分析过程。

3.掌握桁架组成的特点,熟练掌握结点法、截面法计算杆件内力。

4.掌握杆件变形的基本形式,掌握强度、刚度概念。

5.了解压杆稳定性的概念,熟练掌握压杆临界的计算,掌握影响压杆临界力的因素。

建筑物中支承和传递荷载而起骨架作用的部分称为结构。结构是由构件按一定形式组成的,结构和构件受荷载作用将产生内力和变形,结构和构件本身具有一定的抵抗变形与破坏的能力,在施工和使用过程中应满足下列两个方面的基本要求:①结构和构件在荷载作用下不能破坏,同时也不能产生过大的形状改变,即保证结构安全正常使用;②结构和构件所用的材料应节约,降低工程造价,做到经济节约。

讨论以下方面的内容:

(1)力系的简化和力系平衡问题。

(2)承载力问题。

(3)压杆稳定问题。

第一节　平面力系

一、力的基本性质

(一)力和力系的概念

1.力的概念

力是我们在日常生活和工程实践中经常遇到的一个概念,人人都觉得它很熟悉,但真正理解并领会力这个概念的内涵,其实并不容易。所以,学习力学从了解力的概念开始。

力是指物体间的相互机械作用。

应该从以下4个方面来把握力的内涵：

（1）力存在于相互作用的物体之间。只有在两个物体之间产生的相互作用才是力学中所研究的力，如用绳子拉车子，绳子与车子之间的相互作用就是力学中要研究的力 F，如图5-1所示。

（2）力是可以通过其表现形式被人们看到和观测到的。力的表现形式是：力的运动效果，力的变形效果。

（3）力产生的形式有直接接触和场的作用两种形式。

（4）要定量地确定一个力，也就是定量地确定一个力的效果，我们只要确定力的大小、方向、作用点，这称为力的三要素，如图5-2所示。

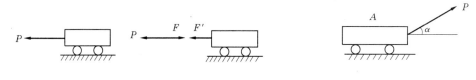

图5-1　力的图示　　　　　　　　　　图5-2　力的三要素

力的大小是衡量力作用效果强弱的物理量，通常用数值或代数量表示。有时也采用几何形式用比例长度表示力的大小。在国际单位制里，力的常用单位为牛顿（N）或千牛（kN），1 kN = 1 000 N。

力的方向是确定物体运动方向的物理量。力的方向包含两个指标：一个指标是力的指向，也就是图5-2中力 P 的箭头。力的指向表示了这个力是拉力（箭头离开物体），还是压力（箭头指向物体）。另一个指标是力的方位，力的方位通常用力的作用线表示，定量地表示力的方位，往往是用力作用线与水平线间夹角 α 表示的。

力的作用点是指物体间接触点或物体的重心，力的作用点是影响物体变形的特殊点。

2.力系的概念

力系是作用在一个物体上的多个（两个以上）力的总称。

根据力系中各个力作用线位置特点，我们把力系分为：①平面力系，力系中各个力作用线在同一平面内；②空间力系，力系中各个力作用线不在同一平面内。

根据力作用线间相互关系的特点，我们把平面力系分为：①平面平行力系，力系中各个力作用线相互平行。平面力偶系是平面平行力系中的特殊情况。②平面汇交力系，力系中各个力作用线或其延长线汇交于一点。如图5-3(a)所示，力系中各个力的作用线汇交于一

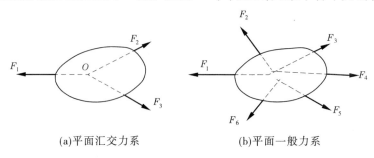

(a)平面汇交力系　　　　　　　(b)平面一般力系

图5-3　平面汇交力系和平面一般力系

点 O,故该力系是平面汇交力系。③平面一般力系,力系中各个力作用线无特殊规律。如图 5-3(b)所示,力系中各个力的作用线无规律,故该力系是平面一般力系。实际上,我们可以认为,平面平行力系和平面汇交力系均为平面一般力系中的特例,所以在学习力学计算理论时,我们主要注重平面一般力系的计算方法。

(二)静力学公理

1. 二力平衡公理

作用在同一物体上的两个力,使刚体平衡的必要和充分条件是:这两个力大小相等,方向相反,作用在同一直线上。

2. 加减平衡力系

在受力刚体上加上或去掉任何一个平衡力系,并不改变原力系对刚体的作用效果。

3. 作用力与反作用力公理

作用力与反作用力大小相等,方向相反,沿同一条直线分别作用在两个相互作用的物体上。

(三)力的合成与分解

1. 力的平行四边形法则

作用在物体同一点的两个分力可以合成为一个合力,合力的作用点与分力的作用点在同一点上,合力的大小和方向由以两个分力为边构成的平行四边形的对角线所确定,即由分力 F_1、F_2 为两个边构成的一个平行四边形,该平行四边形的对角线的大小就是合力 F 的大小,同时还可根据 F_1、F_2 的指向确定出合力 F 的指向,如图 5-4 所示。

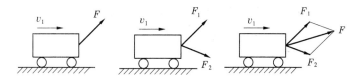

图 5-4　力的合成

2. 力的投影

根据力的平行四边形法则,一个合力可用两个分力来等效,且这两个力的组合有很多种,为了计算的方便,在力学分析中,一个任意方向的力 F,通常分解为水平方向分量 F_x 和竖直方向分量 F_y 后,再进行相关的力学计算。

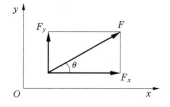

图 5-5　力的分解图

如图 5-5 所示,其中任意方向的力 F 与其分力 F_x、F_y 之间的关系有:

$$F = \sqrt{F_x^2 + F_y^2} \tag{5-1}$$

$$\theta = \arctan \frac{F_y}{F_x} \tag{5-2}$$

$$F_x = F\cos\theta \tag{5-3}$$

$$F_y = F\sin\theta \tag{5-4}$$

二、力矩和力偶的性质

(一) 力矩

一个物体受力后,如果不考虑其变形效应,则物体必定会发生运动效应。如果力的作用线通过物体中心,将使物体在力的方向上产生水平移动,如图 5-6(a) 所示;如果力的作用线不通过物体中心,物体将在产生向前移动的同时,还将产生转动,如图 5-6(b) 所示。因此,力可以使物体移动,也可以使物体发生转动。

力矩是描述一个力转动效应大小的物理量。描述一个力的转动效应(即力矩)主要是确定:①力矩的转动平面;②力矩的转动方向;③力矩转动能力的大小。转动平面一般就是计算平面。一个物体在平面内的转动方向只有两种(顺时针转动和逆时针转动),为了区分这两种转动方向,力学上规定顺时针转动的力矩为负号,逆时针转动的力矩为正号。实践证实,力 F 对物体产生的绕 O 点转动效应的大小与力 F 的大小成正比,与 O 点(转动中心)到力作用线的垂直距离(称为力臂)h 成正比,如图 5-7 所示。

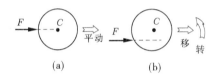
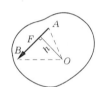

图 5-6　物体的运动效应　　　　　　图 5-7　力臂与转动中心

综合上述概念,可用一个代数量来准确地描述一个力 F 对点 O 的力矩

$$M_O(F) = \pm F \times h \tag{5-5}$$

式中　$M_O(F)$——力 F 对 O 点产生的力矩;

　　　F——产生力矩的力;

　　　h——力臂,力臂是一条线段,该线段特点:①垂直于力作用线,②通过转动中心;

　　　O——力矩的转动中心,即矩心。

力矩转动方向用正、负号表示,力矩转动方向的判断方法一般采用右手定则,四指沿着力的方向,手心对着矩心,大拇指的指向表示力矩的转动方向。

(二) 力偶

1. 力偶的概念

力偶是指同一个平面内两个大小相等,方向相反,不作用在同一条直线上的两个力。力偶产生的运动效果是纯转动,与力矩产生的运动效果(同时发生移动和转动)是不一样的。

力偶产生转动效应由以下三个要素确定:①力偶作用平面;②力偶转动方向;③力偶矩的大小。称为力偶三要素。力偶作用平面就是计算平面;与力矩转动向一样,用正、负号来区别逆、顺时针转向;力偶矩是表示一个力偶转动效应大小的物理量,力偶矩的大小与产生力偶的力 F 及力偶臂 h 成正比。综合上述概念,可用一个代数量来准确地描述力偶的转动效应:

$$M = F \times h \tag{5-6}$$

式中　M——力偶矩;

　　F——产生力偶的力;

　　h——力偶臂。

力偶方向的判别方法:右手四个手指沿力偶方向转动,大拇指方向为力偶方向。

2. 力偶的性质

力偶具有如下性质(这些性质体现了力偶与力矩的区别):

(1)力偶不能与一个力等效。这是因为力偶的运动效应与力矩的运动效应不相同。这条性质还可以表述为力偶无合力,或者说力偶在任何坐标轴上均无投影(投影为 O)。

(2)只要保持力偶的转向和力偶的大小不变,则不会改变力偶的运动效应。故在平面内表示力偶只要表示转向和力偶的大小即可。所以,图 5-8 的两种表示方法是一致的。同理,同一平面内两个力偶如果它们的转向和大小相同,则这两个力偶为等效。

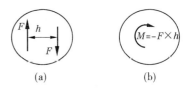

图 5-8　力偶

(3)力偶中的两力对任意点之矩之和恒等于力偶矩矢,而与矩心位置无关。

(4)合力偶矩等于各分力偶的代数和。当一个物体受到力偶系 $m_1, m_2, \cdots, m_n$ 作用时,各个分力偶的作用最终可合成为一个合力偶矩 M。即多个力偶作用在同一个物体上,只会使物体产生一个转动效应,也就是合力偶的效应。合力偶与各分力偶的关系为

$$M = m_1 + m_2 + \cdots + m_n = \sum_{i=1}^{n} m_i \tag{5-7}$$

式中　M——力偶系的合力偶矩;

　　$m_1, m_2, \cdots, m_n$——力偶系中的第 1 个,第 2 个,$\cdots$,第 n 个分力偶矩。

（三）力的平移原理

设在物体上的 A 点作用一个力 F,如图 5-9(a)所示,要将此力平行地移到刚体上的另一点 O 处。为此,在 O 点上加两个共线、等值、反向的力 F'、F''(即加一个运动效果为 O 的平衡力系),且 F'、F'' 与 F 平行、等值,如图 5-9(b)所示,显然该物体的运动效应不会改变。由于力 F 与 F'' 构成一个力偶,其力偶矩 $M = +F \times h$,故该情形可以表示成图 5-9(c)。比较图 5-9(a)、(c)两种等效的情形可以看出,力 F 已等效地从 A 点平行移到了 O 点,但不是简单的平移,而是需加上一个附加力偶。

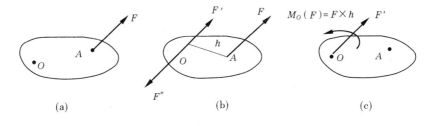

图 5-9　力的平移

作用在刚体上的力可以平移到刚体上任一指定点,但必须同时附加一个力偶,此附加力偶的力偶矩等于原力对指定点之矩。

上述即为力的平移原理。

三、平面力系的平衡方程

（一）平衡力系的平衡条件
平衡力系的平衡条件为

$$\sum F_x = 0 \tag{5-8}$$

$$\sum F_y = 0 \tag{5-9}$$

$$\sum M_O(F) = 0 \tag{5-10}$$

上述三式称为平面一般力学的平衡方程。表示力学中所有各力在两个坐标轴上投影的代数和分别等于零,所有各力对于力作用面内任一点之矩的代数和也等于零。

这里应该强调的是：

（1）力系平衡要求这三个平衡条件必须同时成立。有任何一个条件不满足,都意味着受力系作用的物体会发生运动,处于不平衡状态。

（2）三个平衡条件是平衡力系的充分必要条件。

（3）由于建筑构件都是受平衡力系作用的,所以每个建筑构件的受力均必须满足这三个平衡条件。实际上,这三个平衡条件是计算建筑构件未知力的主要依据。

（二）平面一般力系的平衡及简单结构平衡计算
【例5-1】 计算图5-10所示结构的支座反力。

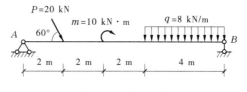

图5-10 例5-1图

解:结构受力图如图5-11所示。由于所有的结构都处于平衡状态,故受力图所示力系是平衡力系,该力系中所有的力均应满足平衡力系的平衡条件,即有

$$\sum F_x = 0, \qquad x_A + 20\cos60° = 0 \tag{1}$$

$$x_A = -20\cos60° = -20 \times \frac{1}{2} = -10(\text{kN})$$

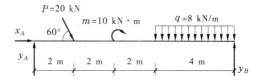

图5-11 结构受力图

计算结果中 x_A 的负号,说明该力的真实指向与受力图中 x_A 的指向(假设指向)相反。

$$\sum F_y = 0, \qquad y_A - 20\sin60° - 8 \times 4 + y_B = 0 \tag{2}$$

$$\sum M_A(F) = 0, \qquad -20\sin 60° \times 2 - 10 - 8 \times 4 \times 8 + y_B \times 10 = 0 \qquad (3)$$

解式(2)、式(3)联立方程得:$y_A = +19.26$ kN,$y_B = +30.06$ kN。

计算结果中 y_A、y_B 的正号,说明这些力的真实指向与受力图中 y_A、y_B 的指向(假设指向)相同。计算完毕。

平衡条件中的二矩式表达形式:

$$\sum F_x = 0 \; (\text{或} \sum F_y = 0) \qquad\qquad (5\text{-}11)$$

$$\sum M_A = 0 \qquad\qquad (5\text{-}12)$$

$$\sum M_B = 0 \qquad\qquad (5\text{-}13)$$

注意:平衡条件二矩式的应用前提是 x 轴(或 y 轴)不垂直于 AB 连线。

平衡条件的三矩式表达形式:

$$\sum M_A = 0 \qquad\qquad (5\text{-}14)$$

$$\sum M_{B'} = 0 \qquad\qquad (5\text{-}15)$$

$$\sum M_C = 0 \qquad\qquad (5\text{-}16)$$

注意:平衡条件三矩式的应用前提是 A、B、C 三点不共线。

第二节　静定结构的杆件内力

根据前面的概念,我们知道,一根杆件受到力的作用,一定会产生力的效果,即杆件受力后会产生运动和变形,由于在建筑力学范围内,杆件都是平衡的,也就是说,研究的杆件运动效应为零,所以我们可以肯定,平衡力系作用下的杆件虽然不会产生运动,但一定会产生变形。

在平面力系中,主要讨论平面杆件体系,即所有杆轴线在同一平面内。在平面杆件体系中,尽管外力作用形式不同,但是在杆件内部产生的应力种类和内力种类是固定的。杆件应力种类只有两种:一种是正应力 σ,一种是剪应力 τ。杆件的内力种类总共有四种,它们是截面法线方向内力——轴力 F_N,截面切线方向内力——剪力 F_S,在杆轴线和截面对称轴确定的平面内的力偶形式内力——弯矩 M,以及横截面内的力偶形式内力——扭矩 T。

一、单跨静定梁的内力计算

(一)外力特征

平面弯曲变形是建筑工程实践中遇到最多的一种基本变形形式,以平面弯曲变形为主的工程构件称为梁。力学分析中常见的悬臂梁、简支梁、外伸梁(见图5-12)都是产生平面弯曲变形的计算简图。房屋建筑中的楼面梁和阳台挑梁(见图5-13)是日常生活中常见的梁的工程实例。

产生平面弯曲变形的外力有两个特征:

(1)平面弯曲变形的外力必须作用在纵向对称平面内。纵向对称平面是指由梁的纵向轴线和梁横截面的对称轴所决定的平面(见图5-14)。工程中常见的梁截面特点是至少有一根对称轴(见图5-15),因此具有这些截面形状的梁也至少具有一个通过梁轴的纵向对称

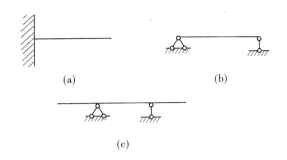

(a)　　　　　　　　　　　　　(b)

(c)

图 5-12　常见梁的示意图

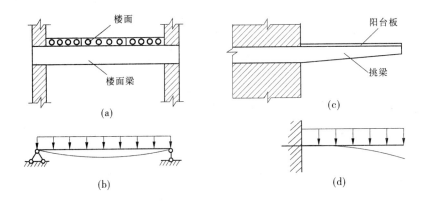

(a)　　　　　　　　　　　　　(c)

(b)　　　　　　　　　　　　　(d)

图 5-13　梁的工程实例

平面,所以说,平面弯曲变形是工程中常见的情况。

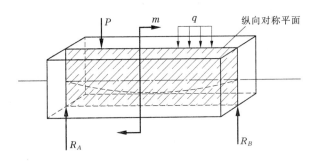

图 5-14　外力作用于结构纵向对称平面内

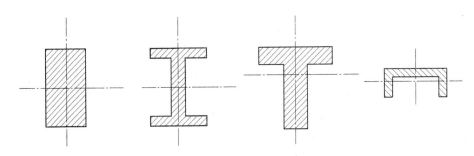

图 5-15　梁的对称轴示意图

（2）产生平面弯曲变形的外力必须垂直于杆轴线。无论外力形式是集中力、均布力还是力偶，如果作用在梁上的外力全部垂直于杆轴线，才产生平面弯曲变形。若有不垂直于杆轴线的外力作用在梁上，则该梁产生的就是组合变形，而不是基本变形的平面弯曲变形。

在分析梁的受力和变形时，通常用纵向对称平面内的梁轴线来表示梁的受力情况和变形情况。梁在变形时，其轴线由直变弯，弯曲后的杆轴线称为挠曲线，梁的变形一般都是用挠曲线来描述的。挠曲线所在的平面称为梁的弯曲平面。平面弯曲变形的特点是外力作用平面与弯曲平面重合，都作用在纵向对称平面内。

（二）内力种类

梁受到外力作用后，各个横截面上将产生内力，由理论分析可知，尽管在不同的外力作用下，梁不同的横截面上有不同的内力值，但所有产生平面弯曲梁横截面上的内力种类是相同的。那么梁的内力种类是怎样的呢？

图 5-16(a) 所示为一平面弯曲梁，首先利用截面法对任一横截面 m—m 求内力。取左段隔离体（见图 5-16(b)）为研究对象，在左梁段上作用有已知外力（荷载和支座反力），则在截面 m—m 上一定存在有某些内力来维持这段梁的平衡。

现在，如果将左梁段上的所有外力向截面 m—m 的形心简化，可以得到垂直于梁轴的一主矢和一主矩。由此可见，为了维持左段梁的平衡，横截面 m—m 上必然同时存在两个内力：与主矢平衡的内力 F_S，与主矩平衡的内力 M。内力 F_S 位于所切开的横截面 m—m 上，称为剪力；内力 M 垂直于横截面，称为弯矩。若取右段隔离体分析，根据作用与反作用关系，截面上 F_S 和 M 的指向应如图 5-16(c) 所示。

从以上推导过程，我们可以得出结论：在平面弯曲梁的任一截面上，存在着两种形式的内力，一种是剪力 F_S，一种是弯矩 M。知道了梁的内力种类后，在分析梁任一截面的内力时，我们可在该截面将杆件截断成左、右两段梁，然后取其中的左段梁（也可是右段梁）作为脱离体，画受力图进行受力分析和计算。画受力图时，在截断的脱离体横截面上加剪力 F_S 和弯矩 M 后，左段梁的受力情形就与原简支梁（截断前）的受力情形等效。

为了使从左、右两段梁上求得的同一截面上的剪力 F_S 和弯矩 M 具有相同的正负号，并由它们的正负号来反映梁的变形情况，对剪力 F_S 和弯矩 M 的正、负作出如下规定：

从图 5-16 上所欲求内力的横截面 m—m 的左侧或右侧取微段如图 5-17 所示。其中图 5-17(a) 表示微段在剪力 F_S 作用下左端向上、右端向下的错动变形，规定这种情况的剪力 F_S 为正值；反之，图 5-17(b) 则是剪力 F_S 使微段产生左端向下、右端向上的错动变形，剪力 F_S 为负值。即剪力 F_S 使微段绕对面一端做顺时针转动为正，逆时针转动为负。图 5-17(c) 表示微段在弯矩 M 作用下产生下部受拉、上部受压（向下凸）的弯曲变形，规定这种情况的弯矩 M 为正值；反之，图 5-17(d) 则是弯矩 M 使微段产生上部受拉、下部受压（向上凸）的弯曲变形，M 为负值。也可以表述如下：

（1）剪力的正负号规定：截面上的剪力使该截面的邻近微段有作顺时针转动趋势时取正号，有作逆时针转动趋势时取负号。

（2）弯矩的正负号规定，截面上的弯矩使该截面的邻近微段向下凸时取正号，向上凸时取负号。

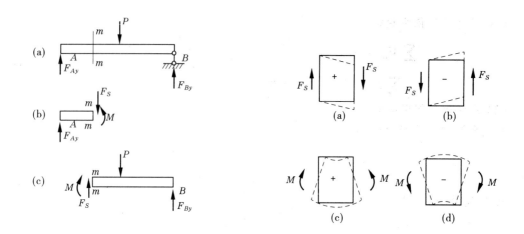

图 5-16　平面弯曲梁　　　　图 5-17　平面弯曲梁的剪力和弯矩

（三）用截面法求平面弯曲梁的内力——剪力和弯矩

梁指定截面的内力计算是画内力图和进行强度、变形计算的基础。求梁指定截面内力时,主要有两个步骤:一是准确地画出受力图。画受力图仍是要抓住取脱离体、加已知力和加相应内力(相应约束反力)三个要点,就可画出受力图。加相应内力对于梁来说,就是要在截断的横截面上加上剪力 F_S 和弯矩 M。二是迅速求出指定截面的内力值。由于求指定截面内力的受力图与求悬臂梁支座反力的受力图相似,所以求计算截面内力值的规律与计算悬臂梁支座反力的规律是相同的,即

$$X = \sum F_x \tag{5-17}$$

$$Y = \sum F_y \tag{5-18}$$

$$M = \sum M_A \tag{5-19}$$

截面法计算梁指定截面内力的步骤如下:

(1)计算梁的支座反力(悬臂梁可不求)。

(2)在需要计算内力的横截面处,将梁假想切开,并任选一段为研究对象。

(3)画所选梁段的受力图,这时剪力与弯矩的方向均按正方向假设标出。

当由平衡方程解得内力为正号时,表示实际方向与假设方向相同,即内力为正值。若解得内力为负号时,表示实际方向与假设方向相反,即内力为负值。

【例 5-2】　简支梁如图 5-18 所示,试求 D 截面的内力。

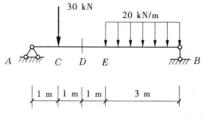

图 5-18　例 5-2 图

解:(1)首先求出支座反力。

由梁整体的平衡方程得

$$\sum M_B = 0 \qquad F_{Ay} = \frac{30 \times 5 + 20 \times 3 \times 1.5}{6} = 40(\text{kN})$$

$$\sum F_y = 0 \qquad F_{By} = 30 + 20 \times 3 - 40 = 50(\text{kN})$$

（2）对 D 截面使用截面法求内力。

取左段隔离体作受力图，如图 5-19(a) 所示，由竖向力平衡

$$\sum F_y = 0 \qquad F_{SD} + 30 - F_{Ay} = 0$$

得

$$F_{SD} = F_{Ay} - 30 = 40 - 30 = 10(\text{kN})$$

对 D 截面形心求矩

$$\sum M_D = 0 \qquad M_D + 30 \times 1 - 2F_{Ay} = 0$$

得

$$M_D = 2F_{Ay} - 30 = 2 \times 40 - 30 = 50(\text{kN} \cdot \text{m})$$

（3）若取右段隔离体，如图 5-19(b) 所示，所得结果当然相同。

由竖向力平衡

$$\sum F_y = 0 \qquad F_{SD} + F_{By} - 20 \times 3 = 0$$

得

$$F_{SD} = 60 - F_{By} = 60 - 50 = 10(\text{kN})$$

对 D 截面形心求矩

$$\sum M_D = 0 \qquad M_D + 20 \times 3 \times 2.5 - 4F_{By} = 0$$

得

$$M_D = 4F_{By} - 150 = 4 \times 50 - 150 = 50(\text{kN} \cdot \text{m})$$

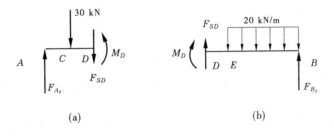

图 5-19　受力图

当求截面的弯矩时，以取该截面形心为矩心建立力矩方程为好，这样可避免依赖于先求未知剪力。

（四）梁的内力图

从上面的讨论可以看出，在一般情况下，梁横截面上的剪力和弯矩都是随截面位置不同而变化的。若沿梁的轴线建立 x 坐标轴，即以 x 坐标表示梁的横截面位置，则 x 截面上的剪力 $F_S(x)$ 和弯矩 $M(x)$ 都是 x 的函数，即

$$F_S = F_S(x) \qquad M = M(x) \tag{5-20}$$

以上两式分别称为梁的剪力方程和弯矩方程。它表示剪力、弯矩随梁轴线变化的情况。

与轴力图和扭矩图相类似，以平行于梁轴线的横坐标轴 x 表示各横截面位置，以垂直于 x 轴的纵坐标表示剪力 F_S 或弯矩 M，把各纵坐标的端点连接起来，这样绘出的图就是剪力图（F_S 图）或弯矩图（M 图）。

房屋建筑工程中用的弯矩图,都应把各截面处的弯矩画在该处受拉的一侧。由于已规定使梁下部受拉的弯矩为正弯矩,因此正弯矩应画在该处的下方,而负弯矩则画在该处的上方。弯矩图上可不必标正负号。在剪力图中习惯将正剪力画在梁轴的上方,负剪力画在梁轴的下方。同时剪力图中还要标明正负号。

【例5-3】 图5-20所示简支梁,受均布荷载作用,试建立梁的剪力、弯矩方程,绘制 F_S 图和 M 图,并确定 $|F_S|_{max}$ 及 $|M|_{max}$。

解:(1)求支座反力。

由梁整体的平衡方程 $\sum M_B = 0$ 及 $\sum F_y = 0$(或利用荷载的对称性),得

$$F_{Ay} = F_{By} = \frac{ql}{2}$$

(2)建立剪力方程、弯矩方程。

以 A 为坐标原点建立坐标系,取任一截面为 x,列出剪力方程、弯矩方程:

$$F_S(x) = F_{Ay} - qx = \frac{1}{2}ql - qx \quad (0 \leq x \leq l)$$

它是一直线方程。

$$M(x) = F_{Ay}x - \frac{1}{2}qx^2 = \frac{1}{2}qlx - \frac{1}{2}qx^2 \quad (0 \leq x \leq l)$$

它是一个二次抛物线方程。

(3)计算各控制点的 F_S 值和 M 值。

(4)绘出剪力图、弯矩图。

根据剪力、弯矩方程及各控制点的内力值,绘出剪力图、弯矩图。

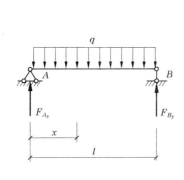

图5-20 例5-3简支梁

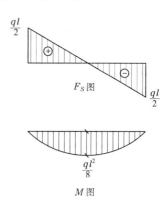

图5-21 例5-3 F_S 图和 M 图

(5)确定 $|F_S|_{max}$ 及 $|M|_{max}$。

显然在 A、B 两端截面有 $|F_S|_{max} = \frac{1}{2}ql$。

本例中梁上作用均布荷载,剪力图为一斜直线,弯矩图为二次抛物线,凸出方向与 q 的方向相同。用二次函数求极值的方法,可以得到在跨中 $x = \frac{l}{2}$ 处,$|M|_{max} = \frac{1}{8}ql^2$。

【例5-4】 分别求解绘制图5-22所示悬臂梁受集中荷载和均布荷载内力图。

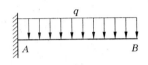

图 5-22   例 5-4 悬臂梁

解:(1)对于悬臂梁来说,可以采用从自由端反推的方法求内力,取图中所示的 x 轴,从该截面截开取右隔离体为研究对象,建立内力方程:

$$F_S(x) = P \quad (0 \leqslant x \leqslant l)$$

$$M(x) = -Px \quad (0 \leqslant x \leqslant l)$$

计算各控制点的 F_S 值和 M 值,绘出剪力图、弯矩图如图 5-23 所示。

(2)取图中所示的 x 轴,从该截面截开取右隔离体为研究对象,建立内力方程:

$$F_S(x) = qx \quad (0 \leqslant x \leqslant l)$$

$$M(x) = -\frac{1}{2}qx^2 \quad (0 \leqslant x \leqslant l)$$

计算各控制点的 F_S 值和 M 值,绘出剪力图、弯矩图如图 5-23 所示。

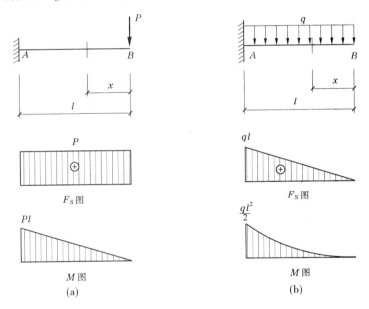

图 5-23   例 5-4 F_S 图和 M 图

从以上的例题可以看到,在梁的集中荷载及支座处,截面的内力有下述几个特点:

(1)在有集中力作用的横截面处,剪力 F_S 无定值,左右两侧发生突变。突变值的大小就是该处集中力的数值。从左往右画剪力图时,F_S 图突变的方向与集中力 P 的指向一致。

(2)在有集中力偶作用的横截面处,弯矩 M 无定值,左右两侧发生突变。突变值的大小就是该处集中力偶矩的值。从左往右画弯矩图时,当集中力偶 M 逆时针方向时,弯矩图由下向上突变;集中力偶 M 顺时针方向时,弯矩图由上向下突变。

(3)在梁端的铰支座处,只要该处无集中力偶作用,则梁端铰内侧截面的弯矩 M 一定等于 0;若该处有集中力偶作用,则 M 值一定等于这个集中外力偶矩。应注意,外伸梁外伸处的铰支座与梁端铰不同,无此特点。

简支梁在集中力、集中力偶作用下的剪力图、弯矩图如图5-24、图5-25所示。

二、多跨静定梁的内力分析

(一)多跨静定梁的组成

若干根梁彼此用铰相联,并用若干支座与基础相联而组成的静定结构称为多跨静定梁。在工程结构中,常用它来跨越几个相连的跨度。

例如公路桥梁的主要承重结构和房屋建筑中的木檩条常采用这种结构形式,图5-26(a)为一用于房屋建筑中木檩条的多跨静定梁,在各梁的接头处采用斜搭接加螺栓系紧。由于接头处不能抵抗弯矩,因而视为铰结点,其计算简图如图5-26(b)所示。

从几何组成来看,多跨静定梁可以分为基本部分和附属部分,如图5-26(c)所示。其中AC、DG和HJ部分各有三根支座链杆与基础(屋架)相联构成几何不变体系,称为基本部分。短梁CD和GH则支承在AC、DG和HJ梁上,它们需要依靠基础部分的支承才能保持其几何不变性,故称为附属部分。当竖向荷载作用于基本部分上时,只有基本部分受力。当荷载作用在附属部分时,除附属部分承受力外,基本部分也同时承受由附属部分传来的支座反力。这种相互传力的关系如图5-26(c)所示,称为层次图。

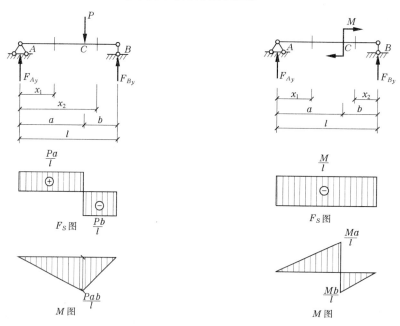

图5-24 集中力作用下的剪力图、弯矩图　　　图5-25 集中力偶作用下的剪力图、弯矩图

常见的多跨静定梁有图5-26(b)、(d)两种形式,图5-26(d)所示多跨静定梁除左边第一跨为基本部分外,其余各跨均分别为其左边部分的附属部分,其层次图如图5-26(e)所示。由上述基本部分与附属部分力的传递关系可知,多跨静定梁的计算顺序应该是先附属部分后基本部分。

(二)多跨静定梁的内力计算

只要先分析出多跨静定梁的层次图,然后依次绘出各单跨梁的内力图,再连成一体,就

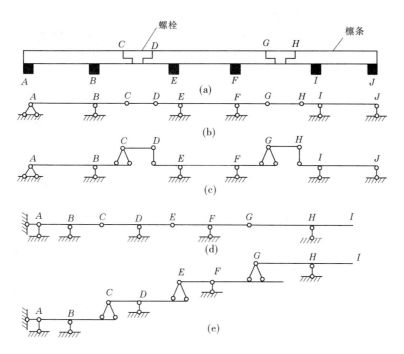

图 5-26　多跨静定梁内力分析

可得到多跨静定梁的内力图。

【例 5-5】　试作图 5-27 所示多跨静定梁的内力图。

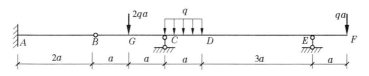

图 5-27　例 5-5 多跨静定梁

解: 首先分析力的传递关系,画出该多跨静定梁的层次图,如图 5-28(a)所示。

然后按先附属部分后基本部分的顺序计算各单跨梁,如图 5-28(b)所示。

DF 段:

$$F_{Ey} = \frac{4}{3}qa \qquad (\uparrow)$$

$$F_{Dy} = \frac{1}{3}qa \qquad (\downarrow)$$

将 F_{Dy} 反向作用于 BD 梁上,连同在 G 点的荷载 $2qa$ 和 CD 段的荷载 q 来计算 BD 简支梁。此时为求 M_{max} 值,可由图 5-28(b)得

$$F_S(x) = -\frac{1}{3}qa + qx = 0$$

$$x = \frac{1}{3}a$$

所以

$$M_{max} = \frac{1}{3}qa \times \frac{1}{3}a - \frac{1}{2}q\left(\frac{a}{3}\right)^2 = \frac{1}{18}qa^2$$

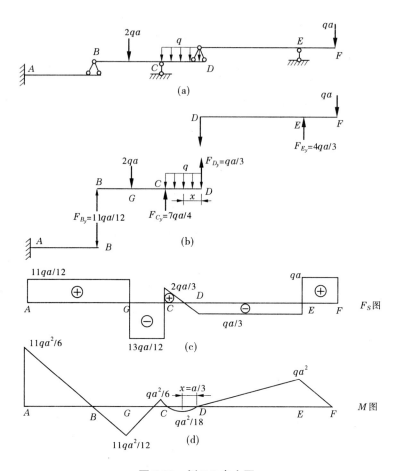

图 5-28　例 5-5 内力图

然后依次计算 *AB* 梁,得到诸约束反力,如图 5-28(b)所示,由图 5-28(b)不难绘出各跨梁的剪力图和弯矩图,然后联成一体,得到最终剪力图和弯矩图,如图 5-28(c)、(d)所示。

三、静定平面桁架的内力分析

(一)桁架的特点

1. 概述

桁架由直杆组成,所有结点均为铰结点的结构。

桁架是若干直杆两端用铰连接而成的几何不变体系,如图 5-29(a)所示。在桁架的计

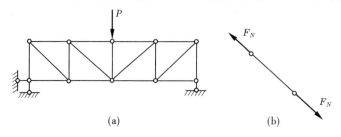

图 5-29　桁架内力分析

算简图中,通常作下述三条规定:

(1)各杆在结点处都是用光滑无摩擦的理想铰联结。

(2)各杆轴线均为直线,并通过轴心。

(3)荷载和支座反力都作用在结点上,并通过铰心。

凡是符合上述假定的桁架称为理想桁架,理想桁架的各杆内力只有轴力。从图5-29(a)中任取一杆如图5-29(b)所示,由于杆件只在两端受力,因此要使杆件平衡,此二力就必须平衡,即大小相等,方向相反,并共同作用于杆轴线上,故杆件只产生轴力。

然而,实际工程中的桁架与上述假定并不完全吻合。首先要得到一个光滑无摩擦的理想铰接结构是不可能的。例如,在钢结构中,结点通常都是铆接或焊接的,有些杆件在结点处是连续的,这就使得结点具有一定的刚性。在钢筋混凝土结构中,由于整体浇筑,因此结点具有更大的刚性;在木结构中,虽然各杆之间是用榫接或螺栓连接,各杆在结点处可作一些转动,但仍与理想铰的情况有出入。要求各杆轴线绝对平直,结点上各杆轴线准确地交于一点,在工程中也不易做到。桁架也不可能只受结点荷载的作用,例如风荷载、杆件自重等都是作用于杆件上的,这些情况都可能使杆件在产生轴力的同时还产生其他内力,如弯矩。

实际工程中,将桁架考虑成只受轴力的杆件,经实际检验,可以满足实际工程的要求。

2.桁架的几何组成及分类

桁架的杆件包括弦杆和腹杆两类。弦杆分为上弦杆和下弦杆。腹杆则分为竖杆和斜杆。弦杆上相邻两结点的距离 d 称为节间距离。两支座间的水平距离 l 称为跨度。支座连线至桁架最高点的距离 H 称为桁架高度,或称桁高,如图5-30所示。桁高与跨度之比称为高跨比,屋架常用高跨比为 $1/2 \sim 1/6$,桥梁的高跨比常为 $1/6 \sim 1/10$。

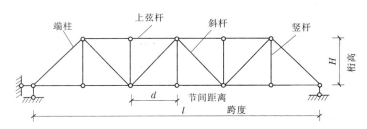

图5-30　桁架构成

在实际工程中,桁架的种类很多,按照不同特征可以有不同的分类。

(1)按照空间观点,桁架可分为平面桁架和空间桁架。

若一空间桁架体系在分析时可忽略各榀平面桁架之间的连系杆件的空间受力作用,将原空间桁架分离成一榀平面桁架进行计算,该榀桁架就称为平面桁架,如图5-31(a)所示。

各杆轴线及荷载不在同一平面内,且必须按照空间力系进行计算的桁架,称为空间桁架,如图5-31(b)所示。

(2)按几何组成方式可分为简单桁架、联合桁架和复杂桁架。

简单桁架——在一个基本铰结三角形的基础上,依次增加二元体形成的桁架,如图5-32(a)、(b)、(e)、(f)所示。

联合桁架——由几个简单桁架按几何不变体系的组成规则而构成的桁架,如图5-32(c)、(g)所示。

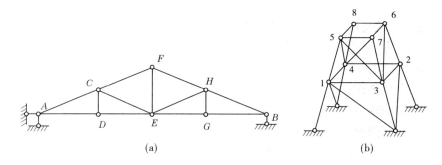

图 5-31　桁架分类(一)

复杂桁架——不按上述两种方式组成的其他形式的桁架,如图 5-32(d)所示。

(3)按其外形的特点,桁架可分为平行弦桁架,如图 5-32(b)、(d)所示,三角形桁架如图 5-32(a)、(c)所示,抛物线或折曲弦桁架,如图 5-32(e)、(f)、(g)所示。

(4)按支座反力的性质,桁架可分为梁式桁架(或称无推力桁架,如图 5-32(a)~(f)所示)和拱式桁架(或称有推力桁架,如图 5-32(g)所示)。

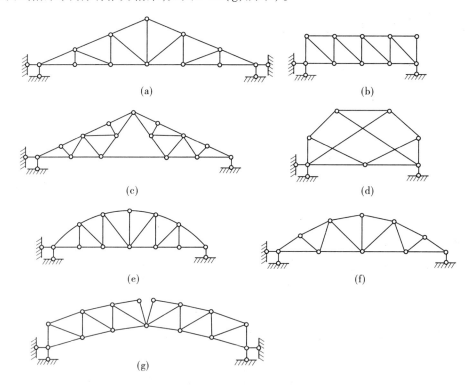

图 5-32　桁架分类(二)

(二)平面桁架的数解法

用数解法对桁架进行内力分析,通常先求出桁架的支反力(悬臂梁桁架可除外),然后用假想的截面将桁架截开,并取出一部分作为隔离体,最后考虑隔离体的静力平衡条件求解杆件轴力。由于所截取的隔离体可能形成两类力系,因此桁架内力数解法也有结点法和截面法之分,下面分别进行介绍。

1.结点法

所谓结点法,就是用一闭合截面截取桁架的某一结点为隔离体,然后根据该结点的平衡条件建立平衡方程,从而求出未知的杆件轴力。

由于理想桁架的外力、反力和杆件轴力均作用于结点上且过铰心,形成平面汇交力系,所以对每一结点仅能建立两个独立的平衡方程。因此,在用结点法计算杆件轴力时,每次截取的结点上未知的轴力应不多于两根。

这一要求对于简单桁架显然能够实现。由于简单桁架是从基础(或基本铰接三角形)依次加二元体后形成的,而每个二元体所构成的结点只有两根杆件。因此,只要依照与桁架构成相反的顺序截取结点为隔离体,就可以计算出简单桁架中任一杆件的内力,最后一个结点则可用来进行校核。

在建立结点平衡方程时,常需要将斜杆轴力 F_N 分解为水平分力 x 和竖直分力 y,若该斜杆杆长 l 的水平投影为 l_x,竖向投影为 l_y,则根据相似三角形的比例关系(见图 5-33)可知:

$$\frac{F_N}{l} = \frac{x}{l_x} = \frac{y}{l_y}$$

利用这个比例关系由 F_N 推算 x、y 或由 x、y 推算 F_N,比使用三角函数更为简便。

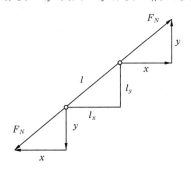

图 5-33　利用相似三角形计算示意图

下面举例说明结点法的应用。

【**例** 5-6】　试用结点法计算图 5-34 所示桁架中各杆的内力。

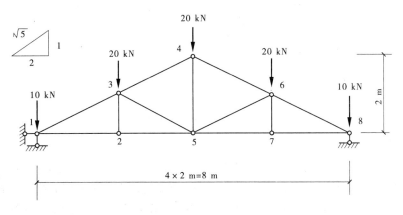

图 5-34　例 5-6 图

解: 由于桁架和荷载都是对称的。相应的杆件内力和支座反力也必然是对称的,故取半个桁架计算即可。

(1)计算支座反力。

$$F_{1y} = F_{8y} = 40 \text{ kN} \ (\uparrow) \qquad F_{1x} = 0$$

(2)计算各杆的内力。

反力求出后,可截取结点计算各杆的内力。从只含两个未知力的结点开始,这里有1、8两个结点,现在计算左半桁架,从结点1开始,然后依次分析其相邻结点。

取结点1为隔离体,如图5-35(b)所示。

$$\sum F_y = 0 \qquad\qquad F_{N13y} = -30 \text{ kN}$$

利用比例关系:

$$F_{N13x} = \frac{2}{1} \times F_{N13y} = 2 \times (-30) = -60 \text{(kN)}$$

$$F_{N13} = \frac{\sqrt{5}}{1} \times F_{N13y} = \sqrt{5} \times (-30) = -67.1 \text{(kN)} \text{(压力)}$$

$$\sum F_x = 0 \qquad\qquad F_{N12} = -F_{N13x} = -(-60) = 60 \text{(kN)}$$

取结点2为隔离体,如图5-35(c)所示。

$$\sum F_y = 0 \qquad\qquad\qquad F_{N23} = 0$$

$$\sum F_x = 0 \qquad\qquad\qquad F_{N25} = 60 \text{ kN} \quad (\text{拉力})$$

取结点3为隔离体,如图5-35(d)所示。

$$\sum F_x = 0 \qquad\qquad F_{N34x} + F_{N35x} + 60 = 0$$

$$\sum F_y = 0 \qquad\qquad F_{N34y} - F_{N35y} - 20 + 30 = 0$$

利用比例关系:

$$F_{N34y} = \frac{F_{N34x}}{2}, F_{N35y} = \frac{F_{N35x}}{2}, \text{联立两式求解,即可得到:}$$

$$F_{N34x} = -40 \text{ kN} \qquad\qquad F_{N35x} = -20 \text{ kN}$$

利用比例关系:

$$F_{N34y} = -20 \text{ kN} \qquad F_{N34} = \sqrt{5} \times \frac{-40}{2} = -44.7 \text{(kN)} \quad (\text{压力})$$

$$F_{N35y} = -10 \text{ kN} \qquad F_{N35} = \sqrt{5} \times \frac{-20}{2} = -22.4 \text{(kN)} \quad (\text{压力})$$

取结点4为隔离体,如图5-35(e)所示。

$$\sum F_x = 0 \qquad\qquad F_{N46x} = -40 \text{ kN}$$

利用比例关系:

$$F_{N46y} = \frac{-40}{2} = -20 \text{(kN)}$$

$$F_{N46x} = \frac{\sqrt{5}}{2} \times (-20) = -44.7 \text{(kN)} \quad (\text{压力})$$

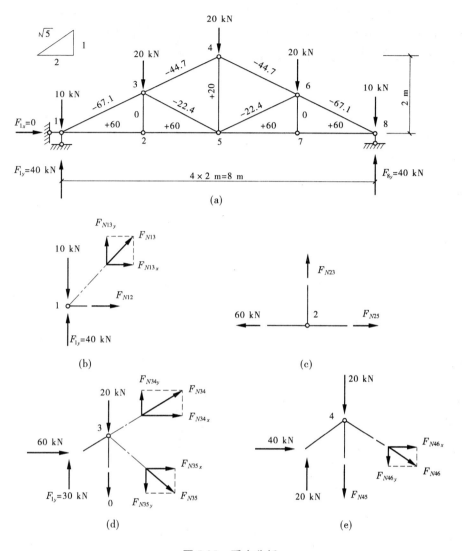

图 5-35　受力分析

$$\sum F_y = 0 \qquad\qquad F_{N45} = 20 \text{ kN} \quad （拉力）$$

在计算结果中，F_{N34} 和 F_{N46} 完全相同，从而验证了对称结构在对称荷载作用下，内力也对称的特性。

利用某些结点平衡的特殊情况，常可使计算简化。现列举几种特殊结点如下：

（1）两杆结点上无荷载作用时如图 5-36（a）所示，两杆的内力都等于零。凡内力等于零的杆件即简称为零杆。

（2）两杆结点上有荷载，且荷载沿某个杆件方向作用时如图 5-36（b）所示，则另一杆件为零杆。

（3）三杆结点上无荷载作用时，若其中有两杆在一直线上，如图 5-36（c）所示，则另一杆必为零杆，而在同一直线上的两杆内力相等，且性质相同。

（4）四杆结点无荷载作用且杆件两两共线，则共线杆件的轴力两两相同，如图 5-36（d）

所示。

上述结论都可根据适当的投影方程得出。例如,对于情况图5-36(b),取垂直于 F_{N1} 的方向作 y 轴,则由 $\sum F_y = 0$ 可知 $F_{N2} = 0$。

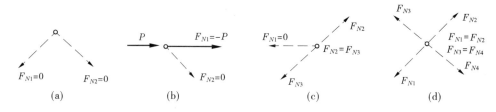

图 5-36　桁架简化计算示意图(一)

应用上述结论,容易看出图5-37中虚线所示的各杆均为零杆。

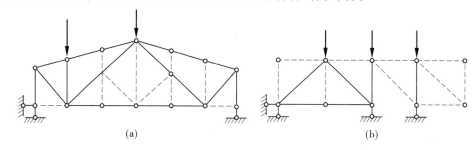

图 5-37　桁架简化计算示意图(二)

2. 截面法

当所截取的脱离体中包含两个或两个以上结点,需要建立平面任意力系的平衡方程才能求出杆件内力的方法,称为截面法。

若隔离体上未知力数目不多于三个,且它们既不相交于一点,也不平行的话,则可以利用平面一般力系的三个平衡方程直接把这一截面上的全部未知力求出。

截面法适用于联合桁架的计算以及简单桁架中只需求出少数指定杆件内力的情况。

【例5-7】　求图5-38所示桁架指定杆件内力。

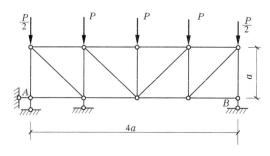

图 5-38　例5-7桁架

解:(1)计算支座反力:

$$\sum F_y = 0 \qquad\qquad F_{Ay} = 2P \qquad (\uparrow)$$

$$\sum F_x = 0 \qquad\qquad F_{Ax} = 0$$

$$\sum M_A = 0 \qquad\qquad F_{By} = 2P \qquad (\uparrow)$$

（2）计算指定杆件的内力：

作 I—I 截面，并取截面以左为隔离体，如图 5-39（b）所示。

$$\sum F_y = 0 \qquad F_{Na} + \frac{P}{2} - 2P = 0 \qquad F_{Na} = -\frac{3P}{2}$$

作 II—II 截面，取截面以左为脱离体，如图 5-39（c）所示。

$$\sum F_y = 0 \qquad F_{Nby} + P + \frac{P}{2} - 2P = 0 \qquad F_{Nby} = \frac{P}{2}$$

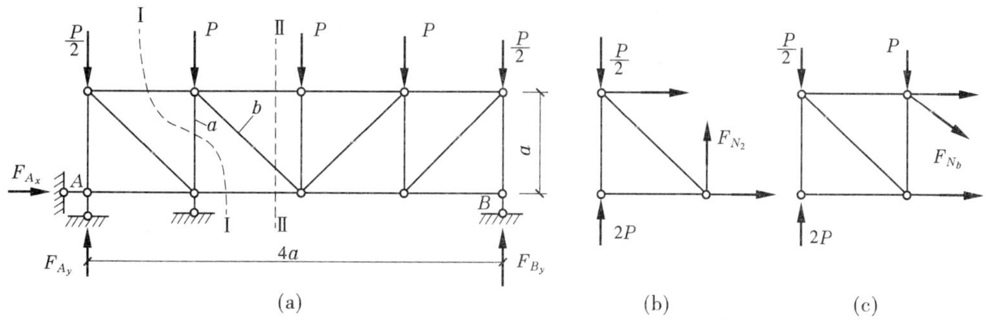

图 5-39　例 5-7 内力图

3. 桁架外形与受力性能的比较

桁架的外形不同，其受力性能及使用场合也不相同。下面就实际工程中常见的三种桁架（平行弦桁架、抛物线形桁架、三角形桁架）在相同的跨度、节间数目、节间长度以及相同的荷载下进行内力分析比较。

1）平行弦桁架

图 5-40（a）为一上弦承受均布结点荷载的平行弦桁架，其上、下弦杆的轴力两端小、中间大，且下弦杆受拉，上弦杆受压。平行弦桁架腹杆的轴力是中间小、两端大。腹杆的拉压性质则取决于斜杆的布置。该桁架的竖杆受压、斜杆受拉；若各斜杆布置方向均与图 5-40（a）所示方向相反，则斜杆受压，竖杆受拉。

2）抛物线形桁架

图 5-40（b）所示抛物线形桁架，桁架的外形为一抛物线，各下弦杆轴力和各上弦杆的水平分力大小相等。又因上弦杆倾斜角度变化不大，所以上弦杆轴力也相差很小。至于腹杆，由上弦结点的平衡条件（ $\sum F_x = 0$ ）可知，各斜杆内力均为零，从而竖杆的内力也等于零（当荷载作用于上弦结点时）或等于所承受的荷载（当荷载作用于下弦结点时）。

3）三角形桁架

如图 5-40（c）所示，三角形桁架的弦杆轴力中间小、两端大。而腹杆的轴力，由截面法可知，为中间大、两端小。斜杆受压，竖杆受拉；当斜杆均反向布置时，斜杆受拉，竖杆受压。

根据对上述三种不同外形的桁架的分析结果，可得出如下结论：

（1）平行弦桁架弦杆轴力中间大、两端小，而腹杆的轴力中间小、两端大。因此，若每一弦杆采用不同的截面会增加拼接困难；若采用同一截面又浪费材料。但是，由于采用相同截面在构造上有其优点，如结点构造统一，杆件类型少，便于制造和施工，因而平行弦桁架仍得

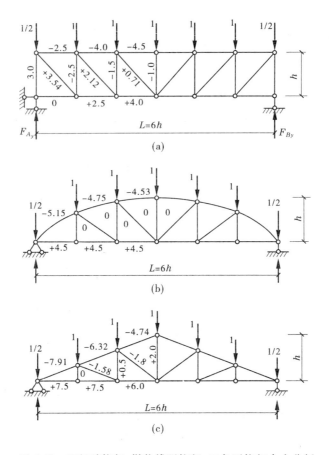

图 5-40 平行弦桁架、抛物线形桁架、三角形桁架内力分析

到广泛应用。不过一般限于轻型桁架,以避免因弦杆采用一致的截面带来的过大浪费。

(2)抛物线形桁架弦杆轴力变化不大,因而在材料使用上最为经济。但上弦杆转折太多,构造复杂,施工困难。在大跨度屋架(18～30 m)和大跨度桥梁(100～150 m)中,因节约材料意义较大,故常被采用。

(3)三角形桁架的内力分布不均匀,支座处弦杆轴力较大。端结点处杆件之间的夹角很小,构造复杂,制作困难。但由于其外形利于排水,所以这种桁架形式宜用于跨度较小、坡度要求较大的屋架结构。

(4)桁架的外形不同,其受力性质及使用场合也不相同。下面就实际工程中常见的三种桁架(平行弦桁架、抛物线形桁架、三角形桁架)在相同的跨度、节间数目、节间长度以及相同的荷载下进行内力分析比较。

4.组合结构

组合结构是由只承受轴力的二力杆,即链杆和承受弯矩、剪力、轴力的梁式杆件组合而成。它常用于房屋建筑中的屋架、吊车梁以及桥梁的承重结构。例如图 5-41(a)所示的下撑式五角形屋架就是较为常见的静定组合结构。其上弦杆由钢筋混凝土制成,主要承受弯矩和剪力;下弦杆和腹杆则用型钢做成,主要承受轴力。其计算简图如图 5-41(b)所示。

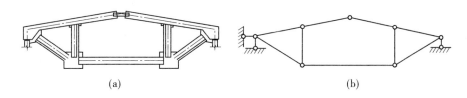

图 5-41　组合结构及受力简图

第三节　杆件强度、刚度和稳定性的概念

在荷载作用下,承受荷载和传递荷载的建筑结构和构件会引起周围物体对它们的反作用;同时构件本身因受荷载作用而将产生变形,并且存在着发生破坏的可能性。但结构本身具有一定的抵抗变形和破坏的能力,即具有一定的承载能力,而构件的承载能力的大小与构件的材料性质、截面的几何尺寸和形状、受力性质、工作条件和构造情况等有关。在结构设计中,若其他条件一定,如果构件的截面设计得过小,当构件所受的荷载大于构件的承载能力时,则结构将不安全,它会因变形过大而影响正常工作,或因强度不够而受破坏。当构件的承载能力大于构件所受的荷载时,则要多用材料,造成浪费。

一、杆件变形的基本形式

在工程实际中,杆可能受到各种各样的外力作用,因此杆的变形也是多种多样的。但这些变形总不外乎是以下四种基本变形中的一种,或者是它们中几种的组合。

(1)轴向拉伸或轴向压缩。在一对大小相等、方向相反、作用线与杆件轴线相重合的轴向外力作用下,使杆件在长度方向发生伸长变形的称为轴向拉伸(见图 5-42(a)),长度方向发生缩短变形的称为轴向压缩(见图 5-42(b))。

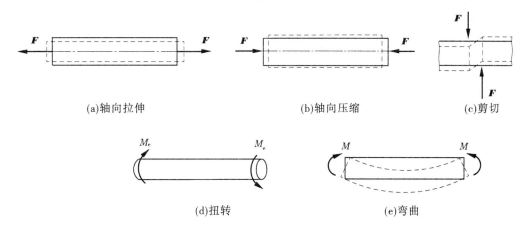

(a)轴向拉伸　　　　　　　　(b)轴向压缩　　　　　　(c)剪切

(d)扭转　　　　　　　　　(e)弯曲

图 5-42　杆件变形的基本形式

(2)剪切。在一对大小相等、方向相反、作用线相距很近的横向力作用下,杆件的主要变形是横截面沿外力作用方向发生错动(见图 5-42(c)),此称作剪切变形。

(3)扭转。如图 5-42(d)所示,在一对大小相等、转向相反、作用平面与杆件轴线垂直的外力偶矩 M_e 作用下,直杆的相邻横截面将绕着轴线发生相对转动,而杆件轴线仍保持直线,这种变形形式称为扭转。

(4)弯曲。在一对方向相反,位于杆的纵向对称平面内的力偶作用下,杆件的轴线变为曲线,这种变形形式称为弯曲,如图5-42(e)所示。

二、应力、应变的基本概念

(一)应力的基本概念

杆件在轴向拉伸或轴向压缩时,除引起内力和应力外,还会发生变形。

定义构件某截面上的内力在该截面上某一点处的集度为应力。

如图5-43(a)所示,在某截面上 a 点处取一微小面积 ΔA,作用在微小面积 ΔA 上的内力为 ΔF,那么比值

$$P_m = \frac{\Delta F}{\Delta A} \tag{5-21}$$

称为 a 点在 ΔA 上的平均应力。当内力分布不均匀时,平均应力的值随 ΔA 的大小而变化,它不能确切地反映 a 点处的内力集度。只有当 ΔA 无限趋近于零时,平均应力的极限值才能准确地代表 a 点处的内力集度,即为 a 点的应力

$$p = \lim_{\Delta A \to 0} \frac{\Delta p}{\Delta A} = \frac{\mathrm{d}P}{\mathrm{d}A} \tag{5-22}$$

一般 a 点处的应力与截面既不垂直也不相切,通常将它分解为垂直于截面和相切于截面的两个分量,如图5-43(b)所示,垂直于截面的应力分量称为正应力,用 σ 表示,相切于截面的应力分量称为切应力(又叫剪应力),用 τ 表示。

应力是矢量。应力的量纲是[力/长度^2],其单位是 N/m^2,或写作 Pa,读作帕。

$$1\ \mathrm{Pa} = 1\ \mathrm{N/m}^2$$

工程实际中应力的数值较大,常用千帕(kPa)、兆帕(MPa)或吉帕(GPa)作单位。

$$1\ \mathrm{kPa} = 1 \times 10^3\ \mathrm{Pa} \qquad 1\ \mathrm{MPa} = 1 \times 10^6\ \mathrm{Pa} \qquad 1\ \mathrm{GPa} = 1 \times 10^9\ \mathrm{Pa}$$

(二)应变的基本概念

由试验得知,直杆在轴向拉力作用下,会发生轴向伸长和横向收缩;反之,在轴向压力作用下,会发生轴向缩短和横向增大。通常用拉(压)杆的纵向伸长(缩短)来描述和度量其变形。下面先结合拉杆的变形介绍有关的基本概念。

设拉杆的原长为 L,它受到一对拉力 F 的作用而伸长后,其长度增为 L_1,如图5-44所示。

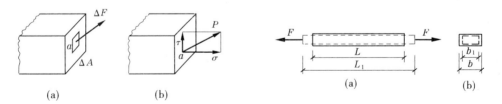

| (a) | (b) | (a) | (b) |

图 5-43　应力的概念　　　　　　　　图 5-44　应变的概念

则杆的纵向伸长为

$$\Delta L = L_1 - L$$

它反映杆的总变形量,同时,杆横向将发生缩短,如杆横向原尺寸为 b,变形后尺寸为 b_1,则杆的横向缩小为

$$\Delta b = b_1 - b \quad (\Delta b \text{ 为负值})$$

如杆受轴向压力作用时,杆纵向将发生缩短变形,ΔL 为负;横向将发生伸长变形,Δb 为正。

(三)虎克定律

杆在拉伸(压缩)变形时,杆的纵向或横向变形 $\Delta L(\Delta b)$ 反映的是杆的总的变形量,而无法说明杆的变形程度。由于杆的各段变形是均匀的,所以反映杆的变形程度的量可采用每单位长度杆的纵向伸长,即

$$\varepsilon = \frac{\Delta L}{L}$$

称为轴向相对变形或称轴向线应变。轴向拉伸时 ΔL 和 ε 均为正值(轴向拉伸变形),而在轴向压缩时均为负值(轴向缩短变形)。

$$\varepsilon' = \frac{\Delta b}{b}$$

称为横向线应变。轴向拉伸时为负值,轴向压缩时为正值。

由试验知,当杆内正应力不超过材料的比例极限时,纵向线应变 ε 与横向线应变 ε' 成正比关系

$$\varepsilon' = -\mu\varepsilon \quad \text{或} \quad \mu = \left| \frac{\varepsilon'}{\varepsilon} \right|$$

比例常数 μ 是无量纲的量,称泊松比或横向变形系数,它是反映材料弹性性质的一个常数,其数值随材料而异,可通过试验测定,式中负号是考虑到两应变的正负号相反。一般钢材的 μ 在 $0.25 \sim 0.33$。

现在来研究上述一些描述拉杆变形的量与其所受力之间的关系,这种关系与材料的性能有关。工程上常用低碳钢或合金材料制成拉(压)杆,试验证明,当杆内的应力不超过材料的比例极限(即正应力 σ 与线应变 ε 成正比的最高限度的应力)时,则杆的伸长(或缩短)ΔL 与轴力 N、杆长 L 成正比,而与杆横截面面积 A 成反比,即

$$\Delta L \propto \frac{NL}{A}$$

引进比例常数 E,则

$$\Delta L = \frac{NL}{EA} \tag{5-23}$$

式(5-23)就是轴向拉伸或轴向压缩是等直杆的轴向变形计算公式,它首先由英国科学家虎克(R. Hooke)于 1678 年发现,通常称为虎克定律。

式中的比例常数 E 是表示材料弹性的一个常数,称为拉压弹性模量,其数值随材料而异。EA 称为抗拉(或抗压)刚度,反映杆件抵抗变形的能力,其值越大,表示杆件越不易变形。

三、杆件强度和刚度的概念

(一)杆件强度的概念

强度是指材料或由材料所做成的构件抵抗破坏的能力。强度视材料而异,如果说某种材料的强度高,就是指这种材料牢固而不易破坏。通常不允许构件的强度不足,如房屋的横梁在受弯曲时不能被折断,起重机钢丝绳在起吊重物时不能被拉断等。

材料的破坏主要有两种形式:一种是脆性断裂,另一种是塑性流动。前者破坏时,材料无明显的塑性变形,断口粗糙。试验说明,脆性断裂是由拉应力所引起的。例如铸铁试件在简单拉伸时沿横截面被拉断;铸铁试件受扭时沿45°方向破裂均属这类形式。后者破坏时,材料有显著的塑性变形,即屈服现象,最大剪应力作用面间相互平行滑移,构件丧失了正常的工作能力。因此,从工程意义上来说,塑性流动(屈服)也是材料破坏的一种标志。试验表明,塑性流动主要是由剪应力所引起的。例如低碳钢试件在简单拉伸时,在与轴线成45°方向上出现滑移线就属这类形式。

构件的最大工作应力值超过其许可应力值,则称之为结构或构件发生了强度失效。要使结构或构件不出现强度失效,就必须满足下列条件

构件的最大工作应力值 ≤ 构件的许可应力值

即
$$\sigma \le [\sigma]$$

式中,σ 为工作应力,$[\sigma]$ 为许可应力。该不等式称为构件的强度条件。

工程上使用的构件必须保证安全、可靠,不允许构件材料发生破坏,同时考虑到计算的可靠程度、计算公式的近似性、构件尺寸制造的准确性等因素,结构物与构件必要的强度储备,故材料的极限应力除以一个大于 1 的安全系数 n,作为材料的许可应力:

脆性材料
$$[\sigma] = \frac{\sigma_b}{n_b}$$

塑性材料
$$[\sigma] = \frac{\sigma_s}{n_s}$$

如何合理选择安全系数 n,是一个复杂而又重要的问题,其数值的大小直接影响许用应力的高低。安全系数取得过小,会导致结构物偏于危险,甚至造成工程事故;反之,安全系数取得过大,又会使材料的强度得不到充分的发挥,造成物质浪费、结构物笨重。可见,安全系数的合理确定成为解决结构物构件工作时安全与经济这对矛盾的关键。因此,它通常由国家有关部门规定,可在有关规范中查到。土建工程中,在常温静载作用下,塑性材料的安全系数为 n_s,一般 n_s 值取 1.4 ~ 1.7,脆性材料的安全系数为 n_b,n_b 值取 2 ~ 3。取 $n_b > n_s$ 的理由是,一方面,考虑到脆性材料的均匀性较差;另一方面,是由于到达强度极限 σ_b 比屈服极限 σ_s 更危险的缘故。

(二)杆件刚度的概念

结构在荷载作用下会产生内力,同时结构也发生变形,变形是指结构及构件的形状发生变化。由于变形,结构上各点位置将发生移动,各截面将发生转动。通常用构件轴线上各点位置的变化表示移动,称为线位移;用横截面绕中性轴的转角表示转动,称为角位移。线位移和角位移统称为结构的位移。

例如图 5-45 所示的悬臂梁,在荷载 P 作用下发生了变形,梁的轴线由图中的直线变成虚线所示的变形曲线,同时梁中的各截面位置也发生了变化。如截面 C 移动到了 C',将 CC' 的连线称为 C 截面的线位移;同时截面 C 绕中性轴转过了一个角度 φ_C,称为 C 截面的转角或角位移。

除荷载外,还有其他一些因素如温度变化、支座移动、材料胀缩、制造误差等,也会使结构产生

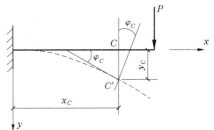

图 5-45　悬臂梁位移示意图

变形和位移。

为了保证结构的正常工作,除满足强度要求外,结构还需满足刚度要求。刚度要求就是控制结构的变形和位移,使之不能过大。例如,楼板变形过大,会使下面的灰层开裂、脱落;吊车梁的变形过大,将影响吊车的正常运行;桥梁的变形过大会影响行车安全并引起很大的振动。因此,在工程中,根据不同的用途,对结构的变形和位移给以一定的限制,使之不能超过一定的容许值,即要对结构刚度进行校核。

四、压杆稳定性

(一)压杆稳定性的概念

受轴向压力作用的杆件在工程上称为压杆。如桁架中的受压上弦杆、厂房的柱子等。

实践表明,对承受轴向压力的细长杆,杆内的应力在没有达到材料的许用应力时,就可能在任意外界的扰动下发生突然弯曲甚至导致破坏,致使杆件或由之组成的结构丧失正常功能。杆件的破坏不是由于强度不够而引起的,这类问题就是压杆稳定性问题。故在设计杆件(特别是受压杆件)时,除进行强度计算外,还必须进行稳定性计算以满足其稳定条件。

19 世纪末,瑞士的一座铁路桥在一辆客车通过时,由于桥桁架中的压杆失稳,致使桥发生灾难性坍塌,约有 200 人遇难。1907 年加拿大魁北克的圣劳伦斯河上的一座长 548 m 的钢桥正在修建时,由于两根压杆失去稳定,造成全桥突然倒塌。在 1983 年 10 月 4 日,地处北京的中国社会科学院,其科研楼工地的钢管脚手架距地面 5 ~ 6 m 处突然外弓,刹那间,这座高达 54.2 m、长 17.25 m、总重 56.54 t 的大型脚手架轰然坍塌,造成 5 人死亡,7 人受伤,脚手架所用建筑材料大部分报废,工期推迟一个月。这些坍塌事故就是由于某些受压杆件的失稳造成的。因此,在设计压杆时,不仅要考虑强度,对杆件的稳定性也要充分注意,严防意外事故发生。

轴向受压杆的承载能力是依据强度条件 $\sigma = \dfrac{F_N}{A} \leqslant [\sigma]$ 确定的。但在实际工程中发现,许多细长的受压杆件的破坏是在没有发生强度破坏条件下发生的。以一个简单的试验(见图 5-46)为例,取两根矩形截面的松木条,$A = 30\ \text{mm} \times 5\ \text{mm}$,一杆长 20 mm,另一杆长为 1 000 mm。若松木的强度极限 $\sigma_b = 40\ \text{MPa}$,按强度考虑,两杆的极限承载能力均应为 $F = \sigma_b A$,但是,我们给两杆缓缓施加压力时会发现,长杆在加到约 30 N 时,杆发生了弯曲,当力再增加时,

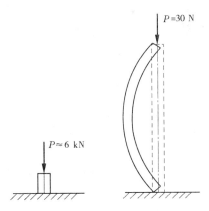

图 5-46　杆件受压示意图

弯曲迅速增大,杆随即折断。而短杆可受力到接近 6 000 N,且在破坏前一直保持着直线形状。显然,长杆的破坏是由强度不足引起的。

细长受压杆突然破坏,与强度问题完全不同,它是由于杆件丧失了保持直线形状的稳定而造成的,这类破坏称为丧失稳定。杆件招致丧失稳定破坏的压力比发生强度不足破坏的压力要小得多。因此,对细长压杆必须进行稳定性的计算。

一细长直杆如图 5-47 所示,在杆端施加一个逐渐增大的轴向压力 F。

（1）当压力 F 小于某一临界值 F_{cr} 时，压杆可始终保持直线形式的平衡，即在任意小的横向干扰力作用下，压杆发生了微小的弯曲变形而偏离其直线平衡位置，但当干扰力除去后，压杆将在直线平衡位置左右摆动，最终又回到原来的直线平衡位置（见图 5-47（a））。这表明，压杆原来的直线平衡状态是稳定的，称压杆此时处于稳定平衡状态。

（2）当压力 F 增加到临界值 $F = F_{cr}$ 时，压杆在横向力干扰下发生弯曲，但当除去干扰力后，杆就不能再恢复到原来的直线平衡位置，而保持为微弯状态下新的平衡（见图 5-47（b）），其原有的平衡就称为随遇平衡或临界平衡。

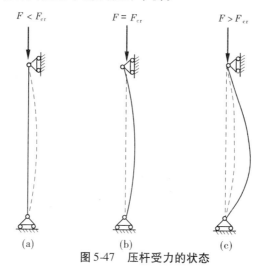

$F < F_{cr}$ $\qquad$ $F = F_{cr}$ $\qquad$ $F > F_{cr}$

(a) $\qquad$ (b) $\qquad$ (c)

图 5-47　压杆受力的状态

（3）若继续增大 F 值，使 $F > F_{cr}$，只要受到轻微的横向干扰，压杆就会屈曲，将横向干扰力去掉后，压杆不仅不能恢复到原来的直线状态，还将在弯曲的基础上继续弯曲，从而失去承载能力（见图 5-47（c））。因此，称原来的直线形状的平衡状态是非稳定平衡。压杆从稳定平衡状态转变为非稳定平衡状态，称为丧失稳定性，简称失稳。

通过上述分析可知，压杆能否保持稳定平衡，取决于压力 F 的大小。随着压力 F 的逐渐增大，压杆就会由稳定平衡状态过渡到非稳定平衡状态。压杆从稳定平衡过渡到非稳定平衡时的压力称为临界力，以 F_{cr} 表示。临界力是判别压杆是否会失稳的重要指标。

细长压杆的轴向压力达到临界值时，杆内应力往往不高，远低于强度极限（或屈服极限），就是说，压杆因强度不足而破坏之前就会失稳而丧失工作能力。失稳造成的破坏是突然性的，往往会造成严重的事故。应该指出，不仅压杆会出现失稳现象，其他类型的构件，如梁、拱、薄壁筒、圆环等也存在稳定性问题。这些构件的稳定性问题比较复杂，这里不予讨论。

（二）细长压杆的临界力公式

稳定计算的关键是确定临界力 F_{cr}，当轴向压力达到临界值 F_{cr} 时，在轻微的横向干扰解除之后，压杆将保持其微弯状态下的平衡。下面就从压杆的微弯状态入手，讨论两端铰支细长压杆的临界力计算公式。

两端铰支压杆的临界力：

图 5-48 所示为一轴向压力 F 达到临界力 F_{cr}，在微弯状态下保持平衡的两端铰支压杆。

压杆在微弯状态下平衡的最小压力，即临界压力

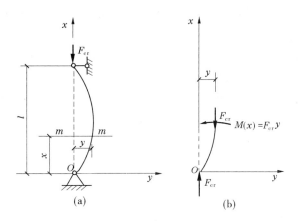

图 5-48　两端铰支压杆的临界力计算简图

$$F_{cr} = \frac{\pi^2 EI}{l^2} \qquad (5\text{-}24)$$

该式即为两端铰支细长杆的临界压力计算公式,又称为欧拉公式。

应注意的是,杆的弯曲必然发生在抗弯能力最小的平面内,所以式(5-24)中的惯性矩 I 应为压杆横截面的最小惯性矩。

其他支承形式压杆的临界力:

对于其他支承形式压杆,也可用同样的方法导出其临界力的计算公式。根据杆端约束的情况,工程上常将压杆抽象为四种模型,如表 5-1 所示,它们的临界力在这里就不再一一推导,只给出结果。

表 5-1　压杆的长度系数

杆端约束	两端铰支	一端铰支 一端固定	两端固定	一端固定 一端自由
失稳时挠 曲线形状				
临界力	$F_{cr} = \dfrac{\pi^2 EI}{l^2}$	$F_{cr} = \dfrac{\pi^2 EI}{(0.7l)^2}$	$F_{cr} = \dfrac{\pi^2 EI}{(0.5l)^2}$	$F_{cr} = \dfrac{\pi^2 EI}{(2l)^2}$
长度因数	$\mu = 1$	$\mu = 0.7$	$\mu = 0.5$	$\mu = 2$

应当指出:工程实际中压杆的杆端约束情况往往比较复杂,应对杆端支承情况作具体分析,或查阅有关的设计规范,定出合适的长度因数。

将以上 4 个临界压力计算公式作一比较,可以看出,它们的形式相似,只是分母中 l 前的系数不同,因此可以写成统一形式的欧拉公式

$$F_{cr} = \frac{\pi^2 EI}{(\mu l)^2} \tag{5-25}$$

式中　l——压杆的实际长度;

　　　μ——长度因数,反映了杆端支承对临界力的影响;

　　　μl——计算长度或相当长度。

【例 5-8】　图 5-49 细长压杆的两端为球形铰,弹性模量 $E = 200$ GPa,截面形状为:
(1)圆形截面,$d = 63$ mm;(2)18 号工字钢。杆长为 $l = 2$ m,试利用欧拉公式计算其临界荷载。

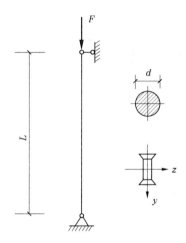

图 5-49　例 5-8 图

解:因压杆两端为球形铰,故 $\mu = 1$。现分别计算两种截面杆的临界力。

(1)圆形截面杆。

$$F_{cr} = \frac{\pi^2 EI}{(\mu l)^2} = \frac{\pi^3 E d^4}{64 l^2} = \frac{\pi^3 \times 200 \times 10^9 \times 63^4}{64 \times (2 \times 10^3)^2} = 381\,014(\text{N}) \approx 381.014 \text{ kN}$$

(2)工字形截面杆。

对压杆为球铰支承的情况,应取 $I = I_{min} = I_y$。由型钢表查得

$$I_y = 122 \text{ cm}^4 = 122 \times 10^4 \text{ mm}^4$$

$$F_{cr} = \frac{\pi^2 EI}{(\mu l)^2} = \frac{\pi^3 \times 200 \times 10^3 \times 122 \times 10^4}{1 \times (2 \times 10^3)^2} = 602\,045.9(\text{N}) \approx 602.05 \text{ kN}$$

小　结

本章主要介绍了平面力系问题,包括力的基本性质、力矩和力偶的性质、平面力系的平衡方程,静定结构的杆件内力,杆件强度、刚度和稳定性的概念。

第六章　建筑构造及建筑结构的基本知识

【学习目标】

1. 熟悉建筑构造的基本知识。
2. 熟悉变形缝的基本知识。
3. 熟悉建筑结构的基本知识。
4. 掌握受弯构件、受压构件、受扭构件的基本知识。
5. 掌握框架结构、钢结构、砌体结构的基本知识。
6. 熟悉建筑基础的基本知识。
7. 熟悉建筑抗震的基本知识。

第一节　建筑构造的基本知识

民用建筑通常是由基础、墙体或柱、楼地层、屋顶、楼梯、门窗等 6 个基本部分,以及阳台、雨篷、台阶、散水、雨水管、勒脚等其他细部组成。图 6-1 为建筑物的构造组成示意图。

一、基础

基础是建筑物最下部的承重构件,它埋在地下,承受建筑物的全部荷载,并将这些荷载传递给地基。因此,基础应具有足够的强度、刚度和稳定性,并能抵御地下水、冰冻等各种有害因素的侵蚀。

二、墙体或柱

墙体和柱都是建筑物的竖向承重构件,它承受屋顶、楼层传下来的各种荷载,并将这些荷载传递给基础。因此,墙体或柱应具有足够的强度、刚度和稳定性。

外墙具有围护功能,抵御风、霜、雨、雪及寒暑等自然界各种因素对室内的侵袭;内墙起到分隔建筑内部空间的作用,因此墙体还应具有保温、隔热、防火、防水、隔声等性能,以及一定的耐久性、经济性。

三、楼地层

楼地层指楼板层和地坪层。

楼板层是建筑物水平方向的承重构件,它承受楼层上的家具、设备和人体荷载及自身的重量,并将这些荷载传给建筑物的竖向承重构件,同时对墙体起到水平支撑的作用,传递着风、地震等侧向水平荷载,同时,楼板层还有竖向分隔空间的功能,将建筑物沿水平方向分成若干层。因此,楼板层应具有足够的强度、刚度和隔声性能,还应具备足够的防火、防水能力。

地坪层是建筑物底层房间与地基土层相接的构件,它承担着底层房间的地面荷载,也应

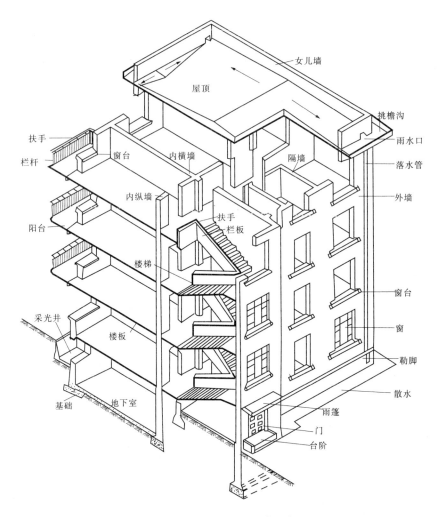

图6-1 民用建筑的构造组成

有一定的强度以满足承载能力,且地坪下面往往是土壤,因此地坪层应具有防潮、防水的能力。

此外,楼板层和地坪层是人们使用接触的部分,应满足耐磨损、防尘、保温和地面装饰等要求。

四、屋顶

屋顶是建筑物最上部的承重和围护构件,用来抵御自然界雨、霜、雨、雪等的侵袭及施工、检修等荷载,并将这些荷载传给竖向承重构件。因此,屋顶应具有足够的强度、刚度及保温、隔热、防水等性能。在建筑设计中,屋顶的造型、檐口、女儿墙的形式与装饰等,对建筑的体型和立面形象具有较大的影响。

五、楼梯

楼梯是楼房建筑中联系上下各层的垂直交通设施,供人们上下或搬运家具、设备和发生紧急事故时安全之用。

六、门窗

门窗均属于非承重构件。门的功能主要是供人们出入建筑物和房间,窗的主要作用是采光、通风和供人眺望。门和窗是围护结构的薄弱环节,因此在构造上应满足保温、隔热的要求,在某些有特殊要求的房间,还应具有隔声、防火等性能。

由于门窗是建筑立面造型的重要组成部分,因此在设计中还应注意门窗在立面上的艺术效果。

第二节 变形缝

变形缝是为防止建筑物在外界因素因素(温度变化、地基不均匀沉降、地震)作用下产生变形,导致开裂甚至破坏而人为地设置的变形缝。

变形缝包括伸缩缝、沉降缝和防震缝三种。

一、变形缝的设置原则

(一)伸缩缝

建筑物因温度变化的影响而产生热胀冷缩,在结构内部产生温度应力,当建筑物长度超过一定限度,建筑平面变化较多或结构类型变化较大时,建筑物会因热胀冷缩变形而产生开裂。为预防这种情况发生,常常沿建筑物长度方向每隔一定距离或结构变化较大处预留缝隙,将建筑物断开,这种因温度变化而设置的缝隙就称为伸缩缝,也称温度缝。

伸缩缝的最大间距应根据不同结构类型、材料和当地温度变化情况而定。砌体结构、钢筋混凝土结构房屋伸缩缝的最大间距分别见表 6-1 和表 6-2。

表 6-1　砌体结构房屋伸缩缝的最大间距　　　　　　(单位:m)

砌体类别	屋盖或楼盖的类别		间距
各类砌体	整体式或装配整体式钢筋混凝土结构	有保温层或隔热层的顶、楼层	50
		无保温层或隔热层的屋盖	40
	装配式无檩体系钢筋混凝土结构	有保温层或隔热层的顶、楼层	60
		无保温层或隔热层的屋盖	50
	装配式有檩条体系钢筋混凝土结构	有保温层或隔热层的屋顶	75
		无保温层或隔热层的屋顶	60
普通黏土砖或空心砖砌体	黏土瓦或石棉水泥瓦屋顶木屋顶或楼层砖石屋顶或楼层		100
石和硅酸盐砌块			80
混凝土砌块砌体			75

注:1. 当有实践经验和可靠依据时,可不遵守本表的规定。

2. 层高大于 5 m 的混合结构单层房屋,其伸缩缝间距可用本表中数值乘以 1.3 得到,但当墙体采用硅酸盐砌块和混凝土砌块砌筑时,不得大于 75 m。

3. 温差较大且变化频繁地区和严寒地区不采暖的房屋及构筑物墙体,其伸缩缝的最大间距应按表中数值予以适当减小后采用。

表 6-2　钢筋混凝土结构伸缩缝的最大间距　　　　　　（单位：m）

结构	类型	室内或土中	露天
排架结构	装配式	100	70
框架结构	装配式	75	50
框架－剪力墙结构	现浇式	55	35
剪力墙结构	装配式	65	40
剪力墙结构	现浇式	45	30
挡土墙及地下室墙壁等结构	装配式	40	30
挡土墙及地下室墙壁等结构	现浇式	30	20

注：1. 当采取适当留出施工后浇带、顶层加强保温隔热等构造或施工措施时，可适当增大伸缩缝的间距。

2. 当屋面无保温或隔热措施时，或位于干燥地区、夏季炎热且暴雨频繁地区时，或施工条件不利（如材料的收缩较大）时，宜适当减小伸缩缝距离。

3. 当有充分依据或经验时，表中数值可以适当增减。

（二）沉降缝

沉降缝是为了预防建筑物各部分由于地基承载力不同或各部分的高度、荷载、结构类型有较大差异等原因引起建筑物不均匀沉降引起的破坏而设置的变形缝。符合下列情况之一者应设置沉降缝。

（1）平面复杂的建筑在建筑物的转角处，如图 6-2（a）所示。

（2）建筑物高度或荷载差异较大处。

（3）长高比过大的砌体承重结构或钢筋混凝土框架的适当部位。

（4）地基土的压缩性有显著差异处。

（5）建筑结构类型或基础类型不同处。

（6）新建或扩建建筑物与原有建筑物毗连部位，如图 6-2（b）所示。

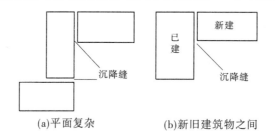

(a)平面复杂　　　　　　(b)新旧建筑物之间

图 6-2　沉降缝设置示意图

沉降缝的宽度与地基情况及建筑物高度有关，地基越软的建筑物沉陷的可能性越高，沉降后所产生的倾斜距离越大，其宽度如表 6-3 所示。

（三）防震缝

为了防止建筑物的各部分在地震时相互撞击造成变形和破坏而设置的垂直缝叫防震缝。

在地震区建造房屋，应力求体形简单，重量、刚度对称并均匀分布，建筑物的形心和重心尽可能接近，避免在平面和立面上的突然变化，防震缝应将建筑分成若干体型简单、结构刚

度均匀的独立单元。对多层砌体房屋来说,有下列情况之一时需设防震缝:

表 6-3　沉降缝的宽度

地基性质	建筑物高度或层数	缝宽(mm)
一般地基	$H < 5$ m	30
	$H = 5 \sim 8$ m	50
	$H = 10 \sim 15$ m	70
软弱地基	2 ~ 3 层	50 ~ 80
	4 ~ 5 层	80 ~ 120
	6 层以上	>120
湿陷性黄土地基		30 ~ 70

(1)建筑平面体型复杂,有较长的突出部分,应用防震缝将其断开,使其形成几个简单规整的独立单元。

(2)建筑物立面高差超过 6 m 时,在高差变化处设置防震缝。

(3)建筑物毗连部分结构的刚度、重量相差悬殊处,需用防震缝分开。

(4)建筑物有错层且楼板高差较大时,需在高度变化处设置防震缝。

防震缝缝宽与结构形式、设防烈度、建筑物高度有关。在砖混结构中,缝宽一般为 50 ~ 100 mm,多(高)层钢筋混凝土结构防震缝最小宽度见表6-4。

表 6-4　防震缝的最小宽度

结构体系	建筑高度 $H \leq 15$ m	建筑高度 $H > 15$ m,每增加 5 m 加宽		
		7 度	8 度	9 度
框架结构、框架 – 剪力墙结构	70	20	33	50
剪力墙结构	50	14	23	35

防震缝处相邻的上部结构完全断开,基础一般不断开,缝两侧均需布置墙体,使其封闭连结。伸缩缝、沉降缝应符合防震缝的要求。

当建筑物需设变形缝时,应尽量做到少设缝,做到一缝多用。沉降缝也可兼作伸缩缝,伸缩缝却不能代替沉降缝,当伸缩缝与沉降缝结合设置或防震缝与沉降缝结合设置时,基础也应断开。

二、变形缝的构造

墙体变形缝的构造处理既要保证变形缝两侧的墙体自由伸缩、沉降或摆动,又要密封较严,以满足防风、防雨、保温隔热和外形美观的要求。

(一)伸缩缝

伸缩缝要求在建筑物的同一位置,从基础顶面开始,将墙体、楼板层、屋顶全部断开,并在两部分之间留出适当的缝隙,以保证建筑构件在水平方向能自由伸缩。而基础因受温度变化影响较小,不需断开。伸缩缝宽一般为 20 ~ 40 mm,通常采用 30 mm。

墙体的伸缩缝可做成平缝、错口缝、企口缝等形式,如图 6-3 所示,主要视墙体材料、厚度及施工条件而定,但地震地区只能用平缝。

(a)平缝　　　　　　(b)错口缝　　　　　　(c)企口缝

图 6-3　伸缩缝的截面形式

外墙伸缩缝内填塞具有防水、保温和防腐性能的弹性材料,如沥青麻丝、泡沫塑料条、橡胶条、油膏等。内侧缝口通常用具有装饰效果的木质盖缝条、金属条或塑料片遮盖,如图 6-4 所示。

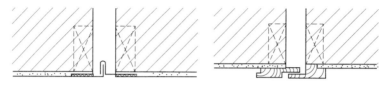

图 6-4　伸缩缝内侧缝口构造

楼地板伸缩缝处的构造如图 6-5 所示,屋面处伸缩缝的构造如图 6-6、图 6-7 所示。

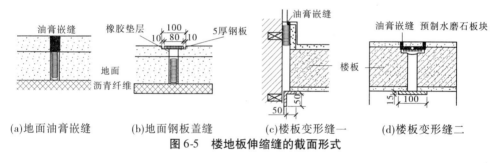

(a)地面油膏嵌缝　　(b)地面钢板盖缝　　(c)楼板变形缝一　　(d)楼板变形缝二

图 6-5　楼地板伸缩缝的截面形式

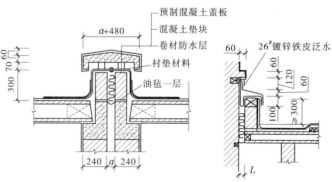

图 6-6　卷材防水屋面伸缩缝的构造

砖混结构的伸缩缝可采取单墙承重方案或双墙承重方案,如图 6-8 所示。框架结构一般采用悬臂梁方案,也可采用双梁双柱方式,但施工较复杂。

采用单墙承重方案时,伸缩缝两侧共用一道墙体,这种方案只加设一根梁,比较经济。但是墙体未能闭合,对抗震不利,在非震区可以采用。采用双墙承重方案时,伸缩缝两侧各

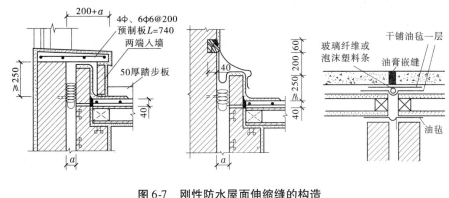

图 6-7　刚性防水屋面伸缩缝的构造

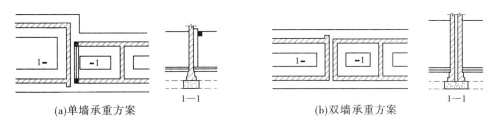

(a)单墙承重方案　　　　　　　　　　(b)双墙承重方案

图 6-8　砖混结构伸缩缝设置方案

有自己的墙体,各温度区段组成完整的闭合墙体,对抗震有利,但造价较高,插入距较大,在震区宜于采用。

(二)沉降缝

伸缩缝只需保证建筑物在水平方向的自由伸缩变形,而沉降缝是为了防止建筑物不均匀沉降,因此沉降缝处从建筑物基础底部至屋顶全部断开,使各部分形成能各自自由沉降的独立的刚度单元,同时沉降缝也应兼顾伸缩缝的作用。

沉降缝处基础的结构处理有双墙式、挑梁式和交叉式三种,如图 6-9 所示。

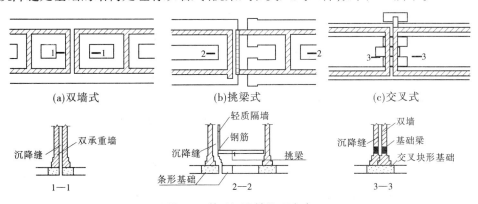

(a)双墙式　　　　　　　　(b)挑梁式　　　　　　　　(c)交叉式

图 6-9　基础沉降缝处理方案

双墙式处理方案施工简单,造价低,但易出现两墙之间间距较大或基础偏心受压的情况,因此常用于基础荷载较小的房屋。

挑梁式处理方案是将沉降缝一侧的墙和基础按一般构造做法处理,而另一侧则采用挑梁支承基础梁,基础梁上支承轻质墙的做法。

交叉式处理方案是将沉降缝两侧的基础均做成墙下独立基础,交叉设置,在各自的基础上设置基础梁以及支承墙体。这种做法受力明确,效果好,但施工难度大,造价也较高。

墙体沉降缝常用镀锌铁皮、铝合金板和彩色薄钢板等盖缝,如图 6-10 所示。其构造既要能适应垂直沉降变形的要求,又要能满足水平伸缩变形的要求。

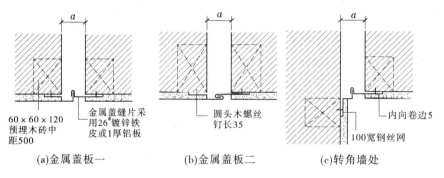

(a)金属盖板一　　　(b)金属盖板二　　　(c)转角墙处

图 6-10　墙体沉降缝构造

地面、楼板层、屋顶沉降缝的盖缝处理基本同伸缩缝构造。顶棚盖缝处理应充分考虑变形方向,以尽量减少不均匀沉降后所产生的影响。

(三)防震缝

对建筑防震来说,一般只考虑水平地震作用的影响。因此,防震缝的构造与伸缩缝相似,但墙体不能做成错口缝或企口缝,如图 6-11 所示。由于防震缝一般较宽,通常采取覆盖的做法,盖缝应牢固、满足防风和防水等要求,同时还应具有一定的适应变形的能力。

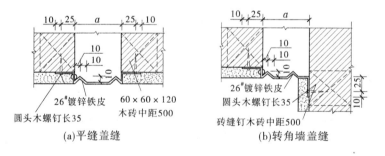

(a)平缝盖缝　　　　　(b)转角墙盖缝

图 6-11　防震缝构造

第三节　建筑结构概述

一、建筑结构的概念

在建筑物中由若干个构件连接而成的能承受作用、传递作用效应并起骨架作用的平面或空间体系称为建筑结构。

建筑结构的作用主要有:①形成建筑物的外部形态;②形成建筑物的内部空间;③保证建筑物在正常使用条件下,在各种力的作用下,不致产生破坏。

二、建筑结构的分类

从不同的角度来看建筑结构会得出不同的分类结果,通常从所用材料与结构受力及构造特点两个方面来研究建筑结构的分类问题。

(一)建筑结构按所用的材料不同分类

建筑结构按所用的材料不同分为砌体结构、木结构、钢结构、混凝土结构。

(二)建筑结构按照结构的受力及构造特点分类

建筑结构按照结构的受力及构造特点分为混合结构、框架结构、剪力墙结构、框架－剪力墙结构、筒体结构。

第四节　建筑结构基本计算原则

一、荷载的分类

引起结构或结构构件产生内力(应力)、变形(位移、应变)和裂缝等的各种原因统称为结构上的作用。

结构上的作用一般分为两类:直接作用和间接作用。直接作用是指直接以力的不同集结形式(集中力或分布力)施加在结构上的作用,通常也称为结构上的荷载;间接作用是指引起结构外加变形、约束变形的各种原因。

《建筑结构荷载规范》(GB 50009—2012)将结构上的荷载按随时间的变异分为三类:

(1)永久荷载,又称为恒荷载。

(2)可变荷载,又称为活荷载。

(3)偶然荷载。

二、荷载代表值

荷载的大小及其分布具有明显的变异性,为了便于取值,通常考虑荷载的统计特征,赋予一个指定的量值。

荷载的代表值一般有标准值、组合值、频遇值和准永久值等四种,其中标准值是荷载的基本代表值,而其他几种代表值均以标准值乘以相应的系数后得到。对永久荷载应采用标准值作为代表值,对可变荷载应根据设计要求采用标准值、组合值、频遇值或准永久值作为代表值,对偶然荷载应按建筑结构使用的特点确定其代表值。

三、荷载效应

荷载效应是结构由于各种荷载作用引起的内力(如轴力、剪力、弯矩、扭矩等)和变形(如挠度、转角、侧移、裂缝等)的总称,用符号 S 表示。荷载效应与荷载的关系可以用荷载值与荷载效应系数来表示,即按照力学的分析方法计算得到。

四、结构抗力和材料强度

(一)结构抗力

结构抗力是指结构或构件承受和抵抗荷载效应的能力,如构件的承载力、刚度、抗裂度等,用符号 R 表示。

结构抗力是一个与组成结构构件的材料性能、构件几何尺寸以及计算模式等因素有关的随机变量。

(二)材料强度

1. 材料强度的标准值

材料强度的标准值用符号 f_k 表示,它是结构设计时采用的材料性能的基本代表值,也是生产过程中控制材料质量的主要依据。

2. 材料强度的设计值

材料强度的设计值是用于承载力计算时的材料强度的代表值,它是材料强度的标准值除以材料强度的分项系数。

五、建筑结构的功能要求与可靠度

建筑结构设计的目的是:在正常设计、正常施工和正常使用的条件下,满足各项预定的功能要求,并具有足够的可靠性。

设计任何建筑物和构筑物时,必须使建筑结构满足下列各项功能要求。

(一)安全性

安全性,即要求结构能承受在正常施工和正常使用时可能出现的各种作用,以及在偶然事件发生时和发生后,仍能保持必需的整体稳定性,不致发生倒塌。

(二)适用性

适用性,即要求结构在正常使用时能保证其具有良好的工作性能。

(三)耐久性

耐久性,即要求结构在正常使用及维护下具有足够的耐久性能。

以上建筑结构的三个方面的功能要求又总称为结构的可靠性。结构的可靠性用可靠度来定量描述。结构的可靠度是指结构在设计使用年限内,在正常设计、正常施工、正常使用和维护的条件下完成预定功能的概率。

六、建筑结构的极限状态

若整个结构或结构的一部分超过某一特定状态,就不能满足设计规定的某一功能要求,我们称此特定状态为该功能的极限状态。根据功能要求通常把结构功能的极限状态分为两大类:承载能力极限状态和正常使用极限状态。

(一)承载能力极限状态

结构或构件达到最大承载能力或不适于继续承载的变形时的状态称为承载能力极限状态。超过这一极限状态,结构或构件便不能满足安全性的功能要求。当结构或构件出现下列状态之一时,即认为超过了承载能力极限状态:

(1)整个结构或结构的一部分作为刚体失去平衡(如雨篷的倾覆等)。

(2)结构或构件连接因材料强度不够而破坏。

(3)结构转变为机动体系。

(4)结构或构件丧失稳定(如柱子被压曲等)。

承载能力极限状态主要控制结构的安全性功能,结构一旦超过这种极限状态,会造成人身伤亡及重大经济损失。因此,所有的结构或构件都应该按承载能力极限状态进行设计计算。

(二)正常使用极限状态

结构或构件达到正常使用或耐久性能的某项规定限值时的状态称为正常使用极限状态。当结构或构件出现下列状态之一时,即认为结构或结构构件超过了正常使用极限状态:

(1)影响正常使用或外观的变形。

(2)影响正常使用或耐久性能的局部损坏。

(3)影响正常使用的振动。

(4)影响正常使用的其他特定状态等。

正常使用极限状态主要考虑结构或构件的适用性和耐久性功能。当结构或构件超过正常使用极限状态时,一般不会造成人身伤亡及重大经济损失,因此设计中出现这种情况的概率控制可略宽一些。

在进行建筑结构设计时,通常是将承载能力极限状态放在首位,通过计算使结构或结构构件满足安全性功能,而对正常使用极限状态,往往是通过构造或构造加部分验算来满足。

七、极限状态下的实用设计表达式

(一)功能函数与极限状态方程

结构或构件的工作状态可以用荷载效应 S 与结构抗力 R 的关系来描述:

$$Z = g(S,R) = R - S \tag{6-1}$$

式(6-1)称为结构的功能函数。

显然,当 $Z > 0$ 时,$R > S$,结构能够完成预定功能,结构处于可靠状态;当 $Z < 0$ 时,$R < S$,结构不能完成预定功能,结构处于失效状态;当 $Z = 0$ 时,$R = S$,结构处于极限状态,此时 $Z = R - S = 0$,称为极限状态方程。

(二)极限状态下的实用设计表达式

1. 承载能力极限状态设计表达式

$$\gamma_0 S_d \leqslant R_d \tag{6-2}$$

式中　γ_0——结构构件的重要性系数;

　　　S_d——荷载组合的效应设计值;

　　　R_d——结构构件抗力的设计值。

(1)由可变荷载效应控制的基本组合

$$S_d = \sum_{j=1}^{m} \gamma_{G_j} S_{G_{jk}} + \gamma_{Q_1} \gamma_{L_1} S_{Q1k} + \sum_{i=2}^{n} \gamma_{Q_i} \gamma_{L_i} \psi_{c_i} S_{Qik} \tag{6-3}$$

(2)由永久荷载效应控制的基本组合

$$S_d = \sum_{j=1}^{m} \gamma_{G_j} S_{G_{jk}} + \sum_{i=1}^{n} \gamma_{Q_i} \gamma_{L_i} \psi_{c_i} S_{Q_ik} \tag{6-4}$$

式中　γ_{G_j}——第 j 个永久荷载分项系数,见表6-5;

　　　γ_{Q_i}——第 i 个可变荷载分项系数,其中 γ_{Q_i} 为主导可变荷载 Q_i 的分项系数,见表6-5;

　　　γ_{L_i}——第 i 个可变荷载考虑设计使用年限的调整系数,其中 γ_{L_i} 为主导可变荷载 Q_i 考虑设计使用年限的调整系数,结构设计使用年限为5年,取0.9,50年,取1.0,100年,取1.1;

　　　$S_{G_{jk}}$——按第 j 个永久荷载标准值 G_{jk} 计算的荷载效应值;

　　　S_{Q_ik}——按第 i 个可变荷载标准值 Q_{ik} 计算的荷载效应值,其中 S_{Q1k} 为诸可变荷载效应中起控制作用者；

ψ_{c_i}——第 i 个可变荷载 Q_i 的组合值系数。

表 6-5　荷载分项系数

荷载特性			荷载分项系数
永久荷载	永久荷载效应对结构不利	由可变荷载效应控制的组合	1.2
		由永久荷载效应控制的组合	1.35
	永久荷载效应对结构有利		不应大于 1.0
可变荷载	一般情况		1.4
	对标准值大于 4 kN/m² 的工业房屋楼面结构的活荷载		1.3

2. 正常使用极限状态设计的实用表达式

对于正常使用极限状态,应根据不同的设计要求,采用荷载效应的标准组合、频遇组合或准永久组合。正常使用极限状态设计属于验算性质,可靠度可以降低,所以采用标准值进行计算。要求按照荷载效应的标准组合并考虑长期作用影响计算的最大变形或裂缝宽度不得超过规定值,即

$$S_d \leq C \tag{6-5}$$

式中　C——结构或构件达到正常使用要求的规定限值。

第五节　钢筋和混凝土的力学性能

一、混凝土

(一)混凝土强度

1. 立方体抗压强度

采用按标准方法制作养护的边长为 150 mm 的混凝土立方体试件,在 (20 ± 3) ℃的温度和相对湿度在 90% 以上的潮湿空气中养护 28 d,依照标准试验方法测得的具有 95% 保证率的抗压强度(以 N/mm² 计)作为混凝土的立方体抗压强度标准值,用 f_{cuk} 表示,并以此作为混凝土强度等级,用符号 C 表示。

2. 混凝土的轴心抗压强度

用 150 mm × 150 mm × 300 mm 的棱柱体标准试件测得的抗压强度 f_c 称为轴心抗压强度。此强度值可以作为计算混凝土构件受压时的设计依据。

3. 混凝土的轴心抗拉强度

用尺寸为 100 mm × 100 mm × 500 mm,两端埋有钢筋的棱柱体试件测得的构件抗拉极限强度 f_t 为轴心抗拉强度。

混凝土的抗拉强度远小于其抗压强度,所以一般不采用混凝土承受拉力。在结构计算中抗拉强度是确定混凝土抗裂度的重要指标。

各个强度等级混凝土的轴心抗压强度标准值 f_{ck} 和设计值 f_c,混凝土轴心抗拉强度标准值 f_{tk} 和设计值 f_t,见表 6-6。

表 6-6　混凝土强度标准值、设计值和弹性模量

强度种类		轴心抗压强度		轴心抗拉强度		弹性模量($\times 10^4$)
符号		标准值 f_{ck}	设计值 f_c	标准值 f_{tk}	设计值 f_t	E_c
混凝土强度等级	C15	10.0	7.2	1.27	0.91	2.20
	C20	13.4	9.6	1.54	1.10	2.55
	C25	16.7	11.9	1.78	1.27	2.80
	C30	20.1	14.3	2.01	1.43	3.00
	C35	23.4	16.7	2.20	1.57	3.15
	C40	26.8	19.1	2.39	1.71	3.25
	C45	29.6	21.1	2.51	1.80	3.35
	C50	32.4	23.1	2.64	1.89	3.45
	C55	35.5	25.3	2.74	1.96	3.55
	C60	38.5	27.5	2.85	2.04	3.60
	C65	41.5	29.7	2.93	2.09	3.65
	C70	44.5	31.8	2.99	2.14	3.70
	C75	47.4	33.8	3.05	2.18	3.75
	C80	50.2	35.9	3.11	2.22	3.80

(二)混凝土的变形

1. 混凝土在一次短期荷载下的变形

混凝土一次短期荷载下的变形性能,当应力较小时表现出理想的弹性性质,当应力增大时表现出弹塑性性质。

2. 混凝土在长期荷载下的变形——徐变

结构或材料承受的荷载或应力不变,应变或变形随时间增长的现象称为混凝土的徐变。混凝土的徐变对钢筋混凝土构件会产生较大的预应力损失。

减小混凝土徐变的措施:控制水泥用量,减小水灰比,加强混凝土的早期养护及使用环境湿度,提高混凝土强度等级,减小构件截面的应力,避免混凝土过早的受荷等。

3. 混凝土的收缩和膨胀变形

混凝土在空气中结硬时体积减小的现象称为收缩。混凝土在水中结硬时体积会膨胀。

减小混凝土收缩的措施:控制水泥的用量,减小水灰比,良好的颗粒级配,养护条件,在构件上预留伸缩缝,设置施工后浇带,加强混凝土的早期养护。

(三)混凝土的耐久性

混凝土的耐久性是指在外部和内部不利因素的长期作用下,必须保持适合于使用,而不需要进行维修加固,即保持其原有设计性能和使用功能的性质。通常用混凝土的抗渗性、抗冻性、抗碳化性能、抗腐蚀性能和碱骨料反应综合评价混凝土的耐久性。

混凝土结构耐久性应根据规定的设计使用年限和环境类别进行设计。环境类别分为一

类,即室内正常环境;二a类、二b类,三a类、三b类,四类、五类。随着级别的增加,结构所处的环境越恶劣。

(四)混凝土的选用

钢筋混凝土结构的混凝土强度等级不应低于C20;采用强度400 MPa及以上的钢筋时,混凝土强度等级不应低于C25。

承受重复荷载的钢筋混凝土构件,混凝土强度等级不应低于C30。

预应力混凝土结构的混凝土强度等级不宜低于C40,且不应低于C30。

二、钢筋

(一)钢筋的种类

1.普通钢筋

混凝土结构中用到的普通钢筋有:热轧钢筋(热轧钢筋又分为热轧光圆钢筋和热轧带肋钢筋两类)、余热处理钢筋、细晶粒热轧带肋钢筋等。普通钢筋具体分类见表6-7。

表6-7 普通钢筋分类

分类符号	按力学性能分 (屈服强度 N/mm²)	按加工工艺分	按轧制外形分	公称直径 d(mm)
Φ	HPB300(300)	热轧(H)	光圆	6~22
Φ	HRB335(335)	热轧(H)	带肋	6~50
Φ^F	HRBF335(335)	细晶粒热轧(F)	带肋	6~50
Φ	HRB400(400)	热轧(H)	带肋	6~50
Φ^F	HRBF400(400)	细晶粒热轧(F)	带肋	6~50
Φ^R	RRB400(400)	余热处理(R)	带肋	6~50
Φ	HRB500(500)	热轧(H)	带肋	6~50
Φ^F	HRBF500(500)	细晶粒热轧(F)	带肋	6~50

2.预应力钢筋

混凝土结构中用到的预应力钢筋有:中强度预应力钢丝、消除应力钢丝、预应力螺纹钢筋和钢绞线。

(二)钢筋的强度

(1)钢筋强度标准值。钢筋的抗拉强度是通过试验测得的。为保证结构设计的可靠性,对同一强度等级的钢筋,取具有一定保证率的强度值作为该等级的标准值。

(2)钢筋强度设计值。钢筋强度设计值为强度标准值除以材料的分项系数γ_s。延性较好的热轧钢筋的材料分项系数为1.10,高强度500 MPa级钢筋分项系数取1.15。

普通钢筋、预应力钢筋强度标准值、设计值及钢筋弹性模量见表6-8。

三、钢筋与混凝土共同工作的原因

(1)钢筋与混凝土之所以能够共同工作,主要是钢筋与混凝土之间产生了黏结作用。

表 6-8　普通钢筋强度标准值、强度设计值、弹性模量　　　　（单位:MPa）

种类		普通钢筋强度			钢筋弹性($\times 10^5$)模量 E_s
		屈服强度标准值 f_{yk}	抗拉强度设计值 f_y	抗压强度设计值 f_y''	
热轧钢筋	HPB300	300	270	270	2.1
	HRB335 HRBF335	335	300	300	2.0
	HRB400 HRBF400 RRB400	400	360	360	2.0
	HRB500 HRBF500	500	435	410	2.0

黏结作用包括:混凝土收缩握裹钢筋而产生的摩擦力;混凝土颗粒的化学作用产生的与钢筋之间的咬合力;钢筋表面凹凸不平与混凝土之间产生的机械咬合力。其中机械咬合作用最大,带肋钢筋比光面钢筋的机械咬合作用大。

（2）钢筋与混凝土的温度线膨胀系数几乎相同,保证变形协调。

（3）钢筋被混凝土包裹着,使钢筋不会因大气的侵蚀而生锈变质,从而提高耐久性。

四、钢筋与混凝土之间的黏结

（一）混凝土保护层

混凝土结构中钢筋并不外露而被包裹在混凝土里面。由最外层钢筋的外边缘到混凝土表面的最小距离称为混凝土保护层厚度。保护层厚度要满足表 6-9 的要求。

表 6-9　混凝土保护层的最小厚度 c　　　　（单位:mm）

环境等级	板、墙、壳	梁、柱
一	15	20
二 a	20	25
二 b	25	35
三 a	30	40
三 b	40	50

注:1. 混凝土强度等级不大于 C25 时,表中保护层厚度数值应增加 5 mm;

2. 钢筋混凝土基础宜设置混凝土垫层,其受力钢筋的混凝土保护层厚度应从垫层顶面算起,且不应小于 40 mm。

（二）钢筋的基本锚固长度

钢筋的锚固长度一般指梁、板、柱等构件的受力钢筋伸入支座或基础中的长度。钢筋的基本锚固长度 l_{ab},与钢筋的强度、混凝土强度、钢筋直径及外形有关。受拉钢筋的基本锚固

长度可按式(6-6)计算:

$$l_{ab} = \alpha \frac{f_y}{f_t} d \tag{6-6}$$

式中 f_y——受拉钢筋的抗拉强度设计值,N/mm^2;

$\quad\quad f_t$——锚固区混凝土轴心抗拉强度设计值,N/mm^2,当混凝土强度等级高于 C60 时,按 C60 取值;

$\quad\quad d$——锚固钢筋的直径,mm;

$\quad\quad \alpha$——锚固钢筋的外形系数,按表 6-10 取值。

表 6-10 锚固钢筋的外形系数 α

钢筋类型	光面钢筋	带肋钢筋	螺旋肋钢丝	三股钢绞线	七股钢绞线
钢筋外形系数 α	0.16	0.14	0.13	0.16	0.17

注:光面钢筋末端应做180°弯钩,弯后平直段长度不应小于 $3d$,但作受压钢筋时可不做弯钩。

(三)受拉钢筋的锚固长度

受拉钢筋的锚固长度应根据具体锚固条件按下列公式计算,且不应小于 200 mm:

$$l_a = \zeta_a l_{ab} \tag{6-7}$$

式中 ζ_a——锚固长度修正系数,按下列规定取用,当多于一项时,可按连乘计算,但不应小于 0.6。

(1)当带肋钢筋的公称直径大于 25 mm 时,取 1.10。

(2)环氧树脂涂层带肋钢筋取 1.25。

(3)施工过程中易受扰动的钢筋取 1.10。

(4)当纵向受力钢筋的实际配筋面积大于其设计计算面积时,修正系数取设计计算面积与实际配筋面积的比值,但对有抗震设防要求及直接承受动力荷载的结构或构件,不应考虑此项修正。

(5)锚固区保护层厚度为 $3d$ 时修正系数可取 0.80,保护层厚度为 $5d$ 时修正系数可取 0.7,中间按内插取值,此处 d 为纵向受力带肋钢筋的直径。

(6)纵向钢筋的机械锚固。当支座构件因截面尺寸限制而无法满足规定的锚固长度要求时,采用钢筋弯钩或机械锚固是减少锚固长度的有效方式,如图 6-12 所示。包括弯钩或锚固端头在内的锚固长度(投影长度)可取为基本锚固长度 l_{ab} 的 0.6 倍。钢筋弯钩或机械锚固的形式和技术要求应符合表 6-11 的规定。

(四)钢筋的连接

实际施工中,钢筋长度不够时常需要连接。钢筋的接头连接方式有机械连接、绑扎搭接连接和焊接连接。

混凝土结构中受力钢筋的连接接头宜设置在受力较小处。在同一根受力钢筋上宜少设接头。在结构的重要构件和关键传力部位,纵向受力钢筋不宜设置连接接头。

轴心受拉及小偏心手拉杆件的纵向受力钢筋不得采用绑扎搭接;其他构件中的钢筋采用绑扎搭接时,受拉钢筋直径不宜大于 25 mm,受压钢筋直径不宜大于 28 mm。

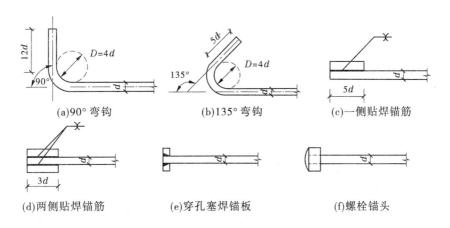

(a)90° 弯钩   (b)135° 弯钩   (c)一侧贴焊锚筋

(d)两侧贴焊锚筋   (e)穿孔塞焊锚板   (f)螺栓锚头

图 6-12　钢筋弯钩或机械锚固形式

表 6-11　钢筋弯钩或机械锚固的形式和技术要求

锚固形式	技术要求
90°弯钩	末端 90°弯钩，弯钩内径 4d，弯后直段长度 12d
135°弯钩	末端 135°弯钩，弯钩内径 4d，弯后直段长度 5d
一侧贴焊锚筋	末端一侧贴焊长 5d 同直径钢筋
两侧贴焊锚筋	末端两侧贴焊长 3d 同直径钢筋
穿孔塞焊锚板	末端与厚度 d 的锚板穿孔塞焊
螺栓锚头	末端旋入螺栓锚头

1. 绑扎搭接连接

绑扎搭接连接需要一定的搭接长度来传递黏结力。纵向受拉钢筋的最小搭接长度 l_l 按公式(6-8)计算：

$$l_l = \zeta_l l_a \tag{6-8}$$

式中　ζ_l——纵向受拉钢筋搭接长度修正系数，按表 6-12 采用，当纵向钢筋搭接接头面积百分率为表的中间值时，修正系数可按内插法取值。

在任何情况下，纵向受拉钢筋的搭接长度不应小于 300 mm。

表 6-12　纵向受拉钢筋搭接长度修正系数

纵向钢筋搭接接头面积百分率(%)	≤25	50	100
ζ_l	1.2	1.4	1.6

同一构件中相邻纵向受力钢筋的绑扎搭接接头宜互相错开。钢筋绑扎搭接接头连接区段的长度为 1.3 倍搭接长度，凡搭接接头中点位于该连接区段长度内的搭接接头均属于同一连接区段，如图 6-13 所示。

纵向钢筋搭接接头面积百分率(%)：该区段内有搭接接头的纵向受力钢筋与全部纵向受力钢筋截面面积的比值。当直径不同的钢筋搭接时，按直径较小的钢筋计算。

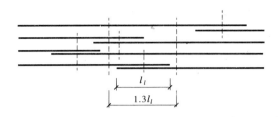

图 6-13　纵向受拉钢筋搭接长度修正系数

位于同一连接区段内的受拉钢筋搭接接头面积百分率：对梁类、板类及墙类构件不宜大于 25%；对柱类构件，不宜大于 50%。当工程中确有必要增大接头面积百分率时，对梁类构件，不应大于 50%；对板、墙、柱及预制构件的拼接处，可根据实际情况放宽。

在纵向受力钢筋搭接长度范围内，应配置一定数量的箍筋。

2. 机械连接

纵向受力钢筋的机械连接接头宜相互错开。钢筋机械连接区段的长度为 35d（d 为连接钢筋的较小直径）。凡接头中点位于该连接区段长度内的机械连接接头均属于同一连接区段。

位于同一连接区段内的纵向受拉钢筋接头面积百分率不宜大于 50%，但对于板、墙、柱及预制构件的拼接处，可根据实际情况放宽。纵向受压钢筋接头百分率不受此限。

机械连接套筒的保护层厚度宜满足有关钢筋最小保护层厚度的规定。机械连接套筒的横向净间距不宜小于 25 mm。

3. 焊接连接

纵向受力钢筋的焊接接头应相互错开。钢筋焊接接头连接区段的长度为 35d 且不小于 500 mm（d 为连接钢筋的较小直径）。凡接头中点位于该连接区段长度内的焊接连接接头均属于同一连接区段。纵向受拉钢筋接头面积百分率不宜大于 50%，但对预制构件拼接处，可根据实际情况放宽。纵向受压钢筋接头百分率不受此限。

细晶粒热轧带肋钢筋以及直径大于 28 mm 的带肋钢筋，其焊接应经试验确定；余热处理钢筋不宜焊接。

第六节　受弯构件的构造要求

一、板的构造

（一）板的厚度

板的厚度应满足强度和刚度的要求，同时考虑经济和施工的方便，通常为 10 mm 的模数递增。常见板厚为 60 mm、70 mm、80 mm、90 mm、100 mm、110 mm、120 mm 等。表 6-13 中为最小板厚。

（二）板的配筋

1. 纵向受力钢筋

板中受力钢筋是指承受弯矩作用下产生拉力的钢筋，沿板跨度方向放置。悬臂板由于受负弯矩作用，截面上部受拉。受力钢筋应放置在板受拉一侧，即板上部，施工中尤应注意，以免放反，也要防止受力钢筋被踩到下面造成事故。板中受力钢筋可采用 HPB300、HRB335、HRB400 等级别的钢筋。

表 6-13　现浇钢筋混凝土板的最小厚度　　　　　　　　　　（单位:mm）

板的类别		最小厚度
单向板	屋面板	60
	民用建筑楼板	60
	工业建筑楼板	70
	行车道下的楼板	80
双向板		80
密肋楼盖	面板	50
	肋高	250
悬臂板(固定端)	悬臂长度不大于 500 mm	60
	悬臂长度 1 200 mm	100
无梁楼盖		150
现浇空心楼板		200

注:当采取有效措施时,预制板面板的最小厚度可取 40 mm。

(1)直径:板中受力钢筋直径通常采用 8 ~ 14 mm。

(2)间距:当采用绑扎时,受力钢筋间距不应小于 70 mm;当板厚 $h \leqslant 150$ mm 时,不宜大于 200 mm,当板厚 $h > 150$ mm 时,不宜大于 $1.5h$ 且不宜大于 250 mm。

(3)板的混凝土保护层厚度:最外层钢筋边缘至板的混凝土表面的最小距离,其值应满足最小保护层厚度的规定,且不应小于受力钢筋的直径。

2. 板的分布钢筋

分布钢筋的作用是更好地分散板面荷载到受力钢筋上,固定受力钢筋的位置,防止由于混凝土收缩及温度变化在垂直板跨方向产生的拉应力。分布钢筋应放置在板受力钢筋的内侧。分布钢筋通常采用 HPB300 级钢筋。

分布钢筋的数量:板单位宽度上的配筋不宜小于单位宽度上的受力钢筋的 15%,且配筋率不宜小于 0.15%;分布钢筋的间距不宜大于 250 mm,直径不宜小于 6 mm。

二、梁的构造

(一)截面尺寸

梁的截面形式常见的有矩形、T 形等。梁截面高度 h 与梁的跨度及所受荷载大小有关。一般按高跨比 h/l 估算,梁截面宽度常用截面高宽比 h/b 确定。为了统一模板尺寸和便于施工,通常采用梁的宽度 $b = 120$ mm,150 mm,180 mm,200 mm,…,梁的宽度 b 大于 200 mm 时采用 50 mm 的倍数;梁的高度 $h = 250$ mm,300 mm,…,$h \leqslant 800$ mm 时采用 50 mm 的倍数,$h > 800$ mm 时采用 100 mm 的倍数。

(二)梁的配筋

梁中的钢筋有纵向受力钢筋、箍筋、梁侧构造筋、架立筋和弯起钢筋等。

梁内纵向受力普通钢筋应选用 HRB400、HRB500、HRBF400、HRBF500 钢筋;箍筋宜采用 HRB400、HRBF400、HPB300、HRB500、HRBF500 钢筋,也可采用 HRB335、HRBF335 钢筋。

1. 纵向受力钢筋

纵向受力钢筋主要承受弯矩 M 产生的拉力,常用直径为 $10 \sim 32$ mm。为保证钢筋与混凝土之间具有足够的黏结力和便于浇筑混凝土,梁的上部纵向钢筋的净距不应小于 30 mm 和 $1.5d$,下部纵向钢筋的净距不应小于 25 mm 和 d,梁的下部纵向钢筋配置多于两层时,两层以上钢筋水平方向的中距应比下面两层的中距增大一倍。各层钢筋之间的净距应不小于 25 mm 和 d(d 为纵向钢筋的最大直径)。

2. 箍筋

箍筋主要用来承担剪力,在构造上能固定受力钢筋的位置和间距,并与其他钢筋形成钢筋骨架,梁中的箍筋应按计算确定,除此之外,还应满足以下构造要求:

若按计算不需要配箍筋,当截面高度 $h > 300$ mm 时,应沿梁全长设置箍筋;当 $h = 150 \sim 300$ mm 时,可仅在构件端部各 1/4 跨度范围内设置箍筋;但当在构件中部 1/2 跨度范围内有集中荷载作用时,则应沿梁全长设置箍筋;当 $h < 150$ mm 时,可不设箍筋。

当梁的高度小于 800 mm 时,箍筋直径 $d \geq 6$ mm;当梁的高度大于 800 mm 时,箍筋直径 $d \geq 8$ mm,梁中若有纵向受压钢筋,箍筋直径不应小于 $d/4$(d 为受压钢筋的最大直径)。

梁的箍筋从支座边缘 50 mm 处开始设置。

梁内的箍筋通常为封闭箍筋,箍筋形式有单肢、双肢和四肢等。箍筋末端采用 135°弯钩,弯钩端头直线段长度非抗震时为 $5d$,抗震时为 $10d$ 和 75 mm 之间的大值(d 为箍筋直径)。

梁中箍筋间距 S 除应符合计算要求外,最大间距 S_{max} 尚宜符合表 6-14 的规定。

表 6-14　梁中箍筋的最大间距 S_{max}　　　　　　　　　　　（单位:mm）

梁高 h	$V > 0.7f_t bh_0$	$V \leq 0.7f_t bh_0$
$150 < h \leq 300$	150	200
$300 < h \leq 500$	200	300
$500 < h \leq 800$	250	350
$h > 800$	300	400

3. 弯起钢筋

弯起钢筋由纵向钢筋在支座附近弯起形成。弯起钢筋的弯起角度:当梁高 $h \leq 800$ mm 时,采用 45°;当梁高 $h > 800$ mm 时,采用 60°。

4. 架立钢筋

当梁的上部不需要设置受压钢筋时,可在梁的上部平行于纵向受力钢筋的方向设置架立钢筋。架立钢筋的直径:当梁的跨度小于 4 m 时,不宜小于 8 mm;跨度等于 4 ~ 6 m 时,不宜小于 10 mm;跨度大于 6 m 时,不宜小于 12 mm。

5. 梁侧纵向构造钢筋

当梁的腹板高度 $h_w \geq 450$ mm 时,在梁的两个侧面沿高度配置纵向构造钢筋。每侧纵向构造钢筋间不宜大于 200 mm,截面面积不应小于腹板截面面积的 0.1%,并用拉筋联系。

当梁宽 ≤ 350 mm 时,拉筋直径为 6 mm;梁宽 > 350 mm 时,拉筋直径为 8 mm。拉筋间距为非加密区箍筋间距的 2 倍;当设有多排拉筋时,上下两排拉筋竖向错开设置。

6. 附加横向钢筋

附加横向钢筋设置在梁中有集中力(次梁)作用的位置两侧,数量由计算确定。附加横向钢筋包括附加箍筋和吊筋,宜优先选用附加箍筋,也可采用吊筋加箍筋。

第七节 受弯构件正截面承载力计算

一、受弯构件正截面破坏形式

(一)影响梁正截面破坏的因素

影响梁正截面破坏的因素有配筋率、混凝土强度等级、截面形式,其中影响最大的是配筋率。配筋率指纵向钢筋的截面面积 A_s 与构件截面的有效面积 bh_0 的比值,即:$\rho = \dfrac{A_s}{bh_0}$。h_0 取值见表6-15。

表6-15 一类环境下 h_0 取值   （单位:mm)

构件类型	混凝土保护层最小厚度 c	受拉钢筋排数	h_0 计算公式	
			箍筋直径6 mm	箍筋直径8 mm、10 mm
梁	20	一排钢筋	$h_0 = h - 35$	$h_0 = h - 40$
		二排钢筋	$h_0 = h - 60$	$h_0 = h - 65$
板	15	一排钢筋	$h_0 = h - 20$	$h_0 = h - 45$

注:混凝土强度等级不大于C25时,表中保护层厚度数值增加5 mm,h_0 依公式计算后再减5 mm。

(二)破坏形式

根据配筋率的不同,钢筋混凝土梁可分为适筋梁、超筋梁和少筋梁三种破坏形态。

1. 适筋梁破坏

(1)破坏过程:受拉钢筋首先达到屈服强度,然后受压混凝土达到弯曲受压极限变形,混凝土被压碎,梁破坏。

(2)破坏特征:破坏前梁出现了较宽的裂缝、较大的挠度,钢筋的塑性变形较大,破坏前有明显预兆,为延性破坏。

(3)意义:钢筋和混凝土均能充分利用,既安全又经济,受弯构件的正截面承载力计算的基本公式就是根据适筋梁破坏时的平衡条件建立的。

2. 超筋梁破坏

(1)破坏过程:由于纵向受力钢筋的配筋率 ρ 过大,受压混凝土边缘首先达到弯曲受压极限变形,而由于受拉钢筋没有达到屈服强度,混凝土被压碎,梁破坏。

(2)破坏特征:梁破坏前出现的裂缝和挠度都很小,突然破坏,缺乏足够预兆,为脆性破坏,该梁不能充分利用钢筋的强度,既不安全又不经济,工程中不允许出现。

3. 少筋梁破坏

(1)破坏过程:由于纵向受力钢筋的配筋率 ρ 过小,这种梁一旦开裂,受拉钢筋立即达到屈服强度,进入强化阶段,最终被拉断,梁破坏,而受压混凝土尚未被压碎。

(2)破坏特征:受拉区一开裂即破坏,虽然此梁裂缝宽且挠度大,但破坏突然,缺乏足够预兆,为脆性破坏,该梁不能充分利用混凝土的强度,工程中不允许出现。

二、单筋矩形截面受弯构件正截面承载力计算公式及适用条件

(一)计算公式

以适筋梁破坏为依据,如图6-14所示,根据静力平衡条件,可得出单筋矩形截面受弯构件正截面承载力计算的基本公式:

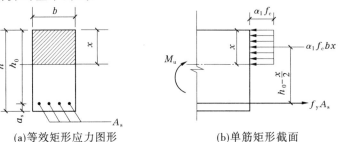

(a)等效矩形应力图形　　　　(b)单筋矩形截面

图6-14　单筋矩形截面正截面承载力计算简图

$$\sum N = 0 \qquad \alpha_1 f_c b x = f_y A_s \tag{6-9}$$

$$\sum M = 0 \qquad M \leq M_u = \alpha_1 f_c b x \left(h_0 - \frac{x}{2}\right) \tag{6-10}$$

或
$$\sum M = 0 \qquad M \leq M_u = f_y A_s \left(h_0 - \frac{x}{2}\right) \tag{6-11}$$

式中　f_c——混凝土轴心抗压强度设计值;

　　　b——截面宽度;

　　　x——混凝土等效受压区高度,不是实际的受压区高度;

　　　α_1——系数,当混凝土强度等级≤C50时取1.0,当混凝土等级为C80时取0.94,其间按线性内插法取用;

　　　f_y——钢筋抗拉强度设计值;

　　　A_s——纵向受拉钢筋截面积;

　　　h_0——截面有效高度,$h_0 = h - a_s$;

　　　M_u——梁截面受弯承载力设计值,kN·m;

　　　M——计算截面弯矩设计值,kN·m。

其中 h 为梁的截面高度,a_s 为受拉钢筋重心至截面边缘的距离。

(二)适用条件

(1)为防止出现超筋梁情况,计算受压区高度 x 应满足:

$$x \leq \xi_b h_0 \text{ 或 } \rho \leq \rho_{max} \text{ 或 } \xi \leq \xi_b \tag{6-12}$$

式中的 ξ 为相对受压区高度,ξ_b 为相对界限受压区高度。相对界限受压区高度 ξ_b,指梁正截面界限破坏时截面相对受压区高度,具体数值见表6-16。

(2)为防止出现少筋梁的情况,计算的配筋率 ρ 应当满足

$$\rho \geq \rho_{min} \tag{6-13}$$

钢筋混凝土构件中纵向受力钢筋的最小配筋百分率见表6-17。

表 6-16　相对界限受压区高度 ξ_b

混凝土强度等级		≤C50	C60	C70	C80
HPB300 级钢筋	ξ_b	0.576	0.556	0.537	0.518
HRB335 级钢筋 HRBF335 级钢筋	ξ_b	0.550	0.531	0.512	0.493
HRB400 级钢筋 HRBF400 级钢筋 RRB400 级钢筋	ξ_b	0.518	0.499	0.481	0.463
HRB500 级钢筋 HRBF500 级钢筋	ξ_b	0.482	0.464	0.447	0.429

表 6-17　钢筋混凝土构件中纵向受力钢筋的最小配筋百分率 $\rho_{\min}$

受力类型			最小配筋百分率(%)
受压构件	全部纵向钢筋	强度级别 500 N/mm²	0.50
		强度级别 400 N/mm²	0.55
		强度级别 300 N/mm²、335 N/mm²	0.60
	一侧纵向钢筋		0.20
受弯构件、偏心受拉、轴心受拉构件一侧的受拉钢筋			0.20 和 45$\dfrac{f_t}{f_y}$ 中的较大值

三、单筋矩形截面受弯构件正截面承载力计算内容

单筋矩形截面受弯构件正截面承载力计算有两种情况,即截面设计与承载力复核。

(一)截面设计

已知:弯矩设计值 M,混凝土强度等级,钢筋级别,截面尺寸 bh_0。

求:所需纵向受拉钢筋截面面积 A_s。

计算步骤如下:

(1)确定截面有效高度 h_0。

(2)计算混凝土受压区高度 x,并判断是否属超筋梁。

$$x = h_0 - \sqrt{h_0^2 - \frac{2M}{\alpha_1 f_c b}} \tag{6-14}$$

若 $x \leqslant \xi_b h_0$ 则不属于超筋;若 $x > \xi_b h_0$ 则说明此梁属超筋梁,应加大截面尺寸,或提高混凝土强度等级,或改用双筋截面。

(3)计算钢筋截面面积 A_s:

$$A_s = \frac{\alpha_1 f_c b x}{f_y} \tag{6-15}$$

（4）选配钢筋。

（5）判断是否属于少筋梁，若 $A_s \leqslant \rho_{\min}bh$，则不属于少筋梁；若 $A_s > \rho_{\min}bh$，则为少筋梁，说明截面尺寸过大应适当减小截面尺寸，否则应取 $A_s = \rho_{\min}bh$。注意，此处 A_s 应为实际配置的钢筋截面面积。

（二）承载力复核

已知：截面尺寸（b、h）、混凝土及钢筋的强度级别、钢筋截面面积 A_s。

求：截面所能承受的弯矩设计值 M_u，或已知弯矩设计值 M（复核截面是否安全）。

其计算步骤如下：

（1）确定截面有效高度 h_0。

（2）计算混凝土受压区高度 x，并判断是否属超筋梁。若 $x \leqslant \xi_b h_0$ 则不属于超筋，若 $x > \xi_b h_0$ 则说明此梁属超筋梁：

$$x = \frac{f_y A_s}{\alpha_1 f_c b} \tag{6-16}$$

（3）验算最小配筋率，并判断是否属于少筋梁。

（4）计算弯矩设计值 M_u：

$$M_u = \alpha_1 f_c bx\left(h_0 - \frac{x}{2}\right) \tag{6-17}$$

求出 M_u 后，与梁实际承受的弯矩设计值 M 比较，若 $M \geqslant M_u$，截面安全；若 $M < M_u$，截面不安全。

四、T 形截面梁

矩形截面梁具有构造简单和施工方便等优点，但由于梁受拉区混凝土开裂退出工作，实际上受拉区混凝土的作用未能得到充分发挥。如挖去部分受拉区混凝土，并将钢筋集中放置，就形成了由梁肋和位于受压区的翼缘所组成的 T 形截面。

梁的截面由矩形变成 T 形，并不会影响其受弯承载力，却能达到节省混凝土、减轻结构自重、降低造价的目的。T 形截面梁在工程中的应用非常广泛，如 T 形截面吊车梁、箱形界面桥梁、大型屋面板、空心板。

五、双筋截面梁

双筋截面指的是在受压区配有受压钢筋，受拉区配有钢筋的截面。压力由混凝土和受压钢筋共同承担，拉力由受拉钢筋承担。

受压钢筋可以提高构件截面的延性，并可减少构件在荷载作用下的变形，但用钢量较大，因此一般情况下采用钢筋来承担压力是不经济的，但遇到下列情况之一时可考虑采用双筋截面；①截面所承受的弯矩较大，且截面尺寸和材料品种等由于某种原因不能改变，此时，若采用单筋则会出现超筋现象。②同一截面在不同荷载组合下出现正、反号弯矩。③构件的某些截面由于某种原因，在截面的受压区预先已经布置了一定数量的受力钢筋（如连续梁的某些支座截面）。

第八节 受弯构件斜截面承载力计算

一、受弯构件斜截面破坏特征

(一)影响因素

影响梁的斜截面破坏形态的因素很多,如截面尺寸、混凝土强度等级、荷载形式、箍筋的含量等。

箍筋配箍率是指箍筋截面面积与截面宽度和箍筋间距乘积的比值,计算公式为

$$\rho_{sv} = \frac{A_{sv}}{bs} = \frac{nA_{sv1}}{bs} \tag{6-18}$$

式中 A_{sv}——配置在同一截面内箍筋各肢的全部截面面积,mm^2,$A_{sv} = nA_{sv1}$;

   n——同一截面内箍筋肢数;

   A_{sv1}——单肢箍筋的截面面积,mm^2;

   b——矩形截面的宽度,T 形、I 字形截面的腹板宽度,mm;

   s——箍筋间距,mm。

(二)破坏特征

斜截面破坏的主要特征有三种,即剪压破坏、斜压破坏和斜拉破坏。

(1)剪压破坏:配筋率适中,破坏处可见到很多平行的斜向短裂缝和混凝土碎渣。

(2)斜压破坏:箍筋配置太少,破坏时斜裂缝多而密,但没有主裂缝,工程上应避免。

(3)斜拉破坏:箍筋配置过多,梁腹部一旦出现斜裂缝,一裂就破坏,工程上应避免。

二、斜截面受剪承载力的计算步骤

已知:梁截面尺寸 bh、由荷载产生的剪力设计值 V、混凝土强度等级、箍筋级别。要求配置箍筋。配置箍筋的计算步骤如下:

(1)验算截面尺寸(防止斜压破坏):

当 $\frac{h_w}{b} \leqslant 4$ 时(即一般梁): $V \leqslant 0.25\beta_c f_c bh_0$ (6-19)

当 $\frac{h_w}{b} \geqslant 6$ 时(即薄腹梁): $V \leqslant 0.2\beta_c f_c bh_0$ (6-20)

当 $4 < \frac{h_w}{b} < 6$ 时: $V \leqslant 0.025\left(14 - \frac{h_w}{b}\right)\beta_c f_c bh_0$ (6-21)

式中 β_c——混凝土强度影响系数,当混凝土强度等级≤C50 时,$\beta_c = 1.0$。

(2)是否需要按计算配置箍筋。

判定是否需要按照计算配置箍筋,当不需要按计算配置箍筋时,即按箍筋最小配箍率 $\rho_{sv,min}$ 配置箍筋,同时满足箍筋肢数、最小直径 d_{min} 及最大间距 s_{max} 的规定。

$$V \leqslant 0.7f_t bh_0 \tag{6-22}$$

若不符合上述条件,则需要按计算配置箍筋。

（3）按公式计算配置箍筋

$$\frac{nA_{sv1}}{s} = \frac{A_{sv}}{s} \geq \frac{V - 0.7f_t bh_0}{f_{yv}h_0}$$ (6-23)

（4）根据构造要求,先确定箍筋肢数 n 及箍筋直径 d,代入式（6-23）求出箍筋间距 s,同时满足箍筋最大间距要求。

（5）验算最小配箍率（防止斜拉破坏）:

$$\rho_{sv} \geq \rho_{sv,min} = \left(\frac{A_{sv}}{bs}\right)_{min} = 0.24\frac{f_t}{f_{yv}}$$ (6-24)

第九节　受压构件

一、受压构件的分类

当构件上作用有纵向压力（内力 N）为主的内力时,称为受压构件。按照纵向压力在截面上作用位置的不同,受压构件分为轴心受压构件和偏心受压构件。

二、轴心受压构件的受力特点

（一）轴心受压柱

按照长细比 l_0/b 的大小,轴心受压柱可分为短柱和长柱两类。

(1)轴心受压短柱:当荷载增至极限荷载时,柱子四周出现明显的纵向裂缝,纵向受力钢筋屈服,混凝土达到其 f_c 被压碎,构件破坏。

(2)轴线受压长柱:由于侧向弯曲不能忽略,长柱将在压力和弯矩的共同作用下,在压应力较大的一侧首先出现纵向裂缝,混凝土被压碎,纵向钢筋压弯向外凸出,由于混凝土柱失去平衡,压应力较小的一侧的混凝土受力状态将迅速发生变化,由受压变为受拉,构件破坏。

长柱承载力低于短柱承载力。

（二）偏心受压柱

偏心受压构件的破坏形态与轴向压力偏心距的大小和构件的配筋情况有关,分为大偏心受压破坏和小偏心受压破坏两种。

(1)大偏心受压破坏:偏心距较大,且受拉钢筋 A_s 配置不太多,破坏时有明显预兆,属延性破坏。

(2)小偏心受压破坏:偏心距较小,或偏心距虽然较大但配置的受拉钢筋过多,破坏时无明显预兆,属脆性破坏。

三、受压构件的构造要求

（一）材料

一般柱中采用 C30～C40 强度等级的混凝土。对于高层建筑的底层柱,必要时可采用更高强度等级的混凝土,例如采用 C50 乃至 C60。

受压构件中的纵向受力钢筋一般采用 HRB400、HRB500、HRBF400、HRBF500 级钢筋，钢筋级别不宜过高。

（二）截面型式及尺寸要求

一般轴心受压柱以方形为主，偏心受压柱以矩形截面为主。截面尺寸不宜小于 250 mm × 250 mm，一般应控制在 $l_0/b \leq 0$ 及 $l_0/h \leq 25$（其中 l_0 为柱的计算长度，h 和 b 分别为截面的高度和宽度）。为了施工支模方便，柱截面尺寸宜取整数，在 800 mm 以下时以 50 mm 为模数，在 800 mm 以上时以 100 mm 为模数。

（三）纵向受力钢筋

（1）纵向受力钢筋的直径不宜小于 12 mm，且选配钢筋时宜根数少而粗，通常在 16～32 mm 范围内选用，方形和矩形截面柱中纵向受力钢筋不少于 4 根，圆柱中不宜少于 8 根且不应少于 6 根，且应沿周边均匀对称布置。

（2）纵向受力钢筋的净距不应小于 50 mm，偏心受压柱中垂直于弯矩作用平面的侧面上的纵向受力钢筋及轴心受压柱中各边的纵向受力钢筋的中距不宜大于 300 mm。

（3）当偏心受压柱的截面高度 $h \geq 600$ mm 时，在柱的侧面上应设置直径为 10～16 mm 的纵向构造钢筋，并相应设置复合箍筋或拉筋。

（4）受压构件纵向钢筋配筋率（$\rho = A'_s/(bh)$）不应小于表 6-18 中的数据。全部纵向钢筋配筋率不宜超过 5%；受压钢筋的配筋率一般不超过 3%，通常为 0.6%～2%。

表 6-18　钢筋配筋率

受力类型		最小配筋百分率
受压构件	全部纵向钢筋	0.6
	一侧纵向钢筋	0.2

（四）箍筋

（1）箍筋直径不应小于 $d/4$，且不应小于 6 mm（d 为纵向钢筋的最大直径）。

（2）箍筋间距不应大于 400 mm 及构件截面的短边尺寸，且不应大于 $15d$（d 为纵向钢筋的最小直径）。

（3）当柱中全部纵向受力钢筋的配筋率超过 3% 时，箍筋直径不应小于 8 mm，间距不应大于 $10d$，且不应大于 200 mm，并应焊成封闭环式；箍筋末端应做成 135° 弯钩且弯钩末端平直段长度不应小于 $10d$ 倍（d 为纵向受力钢筋的最大直径）。

（4）当柱截面短边尺寸大于 400 mm，且各边纵向钢筋多于 3 根时，或当柱截面短边不大于 400 mm，但各边纵向钢筋多于 4 根时，应设置复合箍筋，其布置要求是使纵向钢筋至少每隔一根位于箍筋转角处。

（5）对截面形状复杂的柱，不得采用具有内折角的箍筋，以避免箍筋受拉时使折角处混凝土破损。

第十节　受扭构件

扭转是结构或构件的基本受力形态之一。在钢筋混凝土结构中，纯受扭构件的情况较少,构件通常都处于弯矩、剪力和扭矩共同作用下的复合受力状态。例如钢筋混凝土雨篷梁属于受弯、剪、扭复合受扭构件。

一、受扭构件的受力特点

钢筋混凝土构件在纯扭作用下的破坏状态与受扭纵筋和受扭箍筋的配筋率的大小有关,大致可分为适筋破坏、部分超筋破坏、超筋破坏、少筋破坏四种类型。它们的破坏特点如下:

(1)适筋破坏。纵筋和箍筋首先达到屈服强度,然后混凝土压碎而破坏,与受弯构件的适筋梁类似,属延性破坏。

(2)部分超筋破坏。当纵筋和箍筋配筋比率相差较大,破坏时仅配筋率较小的纵筋或箍筋达到屈服强度,而另一种钢筋不屈服,此类构件破坏时,亦具有一定的延性,但比适筋受扭构件破坏时的截面延性小。

(3)超筋破坏。当纵筋和箍筋配筋率都过高,会发生纵筋和箍筋都没有达到屈服强度,而混凝土先行压坏的现象,似于受弯构件的超筋,属于脆性破坏。

(4)少筋破坏。当纵筋和箍筋配置均过少时,一旦裂缝出现,构件会立即发生破坏,破坏过程急速而突然,破坏扭矩基本上等于开裂扭矩。其破坏特性类似于受弯构件的少筋梁。

二、受扭构件的配筋构造要求

(一)受扭纵向钢筋

(1)矩形截面构件的截面四角必须布置抗扭纵筋,其余受扭纵向钢筋宜沿截面周边均匀对称布置。

(2)沿截面周边布置的受扭纵向钢筋间距 s,不应大于 200 mm 和梁截面短边长度。

(3)受扭纵向钢筋应按受拉钢筋锚固在支座内。架立筋和梁侧构造纵筋也可作为受扭纵筋。

(二)受扭箍筋

(1)为了保证箍筋在整个周长上都能充分发挥抗拉作用,受扭构件中的箍筋要求必须将其做成封闭式,且沿截面周边布置。

(2)受扭所需的箍筋的端部应做成135°的弯钩,弯钩末端的直线长度不应小于 $10d$(d 与箍筋直径)。

(3)箍筋的最小直径和最大间距还应符合受弯构件对箍筋的有关规定。

第十一节　框架结构

框架结构是由梁、柱作为主要受力构件,通过刚接和铰接而形成的承受竖向与水平作用的受力体系。

一、框架结构的类型

框架结构按施工方法可分为全现浇式框架、半现浇式框架、装配式框架和装配整体式框架四种形式。

二、框架结构的平面布置

承重框架有以下三种布置方案。

(一)横向框架承重方案

横向框架承重方案是指框架梁沿房屋横向布置,连系梁和楼(屋)面板沿纵向布置。横向抗侧刚度大,房屋室内的采光和通风好。但梁截面尺寸较大,房间净空较小。

(二)纵向框架承重方案

纵向框架承重方案是指在纵向布置框架承重梁,在横向布置连系梁。横梁高度较小,有利于设备管线的穿行,可获得较高的室内净高,但横向抗侧刚度较差。

(三)纵横向框架承重方案

纵横向框架承重方案是在两个方向上均布置框架承重梁以承受楼面荷载。纵横向框架承重方案具有较好的整体工作性能,对抗震有利。

三、框架结构的构造要求

(一)材料

框架结构中混凝土强度等级不应低于 C20,采用强度等级 400 MPa 及以上钢筋时,混凝土强度等级不应低于 C25。当按一级抗震等级设计时,混凝土强度等级不应低于 C30,当按二、三级抗震等级设计时,混凝土强度等级不应低于 C20。设防烈度为 9 度时混凝土强度等级不宜超过 C60,设防烈度为 8 度时混凝土强度等级不宜超过 C70。梁、柱纵向受力钢筋应采用 HRB400、HRB500、HRBF400、HRBF500 级钢筋,箍筋宜采用 HRB400、HRBF400、HPB300、HRB500、HRBF500 级钢筋,也可采用 HRB335、HRBF335 级钢筋。

(二)框架梁截面尺寸

截面宽度不宜小于 200 mm;一般取梁高 $h = (1/8 \sim 1/12) l$,其中 l 为梁的跨度,梁高 h 不宜大于 1/4 净跨。框架梁的截面宽度可取 $b = (1/2 \sim 1/3) h$。

(三)框架柱截面尺寸

柱截面高度可取 $h = (1/15 \sim 1/10) H$,H 为柱高,柱截面宽度可取 $b = (2/3 \sim 1) h$。矩形柱的截面宽度和高度均不宜小于 300 mm,圆柱的截面直径不宜小于 350 mm。

四、抗震设防框架结构的构造要求

(一)框架抗震等级

根据建筑物的重要性、设防烈度、结构类型和房屋高度等因素要求,以抗震等级表示,抗震等级分为四级。一级抗震要求最高,四级抗震要求最低。

(二)框架梁的构造要求

1. 截面尺寸

当考虑抗震设防时,框架梁截面宽度不宜小于 200 mm,高宽比不宜大于 4,净跨与截面高度之比不宜小于 4。

2. 纵向钢筋

框架中间层中间结点构造如图 6-15 所示,框架梁的上部纵筋应贯穿中间结点。

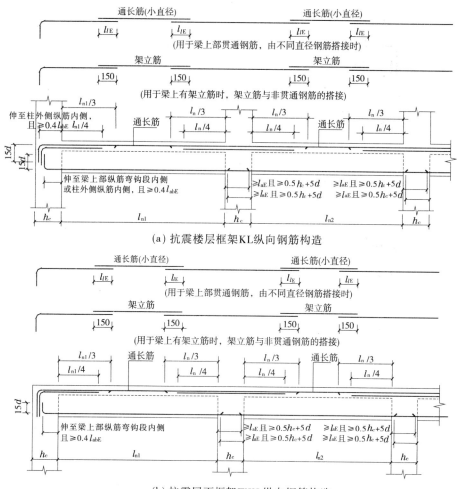

（a）抗震楼层框架KL纵向钢筋构造

（b）抗震屋面框架WKL纵向钢筋构造

图6-15 框架梁纵向钢筋构造

3. 箍筋

梁端箍筋应加密，如图6-16所示。

（三）框架柱的构造要求

1. 截面尺寸

矩形截面柱，抗震等级为四级或层数不超过2层时，其最小截面尺寸不宜小于300 mm，一、二、三级抗震等级且层数超过2层时不宜小于400 mm。

2. 纵向钢筋

柱中纵筋宜对称配置。截面尺寸大于400 mm的柱，纵向钢筋间距不宜大于200 mm。柱纵向钢筋的绑扎接头应避开柱端的箍筋加密区。框架柱KZ纵向钢筋连接构造如图6-17所示。

当上下柱纵筋直径与根数相同时，纵筋连接构造如图6-18所示；当上下柱纵筋直径与根数不同时，纵筋连接构造见图6-18。当上柱钢筋比下柱钢筋多时，采用图6-18（a）；上柱

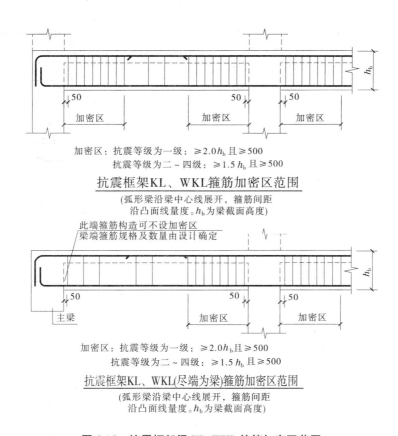

加密区：抗震等级为一级：≥2.0h_b且≥500

抗震等级为二~四级：≥1.5h_b且≥500

抗震框架KL、WKL箍筋加密区范围

(弧形梁沿梁中心线展开，箍筋间距
沿凸面线量度。h_b为梁截面高度)

此端箍筋构造可不设加密区
梁端箍筋规格及数量由设计确定

加密区：抗震等级为一级：≥2.0h_b且≥500

抗震等级为二~四级：≥1.5h_b且≥500

抗震框架KL、WKL(尽端为梁)箍筋加密区范围

(弧形梁沿梁中心线展开，箍筋间距
沿凸面线量度。h_b为梁截面高度)

图6-16 抗震框架梁 KL、WKL 箍筋加密区范围

钢筋直径比下柱钢筋直径大时采用图 6-18(b)；下柱钢筋比上柱钢筋多时采用图 6-18(c)；下柱钢筋直径比上柱钢筋直径大时采用图 6-18(d)。当柱变截面时纵向钢筋的连接构造如图 6-19 所示。

3. 箍筋

箍筋的设置直接影响柱子的延性。在满足承载力要求的基础上对柱采取箍筋加密措施，可以增强箍筋对混凝土的约束作用，提高柱的抗震能力。

柱端，取截面高度(圆柱直径)、柱净高的 1/6 和 500 mm 三者的最大值；底层柱的下端不小于柱净高的 1/3；刚性地面上、下各 500 mm；剪跨比不大于 2 的柱、因设置填充墙等形成的柱净高与柱截面高度之比不大于 4 的柱、框支柱、一级和二级框架的角柱，取全高，如图 6-20 所示。

(四)框架节点的构造要求

为使框架的梁柱纵向钢筋有可靠的锚固条件，框架梁柱节点核心区的混凝土应具有良好的约束性能。框架节点内应设置水平箍筋，箍筋的最大间距和最小直径与柱加密区相同。柱中的纵向受力钢筋不宜在节点区截断，框架梁上部纵向钢筋应贯穿中间结点。钢筋的锚固长度应满足相应的纵向受拉钢筋的抗震锚固长度 l_{aE}，如图 6-21 所示。

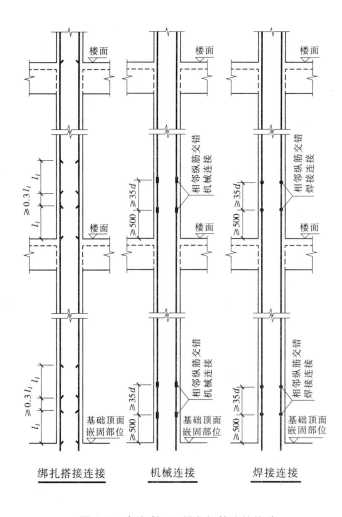

图 6-17 框架柱 KZ 纵向钢筋连接构造

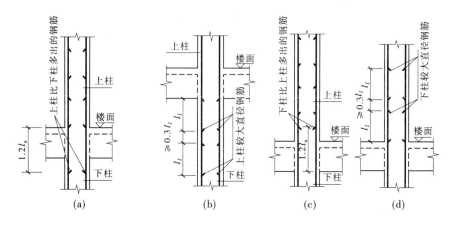

图 6-18 框架柱上下柱纵筋直径或根数不同时纵筋连接构造

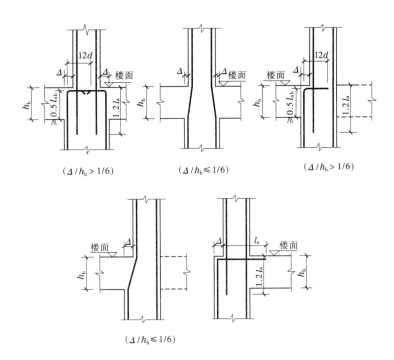

$(\Delta / h_b > 1/6)$　　　　$(\Delta / h_b \leqslant 1/6)$　　　　$(\Delta / h_b > 1/6)$

$(\Delta / h_b \leqslant 1/6)$

图 6-19　框架柱变截面位置纵向钢筋构造

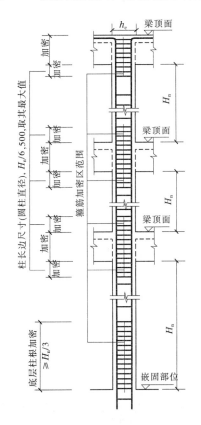

图 6-20　抗震框架柱箍筋加密区范围

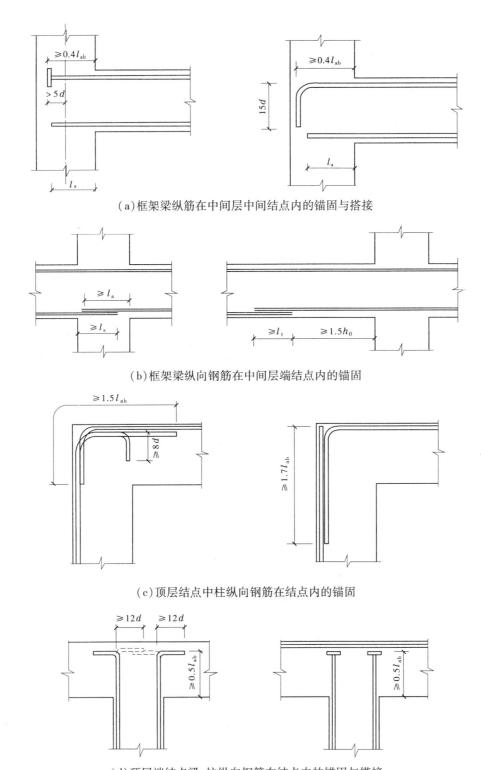

(a)框架梁纵筋在中间层中间结点内的锚固与搭接

(b)框架梁纵向钢筋在中间层端结点内的锚固

(c)顶层结点中柱纵向钢筋在结点内的锚固

(d)顶层端结点梁、柱纵向钢筋在结点内的锚固与搭接

图6-21　框架梁、柱的纵向受力钢筋在结点区的锚固和搭接

第十二节　砌体结构

一、砌体结构的特点和适用性

砌体结构是由块材和砂浆砌筑而成的墙、柱作为建筑物主要受力构件的结构形式。砌体结构包括砖结构、石结构和其他材料的砌块结构。

优点：可以就地取材；具有良好的耐火性和较好的耐久性；砌体砌筑时不需要模板和特殊的施工设备；砖墙和砌块墙体能够隔声、隔热、保温。

缺点：砌体的强度较低，材料用量多，自重大；砌体的砌筑工作繁重，施工进度缓慢；砌体的抗拉、抗弯及抗剪强度都很低，抗震性能较差；黏土砖需用黏土制造，在某些地区过多占用农田，影响农业生产。

二、砌体材料

(一)块材
块材分砖、石材和砌块三大类。

1. 砖

根据块材的强度大小将块材分为不同的强度等级，用 MU 表示，MU 后面的数字表示块材抗压强度的大小，单位为 N/mm^2。承重结构中，烧结普通砖、烧结多孔砖的强度等级分为五级：MU30、MU25、MU20、MU15 和 MU10；蒸压灰砂普通砖、蒸压粉煤灰普通砖的强度等级分为四级：MU25、MU20、MU15 和 MU10；混凝土普通砖、混凝土多孔砖的强度等级分为四级：MU30、MU25、MU20 和 MU15。

2. 石材

天然石材按其加工后的外形规则程度分为料石和毛石两种。石材的强度等级分为七级：MU100、MU80、MU60、MU50、MU40、MU30 和 MU20。

3. 砌块

砌块包括混凝土砌块、轻集料混凝土砌块。承重结构中，混凝土砌块、轻集料混凝土砌块的强度等级分为五级：MU20、MU15、MU10、MU7.5 和 MU5。自承重墙的轻集料混凝土砌块的强度等级分为四级：MU10、MU7.5、MU5 和 MU3.5。

(二)砂浆
砌筑砂浆分为水泥砂浆、石灰砂浆、混合砂浆及专用砂浆。砖砌体采用的普通砂浆等级为：M15、M10、M7.5、M5 和 M2.5。混凝土普通砖、混凝土多孔砖及砌块砌体专用的砂浆等级为：Mb20、Mb15、Mb10、Mb7.5 和 Mb5。

三、砌体的种类

砌体按照块体材料不同可分为砖砌体、石砌体和砌块砌体。

按配置钢筋的砌体是否作为建筑物主要受力构件可分为无筋砌体和配筋砌体。

按其在结构中的作用分为承重砌体与非承重砌体等。

四、砌体的力学性能

砌体结构的力学性能以受压为主。轴心受拉、弯曲、剪切等力学性能相对较差。

影响砌体抗压强度的因素：块材和砂浆的强度，块材的尺寸、形状，砂浆的性能，砌筑质量。

五、砌体结构房屋的承重布置方案

根据荷载的传递方式和墙体的布置方案不同，混合结构的承重方案可分为三种。

（一）纵墙承重方案

这种承重方案房屋的楼、屋面荷载由梁（屋架）传至纵墙，或直接由板传给纵墙，再经纵墙传至基础。纵墙为主要承重墙，开洞受到限制。这种体系的房屋，房间布置灵活，不受横隔墙的限制，但其横向刚度较差，不宜用于多层建筑物。

（二）横墙承重方案

这种承重方案房屋的楼、屋面荷载直接传给横墙，由横墙传给基础。横墙为主要承重墙，房屋的横向刚度较大，有利于抵抗水平荷载和地震作用。纵墙为非承重墙，可以开设较大的洞口。

（三）纵横墙承重方案

这种承重方案房屋的楼、屋面荷载可以传给横墙，也可以传给纵墙，纵墙、横墙均为承重墙。这种承重方案房间布置灵活、应用广泛，其横向刚度介于上述两种承重方案之间。

六、砌体结构房屋的静力计算方案

确定房屋的静力计算方案是关系到墙、柱构造要求和承载能力计算方法的主要依据。

房屋的静力计算方案，根据房屋的空间工作性能分为刚性方案、弹性方案和刚弹性方案。

（一）刚性方案

当房屋的横墙间距较小、楼盖（屋盖）的水平刚度较大时，房屋的空间刚度较大，在荷载作用下，房屋的水平位移很小，可视墙、柱顶端的水平位移等于零。对于一般多层住宅、办公室、宿舍等混合结构房屋宜设计成刚性方案房屋。

（二）弹性方案

当房屋横墙间距很大或无山墙（横墙）时，楼盖（屋盖）水平刚度较小，房屋的空间刚度较小，在荷载作用下房屋的水平位移较大，确定计算简图时，不能忽略水平位移的影响。

（三）刚弹性方案

房屋空间刚度介于刚性方案和弹性方案之间。在荷载作用下，房屋的水平位移也介于两者之间。

房屋的静力计算方案由房屋横墙间距和楼盖（屋盖）类别决定。

七、砌体结构的构造措施

（一）墙、柱高厚比验算

对于矩形截面墙、柱的高厚比按式(6-25)进行验算：

$$\beta = \frac{H_0}{h} \leqslant \mu_1 \mu_2 [\beta] \tag{6-25}$$

式中　$[\beta]$——墙、柱的允许高厚比,按表 6-19 采用;

h——墙厚或矩形柱与 H_0 相对应的边长;

μ_1——自承重墙允许高厚比的修正系数,按下列规定采用: $h = 240$ mm, $\mu_1 = 1.2$, $h = 90$ mm, $\mu_1 = 1.5$, 90 m $< h < 240$ mm, μ_1 可按插入法取值,当 $h = 120$ mm 时, $\mu_1 = 1.44$。

上端为自由端的允许高厚比,除按上述规定提高外,尚可提高 30%;对厚度小于 90 mm 的墙,当双面用不低于 M10 的水泥砂浆抹面,包括抹面层的墙厚不小于 90 mm 时,可按墙厚等于 90 mm 算高厚比。

μ_2 为有门窗洞口墙允许高厚比的修正系数,按下式计算:

$$\mu_2 = 1 - 0.4 \frac{b_s}{s} \tag{6-26}$$

式中　s——相邻横墙或壁柱之间的距离;

b_s——在宽度 s 范围内的门窗洞口总宽度。

当按式(6-26)计算得到的 μ_2 的值小于 0.7 时,应取 0.7,当洞口高度等于或小于墙高的 1/5 时, μ_2 取 1.0。

表 6-19　墙、柱的允许高厚比 $[\beta]$ 值

砂浆强度等级	墙	柱
M2.5	22	15
M5.0 或 Mb5.0、Ms5.0	24	16
≥M7.5 或 Mb7.5、Ms7.5	26	17

(二)砌体房屋的一般构造要求

1. 材料的最低强度等级

砌体材料的强度等级与房屋的耐久性有关。五层及五层以上房屋的下部承重墙,以及受振动或层高大于 6 m 的墙、柱所用材料的最低强度等级应符合下列要求:砖采用 MU15;砌块采用 MU10,石材采用 MU30,砂浆采用 M5 或 Mb5。

2. 墙、柱的最小截面尺寸

墙、柱的截面尺寸过小,不仅稳定性差,而且局部缺陷影响承载力。对承重的独立砖柱截面尺寸不应小于 240 mm×370 mm,毛石墙的厚度不宜小于 350 mm,毛料石柱较小边长不宜小于 400 mm。

3. **房屋整体性的构造要求**

(1)预制钢筋混凝土板的支承长度,在墙上不应小于 100 mm,在钢筋混凝土圈梁上不应小于 80 mm。在抗震设防地区,板端应有伸出钢筋相互有效连接,并用混凝土浇筑成板带,其板支承长度不应小于 60 mm,板带宽不小于 80 mm,混凝土强度等级不应低于 C20。

(2)当梁跨度大于或等于下列数值时:240 mm 厚的砖墙为 6 m,180 mm 厚的砖墙为 4.8 m,砌块、料石墙为 4.8 m,其支承处宜加设壁柱,或采取其他加强措施。

（3）支承在墙、柱上的吊车梁、屋架及跨度大于或等于下列数值的预制梁：砖砌体为9 m，砌块和料石砌体为7.2 m，其端部应采用锚固件与墙、柱上的垫块锚固。

（4）跨度大于6 m的屋架和跨度大于下列数值的梁：砖砌体为4.8 m，砌块和料石砌体为4.2 m，毛石砌体为3.9 m，应在支承处砌体上设置混凝土或钢筋混凝土垫块；当墙中设有圈梁时，垫块与圈梁宜浇成整体。

（5）墙体转角处和纵横墙交接处宜沿竖向每隔400～500 mm设拉结钢筋，其数量为每120 mm墙厚不少于1Φ6或焊接钢筋网片，埋入长度从墙的转角或交接处算起，对实心砖墙每边不小于500 mm，对多孔砖墙和砌块墙不小于700 mm。

（6）填充墙、隔墙应分别采取措施与周边主体结构构件可靠连接，连接构造和嵌缝材料应能满足传力、变形、耐久和防护要求。

（7）山墙处的壁柱或构造柱应至山墙顶部，屋面构件应与山墙可靠拉结。

（三）砌体房屋的抗震构造措施

1. 构造柱的设置

各类多层砖砌体房屋，应按下列要求设置现浇钢筋混凝土构造柱。

1）构造柱设置

构造柱设置部位，一般情况下应符合表6-20的要求。

表6-20　砖房构造柱设置要求

房屋层数				设置部位	
6度	7度	8度	9度		
四、五	三、四	二、三		楼、电梯间四角，楼梯斜梯段上下端对应的墙体处；外墙四角和对应转角；错层部位横墙与外纵墙交接处；大房间内外墙交接处；较大洞口两侧	隔12 m或单元横墙及楼梯对侧内墙与外纵墙交接处
六	五	四	二		隔开间横墙（轴线）与外墙交接处；山墙与内纵墙交接处
七	≥六	≥五	≥三		内墙（轴线）与外墙交接处；内墙的局部较小墙垛处；内纵墙与横墙（轴线）交接处

2）构造柱的截面尺寸及配筋

构造柱最小截面可采用180 mm×240 mm（当墙厚190 mm时为180 mm×190 mm），纵向钢筋宜采用4Φ12，箍筋间距不宜大于250 mm，且在柱上下端宜适当加密；抗震设防烈度为6、7度时超过六层、8度时超过五层和9度时，构造柱纵向钢筋宜采用4Φ14，箍筋间距不应大于200 mm；房屋四角的构造柱可适当加大截面及配筋。

3）构造柱的连接

（1）构造柱与墙连接处应砌成马牙槎，沿墙高每隔500 mm设2Φ6水平钢筋和Φ4分布短筋平面内点焊组成的拉结钢筋网片或Φ4点焊钢筋网片，每边伸入墙内不宜小于1 m。6、7度时底部1/3楼层，8度时底部1/2楼层，9度时全部楼层，上述拉结钢筋网片应沿墙体水平通长布置。

（2）构造柱与圈梁连接处，构造柱的纵筋应在圈梁纵筋内侧穿过，保证构造柱纵筋上下贯通。

（3）构造柱可不单独设置基础，但应伸入室外地面下 500 mm，或与埋深小于 500 mm 的基础圈梁相连。

2. 圈梁的设置

在砌体结构房屋中，把在墙体内沿水平方向连续设置并成封闭状的钢筋混凝土梁称为圈梁。位于房屋檐口处的圈梁常称为檐口圈梁，位于 ±0.000 m 以下基础顶面标高处设置的圈梁常称为基础圈梁，又叫地圈梁。

设置钢筋混凝土圈梁可以加强墙体的连接，提高楼（屋）盖刚度，抵抗地基不均匀沉降，限制墙体裂缝开展，增强房屋的整体性，从而提高房屋的抗震能力。

1）圈梁的设置部位

（1）装配式钢筋混凝土楼（屋）盖的砖房，应按表 6-21 的要求设置圈梁。

表 6-21　多层砖砌体房屋现浇钢筋混凝土圈梁设置要求

墙类	烈度		
	6、7 度	8 度	9 度
外墙和内纵墙	屋盖处及每层楼盖处	屋盖处及每层楼盖处	屋盖处及每层楼盖处
内横墙	同上； 屋盖处间距不应大于 4.5 m； 楼盖处间距不应大于 7.2 m； 构造柱对应部位	同上； 各层所有横墙，且间距不应大于 4.5 m； 构造柱对应部位	同上； 各层所有横墙

（2）现浇或装配整体式钢筋混凝土楼（屋）盖与墙体有可靠连接的房屋，应允许不另设圈梁，但楼板沿抗震墙体周边应加强配筋并应与相应的构造柱钢筋可靠连接。

2）圈梁的截面尺寸及配筋

钢筋混凝土圈梁的宽度宜与墙厚相同，当墙厚 $h \geq 240$ mm 时，圈梁宽度不宜小于 $2h/3$，圈梁的截面高度不应小于 120 mm，配筋应符合表 6-22 的要求。但在软弱黏性土层、液化土、新近填土或严重不均匀土层上的基础圈梁，截面高度不应小于 180 mm，配筋不应少于 4 Φ 12。

表 6-22　多层砖砌体房屋圈梁配筋要求

配筋	烈度		
	6、7 度	8 度	9 度
最小纵筋	4 Φ 10	4 Φ 12	4 Φ 14
箍筋最大间距（mm）	250	200	150

3）圈梁的构造要求

（1）圈梁宜连续地设在同一水平位置上，并形成封闭状；当圈梁被门窗洞口截断时，应在洞口上部增设相同截面的附加圈梁。附加圈梁与圈梁的搭接长度不应小于两者间垂直距离的 2 倍，且不得小于 1 m。

圈梁宜与预制板设在同一标高处或紧靠板底。在要求的间距内无横墙时,应利用梁或板缝中配筋替代圈梁。

(2)纵横墙交接处的圈梁应有可靠的连接。刚弹性和弹性方案房屋,圈梁应与屋架、大梁等构件可靠连接。

(3)钢筋混凝土圈梁的宽度宜与墙厚相同,当墙厚 $h \geqslant 240$ mm 时,其宽度不宜小于 $2h/3$,圈梁高度不宜小于 120 mm。纵向钢筋不应小于 4Φ10,绑扎接头的搭接长度按受拉钢筋考虑,箍筋间距不应大于 300 mm。

(4)圈梁兼作过梁时,过梁部分的钢筋应按计算用量配置。

3.楼(屋)盖的构造要求

(1)现浇钢筋混凝土楼板或屋面板伸进纵横墙内的长度,均不应小于 120 mm。

(2)装配式钢筋混凝土楼板或屋面板,当圈梁未设在板的同一标高时,板端伸进外墙的长度不应小于 120 mm,伸进内墙的长度不应小于 100 mm 或采用硬架支模连接,在梁上不应小于 80 mm 或采用硬架支模连接。

(3)当板的跨度大于 4.8 m 并与外墙平行时,靠外墙的预制板侧边应与墙或圈梁拉结。

(4)房屋端部大房间的楼盖,抗震设防烈度为 6 度时房屋的屋盖和 7～9 度时房屋的楼(屋)盖,当圈梁设在板底时,钢筋混凝土预制板应相互拉结,并应与梁、墙或圈梁拉结。

(5)抗震设防烈度为 6、7 度时长度大于 7.2 m 的大房间,以及抗震设防烈度为 8、9 度时外墙转角及内外墙交接处,应沿墙高每隔 500 mm 配置 2Φ6 通长钢筋和 Φ4 分布短筋平面内点焊组成的拉结网片或 Φ4 点焊网片。

八、砌体结构中的其他构件

(一)过梁

过梁的种类分为以下三种。

1.钢筋砖过梁

钢筋砖过梁,是指在砖过梁中的砖缝内配置钢筋,砂浆不低于 M5 的平砌过梁。其底面砂浆处的钢筋,直径不应小于 5 mm,间距不宜大于 120 mm,钢筋伸入支座砌体内的长度不宜小于 240 mm,砂浆层的厚度不宜小于 30 mm,其跨度不大于 1.5 m。

2.砖砌平拱过梁

砖砌平拱过梁的砂浆强度等级不宜低于 M5(Mb5、Ms5),跨度不大于 1.2 m,用竖砖砌筑部分的高度不应小于 240 mm。

3.钢筋混凝土过梁

对有较大振动荷载或可能产生不均匀沉降的房屋,或当门窗宽度较大时,应采用钢筋混凝土过梁。其截面高度一般不小于 180 mm,截面宽度与墙体厚度相同,端部支承长度不应小于 240 mm。

(二)墙梁

由钢筋混凝土托梁和梁上计算高度范围内的砌体墙组成的组合构件称为墙梁。墙梁按支承情况分为简支墙梁、连续墙梁、框支墙梁;按承受荷载情况可分为承重墙梁和自承重墙梁。

墙梁中承托砌体墙和楼盖(屋盖)的混凝土简支梁、连续梁和框架梁,称为托梁;墙梁中考虑组合作用的计算高度范围内的砌体墙,称为墙体;墙梁的计算高度范围内墙体顶面处的现浇混凝土圈梁,称为顶梁;墙梁支座处与墙体垂直相连的纵向落地墙,称为翼墙。

(三)挑梁

挑梁是指从主体结构延伸出来,一端主体端部没有支承的水平受力构件。挑梁是一种悬挑构件,其破坏形态有挑梁倾覆破坏、挑梁下砌体局部受压破坏、挑梁本身弯曲破坏或剪切破坏三种。

挑梁埋入墙体内的长度 l_1 与挑出长度 l 之比宜大于 1.2;当挑梁上无砌体时,l_1 与 l 之比宜大于 2。

第十三节　钢结构

一、钢结构的特点

钢结构具有以下特点:施工速度快;相对于混凝土结构自重轻,承载能力高;基础造价较低;抗震性能良好;能够实现大空间;可拆卸重复利用钢结构构件;抗腐蚀性和耐火性较差;造价高。

二、钢结构的应用

钢结构可应用在以下结构中:大跨结构,工业厂房,受动力荷载影响的结构,多层和高层建筑,高耸结构,可拆卸的结构,容器和其他构筑物,轻型钢结构。

三、钢结构的连接

钢结构连接的作用就是通过一定的方式将钢板或型钢组合成构件,或将若干个构件组合成整体结构,以保证其共同工作,常用方式是焊接、铆钉连接和螺栓连接,其中焊接和螺栓连接是目前用得较多的方式。

(一)焊接连接

1.焊接连接的方法

焊缝连接是目前钢结构主要的连接方法,一般常用的电焊有手工电弧焊、自动埋弧焊以及气体保护焊。

它的优点是:不削弱焊件截面,连接的刚性好,构造简单,便于制造,并且可以采用自动化操作。它的缺点是:会产生残余应力和残余变形,连接的塑性和韧性较差。

2.焊缝的构造

1)焊缝的形式

按被连接构件之间的相对位置,可分为平接(又称对接)、搭接、顶接(又称 T 形连接)和角接四种类型。

按焊缝的构造不同,可分为对接焊缝和角焊缝两种形式。

按受力方向,对接焊缝又可分为正对接缝(正缝)和斜对接缝(斜缝);角焊缝可分为正面角焊缝(端缝)和侧面角焊缝(侧缝)等基本型式。

按照施焊位置的不同,可分为平焊、立焊、横焊和仰焊四种。

其中平焊施焊条件最好,质量易保证,因此质量最好;仰焊的施焊条件最差,质量不易保证,在设计和制造时应尽量避免采用。

2）焊缝的构造

（1）对接焊缝的构造要求。

对接焊缝的形式有 I 形缝、单边 V 形缝、双边 V 形缝（双 Y 形缝）、U 形缝、K 形缝、X 形缝等。

当焊件厚度 t 很小时（$t \leqslant 6$ mm）可采用直边缝。对于一般厚度（$t = 6 \sim 20$ mm）的焊件,可以采用有斜剖口的单边 V 形缝或双边 V 形缝。对于较厚的焊件（$t \geqslant 20$ mm）,则应采用 V 形缝、U 形缝、双边 V 形缝、双 Y 形缝。其中 V 形缝和 U 形缝为单边施焊,但在焊缝根部还需补焊。对于没有条件补焊时,要事先在根部加垫板,以保证焊透。

在钢板厚度或宽度有变化的焊接中,为了使构件传力均匀,应在板的一侧或两侧做成坡度不大于 1:2.5（承受静力荷载者）或 1:4（需要计算疲劳者）的斜坡,形成平缓的过渡。如板厚相差不大于 4 mm,可不作斜坡。

（2）角焊缝的构造要求。

角焊缝按其长度方向和作用力的相对位置可分为正面角焊缝（端缝）、侧面角焊缝（侧缝）、斜焊缝、围焊缝等几种。

角焊缝中垂直于作用力的焊缝称为正面角焊缝,简称端缝;端缝受到较大的剪力、弯矩和轴心力作用,而且在截面突变、力线密集的焊缝根部存在很大的应力集中现象,所以破坏常从根部开始。

平行于作用力的焊缝称为侧面角焊缝,简称侧缝;侧缝主要受剪力作用,破坏常发生于最小的受剪面上,即在有效厚度 $h_e = 0.7 h_f$ 所在的截面上,其破坏强度较低。

倾斜于作用力的焊缝称为斜缝。

角焊缝的连接构造如处理得不正确,将降低连接的承载能力,所以还应注意以下几个构造问题:

①角焊缝的焊脚尺寸 h_f 不宜太小,对于手工焊 $h_f \geqslant 1.5 \sqrt{t}$（mm）,对于自动焊 $h_f \geqslant 1.5 \sqrt{t} - 1$ mm,对于 T 形连接的单面角焊缝 $h_f \geqslant 1.5 \sqrt{t} + 1$ mm,以上 t 是较厚焊件的厚度;当焊件厚度等于或小于 4 mm 时,则最小焊脚尺寸与焊件厚度相同。

②角焊缝的焊脚尺寸 h_f 亦不宜太大,最大焊脚尺寸应满足如下要求:焊缝不在板边缘时 $h_f \leqslant 1.2t$（t 是较薄焊件的厚度,钢管结构除外）;焊缝若在板件（厚度为 t）边缘,则最大焊件尺寸应符合下列要求:当 $t \leqslant 6$ mm 时,$h_f \leqslant t$;当 $t > 6$ mm 时,$h_f \leqslant t - (1 \sim 2)$ mm。

③当两焊件的厚度相差较大,且采用等焊脚尺寸无法满足最大和最小焊脚尺寸的要求时,可采用不等焊脚尺寸,即与较厚焊件接触的焊脚尺寸满足 $h_f \geqslant 1.5 \sqrt{t_{max}}$（mm）,与较薄焊件接触的焊脚尺寸符合 $h_f \leqslant 1.2 t_{min}$（mm）的要求。

④当角焊缝的端部在构件转角处时,宜连续作长度为 $2h_f$ 的绕角焊。

⑤在仅用正面焊缝的搭接连接中,搭接长度不得小于焊件较小厚度的 5 倍和 25 mm,以减小因焊件收缩而产生的残余应力,以及因传力而产生的附加应力。

（二）螺栓连接

螺栓连接可分为普通螺栓连接和高强度螺栓连接两种。普通螺栓通常采用 Q235 钢材制成,安装时用普通扳手拧紧;高强度螺栓则用高强度钢材经热处理制成,用能控制扭矩或螺栓拉力的特制扳手拧紧到规定的预拉力值,把被连接件夹紧。

1. 螺栓的排列

螺栓在构件上排列应简单、统一、整齐而紧凑,通常分为并列式和错列式两种形式。并列式比较简单整齐,所用连接板尺寸小,但由于螺栓孔的存在,对构件截面削弱较大。错列式可以减小螺栓孔对截面的削弱,但螺栓孔排列不如并列式紧凑,连接板尺寸较大。

2. 普通螺栓的工作性能

普通螺栓连接按受力情况可分为三类:螺栓承受剪力、螺栓承受拉力、螺栓承受拉力和剪力的共同作用。

受剪螺栓连接达到极限承载力时,螺栓连接破坏时可能出现五种破坏形式:螺栓杆剪断、孔壁挤压(或称承压)破坏、钢板净截面被拉断、钢板端部或孔与孔间的钢板被剪坏、螺栓杆弯曲破坏。

以上五种破坏形式的前三种通过相应的强度计算来防止,后两种可采取相应的构造措施来防止。

在受拉螺栓连接中,螺栓承受沿螺杆长度方向的拉力,螺栓受力的薄弱处是螺纹部分,破坏常产生在螺纹部分。

3. 高强度螺栓的工作性能

高强度螺栓采用强度高的钢材制作,所用材料一般有两种:一种是优质碳素钢,另一种是合金结构钢。性能等级有 8.8 级(35 号钢、45 号钢和 40B 钢)和 10.9 级(有 20MnTiB 钢和 36VB 钢)。级别划分的小数点前数字是螺栓热处理后的最低抗拉强度,小数点后数字是材料的屈强比。

高强度螺栓连接是依靠构件之间很高的摩擦力传递全部或部分内力的,故必须用特殊工具将螺帽旋得很紧,使被连接的构件之间产生预压力(螺栓杆产生预拉力)。同时,为了提高构件接触面的抗滑移系数,常需对连接范围内的构件表面进行粗糙处理。高强度螺栓连接虽然在材料、制作和安装等方面都有一些特殊要求,但由于它有强度高、工作可靠、不易松动等优点,故是一种广泛应用的连接形式。

高强度螺栓的预拉力是通过扭紧螺帽实现的。一般采用扭矩法和扭剪法。扭矩法是采用可直接显示扭矩的特制扳手,根据事先测定的扭矩和螺栓拉力之间的关系施加扭矩,使之达到预定拉力。扭剪法是采用扭剪型高强度螺栓,该螺栓端部设有梅花头,拧紧螺帽时,靠拧断螺栓梅花头切口处截面来控制预拉力值。

四、钢结构构件的受力性能

钢结构的基本构件是指组成钢结构建筑的各类受力构件,基本构件主要有钢梁、钢柱、钢桁架、钢支撑等。

按受力特点,钢结构构件可分为受弯构件、轴心受力构件(拉、压杆)、偏心受力构件(拉弯和压弯构件)等,这些基本受力构件组成了钢结构建筑。

(一)轴心受力构件

(1)轴心受力构件是指承受通过构件截面形心的轴向力作用的构件。

轴心受力构件是钢结构的基本构件,广泛地应用于钢结构承重构件中,如钢屋架、网架、网壳、塔架等杆系结构的杆件,平台结构的支柱等。

(2)根据杆件承受的轴心力的性质可分为轴心受拉构件和轴心受压构件。

轴心受压柱由柱头、柱身和柱脚三部分组成。柱头支撑上部结构,柱脚则把荷载传给基础。轴心受力构件可分为实腹式和格构式两大类。

轴心受力构件常见的截面形式有三种:

一是热轧型钢截面,如工字钢、H 型钢、槽钢、角钢、T 型钢、圆钢、圆管、方管等;二是冷弯薄壁型钢截面,如冷弯角钢、槽钢和冷弯方管等;三是用型钢和钢板或钢板和钢板连接而成的组合截面,如实腹式组合截面和格构式组合截面等。

进行轴心受力构件设计时,轴心受拉构件应满足强度、刚度要求;轴心受压构件除应满足强度、刚度要求外,还应满足整体稳定和局部稳定要求。截面选型应满足用料经济、制作简单、便于连接、施工方便的原则。

(二)受弯构件

受弯构件是钢结构的基本构件之一,在建筑结构中应用十分广泛,最常用的是实腹式受弯构件。

钢梁按制作方法的不同可以分为型钢梁和组合梁两大类,型钢梁构造简单,制造省工,应优先采用。

型钢梁有热轧工字钢、热轧 H 型钢和槽钢三种,其中 H 型钢的翼缘内外边缘平行,与其他构件连接方便,应优先采用。宜选用窄翼缘型(HN 型)。

当荷载和跨度较大时,型钢梁受到尺寸和规格的限制,常不能满足承载能力或刚度的要求,此时应考虑采用组合梁。组合梁一般采用三块钢板焊接而成的工字形截面,或由 T 型钢中间加板的焊接截面。当焊接组合梁翼缘需要很厚时,可采用两层翼缘板的截面。受动力荷载的梁如钢材质量不能满足焊接结构的要求时,可采用高强度螺栓或铆钉连接而成的工字形截面。荷载很大而高度受到限制或梁的抗扭要求较高时,可采用箱形截面。组合梁的截面组成比较灵活,可使材料在截面上的分布更为合理,节省钢材。

钢梁可以做成简支的或悬臂的静定梁,也可以做成两端均固定或多跨连续的超静定梁。简支梁不仅制造简单,安装方便,而且可以避免支座沉陷所产生的不利影响,故应用最为广泛。

第十四节　基　础

基础是建筑地面以下的承重构件,它承受建筑物上部结构传下来的全部荷载,并把这些荷载连同本身的重量一起传到地基上。

一、基础的类型及基础的埋置深度

(一)基础的类型

按基础所采用的材料和受力特点,分为刚性基础和柔性基础。

按基础的埋置深度和施工方法不同,分为深基础和浅基础。

按基础的结构形式,分为无筋扩展基础、扩展基础、柱下条形基础、筏形基础、箱形基础和桩基础。

（二）基础的埋置深度

基础的埋置深度一般是指基础底面到室外设计地面的垂直距离,简称基础埋深。

基础的埋置深度关系到地基是否安全、经济和施工的难易。

影响基础埋置深度的因素有很多,包括:建筑物的功能和用途,基础上的荷载大小和性质,工程地质和水文地质条件;相邻建筑物基础埋深;地基土冻胀与融陷的影响。

二、基础的构造要求

（一）无筋扩展基础

无筋扩展基础是指由砖、毛石、混凝土或毛石混凝土、灰土和三合土等材料组成的墙下条形基础或柱下独立基础,如图 6-22 所示。这些材料都是脆性材料,有较好的抗压性能,但抗拉、抗剪强度往往很低。无筋扩展基础可用于 6 层和 6 层以下(三合土基础不宜超过 4 层)的民用建筑和轻型厂房。

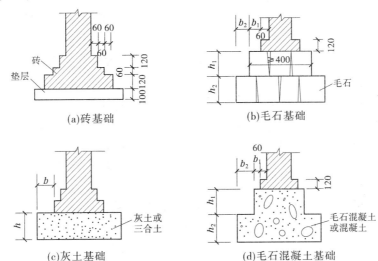

(a)砖基础　　　　　　　　(b)毛石基础

(c)灰土基础　　　　　　　(d)毛石混凝土基础

图 6-22　无筋扩展基础

无筋扩展基础的基础高度应符合下式要求,如图 6-23 所示:

$$H_0 \geqslant \frac{b - b_0}{2\tan\alpha} \tag{6-27}$$

式中　b——基础底面宽度,m;

b_0——基础顶面的墙体宽度或柱脚宽度,m;

H_0——基础高度,m;

b_2——基础台阶宽度,m;

$\tan\alpha$——基础台阶宽高比 $b_2 : H_0$。

砖基础一般做成台阶式,此阶梯称为大放脚,大放脚的砌筑方式有两种:"二皮一收"和"二一间隔收"砌法。垫层每边伸出基础底面 50 mm,厚度不宜小于 100 mm,如图 6-24 所示。

（二）扩展基础

1. 扩展基础的概念

扩展基础是指柱下钢筋混凝土独立基础和墙下钢筋混凝土条形基础,见图 6-25。这种

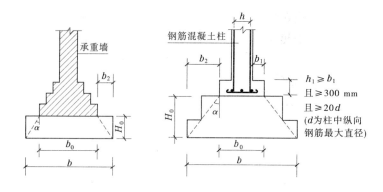

图 6-23　无筋扩展基础构造示意图

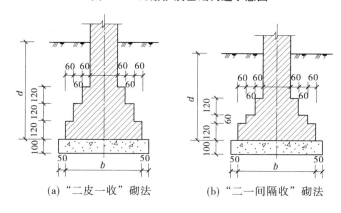

(a)"二皮一收"砌法　　　　(b)"二一间隔收"砌法

图 6-24　基础大放脚形式

基础抗弯和抗剪性能良好,特别适用于"宽基浅埋"或有地下水时。由于扩展基础有较好的抗弯能力,通常被看作柔性基础。这种基础能发挥钢筋的抗弯性能及混凝土抗压性能,适用范围广。

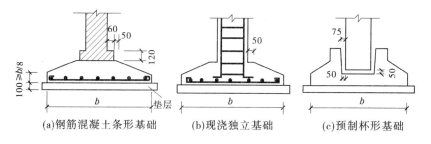

(a)钢筋混凝土条形基础　　(b)现浇独立基础　　(c)预制杯形基础

图 6-25　扩展基础

2. 扩展基础的构造要求

(1)锥形基础的边缘高度不宜小于 200 mm,阶梯形基础的每阶高度宜为 300~500 mm。

(2)垫层的厚度不宜小于 70 mm,垫层混凝土强度等级应为 C10。

(3)扩展基础底板受力钢筋的最小直径不宜小于 10 mm,间距不宜大于 200 mm,也不宜小于 100 mm。

(4)钢筋混凝土强度等级不应小于 C20。

（5）当柱下钢筋混凝土独立基础的边长和墙下钢筋混凝土条形基础的宽度大于或等于2.5 m时，底板受力钢筋的长度可取边长或宽度的0.9倍，并宜交错布置，如图6-26（a）所示。

（6）钢筋混凝土条形基础底板在T形及十字形交接处，底板横向受力钢筋仅沿一个主要受力方向通长布置，另一个方向的横向受力钢筋可布置到主要受力方向底板宽度的1/4处，如图6-26（b）所示。在拐角处底板横向受力钢筋应沿两个方向布置，如图6-26（c）所示。

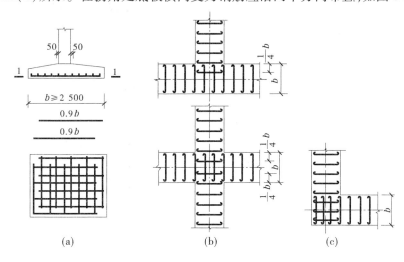

图6-26　扩展基础底板受力钢筋布置示意图

（7）钢筋混凝土柱和剪力墙纵向受力钢筋在基础内的锚固长度 l_a 应根据钢筋在基础内的最小保护层厚度有关规定确定。

（8）现浇柱的基础，其插筋数量、直径以及钢筋种类应与柱内纵向受力钢筋相同，插筋的锚固长度应满足上述要求。当符合下列条件之一时，可将四角的插筋伸至底板钢筋网上，其余插筋锚固在基础顶面下 l_a 或 l_{aE} 处，如图6-27所示。

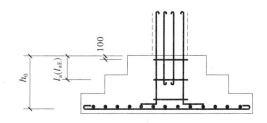

图6-27　现浇柱的基础中的插筋构造示意图

（三）柱下条形基础

1.柱下条形基础的特点

当上部结构荷载较大、地基土的承载力较低时，采用无筋扩展基础或扩展基础往往不能满足地基强度和变形的要求。为增加基础刚度，防止由于过大的不均匀沉降引起的上部结构的开裂和损坏，常采用柱下条形基础。根据刚度的需要，柱下条形基础可沿纵向设置，也可沿纵横向设置而形成双向条形基础，称为交梁基础。

如果柱网下的地基土较软弱，土的压缩性或柱荷载的分布沿两个柱列方向都很不均匀，则可采用交梁基础。该基础形式多用于框架结构。

2. 柱下条形基础的构造要求

（1）柱下条形基础的混凝土强度等级，不应低于C20。柱下条形基础梁的高度宜为柱距的1/4～1/8，翼板厚度不应小于200 mm。当翼板厚度大于250 mm时，宜采用变厚度翼板，其顶面坡度宜小于或等于1:3。

（2）条形基础的端部宜向外伸出，其长度宜为第一跨距的1/4。

（3）现浇柱与条形基础梁的交接处，基础梁的平面尺寸应大于柱的平面尺寸，且柱的边缘至基础梁边缘的距离不得小于50 mm。

（4）条形基础梁顶部和底部的纵向受力钢筋除应满足计算要求外，顶部钢筋应按计算配筋全部贯通，底部通长钢筋不应少于底部受力钢筋截面总面积的1/3。

（四）筏形基础

1. 筏形基础的特点

当地基特别软弱，上部荷载很大，用交梁基础将导致基础宽度较大而又相互接近，或有地下室时，可将基础底板联成一片而成为筏形基础。

筏形基础可分为墙下筏形基础和柱下筏形基础。柱下筏形基础常有平板式和梁板式两种。平板式筏形基础是在地基上做一块钢筋混凝土底板，柱子通过柱脚支承在底板上；梁板式筏形基础分为下梁板式和上梁板式，下梁板式基础底板上面平整，可作建筑物底层地面。

2. 筏形基础的构造要求

（1）筏形基础的混凝土强度等级不应低于C30。当有地下室时应采用防水混凝土。采用筏形基础的地下室应沿四周布置钢筋混凝土外墙，外墙厚度不应小于250 mm，内墙厚度不应小于200 mm。

（2）筏形基础的钢筋间距不应小于150 mm，宜为200～300 mm，受力钢筋直径不宜小于12 mm。梁板式筏形基础的底板与基础梁的配筋除满足计算要求外，纵横方向的底部钢筋还应有1/2～1/3贯通全跨，其配筋率不应小于0.15%，顶部钢筋按计算配筋全部连通。

（3）当筏板的厚度大于2 000 mm时，宜在板厚中间部位设置直径不小于12 mm、间距不大于300 mm的双向钢筋网。

（五）箱形基础

1. 箱形基础的特点

箱形基础是由底板、顶板、钢筋混凝土纵横隔墙构成的整体现浇钢筋混凝土结构。箱形基础具有较大的基础底面、较深的埋置深度和中空的结构形式，上部结构的部分荷载可用开挖卸去的土的重量得以补偿。与一般的实体基础比较，它能显著地提高地基的稳定性，降低基础沉降量。

2. 箱形基础的构造要求

（1）箱形基础的混凝土强度等级不应低于C30。无人防设计要求的箱形基础，基础底板不应小于300 mm，外墙厚度不应小于250 mm，内墙厚度不应小于200 mm，顶板厚度不应小于200 mm。

（2）箱形基础的顶板、底板及墙体均应采用双层双向配筋。箱形基础的顶板和底板纵横方向支座钢筋尚应有1/3～1/2的钢筋连通，且连通钢筋的配筋率分别不小于0.15%（纵向）、0.10%（横向），跨中钢筋按实际需要的配筋全部连通。

（3）墙体的门洞宜设在柱间居中部位。箱形基础外墙宜沿建筑物周边布置,内墙沿上部结构的柱网或剪力墙位置纵横均匀布置,墙体水平截面总面积不宜小于箱形基础外墙外包尺寸的水平投影面积的1/10。

（六）桩基础

1.桩基础概述

当地基土上部为软弱土,且荷载很大,采用浅基础已不能满足地基强度和变形的要求时,可利用地基下部比较坚硬的土层作为基础的持力层,设计成深基础。桩基础是最常见的深基础,广泛应用于各种工业与民用建筑中。

桩基础是由桩和承台两部分组成的。桩在平面上可以排成一排或几排,所有桩的顶部由承台联成一个整体并传递荷载。在承台上再修筑上部结构。桩基础的作用是将承台以上上部结构传来的外力通过承台,由桩传到较深的地基持力层中,承台将各桩联成一个整体共同承受荷载,并将荷载较均匀地传给各个基桩。

由于桩基础的桩尖通常都进入到了比较坚硬的土层或岩层,因此桩基础具有较高的承载力和稳定性,具有良好的抗震性能,是减少建筑物沉降与不均匀沉降的良好措施。

2.桩基础的分类

1）按施工方式分类

按施工方式可分为预制桩和灌注桩两大类。

2）按桩身材料分类

（1）混凝土桩:混凝土桩又可分为混凝土预制桩和混凝土灌注桩(简称灌注桩)两类。

（2）钢桩:常见的是型钢和钢管两类。钢桩的优点是抗压抗弯强度高,施工方便;缺点是价格高,易腐蚀。

（3）组合桩:即采用两种材料组合而成的桩。例如,钢管桩内填充混凝土,或上部为钢管桩、下部为混凝土桩。

3）按桩的使用功能分类

竖向抗压桩:主要承受竖直向下荷载的桩;水平受荷桩:主要承受水平荷载的桩;竖向抗拔桩:主要承受拉拔荷载的桩;复合受荷桩:承受竖向和水平荷载均较大的桩。

4）按桩的承载性状分类

（1）摩擦型桩。

摩擦桩:在极限承载力状态下,桩顶荷载由桩侧阻力承受。

端承摩擦桩:在极限承载力状态下,桩顶荷载主要由桩侧阻力承受,部分桩顶荷载由桩端阻力承受。

（2）端承型桩。

端承桩:在极限承载力状态下,桩顶荷载由桩端阻力承受。

摩擦端承桩:在极限承载力状态下,桩顶荷载主要由桩端阻力承受,部分桩顶荷载由桩侧阻力承受。

5）按挤土效应分类

按成桩方法和成桩过程中的挤土效应将桩分为以下几种:

（1）挤土桩:这类桩在设置过程中,桩周土被挤开,土体受到扰动,使土的工程性质与天然状态相比发生较大变化。这类桩主要包括挤土预制桩(打入或静压)、挤土灌注桩(如振动、锤击沉管灌注桩,爆扩灌注桩)。

(2)部分挤土桩:这类桩在设置过程中由于挤土作用轻微,故桩周土的工程性质变化不大。主要有打入截面厚度不大的 I 型和 H 型钢桩、冲击成孔灌注桩和开口钢管桩、预钻孔打入式灌注桩等。

(3)非挤土桩:这类桩在设置过程中将相应于桩身体积的土挖出。这类桩主要是各种形式的钻孔桩、挖孔桩等。

6)按承台底面的相对位置分类

(1)高承台桩基:群桩承台底面设在地面或局部冲刷线之上的桩基称为高承台桩基。这种桩基多用于桥梁、港口工程等。

(2)低承台桩基:承台底面埋置于地面或局部冲刷线以下的桩基称为低承台桩基。这种桩基多用于房屋建筑工程。

(3)按桩径的大小分类:小桩直径小于或等于 250 mm,中等直径桩直径介于 250~800 mm,大直径桩直径大于或等于 800 mm。

3. 基桩的构造规定

(1)桩基宜选用中、低压缩性土层作桩端持力层;同一结构单元内的桩基,不宜选用压缩性差异较大的土层作桩端持力层,不宜采用部分摩擦桩和部分端承桩。

(2)设计使用年限不少于 50 年时,非腐蚀环境中预制桩的混凝土强度等级不应低于 C30,预应力桩不应低于 C40,灌注桩的混凝土强度等级不应低于 C25;二 b 类环境及三类、四类、五类微腐蚀环境中不应低于 C30。设计使用年限不少于 100 年的桩,桩身混凝土的强度等级宜适当提高。水下灌注混凝土的桩身强度等级不宜高于 C40。

(3)桩身配筋可根据计算结果及施工工艺要求,可沿桩身纵向不均匀配筋。腐蚀环境中的灌注桩主筋直径不宜小于 16 mm,非腐蚀性环境中灌注桩的主筋直径不应小于 12 mm。

(4)灌注桩主筋混凝土保护层厚度不应小于 50 mm,预制桩不应小于 45 mm,预应力管桩不应小于 35 mm,腐蚀环境中的灌注桩不应小于 55 mm。

4. 承台构造

承台有多种形式,如柱下独立桩基承台、箱形承台、筏形承台、柱下梁式承台和墙下条形承台等。承台的作用是将桩联成一个整体,并把建筑物的荷载传到桩上,因而承台要有足够的强度和刚度。

以下主要介绍板式承台的构造要求:

(1)承台的厚度不应小于 300 mm,承台的宽度不应小于 500 mm,边缘中心至承台边缘的距离不宜小于桩的直径或边长,且桩的外边缘至承台边缘的距离不小于 150 mm。

(2)承台混凝土强度等级不应低于 C20;纵向钢筋的混凝土保护层厚度不应小于 70 mm,当有混凝土垫层时,保护层厚度不应小于 40 mm。

(3)矩形承台板其配筋按双向均匀通长布置,钢筋直径不宜小于 10 mm,间距不宜大于 200 mm。承台梁的主筋除满足计算要求外,其直径不宜小于 12 mm,架立筋直径不宜小于 10 mm,箍筋直径不宜小于 6 mm;对于三桩承台,钢筋应按三向板带均匀配置,且最里面的三根钢筋围成的三角形应在柱截面范围内。

5. 承台之间的连接

单桩承台宜在两个相互垂直的方向上设置连系梁;两桩承台宜在其短向设置连系梁;有

抗震要求的柱下独立承台宜在两个主轴方向设置连系梁。连系梁顶面宜与承台位于同一标高。连系梁的宽度不应小于 250 mm,梁的高度可取承台中心距的 1/10～1/15。连系梁内上下纵向钢筋直径不应小于 12 mm 且不应少于 2 根,并按受拉要求锚入承台。

第十五节　建筑抗震基本知识

一、地震的成因

地震就是地球内部某处岩层突然断裂,或因局部岩层坍塌、火山爆发等发生振动,并以波的形式传到地表引起地面的颠簸和摇晃。

地震发生的地方叫震源;震源正上方的位置叫震中;震源至地面的垂直距离叫震源深度;地面某处至震中的距离叫震中距;地震时地面上破坏程度相近的点连成的线叫等震线。

二、地震的类型

地震可分为三种主要类型:火山地震、塌陷地震和构造地震。

根据震源深度不同,又可将构造地震分为三种:浅源地震——震源深度不大于 60 km;中源地震——震源深度 60～300 km;深源地震——震源深度大于 300 km。

一般造成较大灾害的都为构造地震,又以浅源构造地震造成的危害最大。因此,从工程抗震角度来讲,主要是研究占全球地震发生总数约为 90% 的构造地震。

三、震级和烈度

(一)地震的震级

衡量地震大小的等级称为震级,它表示一次地震释放能量的多少,一次地震中只有一个震级,地震的震级用 M 表示。

(二)地震烈度

地震烈度是指某一地区地面和建筑物遭受一次地震影响的强烈程度。地震烈度不仅与震级大小有关,而且与震源深度、震中距、地质条件等因素有关。

地震震级和地震烈度是完全不同的两个概念。一次地震只有一个震级,然而烈度则根据测定的地点不同而不同。即:一次地震只有一个震级,但有多个地震烈度。

地震烈度表是为评定地震烈度而建立的一个标准,它以描述震害宏观现象为主,即根据建筑物的破坏程度、地貌变化特征、地震时人的感觉、家具的动作反应等进行区分。我国的地震烈度表中将地震烈度划分了 12 个烈度区。

四、地震灾害

地震灾害主要表现在三个方面:地表破坏、建筑物破坏和因地震而引起的各种次生灾害。

(一)地表破坏

地震引起的地表破坏一般有地表断裂(又称地裂缝)、喷砂冒水、地面下沉、滑坡塌方等。

(二)建筑物破坏

地震时各类建筑物的破坏是导致人民生命财产损失的主要原因,也是抗震减灾的重要研究对象。

建筑物破坏包括三种类型:

(1)结构丧失整体性而造成的破坏。房屋建筑或构筑物是由许多构件组成的,在强烈地震作用下,构件连接不牢、支撑长度不够和支撑失稳等都会使结构丧失整体性而破坏。

(2)承重结构承载力不足或变形过大造成的破坏。对于未考虑抗震设防或设防不足的结构,在具有多向性的地震力作用下,会使构件因强度不足而破坏。

(3)地基失效引起的破坏。在强烈地震作用下,地基承载力可能下降甚至丧失,也可能由于地基饱和砂层液化而造成建筑物沉陷、倾斜或倒塌。

(三)次生灾害

地震次生灾害是指强烈地震发生后,自然以及社会原有的状态被破坏,造成的对人们生命、生产、生活及工作等产生威胁的一系列灾害。地震次生灾害按其成因一般分为火灾、毒气污染、细菌污染等,其中火灾是次生灾害中最常见、最严重的。

五、建筑抗震设防分类和设防标准

(一)抗震设防烈度

抗震设防烈度是指按国家规定的权限批准作为一个地区抗震设防依据的地震烈度。一般情况下,它与地震基本烈度相同,但两者不尽一致,必须按照国家规定的权限审批、颁发的文件(图件)确定。《建筑抗震设计规范》(GB 50011—2010)(简称《抗规》)中的“烈度”都是指抗震设防烈度。

抗震设防烈度是按国家批准权限审定,作为一个地区抗震设防依据的地震烈度,也就是说,对于某一个给定的地区来说,每次发生地震的震级是不定的;但是抗震设防烈度是国家规定好的,这个就目前来说是固定不变的。

抗震设防烈度为 6 度及以上地区的建筑,必须进行抗震设计。抗震设防烈度大于 9 度地区的建筑及行业有特殊要求的工业建筑,其抗震设计应按有关专门规定执行。

(二)抗震设防目标

抗震设防是指对建筑物进行抗震设计并采取一定的抗震构造措施,以达到结构抗震的效果和目的。抗震设防的依据是抗震设防烈度,抗震设防目标是对建筑结构应该具有的抗震安全性能的总要求,我国《抗规》明确提出了“三水准”的抗震设防目标:

小震不坏:当遭受低于本地区抗震设防烈度的地震影响时,主体结构不受损坏或不需修理可继续使用。

中震可修:当遭受相当于本地区抗震设防烈度的地震影响时,建筑物可能产生一定的损坏,但经一般修理仍可继续使用。

大震不倒:当遭受高于本地区抗震设防烈度的罕遇地震影响时,建筑物可能产生重大破坏,但是不致倒塌或发生危及生命的严重破坏。

(三)抗震设防分类

根据建筑使用功能的重要性,将建筑抗震设防类别分为以下四类:

(1)甲类建筑——重大建筑工程和地震时可能发生严重次生灾害的建筑。这类建筑是指一旦破坏将产生严重后果的建筑物,或者对政治、经济、社会造成重大影响的建筑物。

(2)乙类建筑——地震时使用功能不能中断或需尽快恢复的建筑。这类建筑一般包括医疗、供水、供电、供气、供热、通信、消防、交通等系统的建筑物。

(3)丙类建筑——甲、乙、丁类建筑以外的一般建筑。这类建筑指的是一般的工业与民用建筑物。

(4)丁类建筑——抗震次要建筑。这类建筑指的是地震破坏不易造成人员伤亡和重大经济损失的建筑物。

六、抗震概念设计简介

(一)抗震设计分类

建筑结构的抗震设计分为两大类。

1. 计算设计

考虑地震的影响,对建筑结构的抗震性能进行定量分析和计算。

2. 概念设计

根据地震灾害和工程经验等所形成的基本设计原则与设计思想,进行建筑结构总体布置并确定细部构造的过程,是一种基于震害经验建立的抗震基本设计原则和思想。

(二)抗震概念设计的基本原则和要求

根据概念设计的基本原理,在进行抗震设计、施工及材料选择时,应遵循的基本原则和要求如下。

1. 选择对抗震有利的场地和地基

确定建筑场地时,应选择有利地段,避开不利地段。

地基和基础设计应符合下列要求:同一结构单元的基础不宜设置在性质截然不同的地基上;同一结构单元不宜部分采用天然地基,部分采用桩基。

2. 选择对抗震有利的建筑体型

建筑设计应符合抗震概念设计的要求,不应采用严重不规则的设计方案。建筑平面和立面布置宜规则、对称,其刚度和质量分布宜均匀。体型复杂的建筑宜设置防震缝。

3. 选择合理的抗震结构体系

结构体系应根据建筑的抗震设防类别、抗震设防烈度、建筑高度、场地条件、地基、结构材料和施工等因素,经综合分析比较确定。结构体系应具有多道抗震防线。

4. 结构构件应有利于抗震

结构构件应符合下列要求:

(1)砌体结构应按规定设置钢筋混凝土圈梁和构造柱、芯柱,或采用配筋砌体等。

(2)混凝土结构构件应合理地选择尺寸,配置纵向受力钢筋和箍筋,避免剪切破坏先于弯曲破坏、混凝土的压溃先于钢筋的屈服、钢筋的锚固黏结破坏先于构件破坏。

(3)结构构件应合理控制尺寸,避免局部失稳或整个构件失稳。

结构各构件之间的连接应符合下列要求:"强结点"——构件结点的破坏不应先于与其连接的构件的破坏;"强锚固"——预埋件的锚固破坏不应先于连接件。

5. 处理好非结构构件

非结构构件包括建筑非结构构件(如女儿墙、围护墙、隔墙、幕墙、装饰贴面等)和建筑附属机电设备。附着于楼、屋面结构上的非结构构件,应与主体结构有可靠的连接或锚固,避免地震时倒塌伤人或砸坏重要设备。

6. 采用隔震和消能减震设计

隔震和消能减震是建筑结构减轻地震灾害的新技术。

隔震的基本原理:通过隔震层的大变形来减少其上部结构所受的地震作用,从而减少地震破坏。

消能减震的基本原理:通过消能器的设置来控制预期的结构变形,从而使主体结构在罕遇地震下不发生严重破坏。

目前,隔震和消能隔震设计,主要应用于使用功能有特殊要求的建筑及抗震设防烈度为8、9度的建筑。

7. 合理选用材料

结构材料性能指标,应符合下列最低要求:

(1)砌体结构材料应符合下列规定:烧结普通黏土砖和烧结多孔黏土砖的强度等级不应低于 MU10,其砌筑砂浆的强度等级不应低于 M5;混凝土砌块的强度等级不应低于 MU7.5,其砌筑砂浆强度等级不应低于 Mb7.5。

(2)混凝土结构材料应符合下列规定:框支梁、框支柱及抗震等级为一级的框架梁、柱、结点、核心区的混凝土,其强度等级不应低于 C30;构造柱、芯柱、圈梁及其他各类构件的混凝土强度等级不应低于 C20。同时,混凝土结构中的混凝土强度等级,抗震设防烈度为9度时不应超过 C60,8 度时不宜超过 C70。

(3)钢结构的钢材应符合下列规定:钢材应有明显的屈服台阶,且伸长率应大于20%;钢材应具有良好的可焊性和合格的冲击韧性。

(4)普通钢筋宜优先采用延性、韧性和可焊性较好的钢筋。纵向受力钢筋宜选用 HRB400 级和 HRB335 级热轧钢筋,箍筋宜选用 HRB335、HRB400、HPB235 级热轧钢筋。

8. 保证施工质量

(1)在施工中,当需要以强度等级较高的钢筋代替原设计中的纵向受力钢筋时,应按照钢筋受拉承载力设计值相等的原则换算,并应满足正常使用极限状态和抗震构造措施的要求。

(2)构造柱、芯柱、底层框架砖房的施工,应先砌墙后浇筑混凝土柱。

小　结

本章主要介绍了建筑构造和建筑结构的基本知识以及建筑结构的计算原理,详细介绍了受弯构件、受压构件和受扭构件的特点及受力分析,详细介绍了框架结构、钢结构和砌体结构的特点和构造要求等基本知识,同时介绍了建筑基础的分类等基本知识以及建筑抗震的基本知识。

第七章 市政工程预算

【学习目标】
1. 熟悉市政工程造价的构成。
2. 熟悉工程造价的定额计价。
3. 掌握工程量清单计价方法的概念。

第一节 市政工程造价的构成及计算

一、市政工程造价的概念

市政建设工程造价就是市政建设工程的建造价格,它具有两种含义。

第一种含义:市政工程造价是指建设一项工程预期开支或实际开支的全部固定资产投资费用,也就是一项市政工程通过策划、决策、立项、设计、施工等一系列生产经营活动所形成相应的固定资产、无形资产所需用的一次性费用的总和。这一定义是从投资者、业主的角度来定义的。投资者选定一个市政投资项目,为了获得预期效益,就要通过项目评估进行决策,然后进行设计招标、施工招标,直至工程竣工验收等一系列投资管理活动。在这一投资管理活动中所支付的全部费用形成了固定资产和无形资产。所有这些开支就构成了市政工程造价(简称工程造价)。显然,从这个意义上来说,市政工程造价就是市政工程投资费用。非生产性建设项目的工程总造价就是建设项目固定资产投资的总和,而生产性建设项目的工程总造价是固定资金投资与铺底流动资金投资的总和。

第二种含义:市政工程造价是指为建成一项市政工程,预计或实际在土地市场、设备市场、技术劳务市场,以及工程承包市场等交易活动中所形成的市政建筑安装工程的价格和市政建设项目的总价格。显然,市政工程造价的第二种含义是以社会主义市场经济为前提的。它以市政工程这种特定的商品形式作为交易对象,通过招标、承发包和其他交易方式,在进行多次预估的基础上,最终由市场形成的价格。通常把市政工程造价的第二种含义认定为市政工程承发包价格。它是在建筑市场通过招标投标,由需求主体和供给主体共同认定的价格。应该肯定,在我国建筑领域大力推行招标投标承建制条件下,这种价格是工程造价中一种重要的,也是最典型的价格形式。因此,市政工程承发包价格被界定为市政工程造价的第二种含义,具有重要的现实意义。也可以说这一含义是在市场经济条件下从承包商、供应商、土地市场、设计市场供给等主体来定义的,或者说是从市场交易角度定义的。

市政建设工程造价的两种含义是从不同角度把握同一事物的本质。对市政建设工程的投资者角度来说,面对市场经济条件下的市政工程造价就是项目投资,是"购买"项目要付出的价格,同时是投资者在作为市场供给主体出售项目时定价的基础。对承包商来说,市政工程造价是他们作为市场供给主体出售商品和劳务价格的总和,或是指特定范围的工程造价,如建筑安装工程造价、园林工程造价、绿化工程造价等。市政工程造价的两种含义是对客观存在的概括。它们既是一个统一体,又是相互区别的。它们最主要的区别在于:需求主体和供给主体在市场上追求的经济利益不同,因而管理的性质和管理的目标不同。从管理性质来看,前者属于投资管理范畴,后者属于价格管理范畴。但两者又相互联系,相互交叉。

二、市政工程造价的分类

市政建设工程造价按照建设项目实施阶段不同,通常分为估算造价、概算造价、预算造价、竣工结(决)算造价等。

(一)估算造价

对拟建市政工程所需费用数额在前期工作阶段(编制项目建议书和可行性研究报告书)过程中按照投资估算指标进行一系列计算后所形成的金额数量,称为估算造价。投资估算书是项目建议书和可行性研究报告书内容的重要组成。市政建设项目估算造价是判断拟建项目可行性和进行项目决策的重要依据之一,同时,经批准的投资估算造价将是拟建项目各实施阶段中控制工程造价的最高限额。

(二)概算造价

在建设项目的初步设计或扩大初步设计阶段,由设计总承包单位根据设计图纸、设备材料一览表、概算定额(或概算指标)、设备材料价格、取费标准及有关造价管理文件等资料,编制出反映建设项目所需费用的文件,称为概算。因为初步设计概算通常都是由设计总承包单位负责编制的,所以又称设计概算造价。

初步设计概算书是建设项目初步设计文件的重要组成内容之一,建设单位(业主)在报批设计文件时,必须报批初步设计概算。按照所反映费用内容范围,初步设计概算通常划分为单位工程概算、单项工程概算和建设项目总概算三级。单位工程概算是确定单项工程中各单位工程造价的文件,是编制单项工程综合概算的依据。市政建设项目单位工程概算分为建筑工程概算和安装工程概算两类。

经批准的初步设计概算造价是编制市政建设项目年度建设计划、考核项目设计方案合理性和工程招标及签订总承包合同的依据,也是控制施工图预算造价的依据。

(三)预算造价

在施工图设计阶段,依据施工图设计的内容和要求并结合市政工程预算定额的规定,计算出每一单位工程的全部实物工程数量(以下称工程量),选套市政工程定额地区单价,并按照市政部门或工程所在地工程建设主管部门发布的有关工程造价管理文件规定,详细地计算出相应建设项目的预算价格,就叫作预算造价。由于市政工程预算造价是依据施工设计图纸和预算定额对建设项目所需费用的预先测算,因此又称它为施工图预算造价。经审查的预算造价,是编制工程项目年度建设计划,签订施工合同,实行市政工程造价包干和支付工程价款的依据。实行招标承建的工程,施工图预算造价是制定标底价的重要基础。

市政工程施工图预算造价与初步设计概算造价的区别主要是:①包括内容不同——初步设计概算一般来说包括建设项目从筹建到竣工验收过程中发生的全部费用,而施工图预算一般来说只编制单位工程预算和单项工程综合预算,因此施工图预算造价不包括市政工程建设的其他有关费用,如勘察设计费、建设单位管理费、总预备费等;②编制依据不同——初步设计概算采用概算定额或概算指标或已完类似工程预(结)算资料编制,施工图预算采用预算定额编制;③精确程度不同——初步设计概算精确程度低(按规定误差率为±10% ~

±15%),施工图预算精确程度高(误差率要求为 5% ~ 10%);④作用不同——初步设计概算造价起客观控制作用,施工图预算造价起微观控制作用。但二者的构成实质却是相同的,它们都是由 c + v + m 构成的。

(四)竣工结算造价

市政工程竣工结算造价简称结算价。它是当一个单项工程施工完毕并经工程质量监督部门验收合格后,由施工单位将该单项工程在施工建造活动中与原设计图纸规定内容产生的一些变化,以设计变更通知单、材料代用单、现场签证单、竣工验收单、预算定额及材料预算价格等资料为依据,编制出反映该工程实际造价经济文件所确定的价格,就称为竣工结算造价。竣工结算造价经建设单位(业主)签认后,是建设单位(业主)拨付工程价款和甲、乙双方终止承包合同关系的依据,同时,单项工程结算文件又是编制建设项目竣工决算的依据。

(五)竣工决算造价

市政工程竣工决算造价简称决算价。它是指一个建设项目在全部工程或某一期工程完工后,由建设单位根据该建设项目的各个单项工程结算造价文件及有关费用支出等资料为依据,编制出反映该建设项目从立项到交付使用全过程各项资金使用情况的总结性文件所确定的总价值,又称为决算造价。建设工程决算造价是工程竣工报告的组成内容。经竣工验收委员会或竣工验收小组核准的竣工决算造价,是办理竣工工程交付使用验收的依据,是建立新增固定资产账目的依据,是国家行政主管部门考核建设成果和国民经济新增生产(使用)能力的依据。

根据有关文件规定,建设项目的竣工决算是以它的所有工程项目的竣工结算以及其他有关费用支出为基础进行编制的。建设项目或工程项目竣工决算和工程项目或单位工程的竣工结算的区别主要表现在以下几个方面:

(1)编制单位不同。竣工结算由施工单位编制,而竣工决算由建设单位编制。

(2)编制范围不同。竣工结算一般主要是以单位工程或单项工程为单位进行编制的,单位工程或单项工程竣工并经初验后即可着手编制,而竣工决算是以一个建设项目(如一座化工厂、一所学校等)为单位进行编制的,只有在整个建设项目所有的工程项目全部竣工后才能进行编制。

(3)编制费用内容不同。竣工结算费用仅包括发生在单位工程或单项工程以内的各项费用,而建设项目竣工决算费用包括建设项目从开始筹建到全部竣工验收过程中所发生的一切费用(即有形资产费用和无形资产费用两大部分)。

(4)编制作用不同。竣工结算是建设单位(业主)与施工单位结算工程价款的依据,是核定施工企业生产成果、考核工程成本的依据,是施工企业确定经营活动最终收益的依据,也是建设单位检查计划完成情况和编制竣工决算的依据。而竣工决算是建设单位考核工程建设投资效果、正确确定有形资产价值和正确计算投资回收期的依据,同时,竣工决算也是建设项目竣工验收委员会或验收小组对建设项目进行全面验收、办理固定资产交付使用的依据。

三、市政工程造价的特点

(一)造价的大额性

能够发挥投资效用的任一项市政工程,不仅实物形体庞大,而且造价高昂。动辄数百万、数千万、数亿、数十亿,特大型工程项目的造价可达百亿、千亿元人民币。市政工程造价的大额性使其关系到有关各方面的重大经济利益,同时也会对宏观经济产生重大影响。这就决定了工程造价的特殊地位,也说明了造价管理的重要意义。

(二)造价的个别性、差异性

任何一项市政工程都有它特定的用途、功能、规模。因此,对每一项市政工程的结构、造型、空间分割、设备配置和装饰装修都有具体的要求,因而使工程内容和实物形态都具有个别性、差异性。工程的差异性决定了工程造价的个别性。同时,每项工程所处地区、地段和地理环境不同,使得工程造价的个别性更加突出。

(三)造价的动态性

任何一项市政工程从决策到竣工交付使用,都有一个较长的建设期,而且由于不可控因素的影响,在预计工期内,许多影响工程造价的动态因素,如工程变更,设备材料价格,工资标准以及费率、利率、汇率会发生变化。这种变化必然会影响到造价的变动。所以,市政工程造价在整个建设期中处于不确定状态,直至竣工决算后才能最终确定工程的实际造价。

(四)造价的层次性

市政工程造价的层次性取决于市政工程的层次性。一个市政建设项目往往含有多个能够独立发挥设计效能的单项工程(隧道、过人天桥、立交桥等)。一个单项工程又是由能够各自发挥专业效能的多个单位工程(土建工程、管道安装工程等)组成的。与此相适应,市政工程造价有三个层次:建设项目总造价、单项工程造价和单位工程造价。如果专业分工更细,单位工程(如土建工程)的组成部分——分部、分项工程也可以成为交换对象,如大型土方工程、基础工程、路灯工程等,这样工程造价的层次就增加分部工程和分项工程而成为五个层次。

(五)造价的兼容性

市政工程造价的兼容性首先表现在它具有两种含义,其次表现在工程造价构成因素的广泛性和复杂性。在工程造价中,成本因素非常复杂,其中为获得建设工程用地支出的费用、项目可行性研究和规划设计费用、与政府一定时期政策(特别是产业政策和税收政策)相关的费用占有相当的份额。最后,盈利的构成也较为复杂,资金成本较大。

四、市政工程造价的计价特征

了解市政工程造价的特征,对市政工程造价的确定与控制是非常必要的。市政工程造价主要具有以下计价特征。

(一)单件性计价

市政工程项目生产过程的单件性及其产品的固定性,导致了其不能像一般商品那样统一定价。首先,每一项工程都有其专门的功能和用途,都是按不同的使用要求、不同的建设规模、标准、造型等,单独设计、单独生产的。即使用途相同,按同一标准设计和生产的产品,也会因其具体建设地点的水文地质及气候等条件不同,引起结构及其他方面的变化,这就造成工程项目在建造过程中,所消耗的活劳动和物化劳动差别很大,其价值也必然不同。为衡量其投资效果,就需要对每项工程产品进行单独定价。其次,每一项工程,其建造地点在空间上是固定不动的,这势必导致施工生产的流动性。施工企业必须在一个个不同的建设地点组织施工,各地不同的自然条件和技术经济条件,使构成工程产品价格的各种要素变化很大,诸如地区材料价格、工人工资标准、运输条件等。另外,工程项目建设周期长、程序复杂、环节多、涉及面广,在项目建设周期的不同阶段构成产品价格的各种要素差异较大,最终导致工程造价的千差万别。总之,工程项目在实物形态上的差别和构成产品价格要素的变化,使得工程产品不同于一般商品,不能统一定价,只能就各个项目,通过特殊的程序和方法单件计价。

(二)多次性计价

市政建设工程周期长、规模大、造价高,因此按建设程序要分阶段进行,相应地需要在不同阶段多次性计价,以保证工程造价确定与控制的科学性。多次性计价是个逐步深化、逐步细化和逐步接近实际造价的过程。

(三)组合性计价

市政工程造价的计算是分步组合而成的,这和建设项目的组合性有关。一个建设项目是一个工程综合体。这个综合体可以分解为许多有内在联系的独立使用和不能独立使用的工程。建设项目的这种组合性决定了计价的过程是一个逐步组合的过程。这一特征在计算概算造价和预算造价时尤为明显,所以也反映到合同价和结算价,其计算过程和计算顺序是:分部分项工程合价(工程量×定额单价) + 单位工程造价 + 单项工程造价 = 建设项目总造价。

(四)计价方法的多样性

市政工程为适应多次性计价有各不相同的计价依据,以及对造价的不同精确度要求,计价方法有多样性特征。计算和确定概预算造价有两种基本方法,即单价法和实物法。计算和确定投资估算造价的方法有设备系数法、资金周转率法和系数估算法等。不同的方法利弊不同,适应条件也不同,所以计价时要结合具体情况加以选择。

(五)计价依据的复杂性

由于影响造价的因素多,计价依据复杂,种类较多,除《建设工程工程量清单计价规范》(GB 50500—2008)(简称《计价规范》)规定的依据外,实际工作中主要还有以下七类:

(1)计算设备和工程量依据,包括项目建议书、可行性研究报告、设计文件等。

(2)计算人工、材料、机械等实物消耗量依据,包括投资估算指标、概算定额、预算定额、工程量消耗定额等。

(3)计算工程单价的价格依据,包括人工单价、材料价格、材料运杂费、机械台班费等。

(4)计算设备单价依据,包括设备原价、设备运杂费、进口设备关税等。

(5)计算间接费和工程建设其他费用的依据,主要是相关的费用定额和费率。

(6)政府规定的税、费。

(7)物价指数和工程造价指数、造价指标。

工程造价计价依据的复杂性不仅使计算过程复杂,而且要求计价人员熟悉各类依据,并加以正确利用。

五、市政工程造价的构成

根据我国现行规定,市政建设项目工程造价由直接费、间接费、利润和税金组成。各项费用构成内容如图7-1所示。

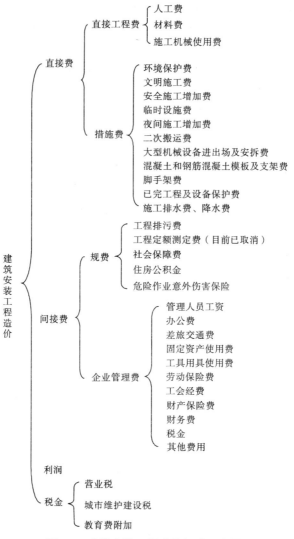

图 7-1　建筑安装工程造价组成示意图

（一）直接费

直接费由直接工程费和措施费组成。

1. 直接工程费

直接工程费是指施工过程中耗费的构成工程实体的各项费用,包括人工费、材料费、施工机械使用费。

1）人工费

人工费是指直接从事建筑安装工程施工的生产工人开支的各项费用,内容包括:

（1）基本工资:是指发放给生产工人的基本工资。

（2）工资性补贴:是指按规定标准发放的物价补贴,煤、燃气补贴,交通费补贴,住房补贴,流动施工津贴,地区津贴等。

（3）生产工人辅助工资:是指生产工人年有效施工天数以外非作业天数的工资,包括职工学习、培训期间的工资,调动工作、探亲、休假期间的工资,因气候影响的停工工资,女工哺乳期间的工资,病假在 6 个月以内的工资及产、婚、丧假期间的工资。

(4)职工福利费:是指按规定标准计提的职工福利费。

(5)生产工人劳动保护费:是指按规定标准发放的劳动保护用品的购置费及修理费,徒工服装补贴,防暑降温费,在有碍身体健康环境中施工的保健费用等。

2)材料费

建筑工程施工中,材料费占工程造价的 60% ~70% 。

材料费是指施工过程中耗费的构成工程实体的原材料、辅助材料、构配件、零件、半成品的费用,内容包括:

(1)材料原价(或供应价格):是材料的出厂价或施工企业购买材料时的交易价格。

(2)材料运杂费:指材料自来源地运至工地仓库或指定堆放地点所发生的全部费用。

(3)材料损耗费:是指材料在运输装卸过程中不可避免的损耗。

(4)采购及保管费:是指为组织采购和保管材料过程中所需要的各项费用。包括采购费、仓储费、工地保管费、仓储损耗。

(5)检验试验费:是指对建筑材料、构件和建筑安装物进行一般鉴定、检查所发生的费用,包括自设实验室进行试验所耗用的材料和化学药品等费用。不包括新结构、新材料的试验费和建设单位对具有出厂合格证明的材料进行检验,对构件做破坏性试验及其他特殊要求检验试验的费用。

3)施工机械使用费

施工机械使用费是指施工机械作业所发生的机械使用费以及机械安拆费和进出场费用。

施工机械台班单价应由下列七项费用组成:

(1)折旧费:指施工机械在规定的使用年限内,陆续收回其原值及购置资金的时间价值。

(2)大修理费:指施工机械按规定的大修理间隔台班进行必要的大修理,以恢复其正常功能所需的费用。

(3)经常修理费:指施工机械除大修理以外的各级保养和临时故障排除所需的费用。包括为保障机械正常运转所需替换设备与随机配备工具附具的摊销和维护费用,机械运转中日常保养所需润滑与擦拭的材料费用及机械停滞期间的维护和保养费用等。

(4)安拆费及场外运费:安拆费指施工机械在现场进行安装与拆卸所需的人工、材料、机械和试运转费用以及机械辅助设施的折旧、搭设、拆除等费用;场外运费指施工机械整体或分体自停放地点运至施工现场或由一施工地点运至另一施工地点的运输、装卸、辅助材料及架线等费用。

(5)人工费:指机上司机(司炉)和其他操作人员的工作日人工费及上述人员在施工机械规定的年工作台班以外的人工费。

(6)燃料动力费:指施工机械在运转作业中所消耗的固体燃料(煤、木柴)、液体燃料(汽油、柴油)及水、电等。

(7)养路费及车船使用税:指施工机械按照国家规定和有关部门规定应缴纳的养路费、车船使用税、保险费及年检费等。

2. 措施费

措施费是指为完成工程项目施工,发生于该工程施工前和施工过程中非工程实体项目的费用。内容包括环境保护费、文明施工费、安全施工增加费、临时设施费、夜间施工增加费、二次搬运费、大型机械设备进出场及安拆费、混凝土和钢筋混凝土模板及支架费、脚手架费、已完工程及设备保护费、施工排水费、降水费等。

(二)间接费

由规费和企业管理费组成。

1. 规费

规费是指省级以上政府和有关权力部门规定必须缴纳和计提的费用。内容包括:工程排污费、工程定额测定费(目前已取消)、社会保障费、住房公积金、危险作业意外伤害保险等。

2. 企业管理费

企业管理费是指建筑安装企业组织施工生产和经营管理所需费用。内容包括管理人员工资、办公费、差旅交通费、固定资产使用费、工具用具使用费、劳动保险费、工会经费、财产保险费、财务费、税金、其他费用。

(三)利润

利润是指施工企业完成所承包工程获得的盈利。

(四)税金

税金是指国家税法规定的应计入建筑安装工程造价内的营业税、城市维护建设税及教育费附加等。

第二节　工程造价的定额计价

一、工程造价计价的基本原理

虽然工程造价计价的方法有多种,各不相同,但其计价的基本过程和原理都是相同的。从工程费用计算角度分析,工程造价计价的顺序是:分部分项工程造价—单位工程造价—单项工程造价—建设项目总造价。影响工程造价的主要因素是两个,即单位价格和工程量,可用下列基本计算式表达

$$工程造价 = \sum(工程量 \times 单位价格) \tag{7-1}$$

可见,工程结构分解得到的基本子项的单位价格高,工程造价就高;基本子项的实物工程数量大,工程造价也就大。

根据建设部第107号令《建筑工程施工发包与承包计价管理办法》的规定,对工程造价基本子项的单位价格分析可以有工料单价和综合单价两种形式。

(一)工料单价

如果分部分项工程单价仅仅考虑人工、材料、机械资源要素的消耗量和价格形成,即单位价格 = $\sum$(分部分项工程的资源要素消耗量 × 资源要素的价格),该单价是工料单价。人工、材料、机械资源要素消耗量的数据经过长期的收集、整理和积累形成了工程建设定额,它是工程计价的重要依据,所以我们有时把工料单价又称为定额单价。

(二)综合单价

如果在单位价格中还考虑人工费、材料费、机械费以外的其他一切费用,则构成的是综合单价。根据我国2008年12月1日起实施的国家标准《建筑工程工程量清单计价规范》(GB 50500—2008)的规定,综合单价是完成一个规定计量单位的分部分项工程量清单项目或措施清单项目所需的人工费、材料费、施工机械使用费和企业管理费与利润,以及一定范围内的风险费用。而规费和税金是在求出单位工程分部分项工程费、措施项目费和其他项目费后再统一计取,最后汇总得出单位工程造价。

二、定额计价法(工料单价法)的概念

(一)定额计价方法的编制

定额计价模式是我国传统的计价模式,在招标投标时,不论是作为招标标底还是作为投标标价,其招标人和投标人都需要按国家规定的统一工程量计算规则计算工程数量,然后按建设行政主管部门颁布的预算定额计算人工、材料、机械的费用,再按有关费用标准计取其他费用,汇总后得到工程造价。

不难看出,其整个计价过程中,计价依据是固定的,即权威性的"定额"。在特定的历史条件下,"定额"起到了确定和衡量工程造价标准的作用,规范了建筑市场,使专业人士在确定工程造价时有所依据,但传统计价模式中定额指令性过强,不利于竞争机制的发挥。

(二)定额计价模式下建筑工程计价文件的编制方法

1. 单价法

单价法是利用预算定额(或消耗定额及估价表)中各分项工程相应的定额单价来编制单位工程计价文件的方法。首先按施工图计算各分项工程的工程量,并乘以相应单价,汇总相加,得到单位工程的定额直接工程费和技术措施费、间接费、利润和税金等,最后汇总各分项费用即得到单位工程计价文件。

单价法编制工作简单,便于进行技术经济分析。但在市场价格波动较大的情况下,会造成较大偏差,应进行价差调整。

单价法编制单位工程计价文价,其中直接工程费的计算公式为

$$单位工程直接工程费 = \sum(工程量 \times 预算定额单价) \tag{7-2}$$

应用单价法编制单位工程计价文件的编制步骤:收集各种编制依据、资料→熟悉施工图和定额→计算工程量→套用预算定额单价→编制工料分析表→计算其他各项应取费用(包括措施费、间接费、利润和税金)→汇总单位工程造价→复核→编制说明→填写封面。

(1)收集各种编制依据、资料。各种编制依据、资料包括施工图、施工组织设计或施工方案、现行建筑安装工程预算定额(消耗量定额)、费用定额、预算工作手册、调价规定等。

(2)熟悉施工图和定额,了解现场情况和施工组织设计资料。

①熟悉施工图和定额。只有对施工图和预算定额(或消耗定额)有全面详细地了解,才能结合定额项目划分原则,迅速而准确地确定分项工程项目并计算出工程量,合理地编制出建筑工程计价文件。

②了解现场施工条件和施工组织设计资料。只有对现场施工条件及施工组织设计资料中的施工方法、技术组织措施进行充分了解,才能正确计算工程量及进行定额套取。

(3)计算工程量。工程量的计算在整个计价过程中是最重要、最繁重的一个环节,是计

价工作中的主要部分,直接影响着工程造价的准确性。

(4)套用预算定额单价。

①套用预算定额单价,用计算得到的分项工程量与相应预算单价相乘,即为分项工程直接工程费。其计算式为

$$分项工程直接工程费 = 分项工程量 × 相应预算单价$$

②将预算表内容内的某一个分部工程中各个分项工程的合价相加,即为分部工程直接工程费。其计算式为

$$分部工程直接工程费 = \sum(分项工程量 × 相应预算单价) \tag{7-3}$$

③汇总各分部工程的合计即得单位工程定额直接工程费。

(5)编制工料分析表。根据各分部分项工程的工程量和定额中相应项目的人工工日及材料数量,计算出各分部分项工程所需要的人工及材料费数量,汇总得出该单位工程所需要的人工和材料数量。工料分析是计算材料价差的重要准备工作。将通过工料分析得到的各种材料数量乘以相应的单价差,并汇总即可得到材料总价差。

(6)计算其他各项费用并汇总造价。按照各地规定的费用项目及费率,分别计算出间接费、利润和税金等,并汇总单位工程造价。

(7)复核。复核的内容主要是核查分项工程项目有无漏项或重项;工程量计算公式和结果有无少算、多算或错算;套用定额单价、换算单价或补充单价是否选用合适;各项费用及取费标准是否符合规定,计算基础和计算结果是否正确;材料和人工价格调整是否正确等。

(8)编制说明、填写封面。预算编制说明及封面一般应包括以下内容:

①施工图名称及编号。

②所用预算定额及编制年份。

③费用定额及材料调差的有关名称、文号。

④套用单价或补充单价方面的内容。

⑤遗留项目或暂估项目。

⑥封面填写应写明工程名称,工程编号,工程量(建筑面积),预算总造价及单方造价,编制单位名称及负责人和编制日期,审查单位名称、负责人及审核日期等。

单价法是目前国内编制单位工程计价文件的主要方法,具有计算简单、工作量较小和编制速度较快、便于工程造价管理部门统一管理的优点。但由于是采用事先编制好的统一的单位估价表,其价格水平只能反映定额编制年份的价格水平。虽然可进行调价,但调价系数和指数从测定到颁布又有滞后且计算也较烦琐。

2. 实物法

实物法首先计算出分项工程量,然后套用预算定额中相应人工、材料、机械台班用量,经汇总,再分别乘以工程当时当地的人工、材料、机械台班的实际单价,得到直接工程费,并按规定计取其他各项费用,最后汇总就可以得出单位工程价格。

采用实物法编制单位工程计价文件,直接工程费的计算公式为

单位工程直接工程费 = $\sum$(分项工程量 × 人工定额用量 × 当时当地人工工资单价) + $\sum$(分项工程量 × 材料定额用量 × 当时当地材料预算单价) + $\sum$(分项工程量 × 施工机械台班定额用量 × 当时当地机械台班价格)

应用实物法编制建筑工程计价的步骤与单价法基本相同,其与单价法的主要区别是实

物通过定额消耗量,采用当时当地的各类人工、材料、机械台班的实际单价来确定直接工程费。

第三节 工程量清单计价

一、工程量清单计价模式的概念

工程量清单计价是在建设工程招标投标中,招标人或委托具有资质的中介机构编制工程量清单,并作为招标文件的一部分提供给投标人,由投标人依据工程量清单进行自主报价,经评审合理低价中标的一种计价方式。在工程招标投标中采用工程量清单计价是国际上较为通行的做法。

二、工程量清单计价的方法

(一)工程量清单

工程量清单是指建设工程的分部分项工程项目、措施项目、其他项目、规费项目、税金项目的名称和相应数量的明细清单。由招标人按照《建设工程工程量清单计价规范》(GB 50500—2008)附录中统一的项目编码、项目名称、计量单位和工程量计算规则进行编制,包括分部分项工程量清单、措施项目清单、其他项目清单、规费项目清单和税金项目清单。

(二)工程量清单计价

工程量清单计价是指投标人完成由招标人提供的工程量清单所需的全部费用,包括分部分项工程费、措施项目费、其他项目费和规费、税金。

各项费用的计算方法如下:

分部分项工程费 = $\sum$(分部分项工程量 × 分部分项工程项目综合单价)

措施项目费 = $\sum$(措施项目工程量 × 措施项目综合单价)

其中,措施项目综合单价的构成与分部分项工程项目综合单价构成类似。

单位工程造价 = 分部分项工程费 + 措施项目费 + 其他项目费 + 规费 + 税金

单项工程造价 = $\sum$ 单位工程造价

建设项目总造价 = $\sum$ 单项工程造价

工程量清单计价应采用综合单价计价,综合单价指完成一个规定计量单位的分部分项工程量清单项目或措施清单项目所需的人工费、材料费、施工机械使用费和企业管理费与利润,以及一定范围内的风险费用。

工程量清单计价方法与定额计价方法中单价法、实物法有着显著的区别,主要区别在于:管理费和利润等分摊到各清单项目单价中,从而组成清单项目综合单价。

1. 综合单价的特点

企业的综合单价应具有以下几个特点:

(1)各项平均消耗水平要比社会平均水平高,体现其先进性。

(2)可体现本企业在某些方面的技术优势。

(3)可体现本企业局部或全面管理方面的优势。

(4)所有的单价都应是动态的,具有市场性,而且能与施工方案全面接轨。

2. 综合单价的制定

从综合单价的特点可以看出,企业综合单价的产生并不是一件容易的事情。企业综合单价的形成和发展要经历由不成熟到成熟、由实践到理论的多次反复滚动的积累过程。在这个过程中,企业的生产技术在不断发展,管理水平和管理体制也在不断更新。企业定额的制定过程是一个快速互动的内部自我完善的过程。编制企业定额,除要有充分的资料积累外,还必须运用计算机等科学的手段和先进的管理思想作为指导。

目前,由于大多数施工企业还未能形成自己的企业定额,在制定综合单价时,多是参考地区定额内相应子目的人工、材料、机械消耗量,乘以自己的支付人工、购买材料、使用机械和消耗能源方面的市场单价,再加上由地区定额制定的按企业类别或工程类别(或承包方式)的综合管理费率和利润率,并考虑一定的风险因素。也就是相当于把一个工程按清单内的细目划分变成一个个独立的工程项目去套用定额,其实质仍是沿用了定额计价模式,只不过表现形式不同而已。

3. 综合单价的计算

$$分部分项工程清单项目综合单价 = \frac{\sum(清单项目组价内容工程量 \times 相应综合单价)}{清单项目工程数量}$$

清单项目组价内容工程量是指根据清单项目提供的施工过程和施工图设计文件确定的计价定额分项工程量。投标人使用的计价定额不同,这些分项工程的项目和数量就可能是不同的。

相应综合单价是指某一计价定额分项工程相对应的综合单价,它等于该分项工程的人工、材料、机械合计加管理费、利润并考虑风险因素。

清单项目工程数量是指根据《建设工程工程量清单计价规范》(GB 50500—2008)附录中的工程量计算规则、计量单位确定的"综合实体"的数量。

(三)工程量清单计价法的基本步骤

熟悉工程量清单→研究招标文件→熟悉施工图纸→熟悉工程量计算规则→了解施工现场情况及施工组织设计情况→熟悉加工定货的有关情况→明确主材和设备的来源情况→计算分部分项工程工程量→计算分部分项工程综合单价→确定措施项目清单及费用→计算规费及税金→汇总各项费用计算工程造价。

(四)工程量清单计价法的特点

与在招投标过程中采用定额计价相比,采用工程量清单计价具有如下特点:

(1)提供了一个平等的竞争条件。采用定额计价模式进行投标报价,由于设计图的缺陷,不同投标企业的人员理解不一,计算出的工程量也不同,因此报价相去甚远,容易产生纠纷,而工程量清单计价为投标者提供了一个平等的竞争条件,相同的工程量,由企业根据自身的实力来填写不同的单价,符合商品交换的一般性原则。

(2)满足竞争的需要。工程量清单计价让企业自主报价,将属于企业性质的施工方法、施工措施和人工、材料、机械的消耗量水平、取费等留给企业来确定。投标人根据招标人给出的工程量清单,结合自身的生产效率、消耗水平和管理能力与已储备的本企业报价资料,确定综合单价进行投标报价。对于投标人来说,报高了中不了标,报低了又没有利润,这时就体现出了企业技术、管理水平的高低,从而产生了企业整体实力的竞争。

(3)有利于工程款的拨付和工程造价的最终确定。中标后,业主要与中标施工企业签订施工合同,在报价基础上,中标价就成为合同价的基础,投标文件上的单价则成为拨付工程款的依据。业主根据施工企业完成的工程量,可以很容易地确定进度款的拨付额。工程竣工后,再根据设计变更、工程量的增减乘以相应单价,业主也可以很容易确定工程的最终造价。

(4)有利于实现风险的合理分担。采用工程量清单计价模式后,投标单位只对自己所报的成本、单价等负责,而对于工程量的变更或计算错误等不负责任。相应地,对于这一部分风险则由业主承担,这种格局符合风险合理分担与责权关系对等的一般原则。

(5)有利于业主对投资的控制。如果采用定额计价模式,业主对因设计变更、工程量增减所引起的工程造价变化不敏感,往往等竣工结算时才知道对项目投资的影响有多大。而采用工程量清单计价模式,在发生设计变更,能马上知道它对工程造价的影响有多大,这样业主就能根据投资情况来决定是否变更或进行方案比较,以确定最恰当的处理方法。

由于工程数量由招标人统一提供,增大了招标投标市场的透明度,为投标企业提供了一个公平合理的基础环境,真正体现了建设工程交易市场的公平、公正。工程价格由投标人自主报价,即定额不再作为计价的唯一依据,政府不再作任何参与,而是由企业根据自身技术专长、材料采购渠道和管理水平等,制定企业自己的报价定额,自主报价。

(五)工程量清单计价与定额计价的区别

1. 工程造价构成不同

按定额计价时单位工程造价由直接工程费、间接费、利润、税金构成,计价时先计算直接费,再以直接费(或其中的人工费或人工费与机械费合计)为基数计算各项费用、利润和税金,最后汇总为单位工程造价;按工程量清单计价时,单位工程造价由分部分项工程费、措施项目费、其他项目费和规费、税金组成。

2. 分项工程单价构成不同

按定额计价时分项工程的单价是工料单价,即只包括人工、材料、机械费;工程量清单计价时分项工程单价一般为综合单价,除了人工、材料、机械费,还包括管理费(现场管理费和企业管理费)、利润和必要的风险费。采用综合单价便于工程款支付、工程造价的调整和工程结算,也避免了因为"取费"而产生的一些无谓纠纷。

3. 计价依据不同

这是清单计价和按定额计价的最根本区别。按定额计价时唯一的依据就是定额,所报的工程造价实际上是社会平均价,反映的是社会平均成本,其本质还是政府定价;而工程量清单计价的主要依据是企业定额,包括企业生产要素消耗量标准、材料价格、施工机械配备及管理状况、各项管理费支出标准等,反映的是个别成本。目前可能多数企业没有企业定额,但随着工程量清单计价形式的推广和报价实践的增加,企业将逐步建立起自身的定额和相应的项目单价,当企业都能根据自身状况和市场供求关系报出综合单价时,企业自主报价、市场竞争定价的计价格局也将形成。

4. 风险承担不同

传统定额计价方式下,量价合一,量价风险都由乙方承担;工程量清单计价方式下,实行的是量价分离,工程量上的风险由甲方承担,单价上的风险由乙方承担,这样对合同双方更加公平合理。

5. 项目的划分不同

定额计价,项目划分按施工工序列项、实体和措施相结合,施工方法、手段单独列项,人工、材料、机械消耗量已在定额中规定,不能发挥市场竞争的作用;工程量清单计价,项目划分以实体列项,实体和措施项目相分离,施工方法、手段不列项,不设人工、材料、机械消耗量。这样加大了承包企业的竞争力度,鼓励企业尽量采取合理的技术措施,提高技术水平和生产效率,市场竞争机制可以充分发挥。

6. 工程量计算规则有原则上的不同

按照定额计价模式中的工程量计算规则计算的工程数量是施工时工程的实际数量(即考虑施工时采取措施因素所增加的预留量和操作宽度等因素所确定的量);而工程量清单计价模式中的工程量计算规则,不考虑施工因素,所计算的工程数量是设计图样图示尺寸的数量。典型的如土方工程量在两种不同模式下,同一个工程项目工程数量相差较大。

小　结

市政建设工程造价按照建设项目实施阶段不同,通常分为估算造价、概算造价、预算造价、结(决)算造价。市政建设项目工程造价由直接费、间接费、利润和税金组成。市政工程造价的计价模式有定额计价和工程量清单计价两种。

第八章　计算机和相关资料信息管理软件的应用知识

【学习目标】

1. 熟悉 Office 的基本功能和使用方法。
2. 熟悉 AutoCAD 的基本功能和使用方法。
3. 了解相关的施工资料管理软件的功能和应用。

第一节　Office 应用知识

Microsoft Office 是微软公司开发的一套基于 Windows 操作系统的办公软件套装。常用组件有 Word、Excel、Access、PowerPoint、FrontPage 等，目前最新版本为 Office 2013。但常用的还是 Office 2003、Office 2007 和 Office 2010 三个版本，其中 Office 2003 是系列软件的基础，我们将以 Office 2003 为代表，简单介绍 Microsoft Office 办公软件套装中 Word、Excel 和 PowerPoint 的应用知识，其他版本的应用大同小异，可根据工作需要学习。

一、Word 的应用知识

Word 2003 是 Microsoft Office 2003 系列软件的一个组成部分，是重要的文字处理和排版工具。其主要作用是处理日常的办公文档、排版、处理数据、建立表格等。

（一）Word 的启动

当用户安装完 Office 2003 后，Word 2003 也将自动安装到系统中，此时，就可以启动 Word 2003 创建新文档了。常用的启动方法有三种：常规启动、通过创建新文档启动和通过现有文档启动，常规启动是最常用的启动方法。

常规启动是操作系统中应用程序最常用的启动方法。鼠标左键依次单击【开始】→【程序】→【Microsoft Office】→【Word 2003】，即可启动，如图 8-1 所示。

（二）Word 2003 的退出

完成文档的编辑操作后，需要退出 Word 2003，有如下两种方法：

（1）利用"文件"菜单命令：在菜单栏"文件"菜单中单击"退出"命令。

（2）利用"标题栏"命令：在"标题栏"右上角有三个控制按钮，单击其中的"关闭"就可退出 Word 2003 软件，如图 8-2 所示。

（三）Word 2003 的工作窗口

Word 2003 的工作窗口主要包含 5 个区域：标题栏、菜单栏、工具栏、文档编辑区和状态栏，如图 8-3 所示。

（四）Word 2003 的文本输入与编辑

1. 输入与编辑

调用自己习惯的中文输入法，并调整好输入法指示器上各个按钮的状态，还要注意状态

图 8-1　常规启动 Word 2003

图 8-2　标题栏的退出命令

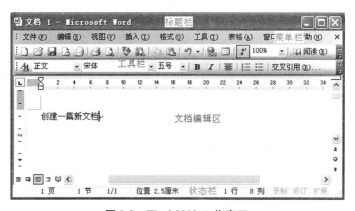

图 8-3　Word 2003 工作窗口

栏上【插入】和【改写】状态。在文本编辑时要注意一般是"先选定文本再执行操作",即"先选择后执行"。

2.文档格式

文本录入时,可以先单击工具栏中的"字体"按钮设置字体,如"宋体";再单击工具栏中的"字号"按钮设置字号大小,如设置为"五号"字,这样,字体、字号的设置就完成了。如果对已经录入的文字做格式设置,要先选中文本再进行设置。

3.设置段落格式

段落格式是文档格式的另一类,与文字格式针对文本进行设置不同,主要有对齐方式、缩进方式、行间距等。段落格式菜单中【缩进和间距】、【换行和分页】选项卡的内容如图 8-4 所示。

(五)制作文档中的表格

在 Word 文档当中建立表格主要有三种方法:

(1)方法一:在"常用"工具栏单击"插入表格"命令▦,会弹出表格备选框,通过鼠标的

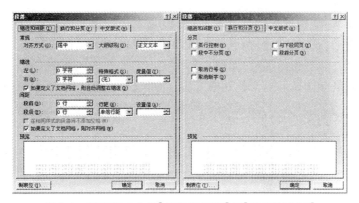

图8-4　段落格式中的【缩进和间距】与【换行和分页】

移动单击,即可选中建立表格的行或列;如果表格备选框中的行数或列数不足,可以通过键盘方向键的"↓"和"→"键进行扩充。

(2)方法二:在菜单栏中单击"表格"菜单,再单击"绘制表格"命令,光标在编辑区中呈铅笔状,这时,就可以手工绘制表格了。

(3)方法三:在菜单栏中单击"表格"菜单,再单击"插入"命令→"表格"命令→"插入表格"对话框,选择需要的列数和行数,再单击"确定"命令执行。

二、Excel 的应用知识

Excel 2003 是 Microsoft Office 2003 系列软件的一个重要的表格处理工具。

(一)新建 Excel 工作簿

依次单击【开始】→【程序】→【Microsoft Office】→【Microsoft Office Excel 2003】,打开 Excel 2003,如图 8-5 所示。标题栏等与 Word 类似,下面有三个工作表标签,默认打开的是 "Sheet 1"工作表。中间区域是表格工作区,由单元格构成,黑色框是编辑框,用于录入编辑单元格内容,被框着的单元格为当前单元格。

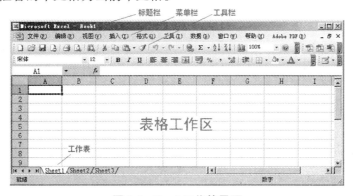

图 8-5　Excel 工作簿界面

(二)选择单元格

选择单元格是其他所有操作的基础,在 Excel 中选择单元格主要有三种方式:选择一个单元格、选择单元格区域、选择分离的单元格或区域。

用鼠标在指定的单元格单击即可选中一个当前单元格,以黑色粗框表示。在 Excel 中录入数据时,与在 Word 中录入数据基本相同,但录入是以单元格为单位的,即先选择一个单元格,再录入数据,完毕后再操作下一个单元格。单击单元格区域的左上角,拖动鼠标至选定区域的右下角,即可选择区域,如图 8-6 所示。选择一个单元格区域后,在另外的区域,按住 Ctrl 键,拖动鼠标选择下一个单元格区域,即可选择不连续的单元格区域。

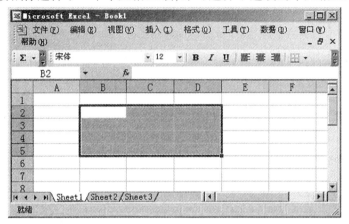

图 8-6　选择单元格区域

(三)录入数据

如在 Sheet 1 中输入住户用电的相关数据,其操作如图 8-7 所示。

门牌号	户主	房费	电费		用电量	电费
			上月表底	本月表底		
101	刘建军	221	229	334		
102	王涛	123	123	342		
103	李利	213	122	455		

（标题：房屋水电管理系统）

图 8-7　住户用电管理系统

录入数据时有下列情况需要注意。

1. 文本数据的输入

Excel 2003 对字符串中包含字符的默认为文本类型,对于纯数字(0~9)的默认为数值类型,对于不参与计算的数字串,如身份证号等应该采用文本类型输入,输入时要在数字前加英文状态下的单引号。

2. 数值数据的输入

输入正数,直接录入数值,Excel 自动按数值型处理;输入负数,在前面加" - "号;输入分数,先输入 0 及一个空格,然后输入分数。如表示 1/3,应该输入"01/3",否则会被认为是日期 1 月 3 日。

3. 日期时间型数据的输入

Excel 中内置了一些日期格式,当输入的数据格式与这些格式相对应时,将自动识别,常见的格式有"MM/DD/YY"、"DD-MM-YY"等。

(四)设置单元格格式

单元格格式的设置包括:单元格数据类型的设置、单元格的合并、行高和列宽的调整以及边框和底纹的设置等。其中单元格的合并是经常用到的。

合并单元格时,拖动鼠标选中要合并的连续单元格,右键依次选中【设置单元格格式】→【对齐】→【合并单元格】,单击【确定】即完成合并。

(五)重命名工作表

新建 Excel 工作薄时,默认的工作表名为"Sheet1",要将工作表"Sheet1"的名称改名,一共需要两步:

(1)右键单击工作表名称"Sheet1",选择【重命名】。

(2)输入新的工作表名称。

三、PowerPoint 2003 的应用知识

PowerPoint 简称 PPT,是 Microsoft Office 2003 系列软件之一——演示文稿软件,PowerPoint 可以应用于商业演示、工作汇报、学术报告、产品发布、课件制作等场合。

(一)启动 Power Point

单击【开始】菜单,依次选择【程序/所有程序】→【Microsoft Office】→【Microsoft Office PowerPoint 2003】就可以启动 PowerPoint,如图 8-8 所示。其基本启动和退出操作方式与 Word 相似。

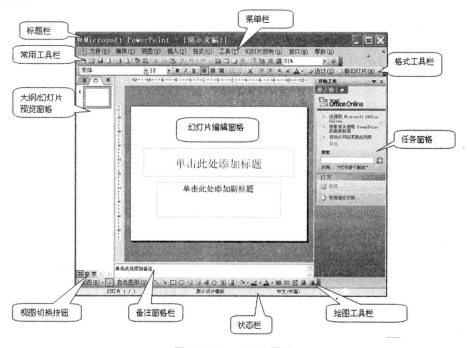

图 8-8　PowerPoint 界面

(二)创建演示文稿

创建演示文稿的方法主要有三种:依据版式创建演示文稿、依据设计模板创建演示文稿、使用本机上模板创建演示文稿,其中依据版式创建演示文稿是基本的创建方法。依次单击【文件】→【新建】,选择右侧新建演示文稿工具中的【空演示文稿】,如图 8-9 所示。

点选【空演示文稿】后出现幻灯片版式选择工具,选择如图 8-10 所示的版式,创建如

图 8-11所示版式的演示文稿。

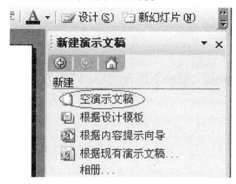

图 8-9　创建空演示文稿　　　　　　　　图 8-10　选择幻灯片版式

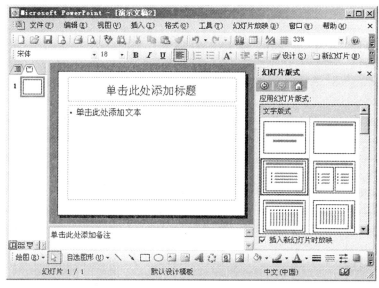

图 8-11　创建指定版式的空演示文稿

空演示文稿创建后,就可以在空白处输入文字,插入图片、视频和音乐等媒体了。

第二节　AutoCAD 应用知识

AutoCAD(中文翻译为欧特克)绘图软件包是美国 Autodesk 公司于 1982 年首次推出的用于微机的计算机辅助设计与绘图的通用软件包。由于该软件具有简单易学、功能齐全、应用广泛、兼容性和二次开发性强等很多优点,所以很受广大设计人员的欢迎。

一、AutoCAD 的版本

Autodesk 公司于 1982 年推出 AutoCAD 1.0 至今,历时 30 年,共推出了 23 个版本,最新的版本是 AutoCAD 2013。比较著名的版本有 AutoCAD R12、AutoCAD R14、AutoCAD 2000、AutoCAD 2002、AutoCAD 2004、AutoCAD 2006、AutoCAD 2007、AutoCAD 2008、AutoCAD 2009

和 AutoCAD 2010 等。目前,常用版本有 AutoCAD 2004、AutoCAD 2007、AutoCAD 2010 等,也有人习惯使用 AutoCAD 2000 和 AutoCAD 2002 的。建筑行业的建筑信息模型化软件 Revit 就是在 AutoCAD 的基础上开发的。

二、AutoCAD 2010 的运行环境

AutoCAD 2010 软件有 32 位和 64 位两个版本,安装运行的版本必须和电脑操作系统一致。

(一)32 位配置要求

Microsoft Windows XP Professional 或 Home 版本(SP2 或更高),支持 SSE2 技术的英特尔奔腾 4 或 AMD Athlon 双核处理器(1.6 GHz 或更高主频),2 GB 内存,1 GB 用于安装的可用磁盘空间,1 024×768VGA 真彩色显示器,Microsoft Internet Explorer 7.0 或更高版本,下载或者使用 DVD 或 CD 安装。

(二)64 位配置要求

Windows XP Professional x64 版本(SP2 或更高)或 Windows Vista(SP1 或更高),包括 Enterprise、Business、Ultimate 或 Home Premium 版本(Windows Vista 各版本区别),支持 SSE2 技术的 AMD Athlon 64 位处理器、支持 SSE2 技术的 AMD Opteron 处理器、支持 SSE2 技术和英特尔 EM64T 的英特尔至强处理器,或支持 SSE2 技术和英特尔 EM64T 的英特尔奔腾 4 处理器,2 GB 内存,1.5 GB 用于安装的可用磁盘空间,1 024×768VGA 真彩色显示器,Internet Explorer 7.0 或更高,下载或者使用 DVD 或 CD 安装。

(三)3D 建模的其他要求(适用于所有配置)

英特尔奔腾 4 处理器或 AMD Athlon 处理器(3 GHz 或更高主频),英特尔或 AMD 双核处理器(2 GHz 或更高主频),2 GB 或更大内存,1 280×1 024 32 位彩色视频显示适配器(真彩色),工作站级显卡(具有 128 MB 或更大内存、支持 Microsoft Direct 3D)。

三、AutoCAD 2010 的主要特点

(1)具有完善的图形绘制功能。
(2)具有强大的图形编辑功能。
(3)可以采用多种方式进行二次开发或用户定制。
(4)可以进行多种图形格式的转换,具有较强的数据交换能力。
(5)支持多种硬件设备。
(6)支持多种操作平台。
(7)具有通用性、易用性。

四、AutoCAD 在建筑设计中的应用

作为通用绘图软件的 AutoCAD 虽然不是建筑设计专业软件,但其强大的图形功能和日趋向标准化发展的进程,已逐步影响着建筑设计人员的工作方法和设计理念。作为学习建筑 CAD 应用技术软件的基础,AutoCAD 在建筑设计中的应用主要体现在以下几个方面:

(1)运用 AutoCAD 强大的绘图、编辑、自动标注等功能可以完成各阶段图纸的绘制、管

理、打印输出、存档和信息共享等工作。

（2）运用 AutoCAD 强大的三维模型创建和编辑功能，以真正的空间概念进行设计，从而能够全面真实地反映建筑物的立体形象。

（3）二次开发适用于建筑设计的专业程序和专业软件。

（4）运用 AutoCAD 的外部扩展接口技术，与外部程序和数据库相连接，可以解决诸如建筑物理、经济等方面的数据处理和研究，为建筑设计的合理性、经济性提供可优化参照的有效数据。

第三节　常见资料管理软件的应用知识

目前，资料管理软件很多，除普通办公软件外，各企业还开发了针对各省甚至主要城市的工程资料管理软件，如北京筑业软件公司开发的筑业各省建筑工程资料管理软件、北京筑龙建业科技有限公司开发的筑龙各省建设工程资料管理软件以及桂林天博网络科技有限公司开发的针对各省的天师建筑资料管理云平台等，这些软件的功能大同小异。

筑业河南省建筑工程资料管理软件的功能和主要特点如下。

一、软件功能简介

（1）填表范例。将已填写的资料保存为示例资料，以示例资料为模板生成新资料。

（2）自动计算。所有包含计算的表格，用户只需输入基础数据，软件自动计算。

（3）智能评定。自动根据国家标准或企业标准要求评定检验批质量等级，对不合格点自动标记△或○。

（4）验收资料数据自动生成。检验批数据自动生成分项工程评定表数据，分项工程数据自动生成分部工程数据，由分部工程、观感评定等表格自动生成单位工程质量评定表数据。

（5）企业标准编制。用户可以修改检验批资料国家标准数据，形成企业标准，软件自动根据企业标准进行评定。

（6）强大的编辑功能。可以方便地修改表格文字字体、字号、间距，插入图片，恢复撤销等功能。

（7）安全检查表自动评分。软件根据国家标准自动对安全检查表进行评分统计。

（8）提供图形编辑器。可灵活绘制建筑行业常用图形，可导入其他图形编辑工具绘制的图片资料。

（9）批量打印。打印当天的资料，打印某一时间段的资料，可以根据需要预设不同资料的打印份数。

（10）导入、导出。实现移动办公，可以将数据从一台电脑导出到另一台电脑，不同专业资料管理人员填写的资料，可以导入同一个工程，实现了网络版的功能。

（11）编辑扩充表格。允许用户通过编辑工具修改原表的任何内容、任何设置；可以方便地增加软件中没有的表格，并进行智能化设置，您完全可以在本平台下开发出一套新的资料管理系统。

二、软件包含内容

（1）河南省施工现场质量保证资料全套表格（含监理资料）。

（2）河南验收资料软件，河南省《建筑工程施工质量验收系列标准实用手册》（河南省质监总站监制）全部配套表格。

（3）郑州现场资料软件，《郑州市建筑工程施工验收及技术资料编制指南》（郑州市质监站监制）全套表格，含监理资料。

（4）郑州验收资料软件，《郑州市建设工程质量验收系列规范相关表格文本及填表说明》（郑州市质监站监制）全套表格。

（5）郑州重点工程资料，《郑州市重点建设工程资料（内部参考）》（郑州市重点建设工程质量监督中心监制）全部配套表格，包含现场质量保证资料、质量验收资料、监理资料。

（6）河南安全资料软件，最新河南省建筑安全资料全部配套表。

（7）河南市政资料软件，最新河南省市政基础设施工程全部配套表。

（8）河南装饰资料软件，中装协向全国推荐的《高级建筑装饰工程质量验收标准》、《家庭居室装饰工程质量验收标准》全部配套表格。

（9）河南消防工程资料，包含河南省消防工程施工和安装检验评定全套表格。

（10）智能建筑资料软件，《智能建筑工程质量验收规范》（GB 50339—2003）全部配套表格。

（11）详尽的参考资料，建筑安装工程技术、安全交底范例 200 多份，建筑、安装工程施工组织设计精选模板 50 多份，全面细致的施工工艺标准，建筑通病防治等大量数据，提供建筑工程常用技术规范、安全规范电子版。

三、主要特点

（1）软件界面友好，层次分明。

（2）资料全面，易于操作。

（3）自动计算与处理，使用方便。

（4）可联网使用，便于异地使用。

（5）文字格式一般为 Word 格式，表格一般为 Excel 格式，便于掌握。

小　结

本章主要介绍了与工程项目建设工程中信息管理相关的计算机的基本知识，包括文字与表格处理软件 Office、图形处理软件 AutoCAD 以及专业的施工资料管理软件的常用功能和使用方法。

第九章　市政工程测量

【学习目标】

1. 了解市政工程测量的任务和作用。
2. 掌握水准测量的方法。
3. 掌握角度测量的方法。
4. 掌握距离丈量及直线定向的方法。
5. 熟悉小区域控制测量。
6. 熟悉地形图的识读及应用。

测量学是研究地球形状、大小及确定地球表面空间点位,以及对空间点位信息进行采集、处理、储存、管理的科学。按照研究的范围、对象及技术手段不同,测量学又分为诸多学科。工程测量是其中一个分支。

工程测量学是研究各类工程在规划、勘测设计、施工、竣工验收和运营管理等各阶段的测量理论、技术和方法的学科。其主要内容包括控制测量、地形测量、施工测量、安装测量、竣工测量、变形观测、跟踪监测等。

第一节　概　述

一、市政工程测量的任务和作用

测量工作可分为两类:测定和测设。测定:将地面已有的特征点位和界线通过测量手段获得反映地面现状的图形和位置信息,供工程建设的规划设计和行政管理之用。测设:将工程建设的设计位置及土地规划利用的界址划分在实地标定,作为施工和定界的依据。测设又称施工放样。

市政工程测量是为城市各项公用设施的设计、施工、竣工和运营管理各阶段的需要所进行的测量工作。在市政工程建设过程中,工程项目一般分勘察设计、施工、运营三个阶段,测量工作贯穿于工程项目建设的全过程。

市政工程测量的主要任务:

(1)勘察设计阶段:地形图,提供设计依据。

(2)施工阶段:施工前放线;施工中轴线(斜)控制、高程(层高)控制;竣工测量的竣工图。

(3)施工及运营阶段的监测。

二、地面点位的确定

确定地面点位必须建立基准框架,因此需要了解地球的形状和大小以及测量工作的基准面和基准线。铅垂线:某点的重力方向线,可用悬挂垂球的细线方向来表示(见图9-1),它是测量工作的基准线。水准面:处处与铅垂线方向垂直的连续曲面,任何自由静止的水面都是水准面。大地水准面:与不受风浪和潮汐影响的静止海水面相吻合的水准面,它是测量工作的外业基准面(见图9-1)。

旋转椭球:它是由一个椭圆 NESW 绕其短轴 NS 旋转而成的形体。在图9-2中,O 是椭球中心,NS 是椭球的旋转轴,a 是长半轴,b 是短半轴。

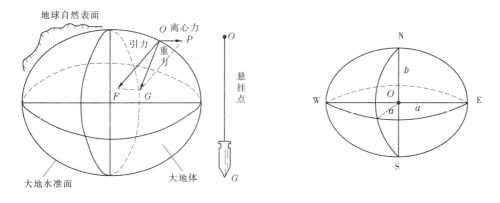

图9-1　大地水准面、铅垂线　　　　　图9-2　参考椭球体

参考椭球面:旋转椭球的表面,测量的内业计算基准面,与大地水准面尽可能密合。

旋转椭球元素:长半径 a(或短半径 b)和扁率 α,$\alpha = a - b/2$。我国目前采用的元素值为:长半径 $a = 6\ 378\ 137$ m,短半径 $b = 6\ 356\ 752$ m ,扁率 $\alpha = 1:298.257$。当测区范围不大时,可近似地把地球椭球作为圆球,其半径取 $R = 6\ 371$ km。

三、地面点位的确定

测量工作的中心任务是:确定地面点的空间位置。在工程测量中,常用地面点的高程及坐标来确定。

(一)地面点的高程

地面点至水准面的铅垂距离,称为该点的高程。地面点到大地水准面的铅垂距离,称为该点的绝对高程(简称高程)或海拔,用 H 表示。A、B 两点的高程为 H_A、H_B(见图9-3)。新

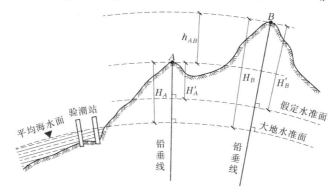

图9-3　高程及高差定义

中国成立以来,我国把以青岛验潮站多年观测资料求得的黄海平均海水面作为高程基准面,其高程为 0.000 m,并建立了中华人民共和国水准原点,其高程为 72.289 m,建立了 1956 年黄海高程系。随着观测资料的积累,1985 年精确地确定了黄海平均海水面,推算得国家水准原点的高程为 72.260 m,由此建立了 1985 国家高程基准,作为统一的国家高程系统。

高差:地面上两点高程之差 $h_{AB} = H_B - H_A = H'_B - H'_A$。由此可见,高差与高程投影面无关。

(二)地面点的坐标

地面点的坐标常用地理坐标(经、纬度)、平面直角坐标(x, y)或空间直角坐标(x, y, z)表示,我们主要讲平面直角坐标。

将地理坐标按一定的数学法则归算到平面上(即投影),得到平面直角坐标(x, y)。我国采用高斯平面直角坐标,小地区范围内也可采用独立平面直角坐标。

高斯投影是一种等角投影,它通过分带投影,将椭球面按一定经差分带,分别进行投影。我国规定按经差 6 度和 3 度进行投影分带。6 度带自首子午线开始,按 6 度的经差自西向东分成 60 个带。3 度带自 1.5 度开始,按 3 度的经差自西向东分成 120 个带。

坐标系的建立:x 轴为中央子午线的投影,x 轴向北为正,y 轴为赤道的投影,y 轴向东为正,原点 O 为两轴的交点,象限:按顺时针顺序 Ⅰ、Ⅱ、Ⅲ、Ⅳ 排列。由于我国位于北半球,东西横跨 12 个 6°带,各带又独自构成直角坐标系,故 x 值均为正,而 y 值则有正有负。高斯平面直角坐标表示地面点位置。国家统一坐标两点规定:为避免 y 坐标出现负值,把坐标纵轴向西平移 500 km;为区别不同投影带的点位,规定:横坐标值(y)前冠以带号(两位数)。

在工程建设中,常采用假定平面直角坐标系,用测区中心点 a 的切平面作为投影平面(见图 9-5),原点放在测区西南角,南北方向为 x 轴,向北为正,东西方向为 y 轴,向东为正。

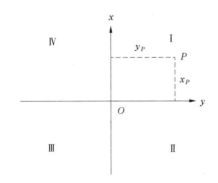

图9-4 高斯平面直角坐标

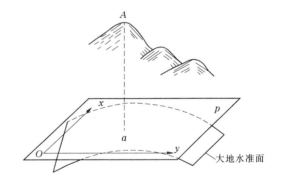

图9-5 假定平面直角坐标系

四、测量工作的内容和原则

(一)测量工作的基本内容

由于测量工作的主要目的是确定点的坐标和高程,为此由已知点的位置通过测量角度、距离及高差来推算未知点的位置,所以测量工作的基本内容为高程测量、角度测量、距离测量。测量工作一般分外业和内业两种。

(二)测量工作的基本原则

为了保证测量成果的精度及质量,测量工作遵循一定的测量原则。为了减少推算误差积累,提高测量效率,测量工作采用"从整体到局部、先控制后碎部"的基本原则。同时,为了防止错漏发生,保证成果的准确性,"步步有检核"是组织测量工作的又一个原则。

第二节　水准测量

水准测量是获得点高程的常用测量手段,也是高程测量精度最高的一种方法。水准测量是应用几何原理,用水准仪建立一条与高程基准面平行的视线,借助于水准尺来测定地面两点间的高差,从而计算待定点的高程。水准测量又称几何水准测量。

一、水准测量原理

如图 9-6 所示,已知 A 点的高程为 H_A,只要能测出 A 点至 B 点的高程之差 h_{AB},简称高差,则 B 点的高程为

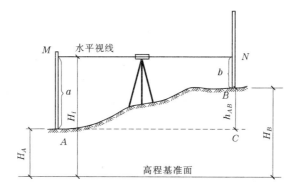

图 9-6　水准测量原理

$$H_B = H_A + h_{AB}$$

而高差由图可得为

$$h_{AB} = a - b$$

按照推算高差的方向,a 为后视读数,b 为前视读数,高差也可表示为

$$高差 = 后视读数 - 前视读数$$

二、水准仪器及其使用

(一)DS₃ 型水准仪构造

DS_3 型水准仪主要由望远镜、水准器和基座三部分构成(见图 9-7)。

望远镜具有成像和扩大视角的功能,是测量仪器观测远目标的主要部件。其作用是看清不同距离的目标和提供照准目标的视线(见图 9-8)。水准器是用来衡量视准轴(物镜光心与十字丝中心连线)是否水平、仪器旋转轴(又称竖轴)是否铅垂的装置。有管状水准器(又称水准管)和圆水准器两种,前者用于精平仪器,使视准轴水平;后者用于粗平,使竖轴铅垂(见图 9-12、图 9-13)。基座由轴座、脚螺旋和连接板组成。仪器的望远镜与托板铰接,

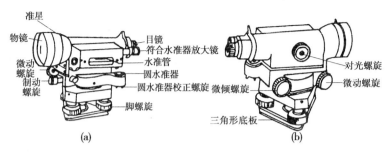

图 9-7　水准仪构造

通过竖轴插入轴座中,由轴座支承,轴座用三个脚螺旋与连接板连接。整个仪器用中心连接螺栓固定在三脚架上。

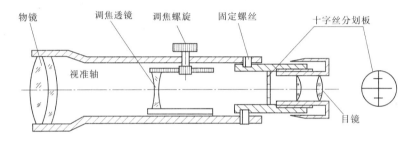

图 9-8　望远镜构造

(二)水准尺

塔尺——由两节或三节套接而成,长 3 m 或 5 m,接头处存在误差,多用于精度较低的水准测量中。

双面尺:尺长 2 m,一面为黑面划分,黑白相间,尺底为零;另一面为红面划分,红白相间,尺底为一常数(如 $K_1 = 4.687$ m,$K_2 = 4.787$ m)。普通水准测量用黑面读数,三、四等水准测量用黑、红面读数进行校核(见图 9-9)。

(三)水准仪的使用

水准仪的使用包括以下几个步骤。

1. 安置脚架(置架)

目的:将仪器脚架快速、稳定地安置到测站位置,并使高度适中、架头粗平。

操作过程:旋松脚架架腿三个伸缩固定螺旋,抽出活动腿至适当高度(大致与肩平齐),拧紧固定螺旋;张开架腿使脚尖呈等边三角形,摆动一架腿(圆周运动)使架头大致水平,踏实脚架。然后将仪器用中心连接螺旋固定在脚架上,并使基座连接板三边与架头三边对齐。在斜坡上安置仪器时,可调节位于上坡一架腿长短来安置脚架。

2. 粗略整平(粗平)

目的:将仪器竖轴 VV 置于铅垂位置,视准轴 CC 大致置平。

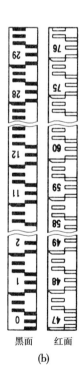

(a)　黑面　红面　(b)

图 9-9　水准尺

操作过程如下：

（1）任选两个脚螺旋1、2，双手相向等速转动这对脚螺旋，使气泡移动至1、2连线过零点的垂线上，如图9-10（a）所示。

（2）转动另一个脚螺旋3，如图9-10（b）所示，使气泡位于分划圈的零点位置，或过零点与1、2连线的平行线上。

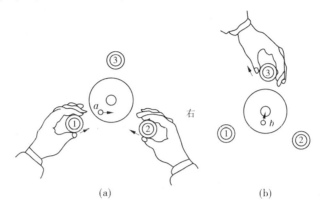

图9-10　水准仪粗平示意图

3．瞄准水准尺（瞄准）

目的：瞄准后视、前视尺方向，为精平、读数创造条件。

操作过程如下：

（1）目镜对光、粗瞄，将望远镜朝向明亮背景，转动目镜对光螺旋，使十字丝影像清晰，然后松开制动螺旋，转动仪器，利用照门和准星瞄准水准尺，使水准尺进入望远镜视场，随即拧紧制动螺旋。

（2）物镜对光、精瞄，转动调焦螺旋，使水准尺影像清晰，并落在十字丝平面上，然后转动微动螺旋，使十字丝竖丝与水准尺重合，如图9-11所示。

4．精确整平（精平）

目的：照准方向的视线精密置平。

操作过程：微倾螺旋，使符合水准器气泡两半弧影像符合成一光滑圆弧，如图9-12所示，这时视准轴在瞄准方向处于精密水平。

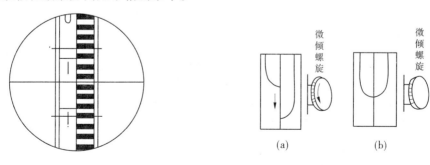

图9-11　瞄准示意图　　　　　　　图9-12　精平示意图

5．读数

目的：在标尺竖直、气泡居中、方向正确的前提下读取十字丝中间最长的横丝（中丝）对准尺面的数字。

操作过程:读数前应判明水准尺的注记、分划特征和零点常数,以免读错。读数时以"dm"注记为参照点,先读出注记的"m"数和"dm"数(如 1.6 m),再数读出"cm"数(如 2 cm),最后估读不足 1 cm 的"mm"数(如 2 mm),综合起来即为 4 位的全读数(如 1.622 m)。读数时,水准尺的影像无论是倒字还是正字,一律从小向大的方向读数,读足 4 位,不要漏 0(如 1.005 m,1.050 m),不要误读(如将 6 误读为 9)。

如图 9-13 所示,读数为 0.995 m。另外,精平后应马上读数,速度要快,以减少气泡移动引起读数误差。

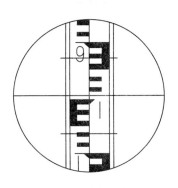

图 9-13　读数示意图

三、水准测量的基本方法

(一)水准点

用水准测量方法测定高程建立的高程控制点称水准点,如图 9-14 所示,图 9-14(a)为国家等级永久点,用 BM 表示。图 9-14(b)为施工测量临时点。

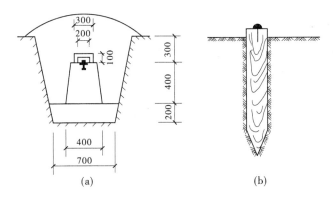

图 9-14　水准点

水准测量实施的原则为连续测量,如图 9-15 所示,在水准点 A 和 B 之间,通过设置转点(用于传递高程,用 TP 表示)进行连续水准测量,每安置一次仪器称为一个测站,每测站可

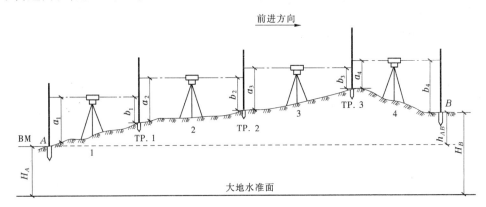

图 9-15　水准测量实施

测得前、后视两点间的高差,即

$$h_1 = a_1 - b_1$$
$$h_2 = a_2 - b_2$$
$$\vdots$$
$$h_n = a_n - b_n$$

各式相加,得

$$h_{AB} = \sum h = \sum a - \sum b \tag{9-1}$$

B 点高程为

$$H_B = H_A + \sum h \tag{9-2}$$

(二)检核

遵循测量工作的原则,水准测量每一步都必须检核,内容包括计算检核、测站检核和成果检核。

1. 计算检核

计算检核指手簿中计算的高差和高程应满足式(9-1),并且使式(9-2)转化成 $H_B - H_A = \sum h$ 反运算(验算)也同时成立。否则,高差计算和高程推算有错,应查明原因予以纠正。计算检核在手簿辅助计算栏中进行。

2. 测站检核

一个测站的误差或错误对整个水准测量成果都有影响。为了保证各个测站观测成果的正确性,可采用以下方法进行检核:

(1)变更仪器高法:在一个测站上测得第一次高差后,改变仪器高度(至少 10 cm),然后测一次高差。若两次所测高差之差不大于 6 mm(等外水准测量限差),则认为观测值符合要求,取其平均值作为最后结果;若大于 6 mm,则需要重测。

(2)双面尺法:本法是仪器高度不变,而用水准尺的红面和黑面高差进行校核。红、黑面高差之差也不能大于 6 mm。

3. 成果校核

测站误差具有积累性,单个测站误差不超限,但测站数多了后,会使后面推算的点位高程产生较大误差,为此水准测量在用已知点推算未知点时,常组成水准路线,如图 9-16 所示。其中图 9-16(a)图是由一个已知点经过若干未知点附合到另一个已知点,称为附合水准路线,图 9-16(b)图是由一个已知点经过若干未知点又回到原来已知点,称为闭合水准路

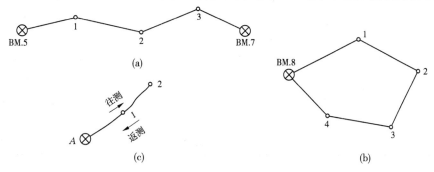

图 9-16　水准路线

线,图 9-16(c)图水准路线终止于未知点,称为支水准路线,支水准路线的未知点一般不得超过 3 个。

通过组成水准路线,对测量成果产生检核条件。

附合水准路线的检核条件为

$$\sum h_{理} = H_{终} - H_{始} \tag{9-3}$$

闭合水准路线的检核条件为

$$\sum h_{理} = 0 \tag{9-4}$$

支水准路线的检核条件为

$$\sum h_{往} + \sum h_{返} = 0 \tag{9-5}$$

由于测量误差的影响,水准路线的实测高差值与应有值不相符,其差值称为高差闭合差,用 f_h 表示,若高差闭合差在允许误差范围之内时,认为外业观测成果合格。

等外水准测量的高差允许值按下式计算

$$f_{h容} = \pm 40 \sqrt{L} \quad (\text{mm})$$
$$f_{h容} = \pm 12 \sqrt{n} \quad (\text{mm}) \tag{9-6}$$

式中 L——往返测段、附合或闭合水准线路长度,以 km 计;

n——单程测站数。

四、水准测量成果计算

水准测量内业计算的目的是求出各未知点的高程。如图 9-17 所示,将各测段(两个水准点之间的观测路线)观测高差、测站数及已知点高程填入表 9-1,并计算。

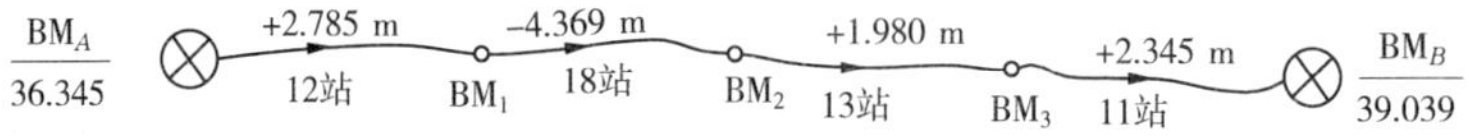

图 9-17　附合水准路线计算实例

表 9-1　附合水准路线计算表

测段编号	测点	测站数	实测高差(m)	改正数(m)	改正后的高差(m)	高差(m)	说明
1	BM_A	12	+2.785	−0.010	+2.775	36.345	$H_{BMB} - H_{BMA} = 2.694$
2	BM_1	18	−4.369	−0.016	−4.385	39.120	$f_h = \sum h - (H_{BMB} - H_{BMA})$
3	BM_2	13	+1.980	−0.011	+1.969	34.745	$= 2.741 - 2.694$ $= +0.047$
4	BM_3	11	+2.345	−0.010	+2.335	36.704	$\sum n = 54$
$\sum$	BM_B	54	+2.741	−0.047	+2.694	39.039	$v_i = -\dfrac{f_h}{\sum n} \cdot n_i$

(一)高差闭合差的计算

附合水准路线的高差闭合差为

$$f_h = \sum h_{测} - \sum h_{理} = \sum h_{测} - (H_{终} - H_{始}) \tag{9-7}$$

闭合水准路线的高差闭合差为

$$f_h = \sum h_{测} - \sum h_{理} = \sum h_{测} \tag{9-8}$$

支水准路线的高差闭合差为

$$f_h = \sum h_{往} + \sum h_{返} \tag{9-9}$$

(二)改正数计算

每站改正数 $v = -f_h / \sum n$,其中 $\sum n$ 为测站数总和,则测段改正数:$v_i = v \times n_i$,其中 n_i 为各测段测站数。

(三)各未知点高程计算

观测高差加改正数得到改正后高差,再用改正后高差依次推算各未知点高程,表中有几项计算检核:改正数之和应等于高差闭合差的反符号、改正后高差之和应等于理论高差之和、最后推算终点高程应与已知高程相同。

五、其他水准仪及沉降观测简介

(一)自动安平水准仪

自动安平水准仪(见图9-18)利用自动安平补偿器代替水准管,使视准轴水平,提高了水准测量精度,减少了操作步骤,提高了工作效率。使用:只需将水准仪上的圆水准器的气泡居中,在十字丝交点上读得的便是视线水平时应该得到的读数。

(二)精密水准仪和水准尺

精密水准仪(见图9-19)和水准尺主要用于一、二等水准测量和精密工程测量。特点:结构精密、性能稳定、测量精度高;望远镜放大率不小于40倍;水准管分划值10″/2 mm;采用光学测微器读数,可直接读到0.1 mm,估读到0.01 mm;配专用精密水准尺;操作方法与DS₃型水准仪基本相同。

图9-18　自动安平水准仪

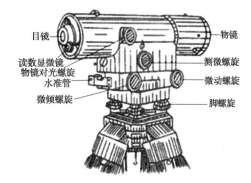

目镜　物镜
读数显微镜　测微螺旋
物镜对光螺旋　微动螺旋
水准管
微倾螺旋　脚螺旋

图9-19　精密水准仪

(三)沉降观测简介

沉降观测是变形观测的内容。观测目的:监测建筑物在施工和营运过程中,地质条件和土壤性质的不同,地下水位和大气温度的变化,建筑物荷载和外力作用等影响,导致建筑物随时间发生的垂直升降。观测方法:布设高程基准点和沉降观测点,周期观测,首先后视水准基点,接着依次前视各沉降观测点,最后后视该水准基点,两次后视读数之差不应超过 ±1 mm。另外,沉降观测的水准路线(从一个水准基点到另一个水准基点)应为闭合水准路线。将观测数据经过计算得到沉降数据表,并绘制沉降曲线图(见图9-20)。

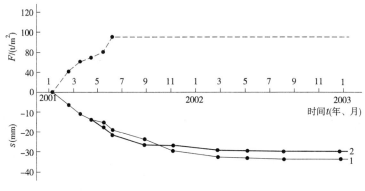

图9-20　沉降曲线图

第三节　角度测量

一、角度测量原理和经纬仪基本构造

角度测量包括水平角测量和竖直角测量。

(一)水平角测量原理

水平角是指地面上一点到两个目标点的方向线垂直投影到水平面上的夹角,或者是过两条方向线的竖直面所夹的两面角,如图9-21所示的角度 β。

如图9-21所示,利用一个水平放置的度盘(水平度盘),度盘中心在 o 点,过 AB、AC 竖直面与水平度盘交线为 on、om,在水平度盘上读数为 n、m,则 $\angle nom$ 即为所测得的水平角 β。

$$\beta = m - n \qquad (9-10)$$

水平角均为正值,角值范围:0° ~ 360°,当 $m < n$ 时,加上360°。

(二)竖直角测量原理

竖直角是指在同一竖直面内,某一方向线与水平线的夹角。测量上又称为倾斜角或竖直角,用 α 表示。竖直角有仰角和俯角之分,夹角在水平线之上为

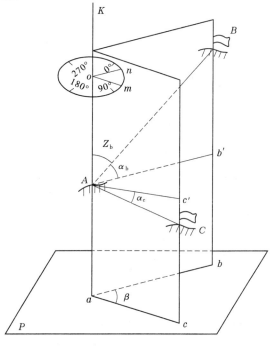

图9-21　角度测量原理

正,称为仰角;在水平线之下为负,称为俯角,所以竖直角取值范围为 $-90° \sim +90°$。如图 9-21 所示的角度 α_b 和 α_c。同水平角一样,竖直角通过竖直度盘来测量。

(三)经纬仪基本构造

经纬仪是既能测水平角又能测竖直角的一种仪器。市政工程测量中使用较多的是 DJ_6 型光学经纬仪。如 DJ_6 型光学经纬仪包括照准部、度盘、基座等。

照准部由望远镜、管水准管等组成。度盘包括水平度盘和竖直度盘。基座由脚螺旋、连接板等组成。

图 9-22 所示经纬仪的状态称为盘左位置(正镜),即竖盘在望远镜左面,竖盘在望远镜右面称为盘右位置(倒镜)。

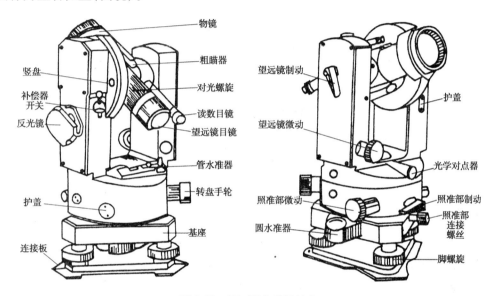

图 9-22　DJ_6 型光学经纬仪

二、经纬仪的安置与读数

经纬仪的使用包括对中、整平、瞄准、读数。其中,对中和整平称为安置。

(一)安置

对中的目的是使仪器的中心与测站的标志中心位于同一铅垂线上。整平的目的是保证水平度盘水平,竖盘竖直。只有仪器安置在测站点上,才能测出正确的水平角和竖直角。

目前生产的光学经纬仪均装置有光学对中器,若采用光学对中器进行对中,应与整平仪器结合进行,其操作步骤如下:

(1)将仪器置于测站点上,三个脚螺旋调至中间位置,架头大致水平。使光学对中器大致位于测站上,将三脚架踩牢。

(2)旋转光学对中器的目镜,看清分划板上的圆圈,拉动或推动目镜使测站点影像清晰。

(3)旋转脚螺旋使光学对中器对准测站点。

(4)伸缩三脚架腿,使圆水准气泡居中。

(5)用脚螺旋精确整平管水准器,转动照准部 90°,水准管气泡均居中。

(6)如果光学对中器分划圈不在测站点上,应松开连接螺旋,在架头上平移仪器,使分划圈对准测站点。

(7)重新整平仪器,依次反复进行直至仪器整平,光学对中器分划圈对准测站点。

(二)瞄准

读取水平度盘读数时,必须精心调节照准部制动螺旋和微动螺旋、望远镜制动螺旋和微动螺旋、目镜调焦螺旋和望远镜对光螺旋,利用望远镜中十字丝精确对准目标,其中读取竖直度盘读数时如图9-23(a)所示,读取水平度盘读数时如图9-23(b)所示。

(三)读数

DJ_6 型光学经纬仪通常采用分微尺读数法。如图9-24所示,从读数显微镜中可以看到60个小格的分微尺,刚好为1°的分划,因此每个小格代表1′。

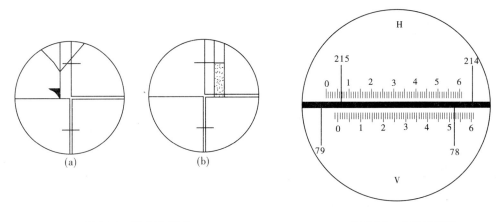

图9-23 瞄准示意图   图9-24 分微尺读数

图9-24所示水平度盘(H)读数为215°6.8′,即215°6′48″;水平度盘(V)读数为78°52.5′,即78°52′30″。

三、水平角测量

水平角观测方法主要有测回法与方向观测法,在这里只介绍工程测量常用的测回法。测回法适用于只有两个方向的单角。

(一)操作步骤

(1)如图9-25所示,安置仪器于2点,对中整平。

(2)盘左(正镜)瞄准1点,度盘归零。

(3)顺时针转动仪器,瞄准3点读数。

(4)盘右(倒镜),瞄准3点读数。

(5)逆时针转动仪器,瞄准1点读数。

(二)记录与计算

(1)盘左(正镜)观测瞄1,记录 $1_左 = 0°00′36″$,

瞄3,记录 $3_左 = 68°42′48″$,上半测回角值:$\beta_左 = 3_左 - 1_左 = 68°42′12″$。

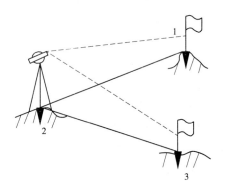

图9-25 测回法观测水平角

（2）盘右（倒镜）观测瞄 3，记录 $3_右 = 248°42'30''$，瞄 1，记录 $1_右 = 180°00'24''$，下半测回角值：$\beta_右 = 3_右 - 1_右 = 68°42'06''$（见表 9-2）。

表 9-2　测回法观测手簿

日期：_____年___月___日　　　　　天气：_____　　　　　仪器型号：_____

观测者：_____　　　　　记录者：_____

测站	竖盘	目标	水平度盘读数 (°　′　″)			半测回角值 (°　′　″)			一测回角值 (°　′　″)			各测回平均值 (°　′　″)		
2 第一测回	左	1	0	00	36	68	42	12						
		3	68	42	48				68	42	09			
	右	1	180	00	24	68	42	06				68	42	15
		3	248	42	30									
2 第二测回	左	1	90	10	12	68	42	18						
		3	158	52	30				68	42	21			
	右	1	270	10	18	68	42	24						
		3	338	52	42									

对于 DJ_6 型光学经纬仪，上、下半测回角度之差应满足：$|\beta_左 - \beta_右| \leqslant 40''$；否则，应重测。若满足限差要求，则一测回角值取平均值，即 $\beta = (\beta_左 + \beta_右)/2 = 68°42'09''$。

当测角精度要求较高时，需观测多个测回，第一测回瞄准第一个方向，度盘盘左归零（$0°00'36''$）；其他各测回间瞄准第一个方向，盘左按 $180°/n$（n 为测回数）变换度盘起始位置，表 9-2 中，第二测回：$180°/n = 180°/2 = 90°$，各测回角值之差不得超过 $40''$，取各测回平均值作为最后结果。

四、竖直角测量

竖直角观测步骤：在测站上安置仪器，对中整平。

（一）盘左位置

（1）瞄准目标：用望远镜微动螺旋使望远镜十字丝中丝的单丝精确切准目标。

（2）打开补偿开关并读取竖直度盘盘左读数 L（如瞄准目标 M 时，L 为 $82°10'36''$），并记入记录表格（见表 9-3）。

（二）盘右位置

纵转望远镜，以盘右位置。

（1）瞄准目标：同样精确切准目标同一位置。

（2）打开补偿开关并读取竖直度盘盘右读数 R（如瞄准目标 M 时，R 为 $277°49'36''$），并记入记录表格（见表 9-3）。

盘左、盘右构成一测回竖直角观测。

半测回盘左竖直角计算公式：$\alpha_L = 90° - L$，半测回盘右竖直角计算公式：$\alpha_R = R - 270°$。

指标差（视线水平时，竖盘读数与理论读数的差值）$x = [(L + R) - 360°]/2$，对于 DJ_6 型光学经纬仪,同一测站上不同目标的指标差互差或同方向各测回指标差互差,不应超过25″,一测回竖直角取平均值:$\alpha = (\alpha_L + \alpha_R)/2$。

表9-3 竖直角观测手簿

日期:_____年___月___日　　　天气:_____　　　仪器型号:_____

观测者:_____　　　记录者:_____

测点	目标	竖盘位置	竖盘读数 (° ′ ″)			半测回竖直角 (° ′ ″)			指标差 (″)	一测回竖直角 (° ′ ″)		
P	M	左	82	10	36	+7	49	24	+6	+7	49	30
		右	277	49	36	+7	49	36				
	N	左	124	03	30	−34	03	30	+12	−34	03	18
		右	236	56	54	−34	03	06				

第四节　距离丈量及直线定向

距离丈量的方法有钢尺、皮尺丈量,电磁波测距等,钢尺、皮尺丈量使用的工具为钢尺、皮尺以及测钎、标杆和垂球等辅助工具。钢尺为薄钢带状尺,长度有20 m、30 m、50 m 几种,尺的最小刻划1 mm。皮尺由帆布或塑料制成,盒装,尺的最小刻划为1 cm 或5 mm,量距误差相比较钢尺较大。

一、距离丈量的一般方法

(一)平坦地区丈量

要丈量平坦地面上 A、B 两点间的距离,其做法是:先在标定好的 A、B 两点立标杆,进行直线定线,然后进行丈量。丈量时后尺手拿尺的零端,前尺手拿尺的末端,两尺手蹲下,后尺手把零点对准 A 点,喊"预备",前尺手把尺边近靠定线标志钎,两人同时拉紧尺子,当尺拉稳后,后尺手喊"好",前尺手对准尺的终点刻划将一测钎竖直插在地面上,这样就量完了第一尺段。用同样的方法,继续向前量第二、第三、第 n 尺段。最后量不足一整尺段的距离,如图9-26 所示。当丈量到 B 点时,由前尺手用尺上某整刻划线对准终点 B,后尺手在尺的零端读数至 mm,量出最后余长 q,设 n 为尺段数,最后丈量结果为

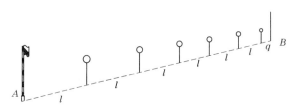

图9-26　平坦地区钢尺丈量

$$D = nl + q$$

(二)倾斜地面丈量

1.平量法

当地面坡度较大,不可能将整根钢尺拉平丈量时,则可将直线分成若干小段进行丈量。如图9-27所示,每段的长度视坡度大小、量距的方便而定。

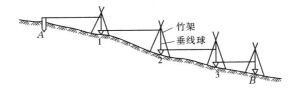

图9-27 平量法

2.斜量法

当地面坡度均匀,可沿着斜坡量出 AB 的斜距 L,测出地面倾角 α,计算出 AB 的水平距离 D(见图9-28):

$$D = L\cos\alpha$$

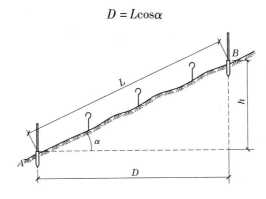

图9-28 斜量法

为了避免错误和判断丈量结果的可靠性,并提高丈量精度,距离丈量要求往返丈量。用往返丈量的较差 ΔD 与平均距离 $D_{平}$ 之比来衡量它的精度,此比值用分子等于1的分数形式来表示,称为相对误差 K,即

$$\Delta D = D_{往} - D_{返}$$

$$D_{平} = (D_{往} + D_{返})/2$$

$$K = \Delta D/D_{平} = \frac{1}{D_{平}/\Delta D}$$

在困难地区钢尺量距相对误差不应大于1/1 000。

二、电磁波测距原理简介

电磁波测距是用电磁波(光波或微波)作为载波传输测距信号以测量两点间距离的一种方法。

电磁波测距仪的优点:①测程远,精度高;②受地形限制少;③作业快,工作强度低。一般配合反射棱镜测距。

测距原理:通过测量光波在待测距离 D 上往返传播的时间 t,计算待测距离 D,即

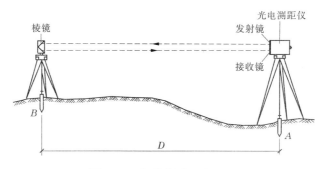

图 9-29　电磁波测距原理

$$D = \frac{1}{2}ct \tag{9-11}$$

式中　c——光波在空气中的传播速度。

目前,大部分测距仪采用相位法测定时间 t,即将发射光强调制成正弦波的形式,通过测量正弦波在待测距离上往返传播的相位移来解算时间。

三、直线定向与方位角推算

确定地面上两点之间的相对位置,仅知道两点之间的水平距离是不够的,还必须确定此直线与标准方向之间的水平夹角。确定直线与标准方向之间的水平角度称为直线定向。

(一)标准方向

真子午线方向:通过地球表面某点的真子午线的切线方向。用天文测量方法或用陀螺经纬仪测定(真北)。

磁子午线方向:通过地球表面某点的磁子午线的切线方向。磁子午线方向可用罗盘仪测定(磁北)。

坐标纵轴方向:高斯投影中每带的中央子午线的投影方向(坐标北)。

(二)方位角

方位角:由某直线起点标准方向的北端起,顺时针量至某直线的夹角。其值范围为 $0° \sim 360°$。标准方向不同,同一条直线分别有真方位角 A(天文或陀螺仪测定),磁方位角 A_m(罗盘仪测定),坐标方位角 α(测量计算得到)。一般的测量工作中,常采用坐标方位角 α 来表示直线方向,简称为方位角,如图 9-30 所示。

(三)正反坐标方位角

直线 12 :点 1 是起点,点 2 是终点。

α_{12}——正坐标方位角;

α_{21}——反坐标方位角。

直线 21:点 2 是起点,点 1 是终点。

α_{21}——正坐标方位角;

α_{12}——反坐标方位角。

由图 9-31 可知,直线的正反坐标方位角相差 $180°$,即

$$\alpha_{正} \pm 180° = \alpha_{反} \tag{9-12}$$

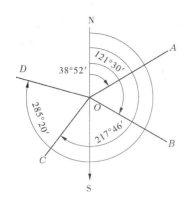

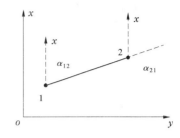

图 9-30　方位角　　　　　　　　　　图 9-31　正反坐标方位角

(四)方位角的推算

如图 9-32 所示,α_{12} 已知,通过测量水平角,得到转折角 β_2 和 β_3,现推算 α_{23}、α_{34}。按照推算方向,β_2 和 β_3 分别位于推算方向右边和左边,称为右角和左角。

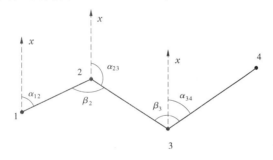

图 9-32　方位角推算

$$\alpha_{23} = \alpha_{12} + 180° - \beta_2 \tag{9-13}$$

$$\alpha_{34} = \alpha_{23} + 180° + \beta_3 \tag{9-14}$$

由上面两个公式可得推算坐标方位角的通用公式

$$\alpha_{前} = \alpha_{后} + 180° \pm \beta \tag{9-15}$$

当 β 角为左角时,取" + ";当 β 角为右角时,取" - "。

注意:计算中,若推算的 $\alpha_{前} > 360°$,减 360°;若推算的 $\alpha_{前} < 0°$,加 360°。

第五节　小区域控制测量

一、控制测量概述

为了减少测量工作中的误差累计,应该遵循测量的基本原则:"从整体到局部、先控制后碎部"。这个基本原则说明我们的测量工作是首先建立控制网,进行控制测量,然后在控制网的基础上进行施工测量、碎部测量等工作。为此,我们要在测区的范围内选定一些对整体具有控制作用的点,称为控制点。这些控制点组成了一个网状结构就称为控制网,为建立控制网所进行的测量工作就称为控制测量。

控制测量包括平面控制测量和高程控制测量,平面控制测量用来测定控制点的平面坐标,高程控制测量用来测定控制点的高程。

(一)国家控制网

在全国范围内建立的高程控制网和平面控制网,称为国家控制网。建立国家控制网的原则是:分级布网、逐级控制,要有足够的精度,要有足够的密度,要有统一的规格。它是全国各种比例尺测图的基本控制,也为研究地球的形状和大小提供依据,了解地壳水平形变和垂直形变的大小及趋势,为地震预测提供形变信息等服务。

国家基本平面控制网包括一、二、三、四共四个等级,主要网型为三角网、导线。

图9-33为在国家一等三角网的基础上建国家二等连续网。

国家高程控制网为水准网,也包括四个等级,图9-34为国家高程控制网。

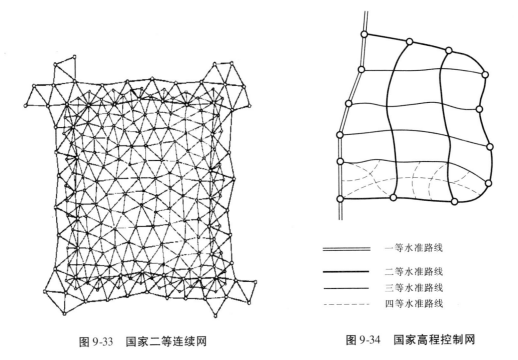

| 一等水准路线 |
| 二等水准路线 |
| 三等水准路线 |
| 四等水准路线 |

图9-33　国家二等连续网　　　　　图9-34　国家高程控制网

(二)城市平面控制网

城市平面控制网包括二、三、四等三角网,一、二级小三角网,小三边网,一、二、三级导线网,图根控制。城市高程控制网主要是二、三、四等水准网。

(三)小区域控制网

在10 km^{2}范围内为地形测图或工程测量所建立的控制网称小区域控制网。在这个范围内,水准面可视为水平面,可采用独立平面直角坐标系计算控制点的坐标,而不需将测量成果归算到高斯平面上。小区域控制网应尽可能以国家控制网或城市控制网联测(城市控制网是指在城市地区建立的控制网,它属于区域控制网,它是国家控制网的发展和延伸),将国家或城市控制网的高级控制点作为小区域控制网的起算和校核数据。如果测区内或测区附近没有高级控制点,或联测较为困难,也可建立独立平面控制网。

小区域控制网同样也包括平面控制网和高程控制网两种。平面控制网的建立主要采用导线测量和小三角测量,高程控制网的建立主要采用三、四等水准测量和三角高程测量。

小区域平面控制网,应根据测区的大小分级建立测区首级控制网和图根控制网。直接为测图而建立的控制网称为图根控制网,其控制点称为图根点。图根点的密度应根据测图比例尺和地形条件而定。

小区域高程控制网,也应根据测区的大小和工程要求采用分级建立。一般以国家或城市等级水准点为基础,在测区建立三、四等水准路线或水准网,再以三、四等水准点为基础,测定图根点高程。

二、导线测量

导线测量是平面控制测量的一种方法(是建立小区域平面控制网常用的一种方法),主要用于隐蔽地区、带状地区、城建区、地下工程、公路、铁路和水利等控制点的测量。

将相邻控制点连成直线而构成的折线称为导线,控制点称为导线点,折线边称为导线边。注意:相邻导线点之间要保证通视。

(一)导线布设形式

如图 9-35 所示,其中包括了闭合导线、附合导线和支导线三种形式。

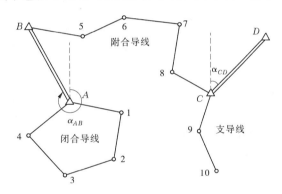

图 9-35 导线的三种形式

1. 闭合导线

起止于同一已知点的导线,称为闭合导线。闭合导线产生 3 个检核条件:一个多边形内角和条件与两个坐标增量(坐标差值)条件。用经纬仪测闭合导线的内角,在理论上内角和为 $(n-2) \times 180°$。对于坐标增量,由于闭合导线最后又测回了起点,所以坐标增量之和理论上应该为零。

2. 附合导线

布设在两个已知点之间的导线,称为附合导线。附合导线有 3 个检核条件:一个坐标方位角条件和两个坐标增量条件。坐标方位角的条件为:$\alpha_{终} = \alpha_{始} + n \cdot 180° + \sum \beta_i$。其中 $\alpha_{始}$ 为起始边的方位角,也就是 BA 边的方位角,$\alpha_{终}$ 为终止边的方位角,也就是 CD 边的方位角,它们在理论上应该有公式描述的这种关系,但是由于测转折角(即 β 角)的时候有误差存在,所以实际推算出来的 $\alpha_{终}$ 并不会等于已知的 CD 边的方位角。所以,可以采用这个公式作为一个检核条件,表明误差的大小,如果超出了一定限度,就要重测转折角。对于坐标增量之和(分别用 $\sum\Delta x_{理}$、$\sum\Delta y_{理}$ 表示),有:$\sum\Delta x_{理} = x_{终} - x_{始}$,$\sum\Delta y_{理} = y_{终} - y_{始}$。

3. 支导线

仅从一个已知点和一个已知方向出发,支出 1～2 个点,称为支导线。当导线点的数目不能满足局部测图的需要时,常采用支导线的形式。支导线只有必要的起算数据,没有检核条件,它只限于在图根导线中使用,且支导线的点数一般不应超过 2 个。

(二)导线测量实施

导线测量的目的是求出所有导线的平面坐标,其实施过程可分为导线测量外业和导线测量内业。

1. 导线测量外业

导线测量外业工作包括踏勘选点及建立标志、导线边长测量、导线转折角测量和联测。

1)踏勘选点及建立标志

在踏勘选点之前,应到有关部门收集测区原有的地形图、高一等级控制点的成果资料,然后踏勘选点之前在地形图上初步设计导线布设路线,最后按照设计方案到实地踏勘选点。现场踏勘选点时,应注意下列事项:

(1)相邻导线点间应通视良好,以便于角度测量和距离测量。

(2)点位应选在土质坚实并便于保存之处。

(3)在点位上,视野应开阔,便于测绘周围的地物和地貌,如布设在交叉路口。

(4)导线边长最长不超过平均边长的 2 倍,相邻边长尽量不使其长短相差悬殊。

(5)导线应均匀分布在测区,便于控制整个测区。

导线点位选定后,在泥土地面上,要在点位上打一木桩,桩顶钉上一小钉,作为临时性标志;在碎石或沥青路面上,可以用顶上凿有十字纹的大铁钉代替木桩;在混凝土场地或路面上,可以用钢凿凿一个十字纹,再涂上红油漆,使标志明显(见图 9-36)。

若导线点需要长期保存,则可以埋设混凝土导线点标石,并绘制一张"点之记"以便寻找。

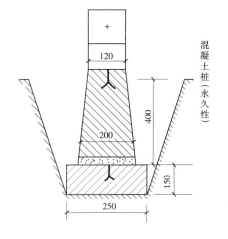

图 9-36 导线点 (单位:mm)

2)导线边长测量

图根导线边长可以使用检定过的钢尺丈量或检定过的光电测距仪测量。钢尺量距宜采用双次丈量方法,其较差的相对误差不应大于 1/3 000。

3)导线转折角测量

导线转折角测量可以用经纬仪分别观测相邻图根导线边构成的水平角,包括左角和右角,对于闭合导线,一般是观测闭合多边形的内角。

4)联测

若与高级控制点连接的导线,需要测出连接角和连接边,用来传递坐标方位角和坐标。

2. 导线测量内业

导线测量内业计算之前,应全面检查导线测量外业工作、记录及成果是否符合精度要求。然后绘制导线略图,标注实测边长、转折角、连接角和起始坐标,以便于导线坐标计算。

基本思路:①由水平角观测值 β 计算方位角 α;②由方位角 α 及边长 D 计算坐标增量

ΔX、ΔY;③由坐标增量 ΔX、ΔY 计算 X、Y。

计算公式:如图 9-37 所示,已知 $A(x_A,y_A)$,D_{AB},α_{AB},求 B 点坐标 x_B,y_B。由图 9-37 可得:

$$\begin{cases} \Delta X_{AB} = D\cos\alpha_{AB} \\ \Delta Y_{AB} = D\sin\alpha_{AB} \end{cases} \tag{9-16}$$

则 B 点坐标为

$$\begin{cases} \Delta X_{AB} = D\cos\alpha_{AB} \\ \Delta Y_{AB} = D\sin\alpha_{AB} \end{cases}$$

如图 9-38 所示的附合导线,将导线内业计算分为 2 个部分,首先推算各导线边的方位角,见表 9-4。

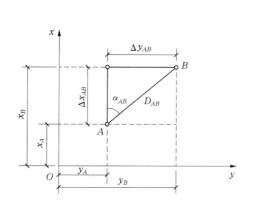

图 9-37　坐标推算

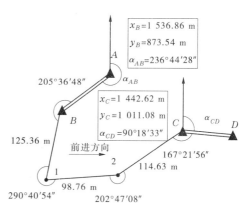

图 9-38　附合导线

表 9-4　附合导线内业计算表(一)

点号	观测角(右角)			改正数	改正角			坐标方位角 α			点号
	(°)	(′)	(″)	(″)	(°)	(′)	(″)	(°)	(′)	(″)	
A								236	44	38	A
B	205	36	48	-13	205	36	35				B
								211	07	53	
1	290	40	54	-12	290	40	42				1
								100	27	11	
2	202	47	08	-13	202	46	55				2
								77	40	16	
C	167	21	56	-13	167	21	43				C
D								90	18	33	D
Σ	866	26	46	51	866	25	55				

(1)计算并分配角度闭合差。依据附合导线的检核条件,实际由 α_{AB} 推算的 CD 边方位角与已知 α_{CD} 之间并不相等,因为实测角值之和 $\sum\beta_{测}$ 与理论角值之和 $\sum\beta_{理}$ 不相等,其差值称为角度闭合差 f_β,它应小于允许值 $f_{\beta允}$,对于图根导线,按下式计算

$$f_{\beta允} = \pm 60''\sqrt{n} \tag{9-17}$$

式中 n——推算角度个数。

则实例中$f_\beta = \sum \beta_测 - \sum \beta_理$,其中$\sum \beta_理$按右角的计算公式为

$$\sum \beta_理 = \alpha_始 - \alpha_终 + n \cdot 180° \qquad (9\text{-}18\text{a})$$

按左角的计算公式为

$$\sum \beta_理 = \alpha_终 - \alpha_始 + n \cdot 180° \qquad (9\text{-}18\text{b})$$

将实例中数据代入上述公式,可得

$$f_\beta = \sum \beta_测 - \sum \beta_理 = 866°26'46'' - 866°25''55'' = 51''$$

将角度闭合差反符号平均分配,得到改正数,每个转折角加上改正数得到改正后的角度,见表9-4。

(2)推算各导线边方位角。

按改正后角度计算式(9-14)推算各边方位角,见表9-4。

(3)推算坐标增量。

将方位角代入表9-5,利用式(9-15)推算各边坐标增量,见表9-5。

表9-5 附合导线内业计算表(二)

点号	坐标方位角 (° ′ ″)	边长 (m)	增量计算值(m)		改正后增量(m)		坐标	
			Δx	Δy	Δx	Δy	x	y
A	<u>236 44 28</u>						1 536.86	837.54
B	211 07 53	125.36	+0.04 −107.31	−0.02 −64.81	−107.27	−64.83	1 429.59	772.71
1	100 27 11	98.71	+0.03 −17.92	−0.02 97.12	−17.89	97.10	1 411.70	869.81
2	77 40 16	114.63	+0.04 30.88	−0.02 141.29	30.92	141.27	<u>1 442.62</u>	<u>1 011.08</u>
C								
D	<u>90 18 33</u>							
Σ		338.70	−9	17	−9	17		
辅助计算	$f_\beta = \sum \beta_测 - \alpha_始 + \alpha_终 - n \cdot 180° = +51''$ $f_x = -0.11$ $f_y = +0.06$ $f_{\beta容} = \pm 60''\sqrt{6} = \pm 147''$ $K = \dfrac{0.13}{338.7} = \dfrac{1}{2\ 605}$ $K_容 = \dfrac{1}{2\ 000}$ $f = \sqrt{f_x{}^2 + f_y{}^2} = \pm 0.13$							

(4)计算坐标增量闭合差并调整。

按照附合导线的检核条件,用实测距离和推算方位角计算的坐标增量之和与理论坐标增量之和往往不一样,其差值称为坐标增量闭合差,分别用f_x、f_y表示。其计算公式如下:

$$f_x = \sum \Delta x_测 - \sum \Delta x_理 \qquad f_y = \sum \Delta y_测 - \sum \Delta y_理$$

由 f_x、f_y 计算导线全长闭合差 $f_D = \sqrt{{f_x}^2 + {f_y}^2}$ 及导线全长相对闭合差 $K = \dfrac{f_D}{\sum D} = \dfrac{1}{\dfrac{\sum D}{f_D}}$。

要求 $K \leqslant K_允$，图根导线 $K_允 = 1/2\,000$，实例推算结果见表9-5。

（5）用改正后的坐标增量推算各未知点坐标，见表9-5。

闭合导线内业计算与附合导线相同，只是计算角度闭合差和增量闭合差公式不同：

$$f_\beta = \sum \beta_测 - (n-2) \cdot 180°$$

$$f_x = \sum \Delta x_测$$

$$f_y = \sum \Delta y_测$$

三、高程控制测量

小区域高程控制测量一般采用三、四等水准测量和三角高程测量。

（一）三、四等水准测量

三、四等水准测量用于国家高程控制网加密、建立小地区首级高程控制，三、四等水准测量通常采用黑红双面尺进行观测（见表9-6），其步骤如下：

表9-6　三、四等水准测量手簿

日期＿＿＿＿＿＿＿＿　仪器编号＿＿＿＿＿＿＿＿　天气＿＿＿＿＿＿＿＿　地点＿＿＿＿＿＿＿＿

测站编号	后尺 下丝 上丝	前尺 下丝 上丝	方向及尺号	标尺读数		$K+$黑减红	高差中数	说明
	后距	前距		黑面	红面			
	视距差 d	$\sum d$						
	（1）	（4）	后	（3）	（8）	（10）		
	（2）	（5）	前	（6）	（7）	（9）		
	（15）	（16）	后－前	（11）	（12）	（13）	（14）	
	（17）	（18）						
1	1571	0739	后 BM_1	1384	6171	0		
	1197	0363	前	0551	5239	−1		
	37.4	37.6	后－前	＋0833	＋0932	＋1	＋0.832 5	
	−0.2	−0.2						
2	2121	2196	后	1934	6621	0		
	1747	1821	前	2008	6796	−1		
	37.4	37.5	后－前	−0074	−0175	＋1	−0.074 5	
	−0.1	−0.3						

（1）后视黑面，读取下、上、中丝读数，记入（1）、（2）、（3）中。

（2）前视黑面，读取下、上、中丝读数，记入（4）、（5）、（6）中。

（3）前视红面，读取中丝读数，记入（7）。

（4）后视红面，读取中丝读数，记入（8）。

计算和检核步骤如下：

（1）视距计算。前、后视距差：三等水准测量不得超过 3 m，四等水准测量不得超过5 m。前、后视距累计差：三等水准测量不得超过 6 m，四等水准测量不得超过 10 m。

（2）同一水准尺红、黑面中丝读数的检核。同一水准尺红、黑面中丝读数之差应等于该尺红、黑面的常数差 K（4.687 或 4.787），三等水准测量不得超过 2 mm，四等水准测量不得超过 3 mm。

（3）计算黑、红面高差。三等水准测量不得超过 3 mm，四等水准测量不得超过 5 mm。式内0.100 为单、双号两根水准尺红面零点注记之差，以米（m）为单位。

（4）计算平均高差。

表9-6 中计算内容：（9）=（6）+ 前尺常数 −（7）；（10）=（3）+ 后尺常数 −（8）；（11）=（3）−（6）；（12）=（8）+ 后尺常数 −（7）；（13）=（11）±0100 −（12）；（14）=［（11）+（12）±0100］/2；（15）=（1）−（2）；（16）=（4）−（5）；（17）=（15）−（16）；（18）=∑（17）。

（二）三角高程测量

当地面两点间地形起伏较大而不便于施测水准时，可应用三角高程测量的方法测定两点间的高差而求得高程。该法较水准测量精度低，常用于山区各种比例尺测图的高程控制。原理如图 9-39 所示，已知 A 点高程 H_A，欲求 B 点高程 H_B。将仪器安置在 A 点，照准目标顶端，测得竖直角 α，量取仪器高 i 和目标高 v。如果测得两点间的平距为 D，则 A、B 高差为

$$h_{AB} = D\tan\alpha + i - v \qquad (9-19)$$

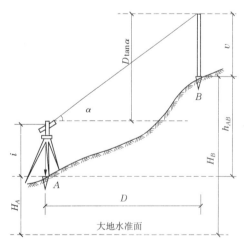

图 9-39　三角高程测量

第六节 地形图的识读及应用

地物是指地面上天然或人工形成的物体,如湖泊、河流、海洋、房屋、道路、桥梁等;地貌是指地表高低起伏的形态,如山地、丘陵和平原等,地物和地貌总称为地形。地形图是按一定的比例尺,用规定的符号表示的地物、地貌平面位置和高程的正射投影图。

一、地形图比例尺

比例尺:图上直线长度 d 与相应地面水平距离 D 之比。

$$\frac{d}{D} = \frac{1}{D/d} = \frac{1}{M}$$

式中 M——比例尺分母,M 越大,比例尺越小。

比例尺的形式包括数字比例尺和直线比例尺。数字比例尺用分子为1,分母为一个比较大的整数 M 表示。1:500、1:1 000、1:2 000、1:5 000 为大比例尺,1:1万、1:2.5 万、1:5万、1:10 万为中比例尺,1:20 万、1:50 万、1:100 万为小比例尺。我国规定 1:5 000、1:1 万、1:2.5 万、1:5万、1:10 万、1:25 万、1:50 万、1:100 万八种比例尺地形图为国家基本比例尺地形图。城市和工程建设一般需要大比例尺地形图。直线比例尺属于图示比例尺,其优点是方便且图纸变形的影响小。地物地貌在图上表示的精确与详尽程度同比例尺有关。比例尺越大,地形图越精确、越详细。

二、地形图的识读

地形图的识读主要是要识别地形图的图外要素和图内要素。

(一) 图外要素
图外要素包括图名、图号、接图表、图廓等重要地形图信息。如图 9-40 所示,该图图名为热电厂,图号 10.0 – 21.0(图幅西南角坐标千米数编号法),右上角为接图表,表明本图幅与其他图幅的邻接关系,左下角是坐标系统、高程系统、投影方式、施测单位、施测日期等,有内外图廓,图幅下方为比例尺。

(二) 图内要素
图内要素主要包括地物符号、地貌符号和文字、数字注记。

1. 地物符号
地物符号表达地物的详细要求,由国家相应比例尺的地形图图式做出标准规范,可分为比例符号、非比例符号和半比例符号。比例符号指可以按测图比例缩小,用规定符号画出的地物符号称为比例符号,如房屋、较宽的道路、稻田、花圃、湖泊等;非比例符号指三角点、导线点、水准点、独立树、路灯、检修井等地物,无法将其形状和大小按照地形图的比例尺绘到图上,则不考虑其实际大小,而是采用规定的符号表示。对于一些带状延伸地物,如小路、通信线、管道、垣栅等,其长度可按比例缩绘,而宽度无法按比例表示的符号称为半比例符号。如

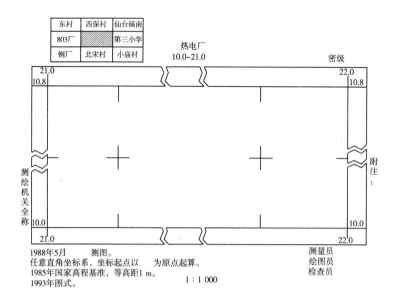

东村	西保村	仙台镇南
803厂		第三小学
钢厂	北宋村	小庙村

热电厂
10.0~21.0

密级

21.0
10.8

22.0
10.8

测绘机关全称

附注：

10.0
21.0

10.0
22.0

1988年5月　　测图
任意直角坐标系，坐标起点以　　为原点起算。
1985年国家高程基准，等高距1 m。
1993年图式。

1 : 1 000

测量员
绘图员
检查员

图 9-40　地形图图外要素

图 9-41 所示。图上有公园、宾馆等建筑，有小路
（右下角双虚线），三角点（左上角）等。

2.地貌符号

地形图上表示地貌的主要方法是等高线。

1）等高线

等高线是地面上高程相等的相邻各点所连的
闭合曲线。

如图 9-42 所示，设想有一座高出水面的小岛，
与某一静止的水面相交形成的水涯线为一闭合曲
线，曲线的形状随小岛与水面相交的位置而定，曲
线上各点的高程相等。将这些水涯线垂直投影到
水平面上，并按一定的比例尺缩绘在图纸上，这就
将小岛用等高线表示在地形图上了。

2）等高距

地形图上相邻等高线间的高差，称为等高距。

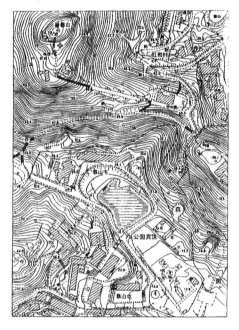

图 9-41　地形图图内要素

同一幅地形图的等高距是相同的，因此地形图的
等高距也称为基本等高距。大比例尺地形图常用的基本等高距为 0.5 m、1 m、2 m、5 m 等。

3）等高线的特性

（1）同一条等高线上各点的高程相等。

（2）等高线是闭合曲线，不能中断（间曲线除外），如果不在一幅图内闭合，则必定在
相邻的其他图幅内闭合。

（3）等高线只有在陡崖或悬崖处才会重合或相交。

（4）等高线与山脊线和山谷线正交（在交点处，山脊线和山谷线与等高线的切线垂直相交）。

4）典型地貌的等高线

（1）山头和洼地。

图9-43(a)、(b)分别表示山头和洼地的等高线，它们都是一组闭合曲线，不过高程增加方向不同。

（2）山脊和山谷。

图9-44(a)、(b)分别表示山脊和山谷的等高线，它们都是一组闭合曲线，不过高程增加方向不同。

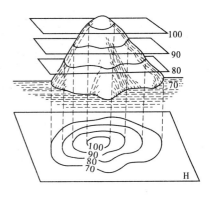

图9-42　等高线定义

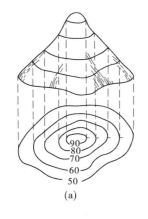

(a)

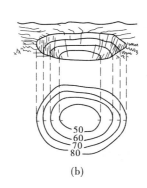

(b)

图9-43　山头和洼地

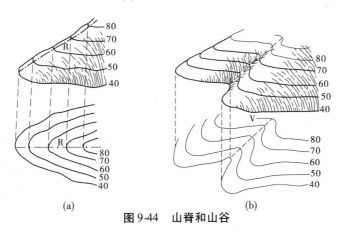

(a)　　　　　　　　　　　　　(b)

图9-44　山脊和山谷

（3）鞍部。

相邻两个山头之间呈马鞍形的低洼部分称为鞍部。鞍部是山区道路选线的重要位置。鞍部左、右两侧的等高线是近似对称的两组山脊线和两组山谷线，见图9-45。

（4）陡崖和悬崖。

陡崖是坡度在70°以上的陡峭崖壁，有石质和土质之分。如果用等高线表示，将是非常密集或重合为一条线，因此采用陡崖符号来表示，如图9-46(a)、(b)所示。

悬崖是上部凸出、下部凹进的陡崖。悬崖上部的等高线投影到水平面时，与悬崖下部的等高线相交，下部凹进的等高线部分用虚线表示，如图9-46(c)所示。

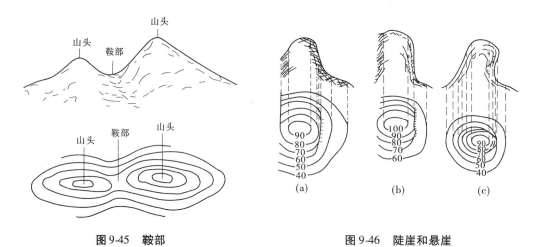

图9-45　鞍部　　　　　　　　　　　　图9-46　陡崖和悬崖

(三)地形图的识读

对地物的识读，主要根据图上的地物符号及其位置，可以了解地物分布情况，从中获取居民点、水系、交通、通信、管线、农林等方面的信息。

对地貌的识读，主要是根据地貌符号(等高线)和地性线(山脊线和山谷线)来辨认和分析。首先根据地性线构成地貌的骨干，对地貌有一个比较全面的认识，不致被复杂的等高线所迷惑，再根据等高线分布密集程度来分析地形的陡缓状况，并找出图上分布的主要山头、洼地、鞍部等典型地貌的位置。

三、地形图应用的基本内容

(一)求图上任一点的高程

如图9-47所示求 K 的高程，通过等高线平距与高差成正比的原则用内插法来求得，或者用目估法求得。

(二)求图上任一点 A 的坐标

如图9-48所示求 A 的坐标，可以过 A 点做 A 点所在坐标格网的平行线，与坐标格网交于 e,f,g,h，量取 af,ae，根据地形图的比例尺就可以算出 A 点坐标：

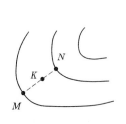

图9-47　求点的高程

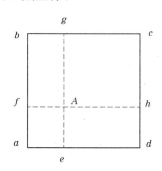

图9-48　求点的坐标

$$X_A = X_a + af \times M$$
$$Y_A = Y_a + ae \times M$$

(三)求图上直线的方向

可以用量角器在图上直接量取,也可先量出两点的坐标,然后按坐标反算方法计算方位角,即

$$\alpha_{AB} = \cot \frac{\Delta y_{AB}}{\Delta x_{AB}}$$

(四)求图上两点间的距离

可以用直尺量取图上距离乘以 M,或用比例尺直接量取,也可先量出两点的坐标,然后按坐标反算方法计算距离,即

$$D_{AB} = \sqrt{\Delta y_{AB}^2 + \Delta x_{AB}^2}$$

(五)求图上两点间的坡度

要求图上两点间的坡度,需要先求出两点间的水平距离 D 和两点间的高差 h,然后计算两点间的坡度,即

$$i = \frac{h}{D}$$

坡度一般采用倾斜百分率(%)或千分率(‰)来表示。

(六)在图上作等坡度线

步骤(见图9-49)如下:

(1)按限制坡度 i,相邻等高线高差 h 以及比例尺分母 M 求出图上等高线间的最小平距 d

$$d = \frac{h}{iM}$$

图 9-49 在图上作等坡度线

(2)从 1 点起,以 d 为半径,做弧相交相邻等高线于 2 点;从 2 点起,以 d 为半径,做弧相交相邻等高线于 3 点……直至目的地 n 点。

(3)从 1 点开始,把 n 个点用折线连接。有时路线不止一条,应选施工方便、经济合理的一条。

(七)绘制剖面图

(1)在坐标纸上绘一坐标系,横轴表示水平距离,纵轴表示高程。高程比例尺可根据需要设置成平距比例尺的若干倍。

(2)在地形图上画出剖面线,确定起止点 M、N。

(3)依次量取剖面线与各等高线的交点到 M 点的距离。

(4)将量取的距离及该等高线的高程,按比例尺展绘到坐标纸上。

(5)以光滑曲线连接坐标纸上展绘的各点。

四、GIS(地理信息系统)简介

地理信息是指表征地理圈或地理环境固有要素或物质的数量、质量、分布特征、联系和规律等的数字、文字、图像和图形等的总称。地理信息属于空间信息,它具有空间定位特征、多维结构特征和动态变化特征。

地理信息系统(Geographic Information System,简称 GIS)可定义为:由计算机系统、地理

数据和用户组成的,通过对地理数据的集成、存储、检索、操作和分析,生成并输出各种地理信息,从而为土地利用、资源管理、环境监测、交通运输、经济建设、城市规划以及政府各部门行政管理提供新的知识,为工程设计和规划、管理决策服务。

第七节　施工测设的基本工作

一、测设概述

由前所述可知,在市政工程施工测量中,测设指将工程建设的设计位置及土地规划利用的界址划分在实地标定,作为施工和定界的依据,又称施工放样。在市政工程施工测量中,技术人员需要根据设计要求,利用仪器和工具将设计工程的特征点,如道路、管线中线桩,建筑轴线交点等放样到实地。对于一个点的测设,通常是从两个方面进行的。一个就是先测设一个点的平面位置,平面位置测设出来后,根据需要,再测设该点的高程。在测设过程中,主要是已知的角度、距离、高程等基本元素的测设。我们称之为测设的基本工作。

二、测设的基本工作

（一）已知水平角的测设

要测设已知 β 角($\angle BAC$),把经纬仪安置在 A 点上,在已知方向 B 点上立杆,先用经纬仪盘左瞄准这个 B 点,水平度盘置零,然后转动照准部,将度盘读数转到 β 角的位置,这时,视线方向即为角度的另外一条方向线,在地面上标定其位置 C',同理,经纬仪盘右再次测设,得到 C'' 点,取两点连线中点作为最终 C 点位置(见图9-50)。

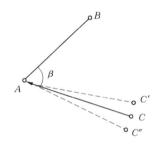

图9-50　测设已知水平角

（二）已知距离的测设

在指定的地面上有一个测设距离的起点,还有一个测设的方向,现在要测设一个已知水平距离。方法主要有两种:一是钢尺量距法,即用钢尺按量距的方法量出已知距离;二是光电测距法,方法是在起点上架好光电测距仪或者全站仪,在方向点立一个反射棱镜,在这条直线上移动反射棱镜,用逐步逼近法,直到测距仪或全站仪测出的距离等于设计的距离。

（三）已知高程的测设

如图9-51所示,已知 B 点的设计高程为 $H_设$,在 B 点和已知水准点 A 之间架设水准仪,在 A 点上安置水准尺。仪器整平后,瞄准后视的 A 点,读数为 a,则水准仪视线高:$H_i = H_A + a$,则可以推算出 B 点尺上的应该的读数为:$b_应 = H_i - H_设$,水准仪整平后,瞄准 B 点,此时水准尺贴着 B 点桩上下移动,直到水准尺上的读数刚好等于 $b_应$,此时在 B 点桩根据水准尺零点位置(尺底)划一红线,该红线即为设计高程位置。

三、点的平面位置的测设

（一）直角坐标法

当已知点周围有相互垂直的主轴线时,可以利用坐标差测设点位,如图9-52所示,在 O

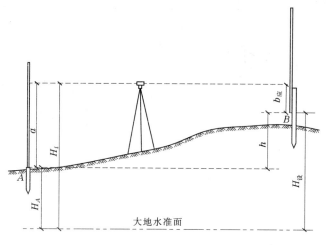

图 9-51　测设已知高程

点安置仪器,后视 A,按距离测设法放样 a、b; a 点安置仪器,后视 A 测设90°角后,放样距离 $a4$ 定出 4 点,再向前定出 1 点;同理,放样出 3 点和 2 点;检查 12 和 34 之间的距离是否与设计相符。一般规定:相对误差不应超过 1/2 000 ~ 1/5 000,在高层和工业厂房放样中精度要求更高。

(二)极坐标法

如图 9-53 所示,A、B、P 坐标均已知,A、B 两点在实地有桩位,计算 β、D,在 A 点安置仪器,瞄准 B 点,测设 β 角,在此方向上测设距离 D,即定出 P 点。

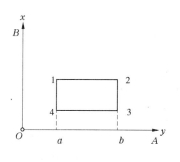

图 9-52　直角坐标法

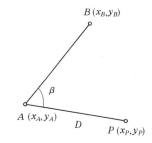

图 9-53　极坐标法

(三)角度交会法

如图 9-54 所示,A、B、C、P 坐标均已知,A、B、C 三点在实地有桩位,计算 β_1、β_2、β_3、β_4,分别在 A、B、C 三点安置仪器,测设 β 角(β_2、β_3 可相互检核),在定出的方向线上打骑线桩,桩间拉上细线,通常相交为三角形,称示误三角形,其最大边长一般要求不大于 10 cm,符合要求,取三角形重心为 P 点位置。

(四)距离交会法

如图 9-55 所示,A、B、C、P_2、P_1 坐标均已知,A、B、C 三点在实地有桩位,计算 D_1、D_2、D_3、D_4。拿两把钢尺,从 A 点出发丈量距离 D_1,从 B 点出发丈量距离 D_2,钢尺相交的交会点就是 P_1 点。同理,测设出 P_2 点的位置。丈量 P_1、P_2 之间的长度与计算距离检核,误差要求小于限差。

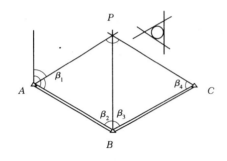
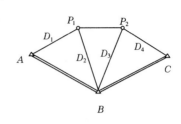

图 9-54　角度交会法　　　　　　图 9-55　距离交会法

四、已知坡度直线的测设

在铺设管道、修筑道路工程中,经常需要在地面上测设给定的坡度线。测设已知的坡度线坡度较小时,一般采用水准仪来测设;而坡度较大时,一般采用经纬仪来测设,如图 9-56 所示。

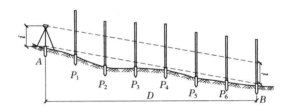

图 9-56　测设已知坡度线

已知 A 点的设计高程为 H_A。现在要求从 A 点沿着 AB 方向测设出一条坡度为 i(上坡为正,下坡为负)的直线, AB 两点的水平距离为 D,则 B 点设计高程为

$$H_B = H_A + iD$$

按照已知高程的测设方法将 AB 两点的设计高程在实地测设出来。现在,AB 两点间的连线已成为符合要求的坡度线。AB 间加密一些点来满足施工建设的要求。此时,将水准仪置于 A 并量仪器高 i,安置时使一个脚螺旋在 AB 方向上,另两个脚螺旋的连线大致垂直于 AB 方向线;瞄准 B 点上的水准尺,调节脚螺旋,使视线在 B 标尺上的读数等于仪器高 i,此时水准仪的倾斜视线与设计坡度线平行;在 AB 之间按一定的间距打桩,当各桩点上水准尺读数都为仪器高 i 时,则各桩顶连线就是所需测设的设计坡度。

第八节　GPS(全球定位系统)与全站仪简介

一、GPS 的特点

GPS 是全球定位系统(见图 9-57)(Global Positioning System)的简称。GPS 是由美国海

军导航卫星系统发展起来的,属于全球导航卫星系统(Global Navigation Satellite System, GNSS)的一种,由于 GPS 应用比其他全球导航卫星系统更广泛、影响更大,有时就成为了全球导航卫星系统的代称。实际上,目前较成熟和逐步发展起来的 GNSS 还有苏联(现俄罗斯)研制全球轨道导航卫星系统(GLONASS)、欧盟的欧洲导航卫星系统(ENSS)即伽利略计划以及中国的北斗导航系统。

GPS 主要由空间星座部分、地面监控部分和用户设备部分组成。

GPS 的特点是:①全能性:能在空中、海洋、陆地等全球范围内进行导航、授时和定位及测速。②全球性:在全球的任何地点都可进行定位。③全天候:白天黑夜都可以定位。

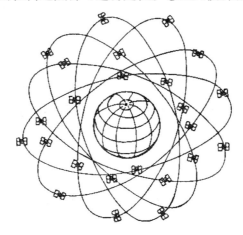

图 9-57　全球定位系统

二、GPS 测量的原理

基本原理:空间距离后方交会,如图 9-58 所示,空间卫星的位置是已知的(瞬时),通过无线电波,地面接收机接收到卫星轨道、时间等信息(称为卫星星历),卫星(x_s, y_s, z_s)与接收机(x, y, z)之间的距离 ρ 建立的关系式为

$$\rho^2 = (x_s - x)^2 + (y_s - y)^2 + (z_s - z)^2$$

依据原理,只需三颗卫星即可解算定位,但是为进行接收机钟差改正,接收机必须同时至少测定四颗卫星的距离才能解算出接收机的三维坐标。

三、全站仪的构造

全站仪(见图 9-59)本身就是一个带有特殊功能的计算机控制系统。从总体上看,全站仪由下列两大部分组成:

(1)采集数据设备:主要有电子测角系统、电子测距系统、数据存储系统,还有自动补偿设备等。

(2)过程控制机:主要用于有序地实现上述每一专用设备的功能。过程控制机包括与测量数据相联接的外围设备及进行计算、产生指令的微处理机。只有上面两大部分有机结合,才能真正地体现“全站”功能,即既要自动完成数据采集,又要自动处理数据和控制整个测量过程。

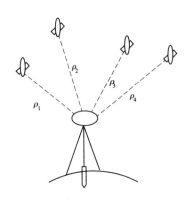

图 9-58　GPS 定位原理

图 9-59　全站仪示意图

四、全站仪施测定位的一般方法

全站仪所测定的要素:水平角、竖直角(或天顶距 Z)与斜距 S。

(一)坐标测量

如图 9-60 所示,照准后视点,输入测站点坐标、仪器高、目标高和后视坐标方位角。然后照准待测点即可用坐标测量功能测定目标点的三维坐标(N、E、Z),也就是(X、Y、H)。

(二)施工放样

如图 9-61 所示,在输入测站点坐标、仪器高、目标高和后视坐标方位角,以及输入待放样点坐标(或角度、距离)后,仪器自动计算出放样的角度与距离值,即可进行目标点二维或三维坐标的施工放样。

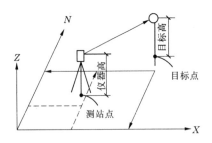

图 9-60　坐标测量测站点

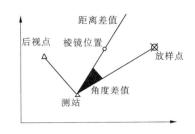

图 9-61　施工放样

(三)悬高测量

悬高测量功能用于无法在其上设置棱镜的物体,如高压输电线、悬空电缆、桥梁等高度的测量。输入棱镜高度 v 后,测出斜距 S 和两个竖直角,即可求出 H,如图 9-62 所示。

(四)后方交会

后方交会测量用于对多个已知点的观测,从而定出测站点的坐标。预先输入内存中的坐标数据可作为已知数据调用。输入已知点 $1,2,\cdots,n$ 的坐标,仪器自动观测记录水平角观测值、竖直角观测值、距离观测值,计算出测站点三维坐标。$3 \sim 10$ 个已知点可不必测距,如已知点数仅有 2 个则必须测距,如图 9-63 所示。

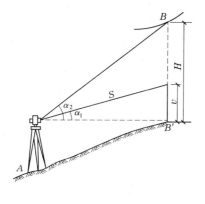

图 9-62　悬高测量

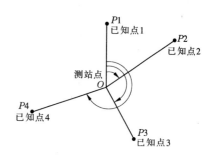

图 9-63　后方交会

五、全站仪使用中的注意事项

全站仪在使用过程中,要注意以下问题:

(1)测量前,要注意检查仪器电力是否充足,三脚架、棱镜、棱镜杆是否带齐。

(2)避免在恶劣环境,如高温、极低温、强电磁场等环境中使用。

(3)注意全站仪的使用和维护,注意全站仪电池的充放。

小　结

本章首先介绍了市政工程测量的任务和作用,在此基础上详细介绍了水准测量的原理与方法、角度测量的原理与方法、距离丈量及直线定向的原理与方法以及小区域控制测量的方法,最后介绍了地形图的识读及应用和 GPS 与全站仪。

第十章　质量控制的统计分析方法

【学习目标】
1. 熟悉数理统计的基本知识。
2. 施工质量数据抽样和统计分析方法。

建筑结构材料的质量直接影响建筑物的主体结构安全,因此应对材料、施工质量等进行抽样检测,采用统计分析方法,取得代表质量特征的有关数据,科学评价工程质量。

第一节　数理统计基本知识

一、总体

总体也称母体,是所研究对象的全体。构成总体的基本单位,称为个体。总体中含有个体的数目通常用 N 表示。

总体分为有限总体和无限总体。若总体中个体的数目 N 是有限的,则该总体称为有限总体;若个体的数目 N 是无限的,则该总体称为无限总体。当对一批产品质量检验时,该批产品是总体,其中的每件产品是个体,这时 N 是有限的数值,此时总体为有限总体;当对生产过程进行检测时,应该把整个生产过程过去、现在以及将来的产品视为总体,随着生产的进行 N 是无限的,此时总体为无限总体。

实践中一般把从每件产品检测得到的某一质量数据(强度、几何尺寸、重量等)即质量特性值视为个体,产品的全部质量数据的集合即为总体。

二、样本

样本也称子样,是从总体中随机抽取出来的个体,作为代表总体的那部分单位组成的集合体。被抽出来的个体称为样本,样本的数量称样本容量,用 n 表示。

三、统计量

样本来自总体,由样本去推断总体的质量特征,需要对样本进行"加工"和"提练",这就需要构造一些样本的函数,把样本中所含的某一方面(如强度、尺寸、重量)的信息集中起来。若这个样本函数不含任何未知参数,则该函数称为统计量。

常见的统计量有均值、标准差、变异系数等。其中,均值描述数据的几种趋势,标准差、变异系数描述数据的离散趋势。

(一)均值

均值又称算术平均数,是消除了个体之间个别偶然的差异,显示出所有个体共性和数据一般水平的统计指标,它由所有数据计算得到,是数据的分布中心,对数据的代表性好。

1.总体均值 μ

$$\mu = \frac{1}{N}(X_1 + X_2 + \cdots + X_N) = \frac{1}{N}\sum_{i=1}^{N}X_i \qquad (10\text{-}1)$$

式中　N——总体中个体数;

X_i——总体中第 i 个个体质量的特征值。

2.样本均值 $\bar{x}$

$$\bar{x} = \frac{1}{n}(x_1 + x_2 + \cdots + x_n) = \frac{1}{n}\sum_{i=1}^{n}x_i \qquad (10\text{-}2)$$

式中　n——样本容量;

x_i——样本中第 i 个个体质量的特征值。

（二）标准差

标准差是个体数据与均值离差平方和的算术平均数的算术根,是大于 0 的正数。

标准差是表示绝对波动大小的指标,标准差值小说明分布集中程度高,离散程度小,均值对总体(样本)的代表性好;标准差的平方是方差,有鲜明的数理统计特征,能确切说明数据分布的离散程度和波动规律,是最常用的反映数据变异程度的特征值。

1.总体的标准差 σ

$$\sigma = \sqrt{\frac{\sum_{i=1}^{N}(X_i - \mu)^2}{N}} \qquad (10\text{-}3)$$

2.样本的标准差 S

$$S = \sqrt{\frac{\sum_{i=1}^{n}(x_i - \bar{x})^2}{n - 1}} \qquad (10\text{-}4)$$

样本的标准差 S 是总体标准偏 σ 的无偏估计。在样本容量较大($n \geqslant 50$)时,式(10-4)中的分母 $n-1$ 可简化为 n。

（三）变异系数 C_v

变异系数又称离散系数,是用标准差除以算术平均数得到的相对数。它表示数据的相对离散波动程度。变异系数小,说明分布集中程度高,离散程度小,均值对总体(样本)的代表性好。

1.总体的变异系数

$$C_v = \frac{\sigma}{\mu} \qquad (10\text{-}5)$$

2.样本的变异系数

$$C_v = S\sqrt{x} \qquad (10\text{-}6)$$

四、抽样分布

统计量的分布称为抽样分布。

概率数理统计在对大量统计数据研究中,归纳总结出许多分布类型,如一般计量值数据服从正态分布,计件值数据服从二项分布,计点值数据服从泊松分布等。其中,正态分布最重要、最常见,应用最广泛。正态分布的概率密度曲线可用一个"中间高、两端低、左右对称"的几何图形表示,如图 10-1 所示。

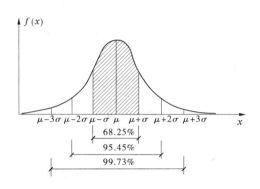

图 10-1　正态分布的概率密度曲线

第二节　施工质量数据抽样和统计分析方法

质量数据的抽样统计推断工作是运用统计方法在生产过程中或一批产品中,随机抽取样本,通过对样品进行检测和整理加工,从中获取样本质量数据信息,并以此为依据,以概率数理统计为理论基础,对总体的质量状况作出分析和判断。质量统计推断工作过程见图 10-2。

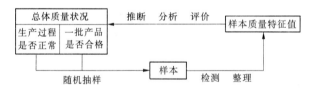

图 10-2　质量统计推断工作过程

数据的抽样统计分析常指对收集到的有关数据资料进行整理归类并进行研究分析的过程,通常包含三项内容,即收集数据、整理数据、分析数据。

一、质量数据的收集

收集数据是进行统计分析的前提和基础。

(一)材料数据的收集方法

1. 全数检验

全数检验是对总体中的全部个体逐一观察、测量、计数、登记,从而获得对总体质量水平评价结论的方法。

全数检验一般比较可靠,能提供大量的质量信息,但要消耗很多人力、物力、财力和时间,特别是不能用于具有破坏性的检验和过程质量控制,应用上具有局限性;在有限总体中,对重要的检测项目,当可采用简易快速的不破损检验方法时可选用全数检验方法。

2.随机抽样

抽样检验是按照随机抽样的原则,从总体中抽取部分个体组成样本,根据对样品进行检测的结果,推断总体质量水平的方法。

随机抽样检验抽取样品不受检验人员主观意愿的支配,每一个个体被抽中的概率都相同,从而保证了样本在总体中的分布比较均匀,有充分的代表性,可节省人力、物力、财力、时间等,同时还可用于破坏性检验和对生产过程的质量监控,完成全数检测无法进行的检测项目,具有广泛的应用空间。

随机抽样的具体方法有简单随机抽样、分层抽样、等距抽样、整群抽样和多阶段抽样。

1)简单随机抽样

简单随机抽样又称纯随机抽样、完全随机抽样,是对总体不进行任何加工,直接进行随机抽样,获取样本的方法。这种方法常用于总体差异不大,或对总体了解甚少的情况。

一般的做法是对全部个体编号,然后采用抽签、摇号、随机数字表等方法确定中选号码,相应的个体即为样品。

2)分层抽样

分层抽样又称分类或分组抽样,是将总体按某一特性分为若干组,然后在每组内随机抽取样品,组成样本的方法。

该方法对每组都有抽取,样品在总体中分布均匀,更具代表性,特别适用于总体比较复杂的情况。当研究混凝土浇筑质量时,可以按生产班组分组或按浇筑时间(白天、黑夜或季节)分组或按原材料供应商分组后,再在每组内随机抽取个体。

3)等距抽样

等距抽样又称机械抽样、系统抽样,是将个体按某一特性排队编号后均分为 n 组,这时每组有 $K = N/n$ 个个体的方法,如在流水作业线上每生产100件产品抽出一件产品做样品,直到抽出 n 件产品组成样本。

4)整群抽样

整群抽样一般是将总体按自然存在的状态分为若干群,并从中抽取样品群,组成样本,然后在中选群内进行全数检验的方法。

如对原材料质量进行检测,可按原包装的箱、盒为群随机抽取,对中选箱、盒进行全数检验;每隔一定时间抽出一批产品进行全数检验等。

5)多阶段抽样

多阶段抽样又称多级抽样,是将各种单阶段抽样方法结合使用,通过多次随机抽样来实现的抽样方法。

如检验钢材、水泥等质量时,可以对总体1万个个体按不同批次分为100个群,每群100件样品,从中随机抽取8个群,而后在中选的8个群的800个个体中随机抽取100个个体,这就是整群抽样与分层抽样相结合的二阶段抽样,它的随机性表现在群间和群内有两次。

(二)数据的分布特征

1.质量数据的特性

1)个体数值的波动性

在实际质量检测中,即使在生产过程是稳定正常的情况下,同一总体(样本)的个体产品的质量特性值也是互不相同的,这种个体间表现形式上的差异性,反映在质量数据上即为个体数值的波动性、随机性。

质量特性值的变化在质量标准允许范围内波动称之为正常波动,是由偶然性原因,即由人的技术水平、材质的均匀度、生产工艺、操作方法及环境等不可避免的因素引起的。若是超越了质量标准允许范围的波动则称之为异常波动,如工人未遵守操作规程、机械设备发生故障或过度磨损、原材料质量规格有显著差异等情况发生,是由系统性原因引起的。

2)总体(样本)分布的规律性

当运用统计方法对这些大量丰富的个体质量数值进行加工、整理和分析后,我们又会发现,这些产品质量特性值(以计量值数据为例)大多分布在数值变动范围的中部区域,即有向分布中心靠拢的倾向,表现为数值的集中趋势;还有一部分质量特性值在中心的两侧分布,随着逐渐远离中心,数值的个数变少,表现为数值的离中趋势。质量数据的集中趋势和离中趋势反映了总体(样本)质量变化的内在规律性。

2. 质量数据分布的规律性

实践中只要是受许多起微小作用的因素影响的质量数据,都可认为是近似服从正态分布的,如构件的几何尺寸、混凝土强度等;如果是随机抽取的样本,无论它来自的总体是何种分布,在样本容量较大时,其样本均值也将服从或近似服从正态分布。

(三)质量数据的特征值

样本数据特征值是由样本数据计算的描述样本质量数据波动规律的指标。统计推断就是根据这些样本数据特征值来分析、判断总体的质量状况。

在材料的质量检测中,常用的数据特征值有均值、标准差、变异系数等。

【例10-1】 对某碎石试样进行压碎指标检测,称取试样 3 000 g,三次检测得到压碎后筛余量分别为 2 470 g、2 510 g、2 489 g。计算石子的压碎指标,评定石子的强度。

解: 根据建筑材料知识,求出每次检测所得到的碎石压碎指标,再求它们的均值,对照相应的碎石压碎指标标准,即可得到该碎石的强度。

碎石压碎指标检测计算:

$$Q_{e1} = \frac{3\ 000 - 2\ 470}{3\ 000} \times 100\% = 17.7\%$$

$$Q_{e2} = \frac{3\ 000 - 2\ 510}{3\ 000} \times 100\% = 16.3\%$$

$$Q_{e3} = \frac{3\ 000 - 2\ 489}{3\ 000} \times 100\% = 17.0\%$$

平均值为

$$\overline{Q}_e = \frac{17.7 + 16.3 + 17.0}{3} \times 100\% = 17.0\%$$

对照检查石子的压碎指标,该碎石的强度为 II 类。

【例10-2】 甲乙两厂均生产32.5级矿渣水泥,甲厂某月生产的水泥抗压强度平均值为 38.8 MPa,标准差为 1.62 MPa。同月乙厂生产的水泥抗压强度平均值为 35.6MPa,标准差为 1.62 MPa。试判断哪个厂生产的水泥稳定性较好。

解: 产品稳定性的好坏,主要看产品的变异系数。变异系数表示数据的相对离散波动程度。变异系数越小,说明分布集中程度越高,离散程度越小,产品就越稳定。

$$甲厂:C_v = \frac{1.67}{38.8} \times 100\% = 4.30\%$$

$$乙厂:C_v = \frac{1.62}{35.6} \times 100\% = 4.55\%$$

从变异系数看,甲厂小于乙厂,说明甲厂生产的水泥强度相对波动比乙厂小,因此本月甲厂生产的水泥稳定性较好。

二、数据的整理与分析

整理数据就是按一定的标准对收集到的数据进行归类汇总的过程。

分析数据指在整理数据的基础上,通过统计运算,得出结论的过程,它是统计分析的核心和关键。数据分析通常可分为两个层次:第一个层次是用描述统计的方法计算出反映数据集中趋势、离散程度和相关强度的具有外在代表性的指标;第二个层次是在描述统计基础上,用推断统计的方法对数据进行处理,以样本信息推断总体情况,并分析和推测总体的特征与规律。

数据的整理与分析常用的方法如下。

(一)统计调查表法

统计调查表法又称统计调查分析法,它是利用专门设计的统计表对质量数据进行收集、整理和粗略分析质量状态的一种方法。

在质量控制活动中,利用统计调查表收集数据,简便灵活,便于整理,实用有效。它没有固定格式,可根据需要和具体情况,设计出不同统计调查表。常用的统计调查表有:

(1)分项工程作业质量分布调查表。

(2)不合格项目调查表。

(3)不合格原因调查表。

(4)施工质量检查评定用调查表等。

(二)分层法

分层法又叫分类法,是将调查收集的原始数据,根据不同的目的和要求,按某一性质进行分组、整理的分析方法。分层法是质量控制统计分析方法中最基本的一种方法。

分层的结果是数据各层间的差异突出地显示出来,层内的数据差异减少了。在此基础上再进行层间、层内的比较分析,可以更深入地发现和认识质量问题的原因。由于产品质量是多方面因素共同作用的结果,因而对同一批数据,可以按不同性质分层,使我们能从不同角度来考虑、分析产品存在的质量问题和影响因素。

【例10-3】 钢筋焊接质量的调查分析,共检查了50个焊接点,其中不合格18个,不合格率为36%,存在严重的质量问题。试用分层法分析质量问题的原因。

解:现已查明这批钢筋的焊接是由A、B、C三个师傅操作的,而焊条是由甲、乙两个厂家提供的。因此,分别按操作者和焊条生产厂家进行分层分析,即考虑一种因素单独的影响,见表10-1和表10-2。

由表10-1和表10-2分层分析可见,操作者B的质量较好,不合格率25%;而不论是采用甲厂的焊条还是乙厂的焊条,不合格率都很高且相差不大。为了找出问题之所在,进一步采用综合分层进行分析,即考虑两种因素共同影响的结果,见表10-3。

表10-1　按操作者分层

操作者	不合格(个)	合格(个)	不合格率(%)
A	6	13	32
B	3	9	25
C	9	10	47
合计	18	32	36

表10-2　按供应焊条厂家分层

工厂	不合格(个)	合格(个)	不合格率(%)
甲	8	15	35
乙	10	17	37
合计	18	32	36

表10-3　综合分层分析焊接质量

操作者	焊接质量	甲厂		乙厂		合计	
		焊接点(个)	不合格率(%)	焊接点(个)	不合格率(%)	焊接点(个)	不合格率(%)
A	不合格 合格	6 2	75	0 11	0	6 13	32
B	不合格 合格	0 5	0	3 4	43	3 9	25
C	不合格 合格	2 7	22	7 2	78	10 9	53
合计	不合格 合格	8 15	35	10 17	37	18 31	36

　　从表10-3的综合分层法分析可知,在使用甲厂的焊条时,以采用B师傅的操作方法为好;在使用乙厂的焊条时,以采用A师傅的操作方法为好,这样会使合格率大大提高。

　　(三)排列图法

　　排列图法是利用排列图寻找影响质量主次因素的一种有效方法。它由两个纵坐标、一个横坐标、几个连起来的直方形和一条曲线所组成,如图10-3所示。左侧的纵坐标表示频数,右侧纵坐标表示累计频率,横坐标表示影响质量的各个因素或项目,按影响程度大小从左至右排列,直方形的高度表示某个因素的影响大小。

在实际应用中,通常按累计频率划分为 0~80%、80%~90%、90%~100% 三部分,与其对应的影响因素分别为 A、B、C 三类。A 类为主要因素,B 类为次要因素,C 类为一般因素。

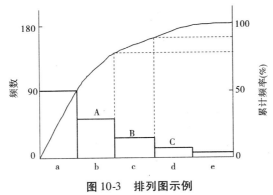

图 10-3　排列图示例

排列图可以形象、直观地反映主次因素,其主要应用有:

(1)按不合格点的内容分类,可以分析出造成质量问题的薄弱环节。

(2)按生产作业分类,可以找出生产不合格品最多的关键过程。

(3)按生产班组或单位分类,可以分析比较各单位技术水平和质量管理水平。

(4)将采取提高质量措施前后的排列图对比,可以分析措施是否有效。

(5)此外,还可以用于成本费用分析、安全问题分析等。

【例 10-4】　某工地现浇混凝土结构尺寸质量检查结果是:在全部检查的 8 个项目中不合格点(超偏差限值)有 150 个,试用排列图法找出混凝土结构尺寸质量的薄弱环节。

解:收集混凝土结构尺寸各项目不合格点的问题及数据,见表 10-4。

表 10-4　不合格点统计表

序号	检查项目	不合格点数
1	轴线位置	1
2	垂直度	15
3	标高	5
4	截面尺寸	47
5	表面平整度	80
6	预埋孔洞中心位置	1

将不合格点较少的轴线位置、预留孔洞中心位置两项合并为"其他"项。按不合格点的频数由大到小顺序排列各检查项目,"其他"项排在最后。以全部不合格点数为总数,计算

各项的频率和累计频率,结果见表10-5。

表 10-5 不合格点项目频数频率统计表

序号	项目	频数	频率(%)	累计频率(%)
1	表面平整度	80	53.3	53.3
2	截面尺寸	47	31.3	84.7
3	垂直度	15	10.0	94.7
4	标高	5	3.3	98
5	其他	2	1.3	100
合计		150	100	

根据表 10-5 绘制的排列图如图 10-4 所示。

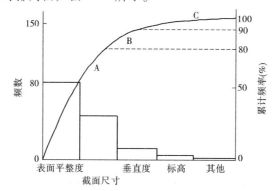

图 10-4 混凝土结构尺寸不合格点排列图

利用 ABC 分类法,确定主次因素。将累计频率曲线按 0 ~ 80%、80% ~ 90%、90% ~ 100% 分为三部分,各曲线下面所对应的影响因素分别为 A、B、C 三类因素。

由排列图可知,该例中 A 类即主要因素是表面平整度、截面尺寸(梁、柱、墙板、其他构件),B 类即次要因素是垂直度,C 类即一般因素有标高和其他项目。综上分析结果,应重点解决 A 类等质量问题。

(四)因果分析图法

因果分析图法是利用因果分析图来系统整理、分析某个质量问题(结果)与其产生原因之间关系的有效工具。因果分析图因其形状常被称为树枝图或鱼刺图。

因果分析图基本形式如图 10-5 所示。从图可见,因果分析图由质量特性(即质量结果指某个质量问题)、要因(产生质量问题的主要原因)、枝干(指一系列箭线,表示不同层次的原因)、主干(指较粗的直接指向质量结果的水平箭线)等所组成。

图 10-6 为混凝土强度不足的因果分析图。

使用因果分析图法时应注意的事项如下:

(1)一个质量特性或一个质量问题使用一张图分析。

(2)通常采用小组活动的方式进行,集思广益,共同分析,必要时可以邀请小组外有关人员参与,广泛听取意见。

(3)分析时要充分发表意见,层层深入,列出所有可能的原因。

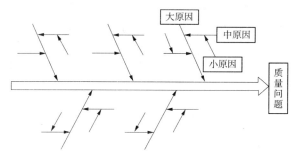

图 10-5　因果分析图的基本形式

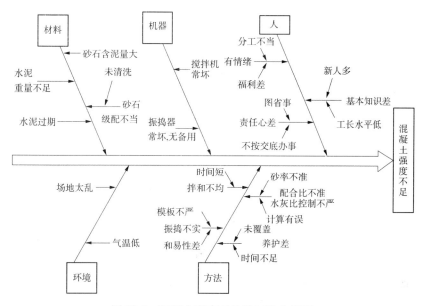

图 10-6　混凝土强度不足的因果分析图

（4）在充分分析的基础上，由各参与人员采取投票或其他方式，从中选择 1~5 项多数人达成共识的主要原因。

（五）直方图法

直方图法即频数分布直方图法，它是将收集到的质量数据进行分组整理，绘制成频数分布直方图，用以描述质量分布状态的一种分析方法。用随机抽样方法抽取的数据一般要求数据在 50 个以上。

1. 通过直方图的形状，判定生产过程是否有异常

常见的直方图形状如图 10-7 所示。横坐标代表质量特性，纵坐标代表频数或频率。直方图的分布形状及分布区间宽窄是由质量特性统计数据的平均值和标准差所决定的。

正常型直方图如图 10-7（a）所示，中间高，两侧低，左右接近对称。反映生产过程质量处于正常、稳定状态。当出现非正常型直方图时，表明生产过程或收集数据作图有问题。

（1）折齿型。是数据分组太多，测量仪器误差过大或观测数据不准确等造成的，此时应重新收集数据和整理数据。

（2）左（或右）缓坡型，主要是操作中对上限（或下限）控制太严造成的。

（3）孤岛型,是原材料发生变化,或者临时他人顶班作业造成的。

（4）双峰型,是用两种不同方法或两台设备或两组工人进行生产,然后把两方面数据混在一起整理产生的。

（5）绝壁型,是数据收集不正常,可能有意识地去掉下限以下的数据,或是在检测过程中存在某种人为因素所造成的。

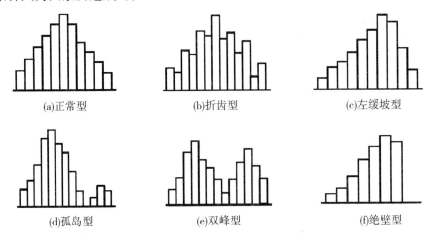

图 10-7　常见的直方图形状

2. 直方图的分析及应用

通过对正常型直方图的观察与分析,可了解产品质量的波动情况,掌握质量特性的分布规律,以便对质量状况进行分析判断。同时可通过质量数据特征值的计算,估算施工生产过程总体的不合格品率,评价过程能力等。

（1）正常型直方图的分类。

正常型直方图与质量标准相比较,一般有 6 种情况,如图 10-8 所示。

①如图 10-8（a）所示,B 在 T 中间,质量分布中心 T 与质量标准中心 M 重合,实际数据分布与质量标准相比较两边还有一定余地。这样的生产过程质量是很理想的,说明生产过程处于正常的稳定状态。在这种情况下生产出来的产品可认为全都是合格品。

②如图 10-8（b）所示,B 虽然落在 T 内,但质量分布中心与 T 的中心 M 不重合,偏向一边。这样如果生产状态一旦发生变化,就可能超出质量标准下限而出现不合格品。出现这样情况时应迅速采取措施,使直方图移到中间来。

③如图 10-8（c）所示,B 在 T 中间,且 B 的范围等于 T 的范围,没有余地,生产过程一旦发生小的变化,产品的质量特性值就可能超出质量标准。出现这种情况时,必须立即采取措施,以缩小质量分布范围。

④如图 10-8（d）所示,B 在 T 中间,但两边余地太大,说明加工过于精细,不经济。在这种情况下,可以对原材料、设备、工艺、操作等控制要求适当放宽些,有目的地使 B 扩大,从而有利于降低成本。

⑤如图 10-8（e）所示,质量分布范围 B 已超出标准下限,说明已出现不合格品。此时必须采取措施进行调整,使质量分布位于标准之内。

⑥如图 10-8（f）所示,质量分布范围完全超出了质量标准上、下界限,散差太大,产生许

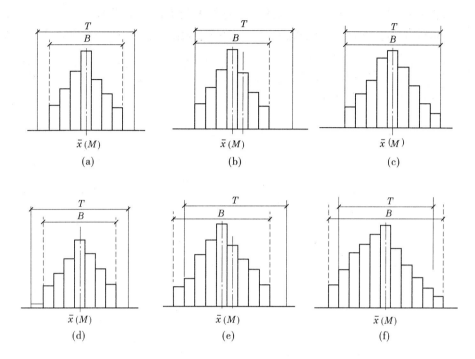

T—质量标准要求界限;B—实际质量特性分布范围

图 10-8　实际质量分析与标准比较

多废品,说明过程能力不足,应提高过程能力,使质量分布范围 B 缩小。

(2)统计特征值的应用。

在质量控制中,可通过计算数据的统计特征值,进一步定量地描述直方图所显示的质量分布状况,用以估算总体(某一生产过程)的不合格品率,评价过程能力等。

①估算总体的不合格品率。

当计算出样本的均值 $\bar{x}$ 和标准差 S 后,估计总体的均值 μ 和标准偏差 σ,并绘出总体的质量分布曲线。如果曲线与横坐标值围成的面积有超出公差标准上、下限的部分,就是总体的不合格品率,如图 10-9 所示。

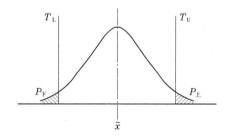

T_U、T_L—公差标准的上、下限;$P_上$、$P_下$—超上、下限的不合格品率

图 10-9　总体产品不合格品率示意图

根据标准正态分布,即可求得 $P_上$、$P_下$。

不合格品率合计为

$$P = P_上 + P_下$$

②评价过程能力。

过程能力指产品生产的每个过程对产品质量的保证程度,反映的是处于稳定生产状态下的过程的实际加工能力。过程能力的高低可以用标准差 σ 的大小来衡量。σ 越小则过程越稳定,过程能力越强;σ 越大过程越不稳定,过程能力越弱。

【例 10-5】 某施工队浇筑 C30 混凝土,统计计算混凝土强度样本的平均值 $\bar{x} = 37.88$ N/mm^2 和标准偏差 $S = 3.13$ N/mm^2,如果只要求质量标准下限 $T_L = 30.0$ N/mm^2,试估算该施工队配制混凝土可能出现的不合格品率。

解: 由题意可求得:

$$Z_{a\text{下}} = \frac{|T_L - \bar{x}|}{S} = \frac{|30.0 - 37.88|}{3.13} = 2.52$$

查正态分布表,得:$P_{\text{下}} = 0.0059 = 0.59\%$。

所以,该施工队配制的 C30 混凝土可能出现的不合格品率为 0.59%。

(六) 控制图法

控制图是用样本数据,在直角坐标系内画有控制界限,描述生产过程中产品质量波动状态的图形,来分析判断生产过程是否处于稳定状态的有效工具,是典型的动态分析法。

1. 控制图的基本形式

控制图的基本形式如图 10-10 所示。横坐标为样本(子样)序号或抽样时间,纵坐标为被控制对象,即被控制的质量特性值。控制图上一般有三条线:在上面的一条虚线称为上控制界限,用符号 UCL 表示;在下面的一条虚线称为下控制界限,用符号 LCL 表示;中间的一条实线称为中心线,用符号 CL 表示。中心线标志着质量特性值分布的中心位置,上、下控制界限标志着质量特性值允许波动范围。

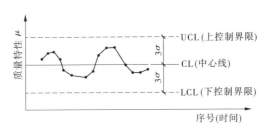

图 10-10 控制图的基本形式

世界上大多数国家采用三倍标准偏差法来确定控制界限,即将中心线定在被控制对象的平均值上,以中心线为基准向上、向下各量三倍被控制对象的标准偏差,即为上、下控制界限。

在生产过程中通过抽样取得数据,把样本统计量描在图上来分析判断生产过程状态。如果点子随机地落在上、下控制界限内,则表明生产过程正常处于稳定状态,不会产生不合格品;如果点子超出上、下控制界限,或点子排列有缺陷,则表明生产条件发生了异常变化,生产过程处于失控状态。

2. 控制图的种类

1)按用途分类

(1)分析用控制图。主要是用来调查分析生产过程是否处于控制状态。绘制分析用控制图时,一般需连续抽取 20~25 组样本数据,计算控制界限。

(2)管理(或控制)用控制图。主要用来控制生产过程,使之经常保持在稳定状态下。当根据分析用控制图判明生产处于稳定状态时,一般是把分析用控制图的控制界限延长作为管理用控制图的控制界限,并按一定的时间间隔取样、计算、打点,根据点子分布情况,判断生产过程是否受异常因素影响。

2)按质量数据特点分类

(1)计量值控制图。主要适用于质量特性值属于计算值的控制,如时间、长度、重量、强度、成分等连续型变量。

(2)计数值控制图。通常用于控制质量数据中的计数值,如不合格品质、疵点数、不合格品率、单位面积上的疵点数等离散型变量。

3.控制图的观察与分析

当产品受偶然性因素的影响时,生产过程是处于稳定状态的,此时产品质量特性值的波动是有一定规律的,即质量特性值分布服从正态分布。控制图就是利用这个规律来识别生产过程中的异常因素。

可通过观察分布中心位置 μ 和分布的离散程度 σ 随时间(生产进程)的变化情况来分析生产过程是否处于稳定状态。若控制图同时满足以下两个条件:一是点子几乎全部落在控制界限之内,二是控制界限内的点子排列没有缺陷,我们就可以认为生产过程基本上处于稳定状态。如果点子的分布不满足其中任何一条,都应判断生产过程为异常。

(1)点子几乎全部落在控制界线内,是指应符合下述三个要求:

①连续 25 点以上处于控制界限内。

②连续 35 点中仅有 1 点超出控制界限。

③连续 100 点中不多于 2 点超出控制界限。

(2)点子排列没有缺陷,是指点子的排列是随机的,而没有出现异常现象。这里的异常现象是指点子排列出现了"链"、"多次同侧"、"趋势或倾向"、"周期性变动"、"接近控制界限"等情况。

①链。即点子连续出现在中心线一侧的现象。出现五点链,应注意生产过程发展状况;出现六点链,应开始调查原因;出现七点链,应判定工序异常,需采取处理措施,如图 10-11 所示。

②多次同侧。即点子在中心线一侧多次出现的现象,或称偏离,如图 10-12 所示。图中,在连续 11 点中有 10 点在同侧,在连续 14 点中有 12 点在同侧,在连续 17 点中有 14 点在同侧,在连续 20 点中有 16 点在同侧,说明生产过程已出现异常。

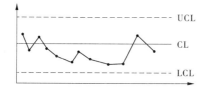

图 10-11 链

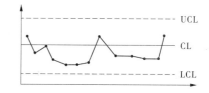

图 10-12 多次同侧

③趋势或倾向。即点子连续上升或连续下降的现象,如图 10-13 所示。图中,连续 7 点

或 7 点以上上升或下降排列,就应判定生产过程受异常因素影响,要立即采取措施。

④周期性变动。即点子的排列显示周期性变化的现象,这样即使所有点子都在控制界限内,也应认为生产过程为异常,如图 10-14 所示。

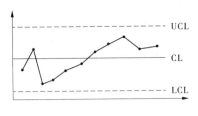

图 10-13　趋势或倾向

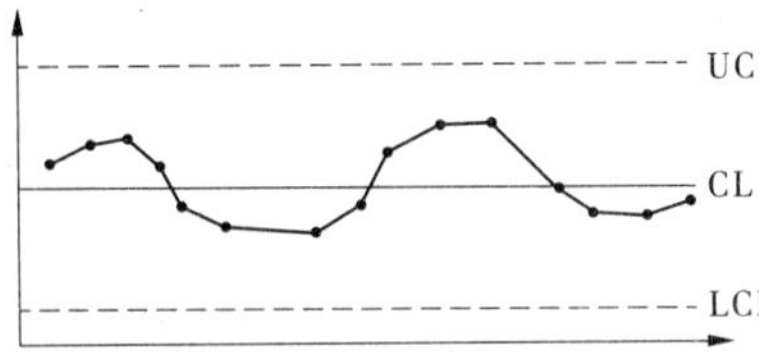

图 10-14　周期性变动

⑤接近控制界限。即点子落在了 $\pm 2\sigma$ 以外和 $\pm 3\sigma$ 以内。如属下列情况的判定为异常:连续 3 点至少有 2 点接近控制界限,连续 7 点至少有 3 点接近控制界限,连续 10 点至少有 4 点接近控制界限,如图 10-15 所示。

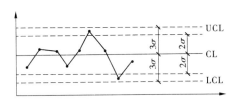

图 10-15　接近控制界限

以上是分析用控制图判断生产过程是否正确的准则。如果生产过程处于稳定状态,则把分析用控制图转为管理用控制图。分析用控制图是静态的,而管理用控制图是动态的。随着生产过程的进展,通过抽样取得质量数据把点子描在图上,随时观察点子的变化,点子落在控制界限外或界限上,即判断生产过程异常,点子即使在控制界限内,也应随时观察其有无缺陷,以对生产过程正常与否作出判断。

小　结

本章主要介绍了总体、样本、均值、标准差、变异系数和抽样分布等数理统计基本知识,同时介绍了施工质量数据抽样和统计分析方法,包括质量数据的收集和数据的整理与分析。

参 考 文 献

[1] 金国辉. 建设工程质量与安全控制[M]. 北京:清华大学出版社,2009.

[2] 刘继鹏. 质检员专业管理实务[M]. 郑州:黄河水利出版社,2010.

[3] 汪敏玲. 市政基础设施工程质量控制与验收[M]. 北京:中国建筑工业出版社,2008.

[4] 苗旺. 市政工程质量检查验收[M]. 2 版. 北京:中国建材工业出版社,2010.

[5] 邱东. 质量员[M]. 北京:机械工业出版社,2007.

[6] 建设部城市建设司. 质量检查员专业与实务[M]. 北京:中国建筑工业出版社,2006.

[7] 梅月植. 市政工程质量监督手册[M]. 2 版. 北京:中国建筑工业出版社,2006.

[8] 全国一级建造师执业资格考试用书编写委员会. 市政公用工程管理与实务[M]. 2 版. 北京:中国建筑工业出版社,2007.

[9] 全国一级建造师执业资格考试用书编写委员会. 建设工程项目管理[M]. 2 版. 北京:中国建筑工业出版社,2007.

[10] 全国一级建造师执业资格考试用书编写委员会. 建筑工程管理与实务[M]. 2 版. 北京:中国建筑工业出版社,2007.

[11] 全国二级建造师执业资格考试用书编写委员会. 市政公用工程管理与实务[M]. 3 版. 北京:中国建筑工业出版社,2010.

[12] 张力. 市政工程识图与构造[M]. 北京:中国建筑工业出版社,2007.

[13] 吴承霞. 混凝土与砌体结构[M]. 北京:中国建筑工业出版社,2012.

[14] 沈祖炎. 钢结构基本原理[M]. 北京:中国建筑工业出版社,2012.

[15] 陈绍番. 钢结构设计原理[M]. 北京:科学出版社,1998.

[16] 吕西平,周德源. 建筑结构抗震设计原理与实例[M]. 上海:同济大学出版社,2002.

[17] 李生平,陈伟清. 建筑工程测量[M]. 3 版. 武汉:武汉理工大学出版社,2009.

[18] 张敬伟. 建筑工程测量[M]. 2 版. 北京:北京大学出版社,2013.

[19] 王伟主,郭清燕. 工程测量技术[M]. 青岛:海洋大学出版社,2012.

[20] 全国二级建造师职业资格考试用书编写委员会. 建设工程项目管理[M]. 北京:中国建筑工业出版社,2011.

[21] 王丽霞. 项目施工组织与管理[M]. 郑州:郑州大学出版社,2007.

[22] 王辉. 建设工程施工项目管理[M]. 北京:冶金工业出版社,2009.

[23] 姚玉娟,翟丽旻. 建筑施工组织与管理[M]. 北京:北京大学出版社,2009.

[24] 张瑞生. 建筑工程安全管理[M]. 武汉:武汉理工大学出版社,2007.

[25] 建筑施工手册 4 版编写组. 建筑施工手册[M]. 4 版. 北京:中国建筑工业出版社,2004.

[26] 中华人民共和国建设部. GB 50300—2001 建筑工程施工质量验收统一标准[S]. 北京:中国建筑工业出版社,2002.

[27] 中华人民共和国建设部. GB 50204—2002 混凝土结构工程施工质量验收规范(2011 年出版)[S]. 北京:中国建筑工业出版社,2011.

[28] 夏锦红. 建筑力学[M]. 郑州:郑州大学出版社,2007.

[29] 刘志宏. 建筑工程基础(下)[M]. 南京:东南大学出版社,2005.

[30] 滕春,朱缨. 建筑识图与构造[M]. 武汉:武汉理工大学出版社,2012.

[31] 肖芳. 建筑构造[M]. 北京:北京大学出版社,2012.

[32] 李少红. 房屋建筑构造[M]. 北京:北京大学出版社,2012.

［33］赵妍.建筑识图与构造［M］.北京:中国建筑工业出版社,2008.

［34］王崇杰.房屋建筑学［M］.2版.北京:中国建筑工业出版社,2008.

［35］中华人民共和国建设部.JGJ/T 250—2011 建筑与市政工程施工现场专业人员职业标准［S］.北京:中国建筑工业出版社,2011.